人工智能 人才培养系列

自然语言处理
与 Java 语言实现

◎ 罗刚 编著

U0311803

人民邮电出版社

北京

图书在版编目（CIP）数据

自然语言处理与Java语言实现 ／ 罗刚编著. -- 北京：
人民邮电出版社，2020.8
ISBN 978-7-115-52507-9

Ⅰ. ①自… Ⅱ. ①罗… Ⅲ. ①自然语言处理②JAVA语
言—程序设计 Ⅳ. ①TP391②TP312.8

中国版本图书馆CIP数据核字(2019)第258041号

内 容 提 要

本书介绍了自然语言处理的原理与 Java 编程语言的技术实现，主要包括多种语言的文本处理、分布式算法与代码实现、自然语言处理相关系统构建等内容。

全书共分 3 篇：第 1 篇（第 1 章）为基础篇，着重介绍了使用 Java 开发自然语言处理技术会用到的基础知识；第 2 篇（第 2～9 章）为开发篇，着重讨论了自然语言处理常用的基本模块：多种语言分词与标注、语义分析、文章分析、文本相似度计算、文档排重、文本摘要、关键词提取、信息提取、拼写纠错、文本分类与聚类、文本倾向性分析等；第 3 篇（第 10～12 章）为系统篇，介绍了语音识别系统、问答系统和机器翻译系统。

本书可作为高等院校计算机相关专业本科生、研究生的教材，也可为对人工智能领域感兴趣的读者提供参考。

◆ 编 著 罗 刚
　　责任编辑 罗 朗
　　责任印制 王 郁 陈 犇

◆ 人民邮电出版社出版发行　　北京市丰台区成寿寺路 11 号
　　邮编 100164　电子邮件 315@ptpress.com.cn
　　网址 https://www.ptpress.com.cn
　　大厂回族自治县聚鑫印刷有限责任公司印刷

◆ 开本：787×1092　1/16
　　印张：22　　　　　　　　　　2020 年 8 月第 1 版
　　字数：638 千字　　　　　　　2020 年 8 月河北第 1 次印刷

定价：69.80 元

读者服务热线：(010)81055256　印装质量热线：(010)81055316
反盗版热线：(010)81055315
广告经营许可证：京东市监广登字 20170147 号

现代社会持续增加的计算能力和可供处理的数据量为包括自然语言处理技术在内的人工智能技术的发展奠定了基础。自然语言处理技术在互联网的兴起中得到了普及和发展。

本书共 12 章,第 1 章介绍开发自然语言处理可以采用的 Java 开发环境及其相关技术基础;第 2 章介绍中文分词原理与实现;第 3 章介绍句子级别的语义分析方法;第 4 章介绍英文文章分析的方法;第 5 章介绍文本相似度计算与文档排重方法;第 6 章介绍文本关键词提取与信息提取,以及预处理阶段可能用到的拼写纠错;第 7 章介绍中英文文本自动摘要及其分布式部署;第 8 章介绍文本分类算法及其 Java 调用接口;第 9 章介绍文本倾向性分析的方法;第 10 章介绍语音识别的总体结构和 Sphinx 语音识别软件的 Java 实现;第 11 章介绍问答系统的总体结构与问句分析、知识库表示及自然语言生成等;第 12 章介绍机器翻译与辅助机器翻译技术。

本书中的一些内容与现有的一些开源大数据项目 Hadoop、HBase,以及 Eclipse 集成开发环境、Spring 框架等有良好的兼容性。

本书相关的参考软件和代码在读者 QQ 群 665390860 的附件中可以找到。一些具体的细节也可以在读者 QQ 群中讨论。

感谢早期合著者、合作伙伴、员工、学员、读者的支持,是他们给我提供了良好的工作基础。每次给学员的培训都让我重新出发,如果没有学员的支持,那么可能就不会有这本书的问世。技术的融合与创新无止境,欢迎大家和我一起探索。

本书可作为高等院校计算机相关专业学生的教材,也适合从事自然语言处理应用的开发人员使用,同时,对于对人工智能等相关领域感兴趣的人士,本书也有一定的参考价值。猎兔搜索技术团队已经开发出了以本书为基础的专门的培训课程和商业软件。

目 录 CONTENTS

基础篇

第1章　自然语言处理实践基础

后台由大数据支撑的有大量用户的系统可以看成是一个巨大的智能系统。智能系统往往通过自然语言来了解这个系统所接触到的智能体的需求，或者获取智能体所发现的知识，通过机器学习等方法升级系统本身，系统和其中的智能体达到良性共生。而自然语言相对于计算机语言来说，不是太可靠。如何从自然语言中提取知识，并形成知识库，是一个需要解决的问题。智能系统与人的交互也需要自然语言处理技术。

自然语言处理（Natural Language Processing，NLP）技术包括很多方面，如文本分类、对话系统、机器翻译等。严格来说，自然语言处理包括自然语言理解和自然语言生成两部分。考虑到自然语言理解的基础地位，本书讲解的自然语言处理主要指自然语言理解部分。

目前，自然语言处理技术广泛地应用在人们生活、学习和工作的各个方面，给人们带来了极大的便利。但是，无论是搜索技术，还是语音识别技术，还是 OCR 技术（Optical Character Recognition，光学字符识别），都还需要进一步发展。

自然语言理解的关键是抓住文本的特征，因为特征可以显示"说话者"的意图。例如，用户输入的查询"感冒了可以吃海鲜吗？"中的"吗"字是一个很强的疑问特征词，而"Nokia N97 港行"中的"Nokia""N97""港行"都是很好的产品购买特征词，"松下 328 传真机参数"中的"参数"则是一个很好的产品详细型号查询的特征词。对于这些显示语义的特征词，计算机要将其识别并形式化，从而达到理解的目的。

本书介绍的自然语言处理技术使用 Java 编程语言实现。为了集中关注程序的基本逻辑，书中的 Java 代码去掉了一些错误和异常处理，实际运行的代码可以从人邮教育社区（http://www.ryjiaoyu.com）或读者 QQ 群中获取。在以后的各章中将会深入探索自然语言处理技术的每个知识点以及相关的 Java 语言实现过程。

1.1　开发环境准备

由于 Java 语言可读性好，所以本书采用 Java 来介绍自然语言处理的开发。Java 的开发环境 Eclipse 也是使用 Java 语言开发的，所以需要先准备基本的 JDK，然后准备运行在 JDK 上的 Eclipse。

当前可以使用的最新版本是 JDK 12。JDK 12 可以从 Java 的官方网站上下载得到，使用默认方式安装即可，然后导入 Eclipse 中。本书中的程序通过本书给出的下载方法都可以找到。Eclipse 支持多种操作系统，例如，如果使用的是苹果电脑 Mac 系统，就下载 Eclipse for Mac OS X。

如果需要用 Web 界面做演示，还要下载 Tomcat，可以从 Tomcat 官网上下载，推荐使用 Tomcat 7 以上的版本。

如果要构建源代码工程，可以使用工具 Ant 和 Maven。Ant 与 Maven 都和项目管理软件 make 类似。虽然 Maven 正在逐步替代 Ant，但当前仍然有很多开源项目在继续使用 Ant。从 Ant 官网上可以下载到 Ant 的最新版本。

在 Windows 下 ant.bat 和 3 个环境变量相关：ANT_HOME、CLASSPATH 和 JAVA_HOME。ANT_HOME 和 JAVA_HOME 环境变量需要用路径设置，并且路径不要以"\"或"/"结束；不要设置 CLASSPATH。

使用 echo 命令检查 ANT_HOME 环境变量：

```
>echo %ANT_HOME%
D:\apache-ant-1.7.1
```

如果把 Ant 解压到 C:\apache-ant-1.7.1，则修改环境变量 PATH，增加当前路径 C:\apache-ant-1.7.1\bin。

如果一个项目源代码的根路径包括一个 build.xml 文件，则说明这个项目可能是用 Ant 构建的。大部分用 Ant 构建的项目只需要如下命令：

```
#ant
```

在 Eclipse 中，可以根据项目源代码自动生成 build.xml 文件，方法是：选定指定 Java 项目，右键单击菜单的"导出"选项，选择导出"Ant Build 文件"。

可以从 Maven 官网上下载最新版本的 Maven，当前版本是 maven-3.3.9。解压下载的 Maven 压缩文件到 C：根路径，将创建一个路径 C:\apache-maven-3.3.9。修改 Windows 系统环境变量 PATH，增加当前路径 C:\apache-maven-3.3.9\bin。如果一个项目源代码的根路径包括一个 pom.xml 文件，则说明这个项目可能是用 Maven 构建的。大部分用 Maven 构建的项目只需要如下命令：

```
#mvn clean install
```

盖大楼的时候需要搭建最终不会交付使用的脚手架。与此类似，很多单元测试代码也不会在正式环境中运行，但是必须要有。通常可以使用 JUnit 做单元测试。

1.1.1　Windows 命令行 cmd

假设有一个标准件工厂，在车间生产产品，在工地使用这些产品。在集成开发环境中开发软件与此类似。如果在 Windows 操作系统中运行开发的软件，则往往通过 Windows 命令行来运行。

在图形化用户界面出现之前，人们就是用命令行来操作计算机的。Windows 命令行是通过 Windows 系统目录下的 cmd.exe 执行的。执行这个程序最直接的方式是找到这个程序，然后双击。但 cmd.exe 并没有一个桌面快捷方式，所以这样使用太麻烦。

还可以在开始菜单的运行窗口直接输入程序名，回车后运行这个程序。具体步骤为单击"开始"→"运行"按钮，这样就会打开资源管理器中的运行程序窗口；或者使用窗口键+R组合键，打开运行程序窗口。然后，输入程序名 cmd 后单击"确定"按钮，就会出现命令提示窗口。因为能够通过这个黑色的窗口直接输入命令来控制计算机，所以这个窗口也称为控制台窗口。在计算机里，把那套直接连接在计算机上的键盘和显示器叫作控制台（Console）。

通常用扩展名表示文件的类别，例如，exe 表示可执行文件。完整的文件名称由文件名和扩展名组成。文件名和扩展名之间由点分隔，例如，java.exe。

当我们建立或修改一个文件时，必须向 Windows 指明这个文件的位置。文件的位置由 3 部分组成：驱动器、文件所在路径和文件名。路径是由一系列路径名组成的，这些路径名之间用"\"分开，例如，C:\Program Files\Java\jdk1.8.0_03\bin\java.exe。

开始的路径往往是 C:\Users\Administrator。正如公园的地图上往往会标出游客的当前位置，Windows 命令行也有个当前目录的概念，这个 C:\Users\Administrator 就是当前路径。

可以用 cd 命令改变当前路径，例如将路径改变为 C:\Program Files\Java\ jdk1.8.0_03 路径：

```
C:\Users\Administrator>cd C:\Program Files\Java\jdk1.8.0_03
```

切换盘符不能使用 cd 命令，而是直接输入盘符的名称。例如想要切换到 D 盘，可以使用如下命令：

```
C:\Users\Administrator>d:
```

系统约定从指定的路径找可执行文件，这个路径通过 PATH 环境变量指定。环境变量是一个"变量名=变量值"的对应关系，每一个变量都有一个或者多个值与之对应。如果是多个值，则这些值之间用分号分开。例如 PATH 环境变量可能对应这样的值："C:\Windows\system32;C:\Windows"，这表示 Windows 会从 C:\Windows\system32 和 C:\Windows 两个路径找可执行文件。

设置或者修改环境变量的具体操作步骤是：首先在资源管理器中右键单击"这台电脑"，在弹出的快捷菜单中选择"属性"菜单项，在弹出的窗口中选择"高级"→"环境变量"选项；然后在弹出的环境变量设置窗口中设置用户变量，或者系统变量；再设置环境变量 PATH 的值。

需要重新启动命令行才能让环境变量设置生效。为了检查环境变量是否设置正确，可以在命令行中显示指定环境变量的值，这需要用到 echo 命令。echo 命令用来显示一段文字：

```
C:\Users\Administrator>echo Hello
```

执行上面的命令将在命令行输出：Hello。

如果要引用环境变量的值，可以前后各用一个"%"把变量名包围起来，如"%变量名%"。使用 echo 命令来显示环境变量 PATH 中的值：

```
C:\Users\Administrator>echo %PATH%
```

1.1.2 在 Windows 下使用 Java

本小节首先介绍安装 JDK，然后介绍如何在命令行中开发 Java 程序。Java 开发环境简称 JDK（Java Development Kit）。JDK 包括 Java 运行环境（Java Runtime Envirnment）、Java 工具和 Java 基础类库。可以从 Java 官方网站上下载得到 JDK，注意不是 JVM（Java Virtual Machine，Java 虚拟机）。

进入官网后，选择下载 Java SE，也就是 Java 标准版本。Latest Release 就是最新发布的安装程序。完整的 JDK 版本号中包括大版本号和小版本号。例如 1.7.0 的大版本号是 7，小版本号是 0；而 1.8.22 的大版本号是 8，小版本号是 22。因为可以在 Windows 或 Linux 等多种操作系统环境下开发 Java 程序，所以有多个操作系统的 JDK 版本可供选择。

因为 JDK 是有版权的，所以需要接受许可协议（Accept License Agreement）后才能下载。如果在 Windows 下开发，就选择 Windows x86。这样会下载类似 jdk-8u121-windows-i586.exe 这样的文件。下载完毕后，使用默认方式安装 JDK 即可。

JDK 相关的文件都放在一个叫作 JAVA_HOME 的根目录下。JDK 根目录的命名格式是 C:\Program Files\Java\jdk1.8.0_<version>。最后以一个数字类型的版本号结尾，如 10 或者 21 等。

因为在一台计算机上可以安装多个 JDK 和 JVM，为了避免混乱，可以新增环境变量 JAVA_HOME，指定一个默认使用的 JDK。

使用 echo 命令检查环境变量 JAVA_HOME：

```
>echo %JAVA_HOME%
C:\Program Files\Java\jdk1.8.0_10
```

Eclipse 这样的集成开发环境只需要 JAVA_HOME 这一个环境变量。为了检查 JAVA_HOME 是否正确设置，使用如下命令，如果能显示虚拟机的版本号就表示可以了。

```
>"%JAVA_HOME%"\bin\java -version
java version "1.8.0_10-rc"
Java(TM) SE Runtime Environment (build 1.8.0_10-rc-b28)
Java HotSpot(TM) Client VM (build 11.0-b15, mixed mode, sharing)
```

如果还需要在 Windows 控制台下执行 Java 程序，则需要访问编译源代码的 javac.exe 或者执行 class 文件字节码的 java.exe。环境变量 PATH 指定了从哪里找 java.exe 这样的可执行文件。可以通过多个路径查找可执行文件，这些路径以分号隔开。如果想在命令行运行 Java 程序，还可以修改已有的环境变量 PATH，增加 Java 程序所在的路径。例如，C:\Program Files\Java\jdk1.8.0_10\bin。

然后检查环境变量 PATH：

```
>echo %PATH%
```

如果在任何路径下输入 javac 命令都能显示 javac 的用法，则说明 PATH 已经设置正确。也可以用一个 Java 程序试验一下。

新建一个 Java 项目后，在这个项目的 src 路径下新建一个叫作 NLP 的 Java 类，代码如下：

```
public class NLP {
    public static void main (String args[]) {
            System.out.println("Hello nlp!");
    }
}
```

运行下述代码：

```
>javac NLP.java
>java NLP
```

看运行结果是否显示 "Hello nlp!"。

最简单的，可以使用 javac 构建出 class 文件。对于复杂的项目，往往使用工具构建项目源代码。Gradle 就是一个可用于构建 Java 项目的工具。例如，自然语言处理软件包 CoreNLP 就支持使用 Gradle 构建。可以在 Gradle 官网下载二进制文件来安装 Gradle。

Windows 上自动设置 Gradle 环境变量的脚本如下：

```
set input=F:\soft\gradle-3.5
echo gradle 路径为%input%
set gradlePath=%input%
::创建 GRADLE _HOME
wmic  ENVIRONMENT   create
name="GRADLE_HOME",username="<system>",VariableValue="%javaPath%"
call set xx=%Path%;%gradlePath%\bin
::echo %xx%
::将环境变量中的字符串重新赋值到 path 中
wmic ENVIRONMENT where "name='Path' and username='<system>'" set VariableValue="%xx%"
pause
```

打开控制台并运行 gradle -v 命令显示版本来验证安装，例如：

```
C:\Users\Administrator>gradle -v
```

显示类似如下的输出则表示安装正确：

```
------------------------------------------------------------
Gradle 3.5
------------------------------------------------------------

Build time:   2017-04-10 13:37:25 UTC
Revision:     b762622a185d59ce0cfc9cbc6ab5dd22469e18a6
Groovy:       2.4.10
Ant:          Apache Ant(TM) version 1.9.6 compiled on June 29 2015
```

```
JVM:          1.8.0_121 (Oracle Corporation 25.121-b13)
OS:           Windows Server 2008 6.0 x86
```

可以在 Gradle 构建中使用标准和定制的 Ant 任务，就像在 Ant 本身中使用的那样。另外，可以导入现有的 Ant 脚本。就像这样简单：

```
ant.importBuild 'build.xml'
```

Gradle 本地存储库（Gradle Cache Location）是 Gradle 维护其缓存的位置，其中包括 Gradle 在构建任何项目时从存储库下载的所有依赖项，以便在下次重新运行构建时重用。

在 Windows 下，Gradle 本地存储库的默认路径是 C:/Users/Administrator/.gradle。可以通过设置环境变量 GRADLE_USER_HOME 将 Gradle 本地存储库更改为其他目录。

1.1.3 Linux 终端

虽然使用 Linux 操作系统办公并不多见，但是很多自然语言处理应用是运行在 Linux 操作系统下的。往往通过 SSH 客户端软件连接到远程的 Linux 服务器。SSH 通常作为大多数 Linux 发行版上易于安装的软件包提供，可以尝试使用 ssh localhost 来测试它是否正在运行。

如果有现成的 Linux 服务器可用，可以使用支持 SSH 协议的终端仿真程序 SecureCRT 来连接远程 Linux 服务器，因为可以保存登录信息，保证登录安全，所以比较方便。除了 SecureCRT，还可以使用开源软件 PuTTY，或者保存登录密码的 KiTTY。如果用 root 账户登录，则终端提示符是#，否则终端提示符是$。

就像小袋鼠在袋鼠妈妈的袋子里长大，使用 VMware，则 Linux 可以运行在 Windows 系统下。VMware 让 Linux 运行在虚拟机中，而且不会破坏原来的 Windows 操作系统。

首先要准备好 VMware，当然仍然需要 Linux 光盘文件。Linux 也有很多种版本，例如 RedHat、Ubuntu 和 SUSE 等。这里选择 CentOS。

也可以在 Windows 系统下安装 Cygwin，使用它来练习 Linux 常用命令。

如果需要安装软件，可以下载 RPM 安装包，然后使用 RPM 安装。但找到操作系统对应的 RPM 安装包往往比较麻烦。一个软件包可能依赖其他软件包。为了安装一个软件，可能需要下载它所依赖的软件包。

为了简化安装操作，可以使用黄狗升级管理器（Yellow dog Updater Modified，Yum）。Yum 会自动计算出程序之间的关联性，并且计算出完成软件包的安装需要哪些步骤。这样在安装软件时，就不会再被那些关联性问题所困扰了。

Yum 软件包管理器会自动从网络下载并安装软件。Yum 有点类似 360 软件管家，但是不会有商业倾向的推销软件。例如安装支持 wget 和 rzsz 命令的软件：

```
#yum install wget
#yum install lrzsz
```

可以使用 Nodepad++自带的插件 NppFTP 编辑 Linux 系统下的文件。为了方便在服务器端管理和开发自然语言处理相关的应用，可以采用 Micro 这样的终端文本编辑器。

可以使用 DNF 安装 Micro。为了安装 DNF，必须先安装并启用 epel-release 依赖。使用 Yum 安装 epel-release 的命令如下：

```
# yum install epel-release
```

如果没有 DNF 安装工具软件，也可以直接安装 Micro 的预编译版本。使用 wget 下载 Micro：

```
#wget https://github.com/zyedidia/micro/releases/download/nightly/micro-1.3.4-67-
linux64.tar.gz
```

和 Windows 不同，Linux 操作系统下的路径名之间用"/"分开。./micro-1.3.4-67-linux64.tar.gz 表示当前路径下的 micro-1.3.4-67-linux64.tar.gz 文件。使用如下命令解压缩当前路径下的 micro-1.3.4-67-linux64.tar.gz 文件：

```
#tar -xf ./micro-1.3.4-67-linux64.tar.gz
```

编辑/etc/profile 配置文件，增加 micro 所在的路径到 PATH 环境变量/home/soft/micro-1.3.4-67：

```
# ./micro /etc/profile
```

增加如下行：

```
export PATH=/home/soft/micro-1.3.4-67:$PATH
```

可以使用 Micro 编辑配置文件：

```
#micro /etc/security/limits.conf
```

保存文件后，按 Ctrl+Q 组合键退出。

1.1.4 在 Linux 下使用 Java

首先安装 JDK，然后来看如何在 Linux 终端开发 Java 程序。使用 wget 下载 JDK 安装包：

```
#wget -c --header "Cookie: oraclelicense=accept-securebackup-cookie" http://download.
oracle.com/otn-pub/java/jdk/8u131-b11/d54c1d3a095b4ff2b6607d096fa80163/jdk-8u131-linux-x64.
rpm
```

使用 RPM 安装，命令如下：

```
# rpm -i ./jdk-8u131-linux-x64.rpm
```

验证 Java 安装，输入如下命令：

```
#java -version
```

如果安装成功，则输出如下：

```
java version "1.8.0_131"
Java(TM) SE Runtime Environment (build 1.8.0_131-b11)
Java HotSpot(TM) 64-Bit Server VM (build 25.131-b11, mixed mode)
```

为了自动构建 Java 源代码，需要安装 Maven，首先下载 Maven 安装文件：

```
# wget
 http://mirrors.shuosc.org/apache/maven/maven-3/3.5.2/binaries/apache-maven-
3.5.2-bin.tar.gz
```

然后解压缩安装文件：

```
# tar -xzf apache-maven-3.5.2-bin.tar.gz
```

把安装路径改成/usr/local/apache-maven：

```
# mv apache-maven-3.5.2 /usr/local/apache-maven
```

修改配置文件/etc/profile 设定变量 MAVEN_HOME 的值，并把 Maven 所在的路径加入 PATH 变量，也就是增加如下行：

```
export MAVEN_HOME=/usr/local/apache-maven
export PATH=$MAVEN_HOME/bin:$PATH
```

安装 Gradle，首先下载安装文件 gradle-3.5-bin.zip：

```
# wget https://services.gradle.org/distributions/gradle-3.5-bin.zip
```

创建 Gradle 软件存放的路径：

```
# mkdir /opt/gradle
```

解压缩 gradle-3.5-bin.zip 到/opt/gradle 目录：

```
# unzip -d /opt/gradle gradle-3.5-bin.zip
```

检查解压缩出来的文件：

```
# ls /opt/gradle/gradle-3.5
LICENSE  NOTICE  bin getting-started.html init.d lib media
```

把 Gradle 所在的路径加入 PATH 变量：

```
export PATH=$PATH:/opt/gradle/gradle-3.5/bin
```

在 Linux 终端输入命令验证安装：

```
# gradle -v
```

在 Linux 下也可以使用 Bazel 构建 Java 项目，首先，在 Linux 下安装 Bazel：

```
yum install -y bazel
```

BUILD 文件包含 Bazel 的几种不同类型的指令。最重要的类型是构建规则，它告诉 Bazel 如何构建所需的输出，例如可执行的二进制文件或库。BUILD 文件中构建规则的每个实例都称为目标，并指向一组特定的源文件和依赖项。目标也可以指向其他目标。

看看 java-tutorial / BUILD 文件：

```
java_binary(
    name = "ProjectRunner",
    srcs = glob(["src/main/java/com/example/*.java"]),
)
```

在上面的示例中，ProjectRunner 目标实例化 Bazel 的内置 java_binary 规则。规则告诉 Bazel 构建一个.jar 文件和一个包装器 shell 脚本（都以目标命名）。

目标中的属性显式声明其依赖项和选项。虽然 name 属性是必需的，但许多选项是可选的。例如，在 ProjectRunner 规则目标中，name 是目标的名称，srcs 指定 Bazel 用于构建目标的源文件，main_class 指定包含 main 方法的类。（读者可能已经注意到我们的示例使用 glob 将一组源文件传递给 Bazel，而不是逐个列出它们。）

下面我们构建示例项目，转到 java-tutorial 目录并运行以下命令：

```
bazel build //:ProjectRunner
```

注意目标标签 – //部分是我们的 BUILD 文件相对于工作区根目录的位置（在本例中是根目录本身），而 ProjectRunner 是我们在 BUILD 文件中给目标起的名字。

Bazel 产生的输出类似于以下内容：

```
INFO: Analysed target //:ProjectRunner (15 packages loaded, 476 targets configured).
INFO: Found 1 target...

Target //:ProjectRunner up-to-date:
  bazel-bin/ProjectRunner.jar
  bazel-bin/ProjectRunner
INFO: Elapsed time: 230.242s, Critical Path: 89.34s, Remote (0.00% of the time):
 [queue: 0.00%, setup: 0.00%, process: 0.00%]
INFO: 3 processes: 2 processwrapper-sandbox, 1 worker.
INFO: Build completed successfully, 7 total actions
```

恭喜你，你刚刚建立了你的第一个 Bazel 目标！Bazel 将构建输出放在工作区根部的 bazel-bin 目录中。浏览其内容以了解 Bazel 的输出结构。

现在测试新构建的二进制文件：

```
# bazel-bin/ProjectRunner
Hi!
```

1.1.5 Eclipse 集成开发环境

就好像做实验有专门的试验台，开发软件也有专门的集成开发环境。开发 Java 程序最流行的开发环境叫作 Eclipse。

Eclipse 也有很多版本，可以选择最简单的一个版本 Eclipse IDE for Java Developers。Eclipse 是绿色软件，无须安装，解压后就可以直接使用。在 Windows 下，双击后就可以解压文件。如果需要专门的解压软件，推荐使用 7z。

Eclipse 默认是英文界面，如果习惯用中文界面，可以从 Eclipse 官网上下载支持中文的语言包。

Eclipse 按项目管理软件，每个项目都有自己的.classpath 文件，这个文件指定了源代码路径、编译后输出文件的路径以及这个项目引用的 jar 包的路径。一个简单的.classpath 文件内容如下：

```
<?xml version="1.0" encoding="UTF-8"?>
<classpath>
<classpathentry kind="src" path="src"/>
<classpathentry kind="src" path="test"/>
<classpathentry kind="con"
path="org.eclipse.jdt.launching.JRE_CONTAINER/org.eclipse.jdt.internal.debug.
ui.launcher.StandardVMType/JavaSE-1.8"/>
<classpathentry kind="lib" path="lib/fastjson-1.2.7.jar"/>
<classpathentry kind="output" path="bin"/>
</classpath>
```

为了方便在其他机器上正常开发，classpathentry中的路径往往用相对路径而不是绝对路径。如果是绝对路径，也可以手动修改文件为相对路径。

1.2　技术基础

1.2.1　机器学习

机器学习解决问题的流程是：根据训练集产生模型，根据模型预测新的实例。

根据目标预测变量的类型，机器学习问题可以分为分类问题和回归问题两类。

根据学习方法，机器学习模型可以分为产生式模型和判别式模型两类。假定输入是 x，类别标签是 y。产生式模型估计联合概率 $P(x,y)$，因为可以根据联合概率生成样本，所以叫作产生式模型。判别式模型估计条件概率 $P(y|x)$，因为没有 x 的知识，无法生成样本，只能判断分类，所以叫作判别式模型。

产生式模型可以根据贝叶斯公式得到判别式模型，但反过来不行。例如下面的情况：

$$(1,0), (1,1), (2,0), (2,1)$$

假设计算出联合概率 $P(x, y)$ 如下：

$$P(1,0) = 1/2, P(1,1) = 0, P(2,0) = 1/4, P(2,1) = 1/4$$

假设计算出条件概率 $P(y|x)$：

$$P(0|1) = 1, P(1|1) = 0, P(0|2) = 1/2, P(1|2) = 1/2$$

判别式模型得到输入 x 在类别 y 上的概率分布。

1.2.2　Java 基础

下面通过一些例子简单复习一下 Java 的基础知识。

定义一个 Token 类描述词在文本中的位置：

```java
public class Token {
    public String term; // 词
    public int start; // 词在文档中的开始位置
    public int end; // 词在文档中的结束位置
}
```

增加构造方法：

```java
public class Token {
    public String term;  // 词
    public int start;   // 开始位置
    public int end;  // 结束位置

    public Token(String t, int s, int e) { // 构造方法
```

```
        term = t; // 参数赋值给实例变量
        start = s;
        end = e;
    }
}
```

调用这个构造方法来创造对象。例如，有个词出现在文档的开始位置。在构造方法前加上 new 关键词来通过这个构造方法创造对象：

```
Token t = new Token("量子", 0, 2); // 出现在开始位置的"量子"这个词
```

可以通过 this.term 访问 Token 的实例变量 term，特别说明 term 不是一个方法中的局域变量，所以构造方法也可以这样写：

```
public Token(String t, int s, int e) { // 构造方法
    this.term = t; // 用 this 关键字作前缀修饰词来指明 term 是当前对象的实例变量
    this.start = s;
    this.end = e;
}
```

在此处，创建一个 Token 类需要传入 3 个参数：词本身、词的开始位置和结束位置：

```
Token t = new Token("量子", 0, 2); // 出现在开始位置的"量子"这个词
```

这是调用构造方法 Token(String t, int s, int e) 来创建 Token 类实例的一个例子。

可以使用 Guava（一种基于开源的 Java 库）初始化 HashMap。

为了引入 Guava 相关的 jar 包，首先在 ivy.xml 文件中增加依赖项：

```
<dependency org="com.google.guava" name="guava" rev="27.0-jre"/>
```

然后在 Java 项目中增加对相关 jar 包的引用：

```
Map<String, Integer> vocab = ImmutableMap.of("l o w</w>", 5
        , "l o w e r</w>", 2,
        "n e w e s t</w>", 6,
        "w i d e s t</w>", 3
        );

System.out.println(vocab);
```

1.2.3　信息采集

机器学习的方法需要大量数据，通过网络爬虫抓取是获得数据的一种方法。

可以用 docx4j 从采集的 Word 文档提取文本。项目中增加 docx4j 依赖项：

```
<dependency org="org.docx4j" name="docx4j" rev="6.0.1"/>
```

使用 TextUtils 类提取文本：

```
String inputfilepath = "教程.docx";
WordprocessingMLPackage wordMLPackage =
        WordprocessingMLPackage.load(new java.io.File(inputfilepath));
MainDocumentPart documentPart = wordMLPackage.getMainDocumentPart();
org.docx4j.wml.Document wmlDocumentEl =
        (org.docx4j.wml.Document)documentPart.getJaxbElement();

String content = TextUtils.getText(wmlDocumentEl);

System.out.println(content);
```

使用 Apache-Tika（基于 Java 的内容检测和分析工具包）来处理各种格式的文档。例如用 Tika 判断语言类型：

```
public class LanguageDetectorExample {
```

```
public static void main(String[] args) throws IOException {
    String lang = detectLanguage("hello world");
    System.out.println(lang); // 输出语言类型: en
}

public static String detectLanguage(String text) throws IOException {
    LanguageDetector detector = new OptimaizeLangDetector().loadModels();
    LanguageResult result = detector.detect(text);
    return result.getLanguage();
}
}
```

可以使用机器学习的方法解决自然语言处理问题。方法是：根据训练集产生模型，根据模型分析新的实例。

用于训练的文档叫作语料库。语料库就是一个文档的样本库，需要有很大的规模，才有概率统计的意义，可以假设很多词和句子都会在其中出现多次。

1.2.4　文本挖掘

文本挖掘指从大量文本数据中抽取隐含的、未知的、可能有用的信息。

常用的文本挖掘方法包括全文检索、中文分词、句法分析、文本分类、文本聚类、关键词提取、文本摘要、信息提取、智能问答等。文本挖掘相关技术的结构如图 1-1 所示。

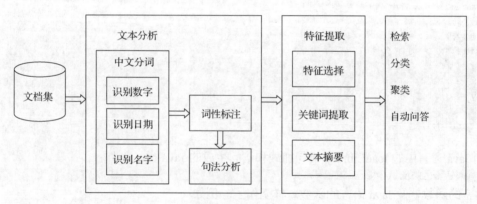

图 1-1　文本挖掘的结构

1.2.5　SWIG 扩展 Java 性能

当前一些高性能代码库选用 C 或 C++开发。简化包以及接口生成器（Simplified Wrapper and Interface Generator，SWIG）是一个软件开发工具，它将 C 和 C++编写的程序与包括 Java 在内的各种高级编程语言连接起来。可以使用它在 Java 项目中重用现有的 C 和 C++代码。

为了说明 SWIG 的使用，在 Linux 下运行一个简单的测试类。

下载 SWIG 源代码：

```
#wget http://prdownloads.sourceforge.net/swig/swig-3.0.12.tar.gz
```

解压缩：

```
#tar -xvf ./swig-3.0.12.tar.gz
```

切换到源代码所在的目录：

```
#cd swig-3.0.12/
```

构建源代码：

```
#make
#make install
```

验证是否正确安装：

```
#swig -version
```

运行例子：

```
#cd Examples/java/simple
```

构建例子代码：

```
#make
```

指定链接库所在的路径：

```
#export LD_LIBRARY_PATH=. #ksh
```

编译 Java 源代码：

```
#javac *.java
```

运行：

```
#java runme
```

想要添加到 Java 语言的 c 函数，具体来说，假设将函数放在了文件"example.c"中：

```
# cat ./example.c
/*全局变量*/
double Foo = 3.0;

/*计算正整数的最大公约数*/
int gcd(int x, int y) {
  int g;
  g = y;
  while (x > 0) {
    g = x;
    x = y % x;
    y = g;
  }
  return g;
}
```

使用 Java 语言中的 loadLibrary 语句加载和访问生成的 Java 类。例如：

```
System.loadLibrary("example");
```

C 语言的函数就像 Java 语言的函数一样工作了。例如：

```
int g = example.gcd(42,105);
```

通过模块类中的 get 和 set 函数访问 C 语言的全局变量。例如：

```
double a = example.get_Foo();
example.set_Foo(20.0);
```

1.2.6　代码移植

存在一些其他高级语言编写的自然语言处理项目，可以把这些代码移植到 Java 语言。例如，可以使用 Roslyn 解析 C#代码，使用 JavaPoet 生成代码。

语法树的 4 个主要构建块如下。

● SyntaxTree 类，其实例表示整个解析树。SyntaxTree 是一个抽象类，具有 C#语言的派生类，如使用 CSharpSyntaxTree 类上的解析方法可解析 C#语言的语法。

● SyntaxNode 类，其实例表示语法结构，如声明、语句、子句和表达式。

● SyntaxToken 结构，表示关键字、标识符、运算符或标点符号。

- **SyntaxTrivia** 结构，表示语法上无关紧要的信息，例如符号之间的空白、预处理指令和注释。

接下来介绍如何遍历树。首先创建一个新的 C# Stand-Alone 代码分析工具项目，然后将以下 using 指令添加到 Program.cs 文件中：

```
using Microsoft.CodeAnalysis;
using Microsoft.CodeAnalysis.CSharp;
using Microsoft.CodeAnalysis.CSharp.Syntax;
```

在 **main** 方法中输入以下代码：

```
SyntaxTree tree = CSharpSyntaxTree.ParseText(
@"using System;
using System.Collections;
using System.Linq;
using System.Text;

namespace HelloWorld
{
    class Program
    {
        static void Main(string[] args)
        {
            Console.WriteLine(""Hello, World!"");
        }
    }
}");

var root = (CompilationUnitSyntax)tree.GetRoot();
```

main 方法中的解析代码如下：

```
            SyntaxTree tree = CSharpSyntaxTree.ParseText(
@"using System;
using System.Collections;
using System.Linq;
using System.Text;

namespace HelloWorld
{
    class Program
    {
        static void Main(string[] args)
        {
            Console.WriteLine(""Hello, World!"");
        }
    }
}");

            var root = (CompilationUnitSyntax)tree.GetRoot();
            // 命名空间 Namespace
            var firstMember = root.Members[0];

            var helloWorldDeclaration = (NamespaceDeclarationSyntax)firstMember;
            // 类 class
            var programDeclaration =
                (ClassDeclarationSyntax)helloWorldDeclaration.Members[0];
            // 方法 Method
```

```
                        var mainDeclaration =
                            (MethodDeclarationSyntax)programDeclaration.Members[0];
                        // 参数 Parameter
                        var argsParameter = mainDeclaration.ParameterList.Parameters[0];
                    }
```

具体例子可以参考 CSharpTranspiler 的实现:

```
// 加载解决方案
string path = Path.Combine(Environment.CurrentDirectory, @"..\..\..\");
var solution = new Solution(Path.Combine(path, @"TestApp\TestApp.csproj"));

// 解析解决方案
var task = solution.Parse();
task.Wait();

// 生成代码
var emitter = new EmitterC(solution, Path.Combine(path, "TestOutput"),
 EmitterC.CVersions.c99, EmitterC.CompilerTargets.VC, EmitterC.PlatformTypes.
 Standalone, EmitterC.GCTypes.Boehm);
emitter.Emit(false);
```

1.2.7　语义

自然语言中的语义复杂多变,例如,在"买玩偶送女友"中,"送"这个词不止一个义项。OpenCyc 提供了 OWL(一门供处理 Web 信息的语言)格式的英文知识库。

三元组是"主语/谓词/对象"形式的语句,即将一个对象(主语)通过一个谓词链接到另一个对象(对象)或文字的语句。三元组是二元关系的最小不可约表示。例如,三元组:《史记》 作者 司马迁

RDF(Resource Description Framework,资源描述框架)三元组包含以下 3 个组件。

- 主语,是 RDF URI 引用或空白节点。
- 谓词,是 RDF URI 引用。
- 对象,是 RDF URI 引用、文字或空白节点。

RDF 三元组通常按主语、谓词、对象的顺序编写。谓词也称为三元组的属性。

"张三认识李四"可以在 RDF 中表示为:

```
uri://people#张三12 http://xmlns.com/foaf/0.1/认识 uri://people#李四45
```

一组 RDF 三元组组成 RDF 图。RDF 图的节点集是图中三元组的主题和对象的集合。

可以把三元组数据存储在一种叫作三元组仓库(triplestore)的专门数据库中,并使用 SPARQL(SPARQL Protocol and RDF Query Language,SPARQL 协议和 RDF 查询语言)查询,也可以将三元组存入图形数据库 Neo4j 中。

FrameNet 项目正在建立一个人类和机器可读的英语词汇数据库,它基于如何在实际文本中使用单词的注释示例。从学生的角度来看,它是一个包含超过 13000 个单词意义的词典,其中大多数都带有注释示例,用于显示其含义和用法。对于自然语言处理的研究人员,超过 200000 个手动注释句子链接到 1200 多个语义框架,为语义角色标记提供了独特的训练数据集,用于信息提取、机器翻译、事件识别、情感分析等应用。对于语言学的学生和教师来说,它作为一个价值词典,具有核心英语词汇集的组合属性的独特详细证据。该项目自 1997 年以来一直在伯克利国际计算机科学研究所运作,主要由美国国家科学基金会支持,数据可免费下载。它已被世界各地的研究人员下载和使用,用于各种目的(参见 FrameNet 下载程序)。类似 FrameNet 的数据库已经用于构建中文、巴西葡萄牙语、瑞典语、日语、韩语等语言的语义,一个新项目正致力于跨语言对齐 FrameNets。

中文 FrameNet（CFN）是一个词汇数据库，包括框架、词汇单元和带注释的句子。它基于框架语义学理论，参考了伯克利的英语框架网工作，并得到了大型中文语料库的证据支持。CFN 目前包含 323 个语义框架，3947 个词汇单元，超过 18000 个句子，注释了句法和框架语义信息。

SEMAFOR 是一个框架表示的语义分析包。

1.2.8　Hadoop 分布式计算框架

互联网文本处理经常面临海量数据，需要分布式的计算框架来执行对网页重要度打分等计算。有的计算数据很少，但是计算量很大，还有些计算数据量比较大，但是计算量相对比较小。例如，计算圆周率是计算密集型，互联网搜索中的计算往往是数据密集型。所以出现了数据密集型的云计算框架 Hadoop。MapReduce 是一种常用的云计算框架。

Hadoop 处理部分资源的管理器 YARN（Yet Another Resource Negotiator）通过使用 Spark（用于实时处理）、Hive（用于 SQL）、HBase（用于 NoSQL）等工具，使用户能够按照要求执行操作。

YARN 的基本思想是将资源管理和作业调度/监视的功能分解为单独的守护进程。一个 YARN 集群拥有一个全局 ResourceManager（RM），每个应用程序拥有一个 ApplicationMaster（AM）。

RM 是仲裁所有可用集群资源的主服务器，因此有助于管理在 YARN 系统上运行的分布式应用程序。YARN 集群中的每个从节点都有一个 NodeManager（节点管理器，NM）守护程序，它充当 RM 的从属节点。

除资源管理外，YARN 还执行作业调度。YARN 通过分配资源和计划任务执行所有处理活动。

YARN 服务框架提供一流的支持和 API，以便在 YARN 中托管本地长期运行的服务。简而言之，它作为一个容器编排平台，管理 YARN 上的容器化服务。它支持 YARN 中的 Docker 容器和传统的基于进程的容器。

YARN 框架的职责包括执行配置解决方案和安装、生命周期管理（如停止、启动、删除服务）、向上/向下弹性化服务组件、在 YARN 上滚动升级服务、监控服务的健康状况和准备情况等。

YARN 服务框架主要包括以下组件。

- 在 YARN 上运行的核心框架 AM，用作容器协调器，负责所有服务生命周期管理。
- 一个 RESTful 的 API 服务器，供用户与 YARN 交互，通过简单的 JSON 规范部署和管理的服务。
- 由 YARN 服务注册表支持的 DNS 服务器，用于通过标准 DNS 查找在 YARN 上的服务。

接下来描述如何使用 YARN 服务框架在 YARN 上部署服务。

要启用 YARN 服务框架，请将 yarn.webapp.api-service 属性添加到 yarn-site.xml 并重新启动 RM 或在启动 RM 之前设置该属性。通过 CLI（Command Line Interface，命令行界面）或 REST API 使用 YARN 服务框架需要此属性：

```
<property>
  <description>
    在 ResourceManager 上启用服务 REST API
  </description>
  <name>yarn.webapp.api-service.enable</name>
  <value>true</value>
</property>
```

下面是一个简单的服务定义，在不编写任何代码的情况下它通过编写一个简单的 spec 文件在 YARN 上启动睡眠容器：

```
{
  "name": "sleeper-service",
  "components" :
    [
```

```
    {
      "name": "sleeper",
      "number_of_containers": 1,
      "launch_command": "sleep 900000",
      "resource": {
        "cpus": 1,
        "memory": "256"
      }
    }
  ]
}
```

用户可以使用以下命令在 YARN 上运行预先构建的示例服务：

```
yarn app -launch <service-name> <example-name>
```

例如，使用下面的命令在 YARN 上启动一个名为 my-sleeper 的睡眠服务：

```
yarn app -launch my-sleeper sleeper
```

为了开发 YARN 应用程序，首先将应用程序提交给 YARN RM，这可以通过设置 YarnClient 对象来完成。启动 YarnClient 后，客户端可以设置应用程序上下文，准备包含 AM 的应用程序的第一个容器，然后提交应用程序。用户需要提供一些信息，例如有关运行应用程序需要可用的本地文件 jar 的详细信息，需要执行的实际命令（使用必要的命令行参数），操作系统环境设置（可选），描述为 RM 启动的 Linux 进程。

然后，YARN RM 将在已分配的容器上启动 AM（如指定的那样）。AM 与 YARN 集群通信，并处理应用程序，以异步方式执行操作。在应用程序启动期间，ApplicationMaster 的主要任务是：①与 RM 通信以协商和分配未来容器的资源；②在容器分配之后，通信 YARN NM 在其上启动应用程序容器。任务①可以通过 AMRMClientAsync 对象异步执行，事件处理方法在 AMRMClientAsync.CallbackHandler 类型的事件处理程序中指定，需要将事件处理程序显式设置为客户端。任务②可以通过启动一个可运行的对象来执行，然后在分配容器时启动容器。作为启动此容器的一部分，AM 必须指定具有启动信息的 ContainerLaunchContext，例如命令行规范、环境等。

在执行应用程序期间，AM 通过 NMClientAsync 对象与 NM 进行通信。所有容器事件都由 NMClientAsync.CallbackHandler 处理，与 NMClientAsync 相关联。典型的回调处理程序处理客户端启动、停止、状态更新和错误。AM 还通过处理 AMRMClientAsync.CallbackHandler 的 getProgress() 方法向 RM 报告执行进度。

除异步客户端外，还有某些工作流的同步版本（AMRMClient 和 NMClient）。建议使用异步客户端，因为（主观上）其具有更简单的用法。

以下是异步客户端的重要接口。

- 客户端<->RM：通过使用 YarnClient 对象处理事件。

- AM<->RM：通过使用 AMRMClientAsync 对象，由 AMRMClientAsync.CallbackHandler 异步处理事件。

- AM<->NM：发射容器。使用 NMClientAsync 对象与 NM 通信，通过 NMClientAsync.CallbackHandler 处理容器事件。

客户端需要做的第一步是初始化并启动 YarnClient：

```
YarnClient yarnClient = YarnClient.createYarnClient();
yarnClient.init(conf);
yarnClient.start();
```

设置客户端后，客户端需要创建应用程序，并获取其应用程序 ID：

```
YarnClientApplication app = yarnClient.createApplication();
GetNewApplicationResponse appResponse = app.getNewApplicationResponse();
```

YarnClientApplication 对新应用程序的响应还包含有关集群的信息，例如集群的最小/最大资源功能。这是必需的，以确保可以正确设置启动 AM 的容器的规范。

客户端的关键是设置 ApplicationSubmissionContext，它定义了 RM 启动 AM 所需的所有信息。客户端需要将以下内容设置到上下文中。

- 申请信息：id、name。
- 队列、优先级信息：将向上下文提交应用程序的队列，为应用程序分配的优先级。
- 用户：提交应用程序的用户。
- ContainerLaunchContext：定义将在其中启动和运行 AM 的容器的信息。如前所述，ContainerLaunchContext 定义了运行应用程序的所有必需信息，例如本地资源（二进制文件、jar 文件等）、环境设置（CLASSPATH 等）、要执行的命令和安全性 Token。

Behemoth 是一个基于 Apache Hadoop 的大规模文档处理的开源平台。它由一个简单的基于注释的文档实现，并由许多运行在这些文档上的模块组成。Behemoth 的主要作用是简化文档分析器的部署，同时也为以下方面提供可重用的模块。

- 从常见数据源获取数据（Warc、Nutch 等）。
- 文本处理（Tika、UIMA、GATE、语言识别）。
- 为外部工具生成输出（SOLR、Mahout）。

从 Behemoth 的根目录运行"mvn install"程序将获取依赖项，编译每个模块，运行测试并在每个模块的目标目录中生成一个 jar 文件。

为了在 Hadoop 集群上运行 Behemoth，必须有一个作业文件。作业文件是基于模块生成的：用户可以生成多个作业文件并单独使用它们（例如一个用于 Tika、一个用于 GATE），或者使用一些自定义代码构建一个新模块，声明对模块 Tika 和 GATE 的依赖性，并为该新模块生成一个作业文件。

从 Behemoth 的根目录运行"mvn package"将在目标目录中为每个模块生成一个 * -job.jar 文件。然后，可以将这些作业文件与 Hadoop 一起使用。

第一步是使用核心模块中的 CorpusGenerator 将一组文档转换为 Behemoth 语料库。该类返回 Behemoth 文档的序列文件，然后可以进一步使用其他模块处理序列文件，命令如下：

```
hadoop jar core/target/behemoth-core-*-job.jar
com.digitalpebble.behemoth.util.CorpusGenerator
-i "path to corpus" -o "path for output file"
```

使用另一个 Behemoth 核心实用程序：CorpusReader，可以看到生成的序列文件的内容。以下命令显示 Behemoth 语料库中的所有内容：

```
hadoop jar core/target/behemoth-core-*-job.jar
com.digitalpebble.behemoth.util.CorpusReader
-i "path to generated Corpus"
```

返回如下：

```
url: file:/localPath/corpus/somedocument.rtf
contentType:
metadata: null
Annotations:
```

Behemoth 中的 Tika 模块使用 Apache Tika 库将文档中的文本提取到 Behemoth 序列文件中。它提供各种识别和过滤选项。

此步骤的基本命令是：

```
hadoop jar tika/target/behemoth-tika-*-job.jar
com.digitalpebble.behemoth.tika.TikaDriver
-i "path to previous output from the CorpusGenerator" -o "path to output file"
```

Behemoth 实现了语言识别和语言 ID 的文档过滤。我们可以通过运行如下命令来识别和检查语料库中不同语言的类型：

```
hadoop jar language-id/target/behemoth-lang*job.jar
```

```
com.digitalpebble.behemoth.languageidentification.LanguageIdDriver
-i corpusTika -o corpusTika-lang
```

1.3 专业术语

Automatic Summarization 　自动摘要

Chinese Word Segmentation 　中文自动分词

Information Extraction 　信息抽取

Information Retrieval 　信息检索

Machine Translation 　机器翻译

Natural Language Generation 　自然语言生成

Part of Speech Tagging 　词性标注

Parsing 　句法分析

Question Answering System 　问答系统

Speech Recognition 　语音识别

Speech Synthesis 　语音合成

Text Classification 　文本分类

Text Proofing 　文字校对

Text to Speech 　文本朗读

开发篇

02 第2章 中文分词原理与实现

一段文字首先需要分词，然后才能理解。比如，人们在街上看到一块饭店的招牌，写着"阿文炒饭店"。这时，我们都会选择切分成"阿文/炒饭/店"，而不会去考虑是否某位员工"阿文"在"炒/饭店"的鱿鱼。切分出来的名词短语比一个陈述句更适合作为一个招牌。

和英文不同，中文词与词之间没有空格。因此，实现专业的中文搜索引擎，比英文搜索引擎多了一项分词的任务。英语、法语和德语等西方语言通常采用空格或标点符号将词隔开，具有天然的分隔符，所以词的获取简单。但是中文、日语和韩语等东方语言，虽然句子之间有分隔符，但词与词之间没有分隔符，所以需要靠程序切分出词。如果没有将中文分词，搜索"华大"，则会匹配上"清华大学"。当使用搜索引擎时，虽然不能直接看到分词，但是可以感觉到它的存在。

要解决中文分词准确度的问题，仅仅提供一个免费版本的分词程序供下载使用显然是不够的，像分词这样的自然语言处理领域的问题，很难全部彻底解决。例如，通用版本的分词也许需要做很多修改后才能用到手机上，所以需要让人能看懂其中的代码与实现原理，并参与到改进的过程中，这样才能更好地应用。

2.1 接口

文本摘要和机器翻译、问答系统等应用调用中文分词时需要调用 API。首先确定中文分词的接口。最基本的是返回词序列：

```java
public interface ChineseSpliter {
    /**
     * 对给定的文本进行中文分词
     * @param text 给定的文本
     * @return 分词完毕的词数组
     */
    public String[] split(String text);
}
```

调用中文分词的方法：

```java
Segmenter seg = new Segmenter("产品和服务");
List<String> result = seg.split();
for (String word:result) {
    System.out.println(word);
}
```

可以模仿 BreakIterator，把分词接口设计成返回下一个位置。通过 next 方法返回下一个切分位置。

```
public class Segmenter {
    public int next () { // 得到下一个词，如果没有则返回-1
        // 返回最长匹配词，如果没有匹配上，则按单字切分
    }
}
```

输入句子的中文分词切分结果也就是切分方案。下面介绍如何表示切分方案。

对于搜索来说，经常需要同时输出多种粒度的切分结果。例如"世界粉末冶金大会"最粗的切分结果是"世界粉末冶金大会"，稍微细一些的切分结果是"世界/粉末冶金/大会"，更细的切分结果是"世界/粉末/冶金/大会"。切分方案实际上是返回一个切分词图。

中文分词就是对中文断句，这样能消除文字的部分歧义。分出来的词往往来自词表。词典就是现成的词表，例如，《现代汉语大词典》或者一些行业词典。除了词典，也可以从加工后的语料库中得到词表，例如"人民日报语料库"。中文分词最简单的方法是直接匹配词表，然后返回词表中最长的词。

如果按句子切分文本，则可以把输入文本预切分成句子。可以使用 java.text.BreakIterator 把文本分成句子。BreakIterator.getSentenceInstance 返回按标点符号的边界切分句子的实例。简单的切分句子的方法示例如下：

```
String stringToExamine = "银耳可以生吃吗？就是泡发之后拌凉菜。";

// 根据中文标点符号切分
BreakIterator boundary = BreakIterator.getSentenceInstance(Locale.CHINESE);
// 设置要处理的文本
boundary.setText(stringToExamine);
int start = boundary.first(); // 开始位置
for (int end = boundary.next(); end != BreakIterator.DONE;
    start = end, end = boundary.next()) {
    // 输出子串，也就是一个句子
    System.out.println(stringToExamine.substring(start, end));
}
```

程序输出如下：

```
银耳可以生吃吗？
就是泡发之后拌凉菜。
```

可以模仿 BreakIterator，把分词接口设计成从前往后迭代访问的风格。通过调用 next 方法返回下一个切分位置：

```
public class Segmenter {
    public int next () { // 得到下一个词，如果没有则返回-1
        // 返回最长匹配词，如果没有匹配上，则按单字切分
    }
}
```

或者直接返回下一个词：

```
Segmenter seg = new Segmenter("大学生活动中心"); // 切分文本
String word;
do {
    word = seg.nextWord(); // 返回一个词
    System.out.println(word);
} while (word != null);
```

2.1.1 切分方案

往往用动态数组 list<String>记录切分方案。此外，还可以用位数组 BitSet 记录切分方案。这是最节省内存的一种方式。如果待切分的字符串有 m 个字符，考虑每个字符左边和右边的位置，则有 $m+1$ 个点对应，点的编号从 0 到 m。例如"有意见分歧"这句话对应 6 个点，其中前 5 个点对应 5 个长度的 BitSet，如图 2-1 所示。

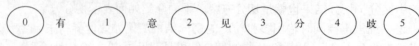

图 2-1 切分词图中的点

切分节点对应位是 1，否则对应位是 0。例如，表示"有/意见/分歧"的 BitSet 的内容是 11010。还可以用一个分词节点序列表示切分方案，例如"有/意见/分歧"的分词节点序列是{0,1,3,5}。

分词除了返回词本身，还可以返回词在文本中出现的位置信息。另外，还有词性信息：

```
private CharTermAttribute termAtt;// 词属性
private OffsetAttribute offsetAtt; // 位置属性
private PosAttribute posAtt; // 词性属性
```

2.1.2 词典格式

要把词典格式设计成方便人工查看和编辑的文本文件格式。为了减少加载词典的时间，可以把文本格式的词典编译成方便机器读入的二进制格式，示例代码如下：

```
if (!dataFile.exists()) {
        // 加载文本格式的文件
        loadTxtDictionay(txtFile);

        // 创建二进制数据文件
        compileDic(dataFile);
} else {// 加载编译出来的二进制文件
        loadBinaryFile(dataFile);
}
```

词典可以按约定存放在 dic 路径下或者由用户指定存放路径，例如在 webapps\ROOT\WEB-INF\classes\dic 路径下。也可以放在和词典类所在的路径下，例如，假设词典类位于 com.lietu.segmenter 路径。

```
URI uri =
    Dictionary.class.getClass().getResource("/com/lietu/segmenter/wordlist.txt").
toURI();
File txtFile = new File(uri); // 根据 URI 构建文件

FileReader fileRead = new FileReader(txtFile);
BufferedReader read = new BufferedReader(fileRead);
```

或者这样写：

```
InputStream ins = POSContextState.class
        .getResourceAsStream("/com/lietu/segmenter/wordlist.txt");

BufferedReader read = new BufferedReader(new InputStreamReader(ins,
        "UTF-8"));
```

最基本的词典的文本文件格式就是每行一个词。为了支持多种语言，采用 UTF-8 格式的编码。

读入词典的代码如下：

```
InputStream file = null;
if (System.getProperty("dic.dir")==null)// 用户没有指定词典存放路径时，从缺省的路径加载
    file = getClass().getResourceAsStream(Dictionary.getDir() + dic);
else
    file = new FileInputStream(new File(Dictionary.getDir() + dic));

// 为了防止乱码，在读文件的地方指定文件的字符编码集
BufferedReader in = new BufferedReader(new InputStreamReader(file, "GBK"));
String word;
while ((word = in.readLine()) != null) {
    // 按行处理读入的文本格式的词典
}
in.close();
```

也可以把词典绝对路径写在 Web 项目的配置文件中。例如在 Solr 的配置文件中指定词典路径：

```
<fieldType name="textSimple" class="solr.TextField" positionIncrementGap="100" >
    <analyzer>
            <tokenizer class="com.lietu.seg.CnTokenizerFactory" dicDir ="C:/apache/
apache-solr-3.1.0/example/solr/dic"/>
    </analyzer>
</fieldType>
```

2.2　散列表最长匹配中文分词

首先介绍如何采用散列表最长匹配方法实现中文分词，然后介绍使用 Ant 和 Gradle 构建中文分词 jar 包。

2.2.1　算法实现

最大长度分词的实现代码如下：

```
String sentence = "产品与服务";

// 加载字典
Dictionary dic = new Dictionary("SDIC.txt");

Segmenter seg = new Segmenter(dic,sentence); // 切分文本
do {
    String word = seg.nextWord(); // 返回一个词

    if(word==null){
        break;
    }

    System.out.println("切分出词：" + word);
} while (true);
```

Segmenter 类中的 nextWord()方法实现如下：

```
public String nextWord() { // 得到下一个词，如果没有则返回 null
    // 返回最长匹配词，如果没有匹配上，则按单字切分
    int senLen = text.length();// 首先计算出传入的这句话的字符长度
    int j=0;// i 是用来控制截取的起始位置的变量，j 是用来控制截取的结束位置的变量
```

```
        int M=12;// 所取得的词组的最大值不超过 12。词表中词的最大长度，这里假设是 12
        String word = null;// 我们需要与词库中做对比的词
        boolean bFind = false;// 用来判断是否是词库中的词

        if(offset < senLen)// 如果 offset 的大小小于此句话的长度就进入处理流程，
                            // 如果 i 的大小等于这句话的长度也就证明了匹配过程已经结束了
        {
            int N= offset+M<senLen ? offset+M : senLen;//如果 i+M<senLen 为真就把 i+M 的
            // 值赋给 N，如果其为假就把 senLen 的结果赋值给 N
            // 我们首先要做的事就是从一句话中取出一个处理范围
            // 以上这句话就是为了界定我们所要处理的字或者是词组的大小
            bFind=false;// 假设这个我们取出来的词组不是词库中的词
            for(j=N; j>offset; j--)// 正向最大匹配
            {
                word = text.substring(offset, j);// 截取我们所需要的字符串
                // 如果没有匹配到合适的词的话，就会一直在这里循环直到出循环
                if(dic.Find(word))
                {
                    //System.out.print(word + " ");// 如果这个词是词库中的那么就打印出来
                    bFind=true;

                    offset=j;// 如果在词库中找到了这个词那么就把截取的末尾的位置 j 赋给 i

                    //System.out.println(i);
                    break;// 跳出 for 循环
                }
            }
            if(bFind == false)// 如果在我们所处理的范围内一直都没有找到能匹配得上的词，那么就一
                              // 个字一个字的打印出来
            {
                word = text.substring(offset, offset+1);
                //System.out.print(word + " ");
                ++offset;// 这句话其实就是控制读的顺序
            }
        }
        return word;
}
```

2.2.2　使用 Ant 构建分词 jar 包

　　使用 Java 开发中文分词的基本流程是：首先写好核心的分词类，然后写单元测试类。可以先用少量测试数据验证代码的正确性，然后设计词典文件格式。如果用概率的方法开发分词，还需要根据语料库统计相关数据，形成词典文件的最终版本。最后生成 jar 文件，把词典文件和 jar 文件部署到需要的环境中。

　　jar 包就是一个压缩文件，但是不要用 7z 之类的压缩软件打包。可以用 JDK 提供的专门的命令行工具 jar 构建 jar 包，命令如下：

```
jar cvf seg.jar Segmenter.class
```

　　从源代码编译到 class，然后从 class 构建 jar 包，可以把这样的操作自动化。C++一般使用make 或者 cmake 从源代码编译出可执行文件。对 Java 来说，可以采用 Ant 编译源代码并构建 jar

文件。

　　build.xml 文件定义了一个项目。项目相关的信息包括项目名和默认编译的目标。例如项目 seg 默认编译的目标是 makeJAR：

```
<project name="seg" default="makeJAR" basedir=".">
```

　　由于 Ant 构建文件是 XML 格式的文件，所以很容易维护和书写，而且结构很清晰。Ant 可以集成到开发环境中，Eclipse 默认安装了 Ant 插件。选中 build.xml 后，在 run as 中选取 ant build，就可以运行 build.xml 中的默认目标了。

　　使用 build.xml 可以做以下事情。

- 定义全局变量，例如定义项目名。
- 初始化，主要是建立目录，例如发布路径。
- 编译 java 源代码成为 class 文件。
- 把 class 文件打包到一个 jar 文件，调用<jar destfile="***">。
- 建立 API 文档。

　　javac 标签调用 java 编译器。如果 Java 源代码文件编码不一致可能会出错，可以把编码统一成 GBK 或者 UTF-8。如果源代码文件编码是 UTF-8，则使用 javac 编译时，要增加 encoding 选项指定编码是 UTF-8，示例如下。

```
<javac encoding="utf-8" debug="true" srcdir="${src}" destdir="${bin}"
classpathref="project.class.path" target="1.6" source="1.6"/>
```

　　使用 Ant 把分词代码和词典打包成 seg.jar。

```
<project name="seg" default="makeJAR" basedir=".">
  <description>
    分词器的构建文件
  </description>

  <!--设置全局属性-->
  <property name="product" value="seg"/>
  <property name="src"     location="src"/>
  <property name="bin"     location="bin"/>
  <property name="dist"    location="dist"/>
  <property name="lib"     location="lib"/>
  <property name="jarfile" value="${product}.jar"/>

  <path id="project.class.path">
    <pathelement path="${java.class.path}/"/>
    <fileset dir="${lib}">
      <include name="**/*.jar"/>
    </fileset>
  </path>

  <target name="init" depends="clean">
    <!--创建时间戳-->
    <tstamp/>
    <!--创建编译使用的 build 目录结构-->
    <mkdir dir="${bin}" />
    <mkdir dir="${dist}" />
  </target>

  <target name="compile" depends="init"
    description="compile the source ">
    <!-- 把 java 代码从${src}编译到${build} -->
```

```
      <javac compiler="modern" encoding="gbk" debug="true" srcdir="${src}" destdir=
"${bin}" classpathref="project.class.path" target="1.7" source="1.7"  />
    </target>

    <target name="clean" description="removes temp stuff">
     <tstamp/>
     <delete dir="${bin}"/>
      <delete dir="${dist}"/>
    </target>

    <target name="makeJAR" depends="init,compile">
     <jar destfile="${dist}/${jarfile}">
      <fileset dir="${bin}">
        <include name="**/*.class"/>
      </fileset>
      <fileset dir="${src}">
        <include name="**/**"/>
        <exclude name="**/.svn/**"/>
        <exclude name="**/Thumbs.db"/>
        <exclude name="**/*.psd"/>
        <exclude name="**/*.java"/>
        <exclude name="**/*.jflex"/>
        <exclude name="**/*.y"/>
        <exclude name="**/*.properties"/>
      </fileset>
     </jar>
    </target>

</project>
```

编译 GBK 格式的 Java 文件：

```
<javac encoding="GBK" srcdir="${src}" destdir="${bin}"
classpathref="project.class.path"  target="1.7" source="1.7" />
```

词典位于 seg.jar 中的 dic 目录下：

```
<target name="makeJAR" depends="init,compile">
    <jar destfile="${dist}/${jarfile}">
    <fileset dir="${bin}">
    <include name="**/*.class"/>
  </fileset>
 <fileset dir="${base}">
    <include name="dic/"/>
      </fileset>
  </jar>
</target>
```

可以使用 Apache Ivy 来管理 jar 文件之间的依赖关系。Ivy 特有的文件是 ivy.xml 和一个 Ivy 设置文件。ivy.xml 文件中列举了项目的所有依赖项。例如项目依赖 junit：

```
<dependency org="commons-httpclient" name="commons-httpclient"
    rev="3.1" conf="*->master" />
```

Ivy 依赖于 Ant，所以需要先安装 Ant，然后下载 Ivy，将它的 jar 文件 ivy-2.4.0.jar 复制到 Ant 的 lib 目录下面，就可以在 Ant 里使用 Ivy 进行依赖管理了。

在构建文件 build.xml 的顶部声明 Ivy 名称空间：

```
<project ..... xmlns:ivy="antlib:org.apache.ivy.ant">
```

2.2.3　使用 Maven 构建分词 jar 包

除了 Ant，还可以使用 Maven 构建分词 jar 包。

往往使用 Archetype 来创建项目的结构。Archetype 是一个 Maven 项目模板工具包。把 Archetype 定义为原始模式或模型，从 Archetype 中创建所有其他相同类型的东西。

如果要创建最简单的 Maven 项目，可以从命令行执行以下命令：

```
>mvn -B archetype:generate  -DarchetypeGroupId=org.apache.maven.archetypes  -DgroupId=
com.lietu.nlu  -DartifactId=seg-app
```

在项目的根目录中放置 pom.xml，在 src/main/java 目录中放置项目的运行代码，在 src/test/java 中放置项目的测试代码。

执行完此命令后，会发现已为新项目创建了名为 seg-app 的目录，该目录包含一个名为 pom.xml 的文件：

```
<project xmlns="http://maven.apache.org/POM/4.0.0"
 xmlns:xsi="http://www.w3.org/2001/XMLSchema-instance"
 xsi:schemaLocation="http://maven.apache.org/POM/4.0.0
                     http://maven.apache.org/xsd/maven-4.0.0.xsd">
<modelVersion>4.0.0</modelVersion>
<groupId> com.lietu.nlu</groupId>
<artifactId> seg-app</artifactId>
<packaging>jar</packaging>
<version>1.0-SNAPSHOT</version>
<name>Maven Quick Start Archetype</name>
<url>http://maven.apache.org</url>
<dependencies>
  <dependency>
    <groupId>junit</groupId>
    <artifactId>junit</artifactId>
    <version>4.11</version>
    <scope>test</scope>
  </dependency>
</dependencies>
</project>
```

pom.xml 包含此项目的项目对象模型（Project Object Model，POM）。POM 的主要元素描述如下。

- project：这是所有 Maven pom.xml 文件中的顶级元素。
- modelVersion：此元素指示此 POM 使用的对象模型的版本。模型本身的版本很少发生变化，但如果 Maven 开发人员认为有必要更改模型，则必须确保使用的稳定性。
- groupId：此元素指示创建项目的组织或组的唯一标识符。groupId 是项目的关键标识符之一，通常基于组织的完全限定域名。例如，org.apache.maven.plugins 是所有 Maven 插件的指定 groupId。
- artifactId：此元素指示此项目生成的主工件的唯一基本名称。项目的主要工件通常是 jar 文件。像源码包这样的辅助工件也使用 artifactId 作为其最终名称的一部分。Maven 生成的典型工件将具有 <artifactId>-<version>.<extension> 形式（例如，myapp-1.0.jar）。
- packaging：此元素指示此工件要使用的包类型（例如 jar、war、ear 等）。这不仅意味着生成的工件是 jar、war 或 ear，还可以指示要在构建过程中使用的特定生命周期。包装元素的默认值是 jar，所以不必为大多数项目指定包类型。
- version：此元素指示项目生成的工件的版本。Maven 在很大程度上能进行版本管理，经常会在一个版本中看到 SNAPSHOT 指示符，这表明项目处于开发状态。
- name：此元素指示项目的显示名称。这通常用于 Maven 生成的文档中。
- url：此元素指示可以找到项目的站点的位置。这通常用于 Maven 生成的文档中。

在 seg-app 目录下，使用下面的命令编译项目：

```
> mvn compile
```

用 install 参数下载依赖的 jar 文件。

```
> mvn install
```

可以把这个 Maven 项目导入 Eclipse 开发环境。

Maven 默认的本地仓库地址为${user.home}/.m2/repository。例如，如果用 Administrator 账户登录，则把 jar 包下载到 C:\Users\Administrator\.m2\repository 这样的路径。

如果 jar 文件位于 lib 路径下，则 Eclipse 的.classpath 文件中的 classpathentry 是 lib 类型。

```
<classpathentry kind="lib" path="lib/commons-io-1.2.jar"/>
```

如果 jar 包位于 Maven 的存储库中，则 Eclipse 的.classpath 文件中的 classpathentry 是 var 类型。

```
<classpathentry kind="var" path="M2_REPO/junit/junit/4.8.2/junit-4.8.2.jar"
sourcepath="M2_REPO/junit/junit/4.8.2/junit-4.8.2-sources.jar"/>
```

2.2.4 使用 Gradle 构建分词 jar 包

如果使用 Gradle 构建 jar 包，则可以使用 Gradle 的 Build Init 插件生成一个适合其他 JVM 库和应用程序使用的 JVM 库。

推荐在 Gradle 5 以上版本运行 Build Init 插件，如果需要升级 Windows 下的 Gradle 版本，可以运行如下命令：

```
>choco upgrade gradle
```

Build Init 插件有一个名为 init 的任务，用于生成项目。init 任务调用（和 init 任务一样也是内置的）包装器任务来创建 Gradle 包装器脚本 gradlew。

首先，为新项目创建一个文件夹并将目录更改为该文件夹。

```
> mkdir building-java-libraries
> cd building-java-libraries
```

在新项目目录中，使用 java-library 参数运行 init 任务：

```
>gradle init --type java-library --project-name jvm-library
```

init 任务首先运行包装器任务，这个任务生成 gradlew 和 gradlew.bat 包装器脚本。

生成的 build.gradle 文件有很多注释，活动部分如下：

```
plugins {
    id 'java-library'
}

repositories {
    jcenter()
}

dependencies {
    api 'org.apache.commons:commons-math3:3.6.1'

    implementation 'com.google.guava:guava:26.0-jre'

    testImplementation 'junit:junit:4.12'
}
```

组装如下：

```
>./gradlew build
```

通常希望 jar 文件的名称包含库的版本编号，在构建脚本时设置顶级版本属性可以轻松实现这一点，如下所示：

```
version = '0.1.0'
```

运行 jar 任务：

```
> ./gradlew jar
```

现在 build/libs/building-java-libraries-0.1.0.jar 中生成的 jar 文件包含预期的版本。

为了构建 jar 包，也可以运行：

```
>gradle build
```

或者从 Eclipse 中的 Gradle 任务视图中运行 jar 任务。

通过添加一个或多个属性来自定义清单文件。通过配置 jar 任务在清单文件中包含库名和版本，将以下内容添加到构建脚本的末尾：

```
jar{
    baseName = 'seg'
    version = 'version'
}
```

Gradle 提供领域特定语言（DSL）来描述构建。Gradle 的每个构建脚本都使用 UTF-8 编码，脱机保存并命名为 build.gradle。build.gradle 文件就是 Groovy 语言源代码。完整的内容如下：

```
apply plugin: 'java'
apply plugin: 'eclipse'
archivesBaseName = 'someJar'
version = '1.0-SNAPSHOT'

repositories {
    maven {url 'http://maven.aliyun.com/nexus/content/groups/public/'}
    mavenCentral()
}

tasks.withType(JavaCompile) {
    options.encoding = 'UTF-8'
}

jar {
    baseName = 'myapp'
    version = 'version'
}

dependencies {
    compile  'log4j:log4j:1.2.16'
    compile 'commons-dbutils:commons-dbutils:1.6'
    testCompile 'junit:junit:4.11'
}
```

这里的：

```
apply plugin: 'java'
```

等价于下面的写法：

```
Map<String, String> map = new HashMap<String, String>()
map.put('plugin', 'java')
apply(map)
```

也等价于：

```
apply([plugin:'java'])
```

2.2.5　生成 JavaDoc

使用 JavaDoc 命令可以根据源代码中的文档注释生成 HTML 格式的说明文档。文档注释中可以使用 HTML 标签，命令如下。

```
>javadoc -d 路径
```

命令中的路径指定注释文档的保存路径。

文档注释一般写在类定义之前、方法之前、属性之前。

在文档注释中可以用@author 表示程序的作者，@version 表示程序的版本，这两个注释符号要写在类定义之前。

用于方法的注释标记如下：@param 对参数进行注释，@return 对返回值进行注释，@throws 对抛出异常进行注释，@see 对与它相关的类进行注释。

2.3　查找词典算法

最常见的分词方法是基于词典匹配的。在基于词典的中文分词方法中，经常用到的功能是从字符串的指定位置向后查找最长词，也就是最大长度查找方法。例如，词典中包括 8 个词语：{大，大学，大学生，活动，生活，中，中心，心}。句子"大学生活动中心落成了"从位置 0 开始最长的词是"大学生"。有时候，也需要找出待切分字符串指定位置开始所有的词。例如，句子"大学生活动中心落成了"从位置 0 开始所有的词是{大，大学，大学生}。

《现代汉语词典》中收录了 6.5 万词条。中文分词实际使用的词典规模往往在几十万词以上。为了提高查找效率，不要逐个匹配词典中的词，而是待切分的字符串同时匹配多个词。给定一组模式和一个文本，在文本中查找任一模式的全部出现信息叫作多模式匹配问题。

查找词典所占的时间可能是总的分词时间的 1/3 左右。为了保证切分速度，需要选择一个好的查找词典算法。

2.3.1　标准 Trie 树

介绍标准 Trie 树之前，先看看怎么用单链表存储一个单词。如果不熟悉单链表，可以想象有几个灯笼，每个灯笼下面有个钩子，钩住下一个灯笼上的柄，这样形成一串灯笼。

把单词看成是字符的序列，也就是字符组成的链表。WordLinkedList 类实现一个单向链表保存一个单词。

```java
public class WordLinkedList { // 可以从前往后遍历单词中所有的字符
    class Node { // 内部节点类
        public char element; // 每个节点存储词中的一个字符
        public Node next; // 下一个节点对象的引用

        public Node(char item) { // 构造方法
            this.element = item;
            next = null;
        }
    }

    private Node root; // 记录第一个节点

    public WordLinkedList() { // 构造方法
        root = null;
    }

    public void add(String key) { // 放入一个单词
        if (root == null) { // 如果根节点不存在，则创建它
```

```
                root = new Node(key.charAt(0));
            }
            Node parNode = root; // 父节点
            for (int i = 1; i < key.length(); i++) { // 从前往后逐个放入字符
                char c = key.charAt(i);
                Node currNode = new Node(c); // 当前节点
                parNode.next = currNode; // 当前节点作为父节点的孩子节点
                parNode = currNode; // 父节点向下移动
            }
        }

        public boolean find(String input){
            Node curNode = root; // 当前节点
            int i = 0;
            while (curNode!=null && i<input.length()) {// 从前往后一个字符一个字符地匹配
                if(curNode.element != input.charAt(i))
                    return false;
                // 节点和字符位置同步前进一次
                curNode = curNode.next;
                i++;
            }
            return true;// 找到
        }

        public String toString() { // 输出链表中的内容
            StringBuilder buf = new StringBuilder();
            Node current = root;

            while (current != null) {
                buf.append(current.element);
                buf.append('\t');
                current = current.next;
            }

            return buf.toString();
        }

        public static void main(String args[]) {
            WordLinkedList c = new WordLinkedList();
            c.add("春节快乐");
            System.out.println(c.toString());
            System.out.println(c.find("春节快乐"));// 返回 true
        }
    }
```

　　每个词对应一个链表，整个词表中的词对应很多个链表。把表示相同前缀的节点合并成一个节点，这就是标准 Trie 树。合并多个链表中相同节点的过程如图 2-2 所示。

　　假设一种简单的情况，词典中全部是英文单词。考虑散列这种常见的高效查找方法，它根据数组下标查询，所以速度快。首先根据词表构造散列表，具体来说就是用给定的散列函数构造词典到数组下标的映射，如果存在冲突，则根据选择的冲突处理方法解决地址冲突。然后可以在散列表的基础上执行散列查找。冲突导致散列性能降低。不存在冲突的散列表叫作完美散列。但是整词散列不适合分词的最长匹配查找方式。

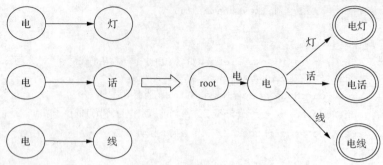

图 2-2 从链表到 Trie 树

英文单词中的每个词都是由 26 个小写英文字母中的一个组成的,可以采用逐字散列的方法,这就是标准 Trie 树。可以把标准 Trie 树看成是一种逐字的完美散列。一个标准 Trie 树(即 Retrieve 树)的一个节点只保留一个字符。如果一个单词比一个字符长,则包含第一个字符的节点记录指向下一个字符的节点的属性,依次类推。这样组成一个层次结构的树,树的第一层包括所有单词的第一个字符,树的第二层包括所有单词的第二个字符,依次类推,标准 Trie 树的最大高度是词典中最长单词的长度。例如,如下单词序列组成的词典(as at be by he in is it to)会生成图 2-3 所示的标准 Trie 树。

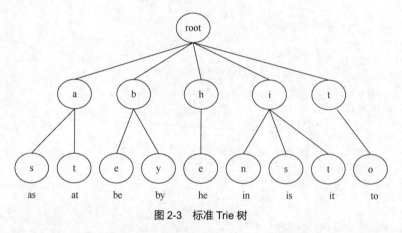

图 2-3 标准 Trie 树

标准 Trie 树的结构独立于生成树时单词进入的顺序。这里,Trie 树的高度是 2。因为树的高度很小,在标准 Trie 树中搜索一个单词的速度很快。但是,这是以内存消耗为代价的,树中的每一个节点都需要很多内存。假设每个词都是由 26 个小写英文字母中的一个组成的,则这个节点中会有 26 个属性。所以不太可能直接用这样的标准 Trie 树来存储中文这样的大字符集。

Trie 树在实现上有一个树类(SearchTrie)和一个节点类(TrieNode)。首先构建好词典树,然后反复查询这个词典树。

用逐个增加单词到词典树的方法构建词典树。向搜索树上增加一个单词的方法原型是addWord(String word)。

从给定字符串的指定位置开始匹配单词的方法原型是 matchLong(String text,int offset)。这个方法查找词库中的最长词,代码如下。

```
String sentence = "印度尼西亚地震了";

int offset = 0;
SearchTrie dic=SearchTrie.getInstance();  // 得到词典树
String word = dic.matchLong(sentence, offset);
```

```
System.out.print(word);  // 输出"印度尼西亚"
```

也可以把标准 Trie 树当作散列表使用。put(String key, int val)方法加入一个键/值对，get(String key)方法查找一个键对应的值。

使用散列表记录字符到孩子节点的对应关系，代码如下：

```
Map<Character, TrieNode> next = new HashMap<Character, TrieNode>();
```

标准 Trie 树中的每个词都有一个对应的结束节点。结束节点相当于有限状态机中可结束的状态。代码如下：

```
class TrieNode {
        private Map<Character, TrieNode> next =
                    new HashMap<Character, TrieNode>();  // 字符到孩子节点的映射
        boolean final;  // 判断这个节点是否是结束节点
}
```

Node 类中往往存一个 val 值，可以根据 val 是否是空值来判断一个节点是否是结束节点。结束节点的 val 是非空的值。使用范型定义值类型。Node 类定义如下：

```
public class TrieNode<T> {
    private Character splitChar;  // 分隔字符
    private T nodeValue;  // 值信息
    private Map<Character, TrieNode<T>> children =
                    new HashMap<Character, TrieNode<T>>();// 孩子节点
}
```

标准 Trie 树不适合处理中文。类似稀疏数组用数组的稀疏表示法，把每个 Trie 树节点中的所有有效的孩子节点放在一个二叉搜索树中。

2.3.2 三叉 Trie 树

二叉搜索树（Binary Search Tree，BST）是一个二叉树，它具有如下属性。

- 每个节点有一个值。
- 值之间是可以比较大小的。
- 一个节点的左子树仅包含小于这个节点的值。
- 一个节点的右子树仅包含大于这个节点的值。

例如 i、b、a、h、o、t 这六个字母组成的二叉搜索树如图 2-4 所示。

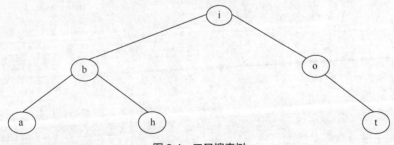

图 2-4 二叉搜索树

因为 b 比 i 小，所以 b 节点是 i 节点的左孩子。因为 o 比 i 大，所以 o 节点是 i 节点的右孩子，以此类推。

定义二叉搜索树中的节点：

```
class BinaryNode {
    public Comparable element;        // 节点中的数据
```

```java
    public BinaryNode left;          // 左边的孩子
    public BinaryNode right;         // 右边的孩子
    // 构造方法
    BinaryNode( Comparable theElement ) {
        element = theElement;
        left = right = null;
    }
}
```

插入数据和查找的过程：

```java
public class BinarySearchTree {
    protected BinaryNode root;        // 树的根节点

    public BinarySearchTree( ) {// 构造树
        root = null;
    }

    /**
     * 插入一个子树的内部方法
     * @param x the item to insert.
     * @param t the node that roots the tree.
     * @return the new root.
     * @throws DuplicateItemException if x is already present.
     */
    protected BinaryNode insert( Comparable x, BinaryNode t ) {
        if( t == null )
            t = new BinaryNode( x );
        else if( x.compareTo( t.element ) < 0 )
            t.left = insert( x, t.left );
        else if( x.compareTo( t.element ) > 0 )
            t.right = insert( x, t.right );
        else
            throw new DuplicateItemException( x.toString( ) );  // Duplicate
        return t;
    }

    /**
     * 插入树
     * @param x the item to insert.
     * @throws DuplicateItemException if x is already present.
     */
    public void insert( Comparable x ) {
        root = insert( x, root );
    }

    /**
     * Find an item in the tree.
     * @param x the item to search for.
     * @return the matching item or null if not found.
     */
    public Comparable find( Comparable x ) {
        return elementAt( find( x, root ) );
    }

    /**
```

```
 * Internal method to get element field.
 * @param t the node.
 * @return the element field or null if t is null.
 */
private Comparable elementAt( BinaryNode t ) {
    return t == null ? null : t.element;
}


/**
 * Internal method to find an item in a subtree.
 * @param x is item to search for.
 * @param t the node that roots the tree.
 * @return node containing the matched item.
 */
private BinaryNode find( Comparable x, BinaryNode t ) {
    while( t != null ) {
        if( x.compareTo( t.element ) < 0 )
            t = t.left;
        else if( x.compareTo( t.element ) > 0 )
            t = t.right;
        else
            return t;    // Match
    }

    return null;         // Not found
}
}
```

二叉搜索树的性能依赖于比较其中元素大小的方法。char 相减的方法比 Character.compareTo 方法快三倍。所以如果能用整数表示字符，则推荐采用字符相减的方法比较大小。

在一个三叉 Trie 树（TernarySearchTrie）中，每一个节点也包括一个字符。但和标准 Trie 树不同，三叉 Trie 树的节点中只有三个位置相关的属性，一个指向左边的树，一个指向右边的树，还有一个指向下边，指向单词的下一个字符。三叉 Trie 树是二叉搜索树和标准 Trie 树的混合体。它有和标准 Trie 树差不多的速度，但是和二叉搜索树一样只需要相对较少的内存空间。

通过选择一个排序后的词表的中间值，并把它作为开始节点，可以创建一个平衡的三叉树。以有序的单词序列（as　at　be　by　he　in　is　it　of　on　or　to）为例。首先把关键字"is"作为中间值并且构建一个包含字母"i"的根节点。它的直接后继节点包含字母"s"并且可以存储任何与"is"有关联的数据。对于"i"的左树，选择"be"作为中间值并且创建一个包含字母"b"的节点，字母"b"的直接后继节点包含"e"，该数据存储在"e"节点。对于"i"的右树，按照逻辑，选择"on"作为中间值，并且创建"o"节点以及它的直接后继节点"n"。最终的三叉树如图 2-5 所示。可以看到，一个节点的所有兄弟节点就是一个二叉搜索树。

垂直的虚线代表一个父节点下面的直接后继节点。只有父节点和它的直接后继节点才能形成一个数据单元的关键字；"i"和"s"形成关键字"is"，但是"i"和"b"不能形成关键字，因为它们之间仅用一条斜线相连，不具有直接后继关系。图 2-5 中带圈的节点为终止节点，如果查找一个词以终止节点结束，则说明三叉树包含这个词。从根节点开始查找单词，以搜索单词"is"为例，向下到相等的孩子节点"s"，在两次比较后找到"is"。查找"ax"时，经过三次比较达到首字符"a"，然后经过两次比较到达第二个字符"x"，返回结果是"ax"不在树中。

三叉 Trie 树本身存储词到值的对应关系，可以当作 HashMap 对象来使用。词按照字符拆分成了许多节点，以 TSTNode 的实例存在。值存储在 TSTNode 的 data 属性中。节点类 TSTNode 的实现如下：

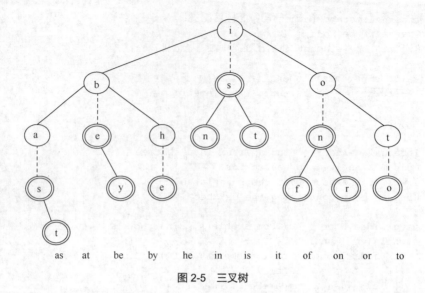

图 2-5　三叉树

```
public final class TSTNode {
    /**  节点的值  */
    public Data data=null;// data 属性可以存储词原文和词性、词频等相关的信息

    protected TSTNode loNode; // 左边节点
    protected TSTNode eqNode; // 中间节点
    protected TSTNode hiNode; // 右边节点

    protected char splitchar; // 本节点表示的字符
    /**
     *  构造方法
     *
     *@param  splitchar  该节点表示的字符
     */
    protected TSTNode(char splitchar) {
        this.splitchar = splitchar;
    }
    public String toString() {
        return "splitchar:"+ splitchar;
    }
}
```

查找词典的基本过程是：输入一个词，返回这个词对应的 **TSTNode** 对象，如果该词不在词典中则返回空。查找词典的过程中，从树的根节点匹配输入查询词。按字符从前往后匹配 Key。匹配过程如下：

```
protected TSTNode getNode(String key, TSTNode startNode) {
    if (key == null ) {
        return null;
    }
    int len = key.length();
    if (len ==0)
        return null;
    TSTNode currentNode = startNode; // 匹配过程中的当前节点的位置
    int charIndex = 0; // 表示当前要比较的字符在 Key 中的位置
    char cmpChar = key.charAt(charIndex);
```

```
            int charComp;
            while (true) {
                if (currentNode == null) {// 没找到
                    return null;
                }
                charComp = cmpChar - currentNode.splitchar;
                if (charComp == 0) {// 相等
                    charIndex++;
                    if (charIndex == len) {// 找到了
                        return currentNode;
                    }
                    else {
                        cmpChar = key.charAt(charIndex);
                    }
                    currentNode = currentNode.eqNode;
                } else if (charComp < 0) {// 小于
                    currentNode = currentNode.loNode;
                } else {// 大于
                    currentNode = currentNode.hiNode;
                }
            }
        }
```

三叉树的创建过程就是在 Trie 树上创建和单词对应的节点。实现代码如下：

```
// 向词典树中加入一个单词的过程
private TSTNode addWord(String key) {
        TSTNode currentNode = root; // 从树的根节点开始查找
        int charIndex = 0; // 从词的开头匹配
        while (true) {
            // 比较词的当前字符与节点的当前字符
            int charComp =key.charAt(charIndex) - currentNode.splitchar;
            if (charComp == 0) {// 相等
                charIndex++;
                if (charIndex == key.length()) {
                    return currentNode;
                }
                if (currentNode.eqNode == null) {
                    currentNode.eqNode = new TSTNode(key.charAt(charIndex));
                }
                currentNode = currentNode.eqNode;
            } else if (charComp < 0) {// 小于
                if (currentNode.loNode == null) {
                    currentNode.loNode = new TSTNode(key.charAt(charIndex));
                }
                currentNode = currentNode.loNode;
            } else {// 大于
                if (currentNode.hiNode == null) {
                    currentNode.hiNode = new TSTNode(key.charAt(charIndex));
                }
                currentNode = currentNode.hiNode;
            }
        }
    }
```

相对于查找过程，创建过程在搜索的过程中判断出链接的空值后创建相关的节点，而不是碰到空值后结束搜索过程并返回空值。

TernarySearchTrie 类最基本的方法如下。

- createNode(String)：在 Trie 树上创建一个词相关的节点。
- addWord(String)：调用 createNode 方法得到一个词相关的节点，然后标志这个节点是可结束的节点。
- getNode(String)：查找一个词对应的节点。
- matchLong(Sting ,int)：从词典树中查找输入字符串从指定位置开始的最长词。
- matchAll(Sting ,int)：从词典树中查找输入字符串从指定位置开始的所有的词。

同一个词可以有不同的词性，例如"朝阳"既可能是一个"区"，也可能是一个"市"。可以把这些和某个词的词性相关的信息放在同一个链表中。这个链表可以存储在 TSTNode 的 Data 属性中。

对固定词表来说，标准 Trie 树的形式是固定的。三叉 Trie 树是否平衡取决于单词的读入顺序。如果按排序后的顺序插入，则生成方式最不平衡。单词的读入顺序对创建平衡的三叉搜索树很重要，但对二叉搜索树就不太重要。通过选择一个排序后的数据单元集合的中间值，并把它作为开始节点，可以创建一个平衡的三叉树。可以写一个专门的过程来生成平衡的三叉树词典，示例代码如下：

```
/**
 * 在调用此方法前，先把词典数组 k 排好序
 * @param fp 写入的平衡序的词典
 * @param k 排好序的词典数组
 * @param offset 偏移量
 * @param n 长度
 * @throws Exception
 */
void outputBalanced(BufferedWriter fp,ArrayList<String> k,int offset, int n){
    int m;
    if (n < 1) {
        return;
    }
    m = n >> 1; //m=n/2

    String item= k.get(m + offset);

    fp.write(item);// 把词条写入文件
    fp.write('\n');

    outputBalanced(fp,k,offset, m); // 输出左半部分
    outputBalanced(fp,k, offset + m + 1, n - m - 1); // 输出右半部分
}
```

取得平衡的单词排序类似于对扑克洗牌。假想有若干张扑克牌，每张牌对应一个单词，先把牌排好序。然后取最中间的一张牌，单独放着。剩下的牌分成两摞。左边一摞牌中取最中间的一张放在取出来的那张牌后面。右边一摞牌中也取最中间的一张放在取出来的牌后面，以此类推。

如果要让词首字组成的二叉树平衡，可以把所有词的首字排序后取中间的一个。

三叉 Trie 树和标准 Trie 树类似，如果从前往后存放单词，则前缀相同的词共享同样的前缀节点。所以 Trie 树也叫作前缀树，三叉 Trie 树和标准 Trie 树都是前缀树。例如，牛肉粉、牛肉面是有相同前缀的词。汉口、汉阳也是有相同前缀的词。

加载词典的过程如下：

```
String fileName = " WordList.txt"; // 词典文件
try {
    FileReader fileRead = new FileReader(fileName);
    BufferedReader read = new BufferedReader(fileRead);  // 读入文件
    String line;
    try {
        while ((line = read.readLine()) != null) { // 按行读
            StringTokenizer st = new StringTokenizer(line, "\t");
            String key = st.nextToken();
            TSTNode currentNode = addWord(key);
            currentNode.nodeValue = key;
        }
    } catch (IOException e) {
        e.printStackTrace();
    }finally { // 最后要关闭文件
        read.close();
    }
} catch (FileNotFoundException e) { // 处理文件没找到的情况
    e.printStackTrace();
}catch (IOException e) { // 处理一般的读文件错误
    e.printStackTrace();
}
```

2.4　Trie 树最大长度匹配法

假如要切分"印度尼西亚地震"这句话，希望切分出"印度尼西亚"，而不希望切分出"印度"这个词。正向找最长词是正向最大长度匹配的思想。通常倾向于写更短的词，除非必要，才用长词表述，所以倾向切分出长词。

2.4.1　正向最大长度匹配法

正向最大长度匹配的分词方法实现起来很简单。每次从词典找和待匹配串前缀最长匹配的词，如果找到匹配词，则把这个词作为切分词，待匹配串减去该词，如果词典中没有词匹配上，则按单字切分。例如，Trie 树结构的词典中包括如下 8 个词语：

大　大学　大学生　活动　生活　中　中心　心

输入"大学生活动中心"，首先匹配出开头的最长词"大学生"，然后匹配出"活动"，最后匹配出"中心"。切分过程如图 2-6 所示。

最后分词结果为"大学生/活动/中心"。

在分词类 Segmenter 的构造方法中输入要处理的文本。然后通过 nextWord 方法遍历单词，text 变量记录切分文本，offset 变量记录已经切分到哪里。分词类基本实现如下：

```
public class Segmenter {
    String text = null; // 切分文本
    int offset; // 已经处理到的位置

    public Segmenter(String text) {
        this.text = text; // 更新待切分的文本
        offset = 0; // 重置已经处理到的位置
```

```
        }

        public String nextWord() { // 得到下一个词, 如果没有则返回 null
            // 返回最长匹配词, 如果没有匹配上, 则按单字切分
        }
    }
```

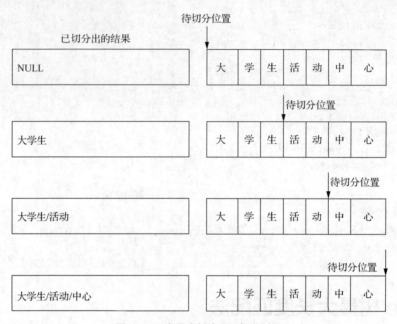

图 2-6　正向最大长度匹配切分过程

为了避免重复加载词典, 在这个类的静态方法中加载词典, 实现如下:

```
private static TSTNode root; // 根节点是静态的

static {// 加载词典
    String fileName = "WordList.txt"; // 词典文件名
    try {
        FileReader fileRead = new FileReader(fileName);
        BufferedReader read = new BufferedReader(fileRead);
        String line; // 读入的一行
        try {
            while ((line = read.readLine()) != null) { // 按行读
                StringTokenizer st = new StringTokenizer(line, "\t");
                String key = st.nextToken(); // 得到词
                TSTNode endNode = createNode(key); // 创建词对应的结束节点并返回
                // 设置这个节点对应的值, 也就是把它标记成可以结束的节点
                endNode.nodeValue = key;
            }
        } catch (IOException e) {
            e.printStackTrace();
        }finally {
            read.close(); // 关闭读入流
        }
    } catch (FileNotFoundException e) {
```

```
            e.printStackTrace();
    } catch (IOException e) {
            e.printStackTrace();
    }
}
```

为了形成平衡的 Trie 树，把词典中的词先排序，排序后为：

中　中心　大　大学　大学生　心　活动　生活

按平衡方式生成的词典 Trie 树如图 2-7 所示，其中双圈表示的节点可以作为匹配终止节点。

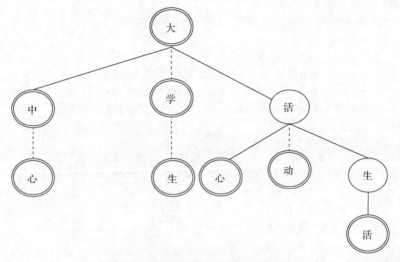

图 2-7　按平衡方式生成的词典 Trie 树

在最大长度匹配的分词方法中，需要用到从待切分字符串返回从指定位置（offset）开始的最长匹配词的方法。例如，当输入串是"大学生活动中心"，则返回"大学生"这个词，而不是返回"大"或者"大学"。匹配的过程就好像一条蛇爬上一棵树。例如当 offset=0 时，找最长匹配词的过程如图 2-8 所示。树上有个当前节点，输入字符串会有一个当前位置。图 2-8 中用数字标出了匹配过程中第一步、第二步和第三步中当前节点和当前位置。

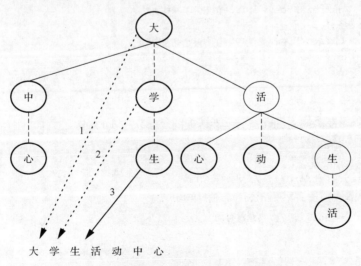

图 2-8　找最长匹配词

从 Trie 树搜索最长匹配单词的方法如下：

```java
public String nextWord() { // 得到下一个词
    String word = null;  // 候选最长词
    if (text == null || root == null) {
        return word;
    }
    if (offset >= text.length()) // 已经处理完毕
        return word;
    TSTNode currentNode = root; // 从根节点开始
    int charIndex = offset; // 待切分字符串的处理开始位置
    while (true) {
        if (currentNode == null) {// 已经匹配完毕
            if(word==null){ // 如果没有匹配上，则按单字切分
                word = text.substring(offset,offset+1);
                offset++;
            }
            return word; // 返回找到的词
        }
        int charComp = text.charAt(charIndex) - currentNode.splitChar; // 比较两个字符

        if (charComp == 0) {
            charIndex++; // 找字符串中的下一个字符

            if (currentNode.nodeValue != null) {
                word = currentNode.nodeValue; // 候选最长匹配词
                offset = charIndex;  // 设置偏移量
            }
            if (charIndex == text.length()) {
                return word; // 已经匹配完
            }
            currentNode = currentNode.mid;
        } else if (charComp < 0) {
            currentNode = currentNode.left;
        } else {
            currentNode = currentNode.right;
        }
    }
}
```

测试分词：

```java
Segmenter seg = new Segmenter("大学生活动中心"); // 切分文本
String word; // 保存词
do {
    word = seg.nextWord(); // 返回一个词
    System.out.println(word);  // 输出单词
} while (word != null); // 直到没有词
```

返回结果：

```
大学生
活动
```

```
中心
null
```

可以给定一个字符串，枚举出所有的匹配点。以"大学生活动中心"为例，第一次调用时，offset 是 0，第二次调用时，offset 是 3。因为采用了 Trie 树结构查找单词，所以和用 HashMap 查找单词的方式比较起来，这种实现方法的代码更简单，而且切分速度更快。

正向最大长度切分方法虽然容易实现，但是精度不高。以"有意见分歧"这句话为例，正向最大长度切分的结果是"有意/见/分歧"，逆向最大长度切分的结果是"有/意见/分歧"。因为倾向于把长词放在后面，所以逆向最大长度切分的精确度稍高。

2.4.2　逆向最大长度匹配法

逆向最大长度匹配法（Reverse Directional Maximum Matching Method，或者 Backward Maximum Matching Method）指从输入串的最后一个字往前匹配词典。输入"大学生活动中心"，首先匹配出"中心"，然后匹配出"活动"，最后匹配出"大学生"。切分过程如图 2-9 所示。

图 2-9　逆向最大长度匹配切分过程

正向最大长度匹配法使用标准 Trie 树，标准 Trie 树又叫作前缀树（Prefix Tree）。逆向最大长度匹配法使用后缀树（Suffix Tree）。词典树中，最后一个字符放在树的第一层。例如，"大学生"这个词，"生"放在树的第一层。把词倒挂到 Trie 树上，如图 2-10 所示。

从后往前，逐字增加一个词到后缀树。例如"大学生"这个词，首先增加"生"这个字，然后增加"学"这个字，最后增加"大"这个字。首先来看如何从后往前输出一个单词：

```
String input = "大学生";
for (int i = input.length() - 1; i >= 0; i--){ // 从最后一个字开始遍历
    System.out.println(input.charAt(i));
}
```

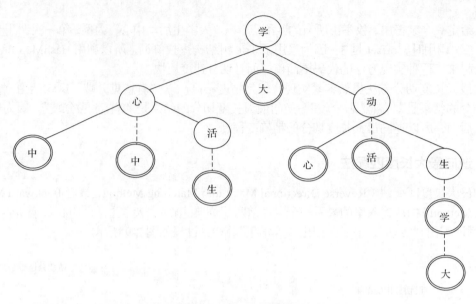

图 2-10　逆 Trie 树词典

后缀树的 **createNode** 方法从后往前增加一个词的字符节点，实现如下：

```java
// 创建一个词相关的节点并返回对应的叶节点
// 也就是在后缀树上创建 key 对应的节点，输入的词仍然是正常顺序
public static TSTNode createNode(String key) {
    int charIndex = key.length() - 1; // 从 key 的最后一个字符开始作为当前字符放入 Trie 树
    char currentChar = key.charAt(charIndex); // 当前要比较的字符
    if (root == null) {
        root = new TSTNode(currentChar);
    }
    TSTNode currentNode = root;
    while (true) {
        // 比较词的当前字符与节点的当前字符
        int compa = currentChar - currentNode.splitChar;
        if (compa == 0) { // 词中的字符与节点中的字符相等
            charIndex--; // 更新位置
            if (charIndex < 0) { // 判断是否已经到头了
                return currentNode; // 创建完毕，退出循环
            }
            currentChar = key.charAt(charIndex);// 更新当前字符
            if (currentNode.mid == null) {// 向下的孩子不存在，创建它
                currentNode.mid = new TSTNode(currentChar);
            }
            currentNode = currentNode.mid; // 向下找
        } else if (compa < 0) { // 词中的字符小于节点中的字符
            if (currentNode.left == null) { // 创建左边的节点
                currentNode.left = new TSTNode(currentChar);
            }
            currentNode = currentNode.left; // 向左找
        } else { // 词中的字符大于节点中的字符
```

```
                if (currentNode.right == null) { // 创建右边的节点
                        currentNode.right = new TSTNode(currentChar);
                }
                currentNode = currentNode.right; // 向右找
        }
    }
}
```

　　有的词是由一个词根和一个词缀构成的，例如，阿姨、老师、帽子、房子。前缀有"阿""老"等，后缀有"子""姨"等。如果相同前缀的词多，则采用正向 Trie 树比较合适，如果相同后缀的词多，则采用逆向 Trie 树比较合适。

　　逆向 Trie 树词典和正向 Trie 树词典的 creatTSTNode 代码也是对称的。字符位置 charIndex--和 charIndex++是对称的。词的开始位置和结束位置也是对称的。

　　如果词典中有"心中"和"中"两个词，那么在三叉 trie 树中"中"那个节点下要放两个值吗？"心中"这个值不作为"中"这个节点的值，而是作为"心"这个节点的值。"心"这个节点是节点"中"的孩子节点，写法如下：

```
dic.addWord("心中","中心");
dic.addWord("中","中");
```

　　词典内部的处理方式和 addWord 的参数个数无关。dic.addWord(Sring word){}这样定义方法就可以了，不需要两个参数。增加一个词的调用方法正确写法如下：

```
dic.addWord("中心");
```

　　匹配的时候是从后往前匹配。匹配"大学生活动中心"，先找到"心"这个字，然后再找到"中"，直到树走到头了，或者遍历完整个句子才返回。

　　逆向最大长度匹配中查找词典的方法：

```
public String backWord() { // 得到下一个词
    String word = null;
    if (text == null || root == null) {
        return word;
    }
    if (offset < 0) return word;

    TSTNode currentNode = root;
    int charIndex = offset;
    while (true) {
        if (currentNode == null) {// 已经匹配完毕
            if(word==null){ // 没有匹配上，则按单字切分
                word = text.substring(offset,offset+1);
                offset--;
            }
            return word;
        }
        int charComp = text.charAt(charIndex) - currentNode.splitChar;

        if (charComp == 0) {
            charIndex--;

            if (currentNode.nodeValue != null) {
                word = currentNode.nodeValue; // 候选最长匹配词
                offset = charIndex;
            }
            if (charIndex < 0) {
```

```
                    return word; // 已经匹配完
                }
                currentNode = currentNode.mid;
            } else if (charComp < 0) {
                currentNode = currentNode.left;
            } else {
                currentNode = currentNode.right;
            }
        }
    }
}
```

测试查找词的方法:

```
String sentence = "大学生活动中心";

int offset = sentence.length()-1; // 从句子的最后一个位置开始往前匹配
char[] ret = dic.matchLong(sentence.toCharArray(), offset);
System.out.print(sentence+" match:"+String.valueOf(ret)); // 输出匹配结果: 中心
```

计算树中所有节点的数量:

```
protected int numNodes() { // 返回树中的节点总数
    return recursiveNodeCalculator(rootNode, 0);
}

/**
 *   递归的方式访问每个节点, 计算节点数量
 *
 *@param  currentNode   当前节点
 *@param  numNodes2      目前为止节点的数量
 *@return                本节点及以下节点的节点数量
 */
private int recursiveNodeCalculator(TSTNode currentNode, int numNodes2) {
    if (currentNode == null) {
        return numNodes2;
    }
    // 输入当前节点数 numNodes2, 返回新的节点数 numNodes
    int numNodes = recursiveNodeCalculator(currentNode.left, numNodes2);
    // 输入当前节点数 numNodes, 返回新的节点数 numNodes
    numNodes = recursiveNodeCalculator(currentNode.mid, numNodes);
    // 输入当前节点数 numNodes, 返回新的节点数 numNodes
    numNodes = recursiveNodeCalculator(currentNode.right, numNodes);
    numNodes++;
    return numNodes;
}
```

测试计算节点数量的方法:

```
String dicFile = "WordList.txt"; // 中文单词文件
TernarySearchTrie dic=new TernarySearchTrie(dicFile); // 根据词典构建 Trie 树
System.out.print(dic.numNodes()); // 输出 55893
```

所有的中文单词用逆向方式存储需要 55893 个节点, 用正向方式存储需要 55109 个节点。词尾用字比较分散, 词首用字比较集中。

如果不考虑相等孩子的节点数, 只计算首节点数:

```
protected int headNodes() {
    return recursiveHeadNode(root, 0);
```

```
    }
    private int recursiveHeadNode(TSTNode currentNode, int numNodes2) {
        if (currentNode == null) {
            return numNodes2;
        }
        int numNodes = recursiveHeadNode(currentNode.left, numNodes2);
        numNodes = recursiveHeadNode(currentNode.right, numNodes);
        numNodes++;
        return numNodes;
    }
```

逆向 Trie 树首节点数为 4029，正向 Trie 树首节点数为 4092。词的尾字意义更专一，有更好的消除歧义效果。

逆向做事情，有时候有意想不到的好处。例如"有意见分歧"这句话，正向最大长度切分的结果是"有意/见/分歧"，逆向最大长度切分的结果是"有/意见/分歧"。因为汉语的主干成分后置，所以逆向最大长度切分的精确度稍高。另外一种最少切分的方法是使每一个句子中切分出的词数最少。

2.4.3　有限状态机识别未登录串

切分结果中，英文和数字要连在一起，不管这些英文串或者数字串是否在词典中。例如"Twitter 正式发布音乐服务 Twitter#Music"这句话，即使词典中没有"Twitter"这个词，切分出来的结果也应该把 Twitter 合并在一起。另外，对于像"ATM 机"这样英文和汉字混合的词也要合并在一起。

吃苹果时，比发现苹果中有一条虫更糟糕的是，发现里面只有半条虫。如果"007"在词表中，则会把"0078999"这样的数字串切分成多段。为了把一些连续的数字和英文切分到一起，需要区分全数字组成的词和全英文组成的词。如果匹配上了全数字组成的词，则继续往后看还有没有更多的数字。如果匹配上了全英文组成的词，则继续往后看还有没有更多的字母。

匹配数字的方法 matchNumber 实现代码如下：

```
private int matchNumber(String sentence, int offset) {
    int i = offset;
    while (i < sentence.length()) {
        char c = sentence.charAt(i);
        if (c >= '0' && c <= '9') { // 碰到是数字的字符
            ++i;
        } else { // 碰到不是数字的字符
            return i;
        }
    }
    return i;
}
```

matchEnglish 方法的实现与 matchNumber 类似，所以不再列出。可以把 matchNumber 和 matchEnglish 方法看成是一个简单的有限状态转换（FST）。

这里使用有限状态机类 BasicAutomata 来处理未登录串。

匹配数字的有限状态机：

```
Automaton num = BasicAutomata.makeCharRange('0', '9').repeat(1);
num.determinize(); // 转换成确定自动机
num.minimize();   // 最小化
```

匹配浮点数的更复杂的例子：

```java
public static Automaton getNum() {
    Automaton a = BasicAutomata.makeCharRange('0', '9'); //字符区间
    Automaton b = a.repeat(1); // 出现 1 次以上
    Automaton comma = BasicAutomata.makeChar(',');// 为了匹配 123,123
    Automaton end = BasicOperations.concatenate(comma, a.repeat(1));// 串联
    Automaton intNum = BasicOperations.concatenate(b, end.repeat());
    Automaton comma2 = BasicAutomata.makeChar('.');
    Automaton floatNum = BasicOperations.concatenate(comma2, a.repeat(1));// 浮点数
    Automaton intWithFloat = BasicOperations.concatenate(intNum,
            floatNum.optional()); // 整数带浮点数
    Automaton num = BasicOperations.union(intWithFloat, floatNum); // 并联

    num.determinize(); // 确定化 NFA → DFA
    return num;
}
```

匹配英文单词的有限状态机：

```java
Automaton lowerCase = BasicAutomata.makeCharRange('a', 'z');
Automaton upperCase = BasicAutomata.makeCharRange('A', 'Z');
Automaton c = BasicOperations.union(lowerCase, upperCase);
Automaton english = c.repeat(1);
english.determinize();
english.minimize();
```

设置接收每个字符之后所处的状态。碰到英文类型的字符时，进入 ENGLISH 状态，当处于 ENGLISH 状态时，不切分词。使用有限状态转换得到一个单词。这个既能够匹配英文也能够匹配中文的有限状态转换叫作 **FSTNumberEn**，实现代码如下：

```java
public class FSTNumberEn {
    final static int otherState=1;  // 其他状态
    final static int numberState=2;  // 数字状态
    final static int englishState=3;  // 英文状态
    final static char startChar='0';  // 开始字符

    int next[][];  // 状态转换表

    // 设置状态转移函数
    public void setTrans(int s ,char c ,int t){
        next[s-1][c-startChar] =t;
    }

    public FSTNumberEn (){
        next = new int[3][127]; // 3 个状态，127 个字符

        for(int i=(int)'0';i<='9';++i){
            setTrans(numberState,(char)i,numberState);
            setTrans(otherState,(char)i,numberState);
        }

        for(int i=(int)'a';i<='z';++i){
            setTrans(englishState,(char)i,englishState);
```

```
                setTrans(otherState,(char)i,englishState);
        }

        for(int i=(int)'A';i<='Z';++i){
                setTrans(englishState,(char)i,englishState);
                setTrans(otherState,(char)i,englishState);
        }
    }

    /**
     * 用有限状态转换匹配英文或者数字串
     * @param text
     * @param offset
     * @return 返回第一个不是英文或者数字的字符位置
     */
    public int matchNumOrEn(String text,int offset){
        int s = otherState;  // 原状态
        int i = offset;
        while (i < text.length()) {
            char c = text.charAt(i);
            int pos = c-startChar;
            if(pos>next[0].length)
                return i;
            int t = next[s-1][pos]; // 接收当前字符之后的目标状态
            if (t == 0)  // 找到头了
                return i;
            if(s != t && i>offset)
                return i;
            i++;
            s = t;
        }
        return i;
    }
}
```

用自动机并运算来实现这个功能：

```
FSTUnion union = new FSTUnion(fstNum, fstN);
FST numberEnFst = union.union(); // 有限状态转换求并集
```

有些词是英文、数字或中文字符中的多种混合而成的，如 bb 霜、3 室、乐 phone、touch4、mp3、T 恤。以"我买了 bb 霜"为例，切分出来"bb 霜"，因为这是一个普通词，所以本次匹配结束。

如果认为"G2000"是个品牌，则不能分成两个词"G"和"2000"，实现方法如下：

```
Automaton lowerCase = BasicAutomata.makeCharRange('a', 'z');
Automaton upperCase = BasicAutomata.makeCharRange('A', 'Z');
Automaton num = BasicAutomata.makeCharRange('0', '9')
Automaton c = BasicOperations.union(lowerCase, upperCase, num).repeat(1);
```

用 BitSet 记录每个可能的切分点。后续按词表分词时，会用到这个 BitSet 来过滤掉一些不可能的切分点，实现如下。

```
public BitSet endPoints; // 可结束点
public BitSet startPoints;// 可开始点
```

整合切分点与词表匹配：

```
FST fst = FSTFactory.createSimple();
BitSet splitPoints = fst.getSplitPoints(sentence); // 找出所有的可切分点

// 找到一个词
if(splitPoints.get(end)){ // 检查结束位置是否在切分点上
    // 在可切分点上才返回找到的词
}
```

有限状态机（Finite State Machine，FSM，有时也叫作有限自动机）是由状态（State）、变换（Transition）和行动（Action）组成的行为模型。有限状态机首先在初始状态（Start State）接收输入事件（Input Event），然后转移到下一个状态。可以把一个有限状态机看成一个特殊的有向图。常用的正则表达式就是用有限状态机实现的。

可以用状态转移表展示有限状态机基于当前状态和输入要移动到什么状态。一维状态转移表中输入通常放置在左侧，输出在右侧。输出将表示有限状态机的下一个状态。

在定义有限状态机时，如果要接收不同格式的数据，而这些数据有共同的前缀，则这些前缀从开始状态开始共用状态。

为了提高有限状态机的匹配速度，可以用幂集构造的方法把非确定有限状态机（NFA）转换成确定有限状态机（DFA），并可以最小化 DFA，也就是使状态数量最少。

可以把有限状态机识别出来的字符串放入词图，并且得到切分开始点和结束点的约束条件。这个过程叫作原子切分。

FSTSGraph.seg(String sentence)方法用于输出原子切分词图和切分点数组。

词典树的一个匹配结果由一个或者多个匹配单元序列组成。匹配单元由有限状态转换产生的切分点序列所定义。如果"007"在词表中，因为输入串"0078999"中的切分节点约束，所以 dic.matchLong 方法不返回结果。词典树中的 matchLong 方法修改成如下：

```
public String matchLong(String key,int offset, BitSet endPoints) {
    String ret = null;
    if (key == null || rootNode == null || "".equals(key)) {
         return ret;
    }
    TSTNode currentNode = rootNode;
    int charIndex = offset;
    while (true) {
        if (currentNode == null) {
            return ret;
        }
        int charComp = key.charAt(charIndex) - currentNode.spliter;

        if (charComp == 0) {
            charIndex++;

            if(currentNode.data != null && endPoints.get(charIndex)){
                ret = currentNode.data; // 候选最长匹配词
            }
            if (charIndex == key.length()) {
                return ret; // 已经匹配完
            }
            currentNode = currentNode.mid;
        } else if (charComp < 0) {
            currentNode = currentNode.left;
```

```
                } else {
                    currentNode = currentNode.right;
                }
        }
}
```

可以定制切分规则，例如，"test123"作为一个整体不切分开来。

```
public static Automaton getEnName(){
    Automaton b = BasicAutomata.makeCharRange('a', 'z');
    Automaton n = BasicAutomata.makeCharRange('0', '9');
    Automaton nameWord = BasicOperations.concatenate(b.repeat(1), n.repeat());
    nameWord.determinize();
    return nameWord;
}
```

使用这个自动机：

```
Automaton enName = AutomatonFactory.getEnName();
FST enNameFST = new FST(enName, PartOfSpeech.n.name());
union = new FSTUnion(union.union(), enNameFST);
```

整合原子切分的正向最大长度分词：

```
public String[] split(String sentence) {
    // 原子切分
    SplitPoints splitPoints = fstSeg.splitPoints(sentence); // 得到原子切分节点约束
    int senLen = sentence.length();
    ArrayList<String> result = new ArrayList<String>(senLen);

    int offset = 0;// 用来控制匹配的起始位置的变量
    while (offset >= 0 && offset < senLen) {
        String word = dic.matchLong(sentence, offset, splitPoints.endPoints);
        if (word != null) {// 已经匹配上
            // 下次匹配点在这个词之后
            offset += word.length();
            result.add(word);
        } else {// 如果在我们所处理的范围内一直都没有找到匹配上的词，就按原子切分
            int end = splitPoints.endPoints.nextSetBit(offset + 1);
            word = sentence.substring(offset, end);
            result.add(word);
            offset = splitPoints.startPoints.nextSetBit(offset + 1);// 下次匹配点
        }
    }
    return result.toArray(new String[result.size()]);
}
```

识别"2016 世界粉末冶金大会"这样的词：

```
Automaton a = BasicAutomata.makeCharRange('0', '9');
Automaton b = a.repeat(4);

Automaton end = BasicAutomata.makeString("世界粉末冶金大会");
Automaton num = BasicOperations.concatenate(b,end);

num.determinize();

FST fst = new FST(num, "org");

String s = "2016 世界粉末冶金大会在哪里开";
```

```
int offset = 0;
Token t = fst.matchLong(s, offset);
System.out.println(t);
```

等效的正则表达式写法是 "[0-9][0-9][0-9][0-9]世界粉末冶金大会"。

在中文分词中，有些词不是依据词表切分，而是用规则识别出来的，举例如下。

（1）数字：123,456.781　　90.7%　　3/8　　11/20/2000

（2）日期：1998 年　　2009 年 12 月 24 日 10:30

（3）电话号码：010-56837834

有些电话号码有固定的格式，一些国家的电话号码格式如下。

- 美国（USA）的电话号码是由十位数字组成，前三位是区域码，中间三位数字是交换码，再加上后四位。例如：(202) 522-2230 、212.995.5402 。

- 英国（UK）的电话号码格式为[城/郡码]-[本机号码] 城/郡码与本机号码长短不一，城/郡码有 2～4 位。例如：0171 378 0647 、(4.171) 830 1007 、+44(0) 1225 753678 。

最简单的方法是使用正则表达式识别数字、日期、电话号码、邮件地址等。还可以直接用有限状态机识别。有限状态机给出接收字符串的结束位置和类型，实现如下：

```
public enum RegularWordType{
    number,   // 数字
    dateWord,  // 日期
    email,    // 邮件地址
    tel       // 电话号码
}

public static class MatchRet {
    public RegularWordType wordType;  // 规则识别出的词类型
    public int end;  // 记录下次匹配的开始位置
}

public class FSM{
    public boolean matchRegularWord(String sentence,
                        int start,
                        MatchRet matchRet);
}
```

同时匹配多种不同类型字符串的有限状态转换：

```
Automaton numAutomaton = // 得到数字的自动机
FST fst = new FST(numAutomaton,"num");  // 得到有限状态转换

Automaton dateAutomaton = // 得到日期的自动机
FST fDate = new FST(dateAutomaton ,"date");
fst.union(fDate);
```

例如，"阿拉伯队"，地名+ "队" 转换成一个机构名词，可以用如下规则表示：

机构名词 => Ns + 队

对应的有限状态转移如图 2-11 所示。

图 2-11　有限状态图

2.5 概率语言模型的分词方法

两个词可以组合成一个词的情况叫作组合歧义。例如："上海/银行"和"上海银行"。最大长度匹配算法无法正确切分组合歧义。例如，会把"请在一米线外等候"错误地切分成"一/米线"，而不是"一/米/线"。

对于输入字符串 C "有意见分歧"，有下面两种切分可能：

S_1: 有/ 意见/ 分歧/

S_2: 有意/ 见/ 分歧/

这两种切分方法分别为 S_1 和 S_2。如何评价这两个切分方案呢？哪个切分方案更有可能在语料库中出现就选择哪个切分方案。

计算条件概率 $P(S_1|C)$ 和 $P(S_2|C)$，然后根据 $P(S_1|C)$ 和 $P(S_2|C)$ 的值来决定选择 S_1 还是 S_2。

因为联合概率 $P(C,S) = P(S|C) \times P(C) = P(C|S) \times P(S)$，所以有：

$$P(S \mid C) = \frac{P(C \mid S) \times P(S)}{P(C)}。$$

这也叫作贝叶斯公式。$P(C)$ 是字符串 C 在语料库中出现的概率，比如语料库中有 1 万个句子，其中有一句是"有意见分歧"，那么 $P(C)=P($"有意见分歧"$)=$万分之一。

在贝叶斯公式中 $P(C)$ 只是一个用来归一化的固定值，所以实际分词时并不需要计算。

从词串恢复到汉字串的概率只有唯一的一种方式，所以 $P(C|S)=1$。因此，比较 $P(S_1|C)$ 和 $P(S_2|C)$ 的大小变成比较 $P(S_1)$ 和 $P(S_2)$ 的大小。也就是说：

$$\frac{P(S_1 \mid C)}{P(S_2 \mid C)} = \frac{P(S_1)}{P(S_2)}。$$

因为 $P(S_1)=P(有,意见,分歧) > P(S_2)=P(有意,见,分歧)$，所以选择切分方案 S_1 而不是 S_2。

从统计思想的角度来看，分词问题的输入是一个字符串 $C=C_1,C_2,\cdots,C_n$，输出是一个词串 $S=W_1,W_2,\cdots,W_m$，其中 $m \leqslant n$。对于一个特定的字符串 C，会有多个切分方案 S 对应，分词的任务就是在这些 S 中找出一个切分方案 S，使得 $P(S|C)$ 的值最大。$P(S|C)$ 就是由字符串 C 产生切分方案 S 的概率。最可能的切分方案

$$\text{BestSeg}(C) = \arg\max_{S \in G} P(S \mid C) = \arg\max_{S \in G} \frac{P(C \mid S)P(S)}{P(C)}$$

$$= \arg\max_{S \in G} P(S) = \arg\max_{w_1,w_2,\cdots,w_m \in G} P(w_1,w_2,\cdots,w_m)。$$

也就是对输入字符串切分出最有可能的词序列。这里的 G 表示切分词图。待切分字符串 C 中的某个子串构成一个词 W，把这个词看成是从开始位置 i 到结束位置 j 的一条有向边。把 C 中的每个位置看成点，词看成边，可以得到一个有向图，这个图就是切分词图 G。

概率语言模型分词的任务是：在全切分所得的所有结果中求某个切分方案 S，使得 $P(S)$ 为最大。那么，如何来表示 $P(S)$ 呢？为了简化计算，假设每个词之间的概率是上下文无关的，则：

$$P(S) = P(w_1,w_2,\cdots,w_m) \approx P(w_1) \times P(w_2) \times \cdots \times P(w_m)。$$

其中，$P(w)$ 就是词 w 出现在语料库中的概率。例如：

$$P(S_1) = P(有,意见,分歧) \approx P(有) \times P(意见) \times P(分歧)。$$

对于不同的 S，m 的值是不一样的，一般来说 m 越大，$P(S)$ 会越小。也就是说，分出的词越多，概率越小。这符合实际的观察，如最大长度匹配切分往往会使 m 较小。

词表中的词往往很多，分摊到一个词的概率可能很小，所以 $P(S)$ 一般是通过很多小数值的连乘积算出来的。如果一个数太小，可能会向下溢出变成零。例如 0.00000000000000000000000000001，

double 类型表示不出如此小的数。因为函数 $y=\log(x)$，当 x 增大，y 也会增大，所以是单调递增函数。取 log 后，表示一个小于 1 的正数的精确度加大了。

$$P(S) \approx P(w_1) \times P(w_2) \times \cdots \times P(w_m) \propto \log P(w_1) + \log P(w_2) + \cdots + \log P(w_m) 。$$

这里的 $\propto$ 是正比符号。因为词的概率小于 1，所以取 log 后是负数。最后算 $\log P(w)$。

计算任意一个词出现的概率如下：

$$P(w_i) = \frac{w_i \text{在语料库中的出现次数} n}{\text{语料库中的总词数} N} 。$$

因此 $\log P(w_i) = \log(\text{Freq}_w) - \log N$。

如果词概率的对数值事先已经算出来了，则结果直接用加法就可以得到 $\log P(S)$，而加法比乘法速度更快。

这个计算 $P(S)$ 的公式也叫作基于一元概率语言模型的计算公式。这种分词方法简称一元分词，它综合考虑了切分出的词数和词频。一般来说，词数少，词频高的切分方案概率更高。考虑一种特殊的情况：所有词的出现概率相同，则一元分词退化成最少词切分方法。

2.5.1　一元模型

假设语料库的长度是 10000 个词，其中"有"这个词出现了 180 次，则它的出现概率是 0.018，形式化的写法是 $P(有)=0.018$。

词语概率表如表 2-1 所示。

表 2-1　　　　　　　　　　　　　　　　词语概率表

词语	词频	概率
有	180	0.0180
有意	5	0.0005
意见	10	0.0010
见	2	0.0002
分歧	1	0.0001

$$P(S_1)=P(有) \times P(意见) \times P(分歧)=1.8 \times 10^{-9} 。$$
$$P(S_2)=P(有意) \times P(见) \times P(分歧)=1 \times 10^{-11} 。$$

可得 $P(S_1) > P(S_2)$，所以选择 S_1 对应的切分。

为了避免向下溢出，取 log 的计算结果：

$$\log P(S_1) = \log P(有) + \log P(意见) + \log P(分歧) = -20.135479172044292 。$$
$$\log P(S_2) = \log P(有意) + \log P(见) + \log P(分歧) = -20.72326583694641 。$$

仍然是：$\log P(S_1) > \log P(S_2)$。

如何尽快找到概率最大的词串呢？整个字符串的切分方案，依赖于它的子串的切分方案。这里，BestSeg(有意见分歧)依赖 BestSeg(有意见)，而 BestSeg(有意见)依赖 BestSeg(有)和 BestSeg(有意)。

用切分词图中的节点来表示切分子任务。输入字符串的一个位置用一个节点编号表示。例如，String 类中的方法 subString (int start, int end)，可以把这里的 start 和 end 看成是节点的编号。如果 subString 方法返回的正好是一个词，则 start 是这个词开始节点的编号，end 是这个词结束节点的编号。例如，"有意见分歧".subString (0 ,1)的值是"有"。从节点 0 到节点 1 是"有"这个词，从节点 1 到节点 2 是"意"这个词。

　　把 BestSeg(有意见分歧)对应的概率叫作节点 5 的概率，简写成 $P(5)$。$P(0)$ 到 $P(5)$ 之间的计算依赖关系如图 2-12 所示。

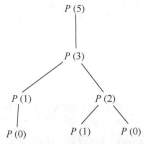

图 2-12　节点概率计算分解图

$$P(5) = P(3) \times P(分歧)。$$
$$P(3) = \max\{P(1) \times P(意见), P(2) \times P(见)\}。$$
$$P(2) = \max\{P(1) \times P(意), P(0) \times P(有意)\}。$$
$$P(1) = P(0) \times P(有)。$$

　　把计算后续节点概率的问题分解成计算前面的节点概率，这就是分治法。因为 $P(3)$ 和 $P(2)$ 都重复计算了 $P(1)$，所以用动态规划求解，而不用分治法计算。

　　一个词的开始节点叫作结束节点的前驱节点。某个节点的若干个前驱节点组成一个前驱节点集合。例如，节点 2 的前驱节点集合包括"意"和"有意"两个词。节点 2 的前驱节点集合是 $\{1, 0\}$。

　　下面看一个词条长度超过 2 的例子。"印度尼西亚地震了。"这个句子中，节点 5 的前驱节点集合包括"西亚"和"印度尼西亚"两个词。

　　如果词 W 的结束节点是 $Node$，就称 W 为 $Node$ 的前驱词。例如，"意"这个词是节点 2 的前驱词，对应的前驱节点是 1。当前节点的概率是这个节点所有可能的前驱节点和前驱词的概率乘积的最大值。

$$P(当前节点)=\max\{P(前驱节点) \times P(前驱词)\}。$$

　　节点 2 的概率有两种可能：

$$P(1) \times P(意) \quad 和 \quad P(0) \times P(有意)。$$

　　因为 $P(0) \times P(有意) > P(1) \times P(意)$，所以节点 2 的最佳前驱节点是 0。然后算节点 3,4,5…

　　$P(3)=P(0) \times P(有) \times P(意)$ 这样理解是错误的，节点概率只是两项的乘积。节点 3 的概率是 $P(2) \times P(见)$ 和 $P(1) \times P(意见)$ 中的最大值。也就是说：

$$P(3) = \max(P(2) \times P(见), P(1) \times P(意见))。$$

其中：
$$P(见) = word.freq / N。$$
$$P(0) =1。$$
$$P(1) = P(0) \times P(有)。$$
$$P(4) = P(3) \times P(分)。$$

　　如果按照前面的方法，5 应该在 4 的后面，而不应该直接就链接到 3 吗？5 可以直接链接到 3，因为有一个长度是 2 的词，字典里面有"分歧"这个词。

$$P(5) = P(3) \times P(分歧)$$

　　到节点 $Node_i$ 为止的最大概率称为节点 $Node_i$ 的概率，比如 $P(S)$ 最大的概率就是节点 5 的概率。然后写出计算节点概率的循环等式，也就是说当前的节点概率要根据之前的节点概率计算。一个词就是从开始节点到结束节点所定义的边。如果把一个切分词看成一个标注，分词就是确定标注从哪里开始，在哪里结束。

如果 W_j 的结束节点是 $Node_i$，就称 W_j 为 $Node_i$ 的前驱词。比如上面的例子中，候选词"有"就是节点 1 的前驱词，"意见"和"见"都是节点 3 的前驱词。

节点概率就是找最大的（前驱节点×前驱词）概率。例如 $P(Node_5)$ 的前驱词只有一个"分歧"。所以，$P(Node_3) \times P(分歧) = P(Node_5)$。

节点 i 的最大概率与节点 i 的前驱词集合有关。节点 i 的前驱词集合定义成 $prev(Node_i)$。$prev(Node_3)=\{$"意见"，"见"$\}$。

计算节点概率的循环等式：

$$P(Node_i) = P_{max}(w_1, w_2, \cdots, w_i) = \max_{w_j \in prev(Node_i)} (P(StartNode(w_j))) \times P(w_j) 。$$

这里的 $StartNode(w_j)$ 是 w_j 的开始节点，也是节点 i 的前驱节点。

因此切分的最大概率 $\max(P(S))$ 就是 $P(Node_m)=P(节点\ m\ 的最佳前驱节点) \times P(节点\ m\ 的最佳前驱词)$。在动态规划求解的过程中并没有先生成所有可能的切分路径 S_i，而是求出值最大的 $P(S_i)$ 后，利用回溯的方法直接输出 S_i。前向累积的过程就好像搓麻绳，每搓一段都会打个结，关键要看这个结是怎么打出来的。

按节点编号，从前往后计算如下：

$P(Node_0)=1$；

$P(Node_1) = P(Node_0) \times P(有) = 0.018$；

$P(Node_2) = \max(P(Node_1) \times P(意), P(有意)) = 0.0005$；

$P(Node_3) = \max(P(Node_1) \times P(意见), P(Node_2) \times P(见)) = 0.018 \times 0.001 = 0.000018$；

$P(Node_4) = P(Node_3) \times P(分)$；

$P(Node_5) = P(Node_3) \times P(分歧) = 0.000018 \times 0.0001 = 0.0000000018$。

这里，假设"歧"不在词表，所以 $P(歧)=0$。对于这样的零概率，不参与比较。找到每个节点的概率后，用什么机制进行切分呢？节点 5 的最佳前驱节点是 3，节点 3 的最佳前驱节点是 1，节点 1 的最佳前驱节点是 0。通过回溯发现最佳切分路径就是先找最后一个节点的最佳前驱节点，然后找最佳前驱节点的最佳前驱节点，一直找到节点 0 为止，示例代码如下：

```
for (int i = 5; i > 0; i = prevNode[i]) { // 找最佳前驱节点的最佳前驱节点
    // 把节点 i 加入分词节点序列
}
```

切分路径上的节点是从后往前发现的，但是要从前往后返回结果。所以把结果放入一个双端队列 ArrayDeque 中。首先创建最佳前驱节点数组，示例代码如下：

```
String sentence = "有意见分歧"; // 待切分句子

int[] prevNode = new int[6]; // 最佳前驱节点
```

然后最佳前驱节点中的数据要通过动态规划计算出来，先直接赋值模拟结果：

```
prevNode[1] = 0;
prevNode[2] = 0;
prevNode[3] = 1;
prevNode[4] = 3;
prevNode[5] = 3;
```

根据最佳前驱节点数组输出切分结果的实现代码如下：

```
ArrayDeque<Integer> path = new ArrayDeque<Integer>(); // 记录最佳切分路径
// 通过回溯发现最佳切分路径
for (int i = 5; i > 0; i = prevNode[i]) { // 从右向左找最佳前驱节点
    path.addFirst(i);
}
```

```
// 输出结果
int start = 0;
for (Integer end : path) {
    System.out.print(sentence.substring(start, end) + "/ ");
    start = end;
}
```

把求解分词节点序列封装成一个方法：

```
public ArrayDeque<Integer> bestPath() { // 根据 prevNode 回溯求解最佳切分路径
    ArrayDeque<Integer> ret = new ArrayDeque<Integer>();
    for (int i = prevNode.length - 1; i > 0; i = prevNode[i]){ // 从右向左找前驱节点
        ret.addFirst(i);
    }
    return ret;
}
```

把最佳前驱词数组及其操作方法封装成一个类：

```
public class WordList {
    WordEntry[] bestWords; // 最佳前驱词

    public Deque<WordEntry> bestPath() { // 根据最佳前驱节点数组回溯求解词序列
        Deque<WordEntry> path = new ArrayDeque<WordEntry>(); // 最佳节点序列
        // 从后向前回朔最佳前驱节点
        for (int i = bestWords.length; i > 0; ) {
            WordEntry w = bestWords[i];
            path.push(w);
            i = i - w.word.length();
        }
        return path;
    }
}
```

从另外一个角度看，计算最大概率等于求切分词图的最短路径。但是这里没有采用 Dijkstra 算法，而采用动态规划的方法求解最短路径。把每个节点计算的结果保存在数组中：

```
int[] prevNode = new int[text.length() + 1];// 最佳前驱节点数组
double[] prob = new double[text.length() + 1]; // 节点概率
```

为了计算词的概率，需要在词典中保存所有词的总次数，这个值叫作 dic.n。词典返回的 WordEntry 对象中保存了词的频率，示例代码如下。

```
public class WordEntry{
    public String word; // 词
    public int freq; // 词频
}
```

词典的 matchAll 方法返回前驱词集合。例如，"大学生"从最后的位置开始，包括的前驱词集合是{生，学生，大学生}，代码如下：

```
String txt = "大学生";
ArrayList<WordEntry> ret = new ArrayList<WordEntry>(); // 存储前驱词集合
int offset = 3;
dic.matchAll(txt, offset, ret); // 找字符串指定位置开始的前驱词集合, 查找逆向 Trie 树词典
```

遍历一个节点的前驱词集合中的每个词找最佳前驱节点的过程如图 2-13 所示。

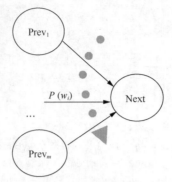

图 2-13　找最佳前驱节点

找节点概率的伪代码如下:

```
遍历节点 i 前驱词的集合 prev(i){
    计算 P(前驱词节点) ＊ P(前驱词)，也就是候选节点概率
    if(这个候选节点概率是到目前为止最大的节点概率) {
            把这个候选节点概率当作节点概率
            候选节点概率最大的开始节点作为节点 i 的最佳前趋节点
    }
}
```

按节点从左到右找每个节点的最佳前驱节点，计算节点概率的代码如下:

```java
// 求出每个节点的最佳前驱节点
for (int i = 1; i < prevNode.length; i++){
    double maxProb = minValue; // 候选节点概率初始值设为一个很小的负数
    int maxNode = 0; // 候选最佳前驱节点

    // 从词典中查找前驱词的集合
    dic.matchAll(text, i - 1,prevWords);

    // 根据前驱词集合挑选最佳前趋节点
    for (WordEntry word : prevWords) {
        double wordProb = Math.log(word.freq) - Math.log(dic.n); // 单词概率
        int start = i - word.word.length(); // 候选前驱节点
        double nodeProb = prob[start] + wordProb;// 候选节点概率

        if (nodeProb > maxProb) {// 概率最大的算作最佳前驱节点
            maxNode = start;
            maxProb = nodeProb;
        }
    }

    prob[i] = maxProb;// 节点概率
    prevNode[i] = maxNode;// 最佳前驱节点
}
```

这里是从前往后正向计算节点概率，除了正向求解，还可以从最后一个位置开始，即从后往前逆向求解。

得到最佳前驱节点数组的值以后，再调用 bestPath 方法返回词序列结果。

```java
public List<String> bestPath(){ // 根据最佳前驱节点数组回溯求解词序列
```

```
        Deque<Integer> path = new ArrayDeque<Integer>(); // 最佳节点序列
        // 从后向前回朔最佳前驱节点
        for (int i = text.length(); i > 0; i = prevNode[i]){
            path.push(i);
        }
        List<String> words = new ArrayList<String>(); // 切分出来的词序列
        int start = 0;
        for (Integer end : path) {
            words.add(text.substring(start, end));
            start = end;
        }
        return words;
}
```

把词频信息记录在 WordEntry 类中。

```
public class WordEntry {
    public String word; // 词
    public int freq; // 词频
}
```

用 Trie 树存词典的类叫作 SuffixTrie。SuffixTrie 相当于 Trie<String,WordEntry>，Trie 树存储键/值对。键是 String 类型，值是 WordEntry 类型。Trie 树的结束节点中保存 WordEntry 类的实例。Segmenter 类用动态规划的方法计算分词。

为了提高性能，对于未登录串不再往回找前驱词，而是从前往后直接合并所有连续的英文或者数字串。

2.5.2　整合基于规则的方法

上面的计算中假设相邻两个词之间是上下文无关的。但实际情况并不如此，例如，如果前面一个词是数词，后面一个词很有可能是量词。如果前后两个词都只有一种词性，则可以利用词之间的搭配信息对分词决策提供帮助。

"×××为毒贩求情遭警方拒绝"这句话中，"为毒贩求情"是一个常用的 N 元序列"<p><n><v>"。可以利用这个 3 元词序列避免把这句话错误地切分成"××× 为 毒贩 求情 遭 警方 拒绝"。

如果匹配上规则，就为匹配上的这几个节点设置最佳前驱节点，示例代码如下。

```
RuleSegmenter seg = new RuleSegmenter();
String pattern="<p><n><v>";
seg.addRule(pattern);
String text="为毒贩求情";
ArrayDeque<Integer> path = seg.split(text);
```

除了词类，规则中还可以带普通的词，例如"<adj>的<n>"。

首先用邻接表实现一元概率切分，然后把基于规则的方法整合进来。

通过求解最佳后继节点实现一元概率切分的过程：

```
String sentence = "有意见分歧"; // 待切分的句子

int[] sucNode = new int[6]; // 最佳后继节点
// 从后往前得到值
sucNode[5] = 0;
sucNode[4] = 5;
sucNode[3] = 5;
sucNode[2] = 3;
sucNode[1] = 3;
```

```
sucNode[0] = 1;

ArrayList<Integer> path = new ArrayList<Integer>();
// 通过回溯发现最佳切分路径
// 从前往后找最佳后继节点
for (int i = sucNode[0]; i < sentence.length(); i = sucNode[i]) {
    path.add(i);
}
path.add(sentence.length());
// 输出结果
int start = 0;
for (Integer end : path) {
    System.out.print(sentence.substring(start, end) + "/ ");
    start = end;
}
```

2.5.3　表示切分词图

为了消除分词中的歧异，提高切分准确度，需要找出输入串中所有可能的词。可以把这些词看成一个切分词图。可以从切分词图中找出一个最有可能的切分方案。

把待切分字符串中的每个位置看成点，候选词看成边，可以根据词典生成一个切分词图。"有意见分歧"这句话的切分词图如图 2-14 所示。

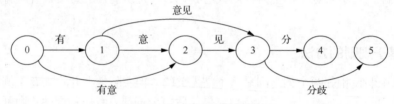

图 2-14　中文分词切分词图

切分词图是一个有向正权重的图。词的概率作为边的权重。在"有意见分歧"的切分词图中，"有"这条边的起点是 0，终点是 1；"有意"这条边的起点是 0，终点是 2；以此类推。切分方案就是从起点 0 到终点 5 之间的路径。存在两条切分路径：

路径 1：　0 − 1 − 3 − 5　　对应切分方案 S_1：　有/ 意见/ 分歧/

路径 2：　0 − 2 − 3 − 5　　对应切分方案 S_2：　有意/ 见/ 分歧/

如果选择路径 1 作为切分路径，则 {0,1,3,5} 是切分节点。还可以把切分节点分成确信节点和不确信节点。

切分词图中的边都是词典中的词，边的起点和终点分别是词的开始和结束位置，示例代码如下：

```
public class CnToken{
    public String termText;// 词
    public int start;// 词的开始位置
    public int end;// 词的结束位置
    public int freq;// 词在语料库中出现的频率
    public CnToken(int vertexFrom, int vertexTo, String word) {
        start = vertexFrom;
        end = vertexTo;
        termText = word;
    }
}
```

　　分词时需要用动态规划的方法计算，需要找到有共同结束位置的词，也就是返回一个节点的所有前驱词集合。例如节点 3 的前驱词集合是{"见","意见"}。例如，图 2-14 所示的切分词图可以用逆邻接表存储成图 2-15 所示的形式。

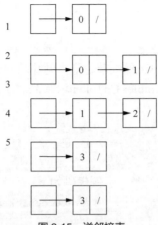

图 2-15　逆邻接表

　　例如第一个链表和节点 1 相关，第二个链表和节点 2 相关，节点 2 是结束节点，0 表示一个开始节点，1 表示另外一个开始节点。第二个链表表示"意"和"有意"两个词。

　　邻接表表示的切分词图由一个链表数组组成。首先实现一个单向链表 TokenLinkedList 类，每个节点保存下一个节点的引用。节点类作为 TokenLinkedList 的内部类，示例代码如下：

```
public static class Node { // 链表中的节点
    public CnToken item;  // 链表中的元素
    public Node next; // 记录下一个元素

    Node(CnToken item) { // 构造方法
        this.item = item;
        next = null;
    }
}
```

TokenLinkedList 类只需要记录一个头节点。其他节点通过头节点的引用得到，示例代码如下：

```
public class TokenLinkedList {
    public Node head = null; // 链表的头

    public void put(CnToken item) { // 增加一个词到节点
        Node n = new Node(item); // 新建一个节点
        n.next = head; // 原来的头节点放在这个新节点后
        head = n; // 新节点放在链表头
    }
}
```

队伍排好后，从头开始报数，一直到最后一位。链表形成后，也采用类似的方法遍历其中的元素。TokenLinkedList 的 toString 方法实现了遍历链表中的元素，示例代码如下：

```
public String toString() { // 输出链表中所有的元素
        StringBuilder buf = new StringBuilder();
        Node cur = head;  // 从头开始
```

```
        while (cur != null) { // 如果当前节点不是空就往下遍历
            buf.append(cur.item.toString());
            buf.append('\t');
            cur = cur.next; // 找下一个节点
        }

        return buf.toString();
    }
```

这样的遍历方法暴露了链表中的实现细节，需要更好的封装。用一个迭代器封装，能支持 for-each 循环。TokenLinkedList 实现 Iterable<CnToken>接口，实现接口中定义的 iterator 方法，示例代码如下：

```
public Iterator<CnToken> iterator() {// 迭代器
    return new LinkIterator(head); // 传入头节点
}
```

LinkIterator 是一个专门负责迭代的类，示例代码如下：

```
private class LinkIterator implements Iterator<CnToken> {  // 用于迭代的类
    Node itr;

    public LinkIterator(Node begin) { // 构造方法
        itr = begin; // 遍历的开始节点
    }

    public boolean hasNext() { // 是否还有更多的元素可以遍历
        return itr != null;
    }

    public CnToken next() { // 向下遍历
        if (itr == null) {
            throw new NoSuchElementException();
        }
        Node cur = itr;
        itr = itr.next;
        return cur.item;
    }

    public void remove() {
        throw new UnsupportedOperationException(); // 不支持这个操作
    }
}
```

迭代器写起来虽然麻烦，但是外部调用方便。为了程序更好的可维护性，专门写迭代器是值得的。

测试这个单向链表，示例代码如下：

```
CnToken t1 = new CnToken(2, 3, 2.0, "见"); // 创建词
CnToken t2 = new CnToken(1, 3, 3.0, "意见");
CnTokenLinkedList tokenList = new CnTokenLinkedList(); // 创建单向链表
tokenList.put(t1); // 放入候选词
tokenList.put(t2);
for(CnToken t:tokenList){ // 遍历链表中的词
    System.out.println(t);
}
```

在单向链表的基础上形成逆向邻接表，示例代码如下：

```java
public class AdjList {
    private TokenLinkedList list[];// AdjList 的图结构

    public AdjList(int verticesNum) {  // 构造方法：分配空间
        list = new TokenLinkedList[verticesNum];

        // 初始化数组中所有的链表
        for (int index = 0; index < verticesNum; index++) {
            list[index] = new TokenLinkedList();
        }
    }

    public int getVerticesNum()    {
        return list.length;
    }

    public void addEdge(CnToken newEdge) { // 增加一个边到图中
        list[newEdge.end].put(newEdge);
    }

    // 返回一个迭代器，包含以指定点结尾的所有的边
    public Iterator<CnToken> getAdjacencies(int vertex) {
        TokenLinkedList ll = list[vertex];
        if(ll == null)
            return null;
        return ll.iterator();
    }

    public String toString() { // 输出逆向邻接表
        StringBuilder temp = new StringBuilder();
        for (int index = 0; index < verticesNum; index++) {
            if(list[index] == null){
                continue;
            }
            temp.append("node:");
            temp.append(index);
            temp.append(": ");
            temp.append(list[index].toString());
            temp.append("\n");
        }
        return temp.toString();
    }
}
```

测试逆向邻接表，示例代码如下：

```java
String sentence="有意见分歧";
int len = sentence.length();// 字符串长度
AdjList g = new AdjList(len+1);// 存储所有被切分的可能的词

// 第一个节点结尾的边
g.addEdge(new CnToken(0, 1, 0.0180, "有"));
```

```
// 第二个节点结尾的边
g.addEdge(new CnToken(0, 2, 0.0005, "有意"));
g.addEdge(new CnToken(1, 2, 0.0100, "意"));

// 第三个节点结尾的边
g.addEdge(new CnToken(1, 3, 0.0010, "意见"));
g.addEdge(new CnToken(2, 3, 0.0002, "见"));

// 第四个节点结尾的边
g.addEdge(new CnToken(3, 4, 0.0001, "分"));

// 第五个节点结尾的边
g.addEdge(new CnToken(3, 5, 0.0001, "分歧"));

System.out.println(g.toString());
```

输出结果：

```
node:0:
node:1: text:有 start:0 end:1 cost:1.0
node:2: text:意 start:1 end:2 cost:1.0    text:有意 start:0 end:2 cost:1.0
node:3: text:见 start:2 end:3 cost:1.0    text:意见 start:1 end:3 cost:1.0
node:4: text:分 start:3 end:4 cost:1.0
node:5: text:分歧 start:3 end:5 cost:1.0
```

切分词图有邻接表和邻接矩阵两种表示方法。同一个节点结束的边可以通过一个一维数组访问。这样的表示方法叫作逆邻接矩阵，示例代码如下：

```java
public class AdjMatrix { // 逆邻接矩阵
    public int verticesNum;
    CnToken adj[][];

    public AdjMatrix(int verticesNum) { // 构造方法：分配空间
        this.verticesNum = verticesNum;
        adj = new CnToken[verticesNum][verticesNum];
        adj[0][0] = new CnToken(0, 0, 0, "Start", null, null);
    }

    public void addEdge(CnToken newEdge) { // 加一条边
        adj[newEdge.end][newEdge.start] = newEdge;
    }

    public CnToken getEdge(int start, int end) {
        return adj[end][start];
    }

    public CnToken[] getPrev(int end) { // 取得结尾的前驱词
        return adj[end];
    }
}
```

测试方法：

```java
String sentence="有意见分歧";
int len = sentence.length();// 字符串长度
```

```
AdjMatrix g = new AdjMatrix(len + 1);// 存储所有被切分的可能的词

// 第一个节点结尾的边
g.addEdge(new CnToken(0, 1, 1.0, "有"));

// 第二个节点结尾的边
g.addEdge(new CnToken(0, 2, 1.0, "有意"));
g.addEdge(new CnToken(1, 2, 1.0, "意"));

// 第三个节点结尾的边
g.addEdge(new CnToken(1, 3, 1.0, "意见"));
g.addEdge(new CnToken(2, 3, 1.0, "见"));

// 第四个节点结尾的边
g.addEdge(new CnToken(3, 4, 1.0, "分"));

// 第五个节点结尾的边
g.addEdge(new CnToken(3, 5, 1.0, "分歧"));

System.out.println(g.toString());
```

对于切分词图来说，因为开始节点总是比结束节点的位置小，所以实际上不需要用到 $n×n$ 的空间。例如 $n=3$ 时，所需要的空间如图 2-16 所示。

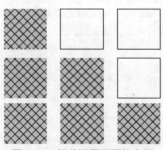

图 2-16　切分词图需要的空间

用一维数组表示，第一个节点使用的长度是 $n-1$，第二个节点使用的长度是 $n-2$，第 i 个节点使用的长度是 $n-i$。这个一维数组的总长度不超过 $n×n/2$。

2.5.4　形成切分词图

词典存放在三叉搜索树中，词典类就是三叉搜索树。其中的 matchAll 方法是从词典中找出以某个字符串的前缀开始的所有词。例如，对于图 2-17 所示的三叉树，输入"大学生活动中心"，首先匹配出"大"，然后匹配出"大学"，最后匹配出"大学生"。就是把三叉树上的信息映射到输入的待切分字符串。可以看成是两个有限状态机求交集的简化版本。输入串看成串行状态序列组成的有限状态机。另外把词典树也看成一个有限状态机。

如果要找出指定位置开始的所有词，并把这些词放在动态数组中，需要用到 matchAll 方法。因为和最长匹配 matchLong 方法不同，matchAll 方法返回所有的匹配词，所以叫作全匹配。下面是匹配后缀 Trie 树的方法：

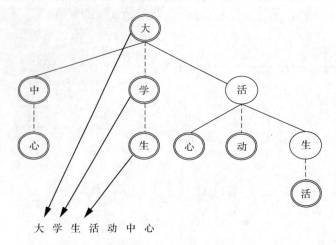

图 2-17　用三叉树全切分字符串

```java
// 输入句子和匹配的开始位置，匹配上的词集合放在 ret 中
public void matchAll(String sentence, int offset,ArrayList<String> ret) {
    ret.clear(); // 清空返回数组中的词
    if ("".equals(sentence) || root == null || offset < 0)
        return;
    TSTNode currentNode = root;
    int charIndex = offset;
    while (true) {
        if (currentNode == null) {
            if(ret.size() == 0) // 词典中找不到对应的词，则返回单个字符
                ret.add(sentence.substring(offset,offset+1));
            return;
        }
        int charComp = sentence.charAt(charIndex) - currentNode.splitChar;

        if (charComp == 0) {
            if (currentNode.data != null) {
                ret.add(currentNode.data) ; // 候选最长匹配词
            }
            if (charIndex <= 0) {
                return; // 已经匹配完
            }
            charIndex--; // 继续往前找
            currentNode = currentNode.eqNode;
        } else if (charComp < 0) {
            currentNode = currentNode.loNode;
        } else {
            currentNode = currentNode.hiNode;
        }
    }
}
```

通过查词典形成切分词图的主体过程：

```java
for(int i=0;i<len;){
    boolean match = dict.getMatch(sentence, i, wordMatch);// 到词典中查询
    if (match) {// 已经匹配上
        for (WordEntry word:wordMatch.values) {// 把查询到的词作为边加入切分词图中
```

```
                    j = i+word.length();
                    g.addEdge(new CnToken(i, j, word.freq, word.term));
                }
                i=wordMatch.end;
            }else{// 把单字作为边加入切分词图中
                j = i+1;
                g.addEdge(new CnToken(i,j,1,sentence.substring(i,j)));
                i=j;
            }
        }
```

逆向最大长度匹配是从最后一个字符往前匹配，而全切分词图则是从最后一个字符往前找前驱词集合。

2.5.5　数据基础

概率分词需要知道哪些是高频词，哪些是低频词。也就是：

$$P(w) = \frac{freq(w)}{全部词的总次数}。$$

词语概率表是从语料库统计出来的。为了支持统计的中文分词方法，有分词语料库。分词语料库内容样例如下：

出国　中介　不能　做　出境游

从分词语料库加工出人工可以编辑的一元词典。一元词典中存储了一个词的概率。因为一元的英文叫法是 Unigram，所以人们往往把一元词典类叫作 UnigramDic。UnigramDic.txt 每行一个词以及这个词对应的次数，并不存储全部词出现的总次数 totalFreq。totalFreq 通过把所有词的次数加起来实现。UnigramDic.txt 的样本如下：

```
有:180
有意:5
意见:10
见:2
分歧:1
大学生:139
生活:1671
```

一元词典 Trie 树如图 2-18 所示。

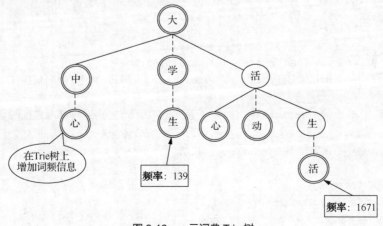

图 2-18　一元词典 Trie 树

根据 UnigramDic.txt 生成词典 Trie 树的主要代码如下:

```
while ( ((line = in.readLine()) != null)) {  // 逐行读入词典文本文件
    StringTokenizer st = new StringTokenizer(line,"\t");
    String word = st.nextToken(); // 词
    int freq = Integer.parseInt(st.nextToken()); // 次数
    addWord(word,freq); // 把词加入 Trie 树
    totalFreq += freq; // 词的次数加到总次数
}
```

为了快速生成词典树,要把词典树的结构保存下来,以后直接根据词典树的结构生成词典树。对树中的每个节点编号,并根据编号存储节点之间的引用关系。第一列是节点的编号,第二列是左边孩子节点的编号,第三列是中间孩子节点的编号,第四列是右边孩子节点的编号。最后写入节点本身存储的数据。例如:

```
0#1#2#3#有
1#4#5#6#基
2#7#8#9#道
3#10#11#12#羚
4#13#14#15#决
5#16#17#18#诺
```

采用广度优先的方式遍历树中的每个节点,同时对每个节点编号。没有孩子节点的分支节点编号设置为-1。

```
TSTNode currentNode = rootNode; // 从根节点开始遍历树

int currNodeCode = 0; // 当前节点编号从 0 开始
int leftNodeCode; // 当前节点的左边孩子节点的编号
int middleNodeCode; // 当前节点的中间孩子节点的编号
int rightNodeCode; // 当前节点右边的孩子节点的编号
int tempNodeCode = currNodeCode;

Deque<TSTNode> queueNode = new ArrayDeque<TSTNode>(); // 存放节点数据的队列
queueNode.addFirst(currentNode);

Deque<Integer> queueNodeIndex = new ArrayDeque<Integer>();// 存放节点编号的队列
queueNodeIndex.addFirst(currNodeCode);

FileWriter filewrite = new FileWriter(filepath);
BufferedWriter writer = new BufferedWriter(filewrite);
StringBuilder lineInfo = new StringBuilder(); // 记录每一个节点的行信息

while (!queueNodeIndex.isEmpty()) { // 广度优先遍历所有树节点,将其加入至队列中
    currentNode = queueNode.pollFirst(); // 取出队列中第一个节点,同时把它从队列删除
    currNodeCode = queueNodeIndex.pollFirst();

    // 处理左边的孩子节点
    if (currentNode.loNode != null) {
        tempNodeCode++;
        leftNodeCode = tempNodeCode;
```

```
            queueNode.addLast(currentNode.loNode);
            queueNodeIndex.addLast(leftNodeCode);
        } else {
            leftNodeCode = -1; // 没有左边的孩子节点
        }

        // 处理中间孩子节点
        if (currentNode.eqNode != null) {
            tempNodeCode++;
            middleNodeCode = tempNodeCode;
            queueNode.addLast(currentNode.eqNode);
            queueNodeIndex.addLast(middleNodeCode);
        } else {
            middleNodeCode = -1; // 没有中间孩子节点
        }

        // 处理右边的孩子节点
        if (currentNode.hiNode != null) {
            tempNodeCode++;
            rightNodeCode = tempNodeCode;
            queueNode.addLast(currentNode.hiNode);
            queueNodeIndex.addLast(rightNodeCode);
        } else {
            rightNodeCode = -1; // 没有右边的孩子节点
        }

        lineInfo.delete(0, lineInfo.length());

        lineInfo.append(Integer.toString(currNodeCode) + "#"); // 写入当前节点的编号
        lineInfo.append(Integer.toString(leftNodeCode) + "#"); // 写入左边的孩子节点的编号
        lineInfo.append(Integer.toString(middleNodeCode) + "#");// 写入中间孩子节点的编号
        lineInfo.append(Integer.toString(rightNodeCode) + "#");// 写入右边的孩子节点的编号

        lineInfo.append(currentNode.splitChar); // 写入当前节点的分隔字符
        lineInfo.append("\r\n"); // 一个节点的信息写入完毕

        writer.write(lineInfo.toString());
    }

    writer.close();
    filewrite.close();
```

因为当前节点要指向后续节点，所以一开始就预先创建出所有节点，然后逐个填充每个节点中的内容，并搭建起当前节点和孩子节点之间的引用关系。读入树结构的代码如下：

```
TSTNode[] nodeList = new TSTNode[nodeCount]; // 首先创建出节点数组

// 一开始就预先创建出所有的节点
for (int i = 0; i < nodeList.length; ++i) {
    nodeList[i] = new TSTNode();
}
```

```
while ((lineInfo = reader.readLine()) != null) { // 读入一个节点相关的信息
    StringTokenizer st = new StringTokenizer(lineInfo, "#"); // #分隔

    int currNodeIndex = Integer.parseInt(st.nextToken()); // 获得当前节点的编号
    int leftNodeIndex = Integer.parseInt(st.nextToken()); // 获得左边孩子节点的编号
    int middleNodeIndex = Integer.parseInt(st.nextToken()); // 获得中间孩子节点的编号
    int rightNodeIndex = Integer.parseInt(st.nextToken()); //  获得右边孩子节点的编号

    TSTNode currentNode = nodeList[currNodeIndex]; // 获得当前节点
    if (leftNodeIndex >= 0) { // 从节点数组中取得当前节点的左边的孩子节点
        currentNode.loNode = nodeList[leftNodeIndex];
    }

    if (middleNodeIndex >= 0) { // 从节点数组中取得当前节点的中间孩子节点
        currentNode.eqNode = nodeList[middleNodeIndex];
    }

    if (rightNodeIndex >= 0) { // 从节点数组中取得当前节点的右边的孩子节点
        currentNode.hiNode = nodeList[rightNodeIndex];
    }

    char splitChar = st.nextToken().charAt(0); // 获取 splitchar 值
    currentNode.splitChar = splitChar; // 设置 splitchar 值
}
```

或者首先创建叶子节点，然后往上创建，直到根节点。实际中会使用二进制格式的文件，因为二进制文件比文本文件加载速度更快。生成词典结构的二进制文件 UnigramDic.bin 实现代码如下：

```
public static void compileDic(File file) {
    FileOutputStream file_output = new FileOutputStream(file);
    BufferedOutputStream buffer = new BufferedOutputStream(file_output);
    DataOutputStream data_out = new DataOutputStream(buffer);
    TSTNode currNode = root;
    if (currNode == null)
        return;

    int currNodeNo = 1; /* 当前节点编号 */
    int maxNodeNo = currNodeNo;

    /* 用于存放节点数据的队列 */
    Deque<TSTNode> queueNode = new ArrayDeque<TSTNode>();
    queueNode.addFirst(currNode);

    /* 用于存放节点编号的队列 */
    Deque<Integer> queueNodeIndex = new ArrayDeque<Integer>();
    queueNodeIndex.addFirst(currNodeNo);

    data_out.writeInt(nodeCount); // Trie 树节点总数
    data_out.writeDouble(totalFreq); // 词频总数

    Charset charset = Charset.forName("utf-8");
```

```
/* 广度优先遍历所有树节点，将其加入至数组中 */
while (!queueNodeIndex.isEmpty()) {
    /* 取出队列第一个节点 */
    currNode = queueNode.pollFirst();
    currNodeNo = queueNodeIndex.pollFirst();

    /* 处理左子节点 */
    int leftNodeNo = 0; /* 当前节点的左孩子节点编号 */
    if (currNode.left != null) {
        maxNodeNo++;
        leftNodeNo = maxNodeNo;
        queueNode.addLast(currNode.left);
        queueNodeIndex.addLast(leftNodeNo);
    }

    /* 处理中间子节点 */
    int middleNodeNo = 0; /* 当前节点的中间孩子节点编号 */
    if (currNode.mid != null) {
        maxNodeNo++;
        middleNodeNo = maxNodeNo;
        queueNode.addLast(currNode.mid);
        queueNodeIndex.addLast(middleNodeNo);
    }

    /* 处理右子节点 */
    int rightNodeNo = 0; /* 当前节点的右孩子节点编号 */
    if (currNode.right != null) {
        maxNodeNo++;
        rightNodeNo = maxNodeNo;
        queueNode.addLast(currNode.right);
        queueNodeIndex.addLast(rightNodeNo);
    }

    /* 写入本节点的编号信息 */
    data_out.writeInt(currNodeNo);

    /* 写入左孩子节点的编号信息 */
    data_out.writeInt(leftNodeNo);

    /* 写入中孩子节点的编号信息 */
    data_out.writeInt(middleNodeNo);

    /* 写入右孩子节点的编号信息 */
    data_out.writeInt(rightNodeNo);

    byte[] splitChar = String.valueOf(currNode.splitChar).getBytes("UTF-8");

    /* 记录 byte 数组的长度 */
    data_out.writeInt(splitChar.length);
```

```
        /* 写入 splitChar */
        data_out.write(splitChar);

        if (currNode.nodeValue != null) {/* 是结束节点,data 域不为空 */
            CharBuffer cBuffer = CharBuffer.wrap(currNode.nodeValue);
            ByteBuffer bb = charset.encode(cBuffer);

            /* 写入词的长度 */
            data_out.writeInt(bb.limit());
            /* 写入词的内容 */
            for (int i = 0; i < bb.limit(); ++i)
                data_out.write(bb.get(i));
        } else { /* 不是结束节点,data 域为空 */
            data_out.writeInt(0); // 写入字符串的长度
        }
    }
    data_out.close();
    file_output.close();
}
```

从二进制文件 UnigramDic.bin 创建 Trie 树,示例代码如下:

```
public static void loadBinaryFile(File file) throws IOException {
    Charset charset = Charset.forName("utf-8"); // 得到字符集
    InputStream file_input = new FileInputStream(file);

    /* 读取二进制文件 */
    BufferedInputStream buffer = new BufferedInputStream(file_input);
    DataInputStream data_in = new DataInputStream(buffer);

    /* 获取节点 id */
    nodeCount = data_in.readInt();

    TSTNode[] nodeList = new TSTNode[nodeCount + 1];
    // 要预先创建出来所有的节点, 因为当前节点要指向后续节点
    for (int i = 0; i < nodeList.length; i++) {
        nodeList[i] = new TSTNode();
    }

    /* 读入词典中词目前词的个数 */
    totalFreq = data_in.readDouble();

    for (int index = 1;index <= nodeCount;index++) {
        int currNodeIndex = data_in.readInt(); /* 获得当前节点的编号 */
        int leftNodeIndex = data_in.readInt(); /* 获得当前节点左边孩子节点的编号 */
        int middleNodeIndex = data_in.readInt(); /* 获得当前节点中间孩子节点的编号 */
        int rightNodeIndex = data_in.readInt(); /* 获得当前节点右边孩子节点的编号 */

        TSTNode currentNode = nodeList[currNodeIndex]; // 获得当前节点
        /* 获取 splitchar 值 */
        int length = data_in.readInt();
        byte[] bytebuff = new byte[length];
```

```
            data_in.read(bytebuff);
            currentNode.splitChar =
                        charset.decode(ByteBuffer.wrap(bytebuff)).charAt(0);
            // 获取字典中词的内容
            length = data_in.readInt();
            /* 如果 data 域不为空则填充数据域 */
            if (length > 0) {
                bytebuff = new byte[length];
                data_in.read(bytebuff);
                String key = new String(bytebuff, "UTF-8"); /* 记录每一个词语 */
                currentNode.nodeValue = key;
            }

            /* 生成树节点之间的对应关系，左、中、右子树 */
            if (leftNodeIndex >= 0) {
                currentNode.left = nodeList[leftNodeIndex];
            }

            if (middleNodeIndex >= 0) {
                currentNode.mid = nodeList[middleNodeIndex];
            }

            if (rightNodeIndex >= 0) {
                currentNode.right = nodeList[rightNodeIndex];
            }
        }

        data_in.close();
        buffer.close();
        file_input.close();

        root = nodeList[1]; // 设置根节点
    }
```

二进制格式的词典文件中保存词的概率取对数后的值，而不是词频。所以不会保留词频总数，
示例代码如下：

```
public class WordEntry {
    public String word; // 词
    public double logProb; // 词的概率取对数后的值，也就是 log(P(w))
}
```

二进制格式的词典文件首先写入节点总数，然后写每个节点的信息。
这样一元模型的求节点概率的代码变成：

```
// 求出每个节点的最佳前驱节点
for (int i = 1; i < prevNode.length; i++){
    double maxProb = minValue; // 候选节点概率初始值设为一个很小的负数
    int maxNode = 0; // 候选最佳前驱节点

    // 从词典中查找前驱词的集合
    dic.matchAll(text, i - 1,prevWords);

    // 根据前驱词集合挑选最佳前趋节点
```

```
    for (WordEntry word : prevWords) {
        //词的概率取 log，也就是原来的 Math.log(word.freq) - Math.log(dic.n)
        double wordProb = word.logProb;
        int start = i - word.word.length(); // 候选前驱节点
        double nodeProb = prob[start] + wordProb;// 候选节点概率

        if (nodeProb > maxProb) {// 概率最大的算作最佳前趋
            maxNode = start;
            maxProb = nodeProb;
        }
    }

    prob[i] = maxProb;// 节点概率
    prevNode[i] = maxNode;// 最佳前驱节点
}
```

为了方便在 Web 界面修改词库，可以把词保存到数据库中。创建词表的 SQL 语句如下：

```
create table AI_BASEWORD  (  --基础词
  ID                   VARCHAR(20)  not null,  --词 ID
  PARTSPEECH           VARCHAR(20),  --词性
  WORD                 VARCHAR(200),  --单词
  FREQ                 INT,  --词频
  constraint PK_WORD_BASEWORD primary key (ID)
);
```

从 MySQL 数据库读出词的代码如下：

```
Properties properties = new Properties();
InputStream is=this.getClass().getResourceAsStream("/database.properties");
properties.load(is);
is.close();
String driver = properties.getProperty("driver");//"com.mysql.jdbc.Driver";
String url =
properties.getProperty("url");//"jdbc:mysql://192.168.1.11:3306/
seg?useUnicode=true&amp;characterEncoding=GB2312";
String user = properties.getProperty("user");//"root";
String password = properties.getProperty("password");//"lietu";
Driver drv = (Driver)Class.forName(driver).newInstance();
DriverManager.registerDriver(drv);
Connection con = DriverManager.getConnection(url,user,password);
String sql =("SELECT word, pos, freq FROM AI_basewords");
    Statement stmt = con.createStatement();
    ResultSet rs = stmt.executeQuery(sql);
while (rs.next()){
    String key = rs.getString(1);
    String pos = rs.getString(2);
    int freq = rs.getInt(3);

    addWord(key,pos,freq);  // 增加词表到词典树
}
rs.close();
stmt.close();
con.close();
```

总结中文分词的流程与结构如图 2-19 所示。

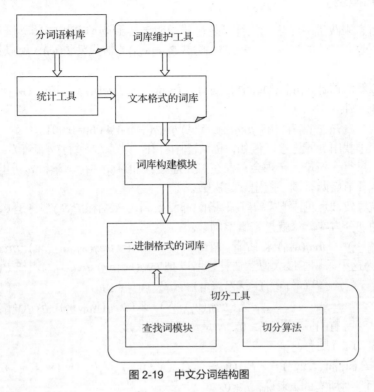

图 2-19　中文分词结构图

把未登录串的识别整合进来，中文分词的流程与结构如图 2-20 所示。

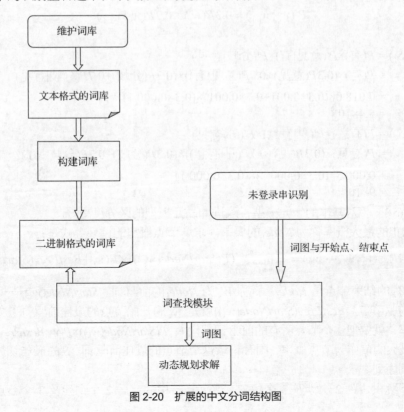

图 2-20　扩展的中文分词结构图

2.5.6　改进一元模型

使用更多的信息来改进一元分词。计算从最佳前驱节点到当前节点的转移概率时，考虑更前面的切分路径。在不改变其他的情况下，用条件概率 $P(w_i|w_{i-1})$ 的值代替 $P(w_i)$，所以这种方法叫作改进一元分词。

如果用最大似然法估计 $P(w_i|w_{i-1})$ 的值，则有　$P(w_i|w_{i-1}) = freq(w_{i-1},w_i)\,/freq(w_{i-1})$。假设在二元词表中 $freq(有,意见)=4$，则：

$$P(意见|有) \approx freq(有,意见)\,/freq(有)=4/4\,000=0.001。$$

可以从语料库中找出 n 元连接。例如，语料库中存在"北京/　举行/　新年/　音乐会/"，则存在一元连接：北京、举行、新年、音乐会；存在二元连接：北京@举行，举行@新年，新年@音乐会。也可以从语料库统计前后两个词一起出现的次数。

因为数据稀疏导致"意见,分歧"等其他搭配都没找到，$P(S_1)$ 和 $P(S_2)$ 都将是 0，无法通过比较计算结果找到更好的切分方案。这就是零概率问题。

使用 $freq(w_{i-1},w_i)\,/\,freq(w_{i-1})$ 来估计 $P(w_i|w_{i-1})$，使用 $freq(w_{i-2},w_{i-1},w_i)\,/freq(w_{i-2},w_{i-1})$ 来估计 $P(w_i|w_{i-2},w_{i-1})$。因为这里采用了最大似然估计，所以把 $freq(w_{i-1},w_i)\,/freq(w_{i-1})$ 叫作 $P_{ML}(w_i|w_{i-1})$。

$$P_{li}(w_i\,|\,w_{i-1}) = \lambda_1 P_{ML}(w_i) + \lambda_2 P_{ML}(w_i\,|\,w_{i-1})$$
$$= \lambda_1\,(freq(w_i)\,/\,N) + \lambda_2\,(freq(w_{i-1},w_i)\,/\,freq(w_{i-1}))。$$

这里 $l_1+l_2=1$，而且对所有的 i 来说，$l_i \geq 0$。N 是语料库的长度。

对于 $P_{li}(w_i\,|\,w_{i-2},w_{i-1})$ 则有：

$$P_{li}(w_i\,|\,w_{i-2},w_{i-1}) = \lambda_1 P_{ML}(w_i) + \lambda_2 P_{ML}(w_i\,|\,w_{i-1}) + \lambda_3 P_{ML}(w_i\,|\,w_{i-2},w_{i-1})$$

这里 $l_1+l_2+l_3=1$，而且对所有的 i 来说，$l_i \geq 0$。

根据平滑公式计算举例：

$$P'(w_i\,|\,w_{i-1}) = 0.3P(w_i) + 0.7P(w_i\,|\,w_{i-1})$$

因此有：

$$P(S_1) = P(有) \times P'(意见|有) \times P'(分歧|意见)$$
$$= P(有) \times (0.3P(意见)+0.7P(意见|有)) \times (0.3P(分歧)+0.7P(分歧|意见))$$
$$= 0.018\,0 \times (0.3 \times 0.001 + 0.7 \times 0.001) \times (0.3 \times 0.000\,1)$$
$$= 5.4 \times 10^{-9}$$

$$P(S_2) = P(有意) \times P'(见|有意) \times P'(分歧|见)$$
$$= P(有意) \times (0.3P(见)+0.7P(见|有意)) \times (0.3P(分歧)+0.7P(分歧|见))$$
$$= 0.000\,5 \times (0.3 \times 0.000\,2) \times (0.3 \times 0.000\,1)$$
$$= 9 \times 10^{-13}$$

因此：$P(S_1) > P(S_2)$。相对基本的一元模型，改进的一元模型的区分度更好。

到 $Node_i$ 为止的最大概率称为 $Node_i$ 的概率。求解节点概率的循环等式是：

$$P(Node_i) = P_{max}(w_1,w_2,\cdots,w_i) = \max_{w_k \in prev(Node_i)} (P(StartNode(w_k))) \times P(w_k\,|\,BestPrev(StartNode(w_k)))$$

如果单词 W_k 的结束节点是 $Node_i$，就称 W_k 为 $Node_i$ 的前驱词。$StartNode(w_k)$ 是 w_k 的开始节点，也是节点 i 的前驱节点。$BestPrev(StartNode(w_k))$ 就是 w_k 的开始节点的最佳前驱词。如果要计算一个节点的节点概率，就要把这个节点所有的前驱词都代入 $P(StartNode(w_k)) \times P(w_k|BestPrev(StartNode(w_k)))$ 计算一遍，找最大的值作为节点概率，同时记录这个节点的最佳前驱词。S 的最佳切分方案就是节点 m 的最佳前驱词序列。

想象一下下跳棋，跳 2 次涉及 3 个位置。二元连接中的前后 2 个词涉及 3 个节点，分别是一级前驱节点和二级前驱节点。二级前驱节点是一级前驱节点的最佳前驱节点，也就是说，二级前驱节点已经确定了。

把以节点 i 结束的词叫作节点 i 的一级前驱词，一级前驱词的开始节点的一级前驱词叫作节点 i 的二级前驱词。例如，节点 5 的一级前驱词是"分歧"，二级前驱词是"意见"。

根据最佳前驱节点数组可以得到一个节点任意级的最佳前驱词。$prevNode[i]$ 就是节点 i 的一级最佳前驱节点，$prevNode[prevNode[i]]$ 就是节点 i 的二级最佳前驱节点。

举例说明用动态规划的算法计算改进一元模型的过程：

$P(Node_1) = P(有)$。

$P(Node_2) = \max(P(有意), P(Node_1) \times P'(意|有)) = 0.0005$。

$P(Node_3) = \max(P(Node_1) \times P'(意见|有), P(Node_2) \times P'(见|意)) = 1.8 \times 10^{-5}$。

$P(Node_5) = P(Node_3) \times P'(分歧|意见) = 5.4 \times 10^{-9}$。

因为有些词作为开始词的可能性比较大，例如"在那遥远的地方""在很久以前"，这两个短语都以"在"这个词作为开始词。有些词作为结束词的可能性比较大，例如"从小学计算机"可以作为一个完整的句子来理解，"计算机"这个词作为结束词的可能性比较大。

因此，在实际的 N 元分词过程中，增加虚拟的开始节点（Start）和结束节点（End），分词过程中考虑 $P(在|Start)$。因此，如果把"有意见分歧"当成一个完整的输入，分词结果实际是"Start/ 有/   意见/   分歧/   End"。

第一个节点就是虚拟的开始节点，最佳前驱节点是它自己。这样所有的节点都能回溯到任意多的最佳前驱节点。

使用一维数组记录当前节点的最佳前驱节点，定义如下：

```
WordEntry[] preWords;
```

使用二元语言模型评估切分方案的概率。

动态规划的方法求解最佳切分方案的代码如下：

```
private static final WordEntry startWord = new WordEntry("start", 1000); // 开始词
private static final double MIN_PROB = Double.NEGATIVE_INFINITY / 2;
public ArrayDeque<Integer> split(String sentence) { // 输入字符串，返回切分方案
    int len = sentence.length() + 1;// 字符串长度
    prevNode = new int[len]; // 最佳前趋节点数组
    prob = new double[len]; // 节点概率数组
    prob[0] = 0;// 节点 0 的初始概率是 1，取 log 后是 0
    preWords = new WordEntry[len]; // 最佳前驱词数组
    preWords[0] = startWord; // 节点 0 的最佳前驱词是开始词

    ArrayList<WordEntry> wordMatch = new ArrayList<WordEntry>(); // 记录一个词

    for (int i = 1; i < len; ++i) {        // 查找节点 i 的最佳前驱节点
        double maxProb = MIN_PROB;
        int maxPrev = -1;
        WordType preToken = null;

        dic.matchAll(sentence, i - 1, wordMatch);// 到词典中查询

        for (WordEntry t1 : wordMatch) { // 遍历所有的前驱词，t1 就是 w_i
            int start = i - t1.word.length();
            WordEntry t2 = preWords[start]; // 根据一级前驱词找到二级前驱词
```

```
                //t2 就是 w_{l-1}
                double wordProb = 0;
                int bigramFreq = getBigramFreq(t2, t1);// 从二元词典找二元频率
                wordProb = lambda1 * t1.freq / dic.totalFreq
                        + lambda2 * (bigramFreq / t2.freq);// 平滑后的二元概率

                double nodeProb = prob[start] + (Math.log(wordProb)); // 候选节点概率
                if (nodeProb > maxProb){ // 概率最大的算作最佳前趋
                    maxPrev = start; // 新的候选最佳前趋节点
                    maxProb = nodeProb; // 新的最大概率
                    preToken = t1; // 新的候选最佳前驱词
                }
            }

        prob[i] = maxProb; // 记录节点 i 的概率
        prevNode[i] = maxPrev; // 记录节点 i 的最佳前趋节点
        preWords[i] = preToken; // 节点 i 的最佳前驱词
    }
    return bestPath(); // 返回最佳切分路径
}
```

改进一元分词切分方法仍然有不足之处,例如,以"从中学到知识"为例:
$$P(3) = P(1) \times P(中学)。$$
节点 3 的最佳前驱节点是 1。$P(4)$有如下两种可能:
$$P(4) = P(3) \times P(到|中学)。$$
$$P(4) = P(3) \times P(到|学)。$$
节点 4 的一级最佳前驱节点是 3,节点 4 的二级最佳前驱节点是 2,不是节点 3 的一级最佳前驱节点 1。可以用三元分词来解决这个问题。

一元分词一个自由度,二元分词两个自由度,N 元分词 N 个自由度。

存在基于一元分词的伪二元分词,基于一元分词的伪三元分词,基于二元分词的伪三元分词,基于 M 元分词的伪 N 元分词。

2.5.7 二元词典

往往把二元词典类叫作 **BigramDic**。把"开始"和"结束"当作两个特殊的词。

```
public class UnigramDic {
    public final static String startWord="0START.0"; // 虚拟的开始词
    public final static String endWord="0END.0"; // 虚拟的结束词
}
```

"0START.0@欢迎"中"欢迎"是一个开始词。

"什么@0END.0"中"什么"是一个结束词。

二元词表的格式是"前一个词@后一个词:这两个词组合出现的次数",例如:

```
中国@北京:100
中国@北海:1
```

二元词表数量很大,至少有几十万条,所以要考虑如何快速查询。需要快速查找前后两个词在语料库中出现的频次。

可以把二元词表看成是基本词表的常用搭配。两个词搭配到一个整数值的映射关系,可以用一

个 HashMap 表示。

```java
public class WordBigram {
    public String left; // 左边的词
    public String right; // 右边的词

    public WordBigram(String l, String r) {  // 构造方法
        left = l;
        right = r;
    }

    @Override
    public int hashCode() { // 散列码
        return left.hashCode() ^ right.hashCode();
    }

    @Override
    public boolean equals(Object o) { // 判断两个对象是否相等
        if (o instanceof WordBigram) {
            WordBigram that = (WordBigram) o;
            if (that.left.equals(this.left) && that.right.equals(this.right)) {
                return true;
            }
        }
        return false;
    }

    public String toString() { // 输出内部状态
        return left + "@" + right;
    }
}
```

键是 WordBigram 类型，而值是整数类型。用一个 HashMap 存取两个词的搭配信息：

```java
// 存放二元连接及对应的频率
HashMap<WordBigram, Integer> bigrams = new HashMap<WordBigram, Integer>();
// 存入一个二元连接及对应的频率
bigrams.put(new WordBigram("中国","北京"), 10);
// 获取一个二元连接对应的频率
int freq = bigrams.get(new WordBigram("中国","北京"));
System.out.println(freq); // 输出 10
```

或者把相同前缀或者相同后缀的词放在一个小的散列表中。把二元词表看成是一个嵌套的映射。用一个嵌套的散列表表示：

```java
HashMap<String,HashMap<String,Integer>> bigrams =
                new HashMap<String,HashMap<String,Integer>>();
HashMap<String,Integer> val = new HashMap<String,Integer>();
val.put("北京", 10);
val.put("上海", 100);
bigrams.put("中国", val);

System.out.println(bigrams.get("中国").get("上海"));// 输出 100
```

散列表存储一个 String 对象不止 4 个字节，而 int 类型数据是 4 个字节。为了省内存，给每个词编号，用整数代替。

这里的 HashMap 往往会有空位置，不是最小完美散列。为了节省内存，用折半查找方法来查找排好序的数组。

一种实现方法是：在基本词典 Trie 树的结束节点上再挂一个 Trie 树。但这样占用内存多。

另一种实现方法是：给每个词编号。用一个整型二维数组记录二元连接的频率。用数组完全展开的速度最快。如果有 N 个词，则可以通过如下方法取得某个二元连接的频率：

```
int N = 20000;
int w1=5; // 前一个词的编号
int w2=8; // 后一个词的编号

int[][] biFreq = new int[N][N];
int freq = biFreq[w1][w2]; // 二元连接的频率
```

分词初始化时，先加载基本词表，对每个词编号，然后加载二元词表，只存储词的编号。

把搭配信息存放在词典 Trie 树的叶子节点上，可以将其看成是一个键/值对组成的数组，键是词编号，值是组合频率，用 BigramMap 表示。采用折半查找方法查找 BigramMap 中的组合频率。

```
public class BigramMap {
    public int[] keys;// 词编号
    public int[] vals;// 组合频率
}
```

以存储"大学生,生活"为例，"生活"的词编号是 8，大学生的词编号是 5。假设"大学生,生活"的频率是 3。增加二元连接信息后的词典 Trie 树如图 2-21 所示。

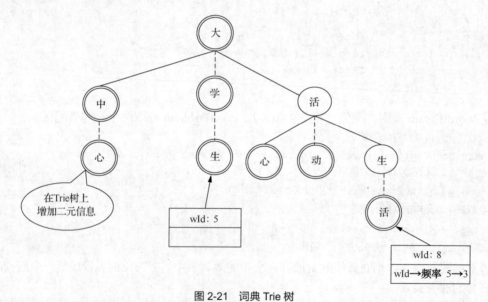

图 2-21　词典 Trie 树

首先加载基本词典，也就是一元词典，构建 Trie 树结构，然后加载二元词典，也就是在 Trie 树结构上挂二元连接信息。

加载基本词典，形成 Trie 树的结构，示例代码如下：

```
public TSTNode rootNode;
public double n = 0; // 统计词典中总词频
public int id = 1; // 存储每个词的 Id

public void loadBaseDictionay(String path) throws Exception {
    InputStream file = new FileInputStream(new File(path));
```

```
        BufferedReader read = new BufferedReader(new InputStreamReader(file,"GBK"));

    String line = null;
    String pos;
    while ((line = read.readLine()) != null) {
        StringTokenizer st = new StringTokenizer(line, ":");
        String key = st.nextToken(); // 单词文本
        pos = st.nextToken();
        byte code = PartOfSpeech.values.get(pos); // 词性编码
        int frq = Integer.parseInt(st.nextToken()); // 单词频率

        if (rootNode == null) {
            rootNode = new TSTNode(key.charAt(0));
        }

        TSTNode currentNode = getOrCreateNode(key);

        /* 新增节点 */
        if (currentNode.data == null) {
            WordEntry word = new WordEntry(key);
            /* 给新增加词 id */
            word.biEntry.id = id;
            id++; // 增加词编号
            /* 统计同一个词的各种词性及对应频率 */
            word.pos.put(code, frq);
            currentNode.data = word;
        } else {
            /* 统计同一个词的各种词性及对应频率 */
            currentNode.data.pos.put(code, frq);
        }
        n += frq; // 统计词典中的总词频
    }
}
```

加载二元词典。扫描二元连接词典，在词典 Trie 树中的每个词对应的节点上，加上前缀词编号对应的频率，是一个整数到整数的键/值对，示例代码如下：

```
public void loadBigramDictionay(String path) throws Exception {
    String line = null;
    InputStream file = new FileInputStream(new File(path));

    BufferedReader read = new BufferedReader(new InputStreamReader(file,"GBK"));

    String strline = null;
    String prefixKey = null; // 前缀词
    String suffixKey = null; // 后缀词
    int id = 0; // 记录单词的 id
    int frq = 0; // 记录单词的频率
    TSTNode prefixNode = null; // 前缀节点
    TSTNode suffixNode = null; // 后缀节点

    while ((line = read.readLine()) != null) {
        StringTokenizer st = new StringTokenizer(line, ":");
        strline = st.nextToken();
```

```
                // 求得@之前的部分
                prefixKey = strline.substring(0, strline.indexOf("@"));
                // 求得@之后的部分
                suffixKey = strline.substring(strline.indexOf("@") + 1);

                // 寻找后缀节点
                suffixNode = getNode(suffixKey);
                if ((suffixNode == null) || (suffixNode.data == null)) {
                    continue;
                }

                // 寻找前缀节点
                prefixNode = getNode(prefixKey);
                if ((prefixNode == null) || (prefixNode.data == null)) {
                    continue;
                }

                id = prefixNode.data.biEntry.id; // 记录前缀单词的 id
                frq = Integer.parseInt(st.nextToken()); // 记录二元频率
                suffixNode.data.biEntry.put(id, frq);
            }
        }
```

建立好词典后，查找二元频率的过程的代码如下：

```
// 从二元字典中查找上下两个词的频率，如果没有则返回 0
public int getBigramFreq(WordEntry prev, WordEntry next) {
    // 从二元信息入口对象中找
    if ((next.biEntry != null) && (prev.biEntry != null))
        int frq = next.biEntry.get(prev.biEntry.id);

    if (frq<0)
        return 0;
    return frq;
}
```

每次都是从根节点找，加载速度慢。所以把这棵树保存到一个文件，以后可以直接从文件生成树，示例代码如下：

```
public class BigramDictioanry {
    static final String baseDic = "baseDict.txt"; // 基本词典
    static final String bigramDic = "BigramDict.txt"; // 二元词典
    static final String dataDic = "BigramTrie.dat"; // 二进制文件
}
```

从文件创建树的构造方法如下：

```
public BigramDictioanry(String dicDir) throws Exception {
    java.io.File dataFile = new File(dicDir + dataDic);

    if (!dataFile.exists()) { // 先判断二进制文件是否存在，如果不存在则创建该文件
        // 加载文本格式的基本词典
        loadBaseDictionay(dicDir+ baseDic);

        // 加载二元转移关系字典
        loadBigramDictionay(dicDir+ bigramDic);
```

```
        // 创建二进制数据文件
        createBinaryDataFile(dataFile);
    } else { // 从生成的数组树文件加载词典
        loadBinaryDataFile(dataFile);
    }
}
```

2.5.8　完全二叉树组

在图 2-21 所示的词典 Trie 树的叶子节点中存储了词编号和对应的频率。为了节省空间，把键和值都放在一个数组中。可以对数组排好序后，使用折半查找法查找排序后的数组，也可以使用完全二叉树实现更快的查找，完全二叉树如图 2-22 所示。

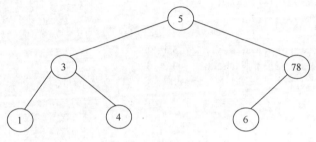

图 2-22　完全二叉树

把完全二叉树放到数组中：{5,3,78,1,4,6}。为什么使用完全二叉树呢？为了不浪费数组中的空间。数组元素不能正好构成满树，所以只能是完全二叉树。

数组形式存储的完全二叉树定义如下：

```
public class CompleteTree { // 完全二叉树
    int[] keys; // 词编号
    int[] vals;// 组合频率
}
```

这里的数组 keys 和 vals 中的元素下标一一对应，也就是说 keys[i]和 vals[i]中的值对应，所以叫作平行数组。

根据给定的数组构建完全二叉树数组，定义如下：

```
public CompleteTree(int[] k, int[] v) {
    buildArray(k, v);
}
```

根据键查询值的过程比折半查找快，示例代码如下：

```
public int find(int data) { // 查找元素
    int index = 1; // 从根节点开始找，根节点编号是1
    while (index < keys.length) { // 该位置不是空
        if (data < keys[index]) { // 判断要向左找，还是向右找
            index = index << 1; // 左子树
        } else if (data == keys[index]) { // 找到了
            return vals[index]; // 返回键对应的值
        } else {
            index = (index << 1) + 1; // 右子树
        }
```

```
        }
        return -1; // 没找到
    }
```

完全二叉树比折半查找更快，示例代码如下：

```java
// 对键数组排序，同时值数组也参考键数组调整位置
public static void sortArrays(int[] keys, int[] values) {
    int i, j;
    int temp;
    // 冒泡法排序
    for (i = 0; i < keys.length - 1; i++) {
        // 数组最后面已经排好序，所以逐渐减少循环次数
        for (j = 0; j < keys.length - 1 - i; j++) {
            if (keys[j] > keys[j + 1]) {
                temp = keys[j]; // 交换键
                keys[j] = keys[j + 1];
                keys[j + 1] = temp;

                temp = values[j]; // 交换值
                values[j] = values[j + 1];
                values[j + 1] = temp;
            }
        }
    }
}
```

可以先把所有的元素排好序，元素的编号从 0 开始。对于固定数量的元素，有一个分配模式。也就是说，如果是一个完全树，则左边有多少元素，右边就相应地应该有多少元素。

当共有 2 个元素时，选择左边 1 个元素，右边没有，也就是第 1 个元素作为根节点。当共有 6 个元素时，选择左边 3 个元素，右边 2 个元素，也就是第 3 个元素作为根节点。

首先计算完全二叉树的深度。然后看最底层节点中有几个节点在根节点的左边，示例代码如下：

```java
/**
 * 取得完全二叉搜索树编号
 * @param num 节点数
 * @return 根节点编号
 */
static int getRoot(int num) {
    int n = 1; // 计算满二叉树的节点数
    while (n <= num) {
        n = n << 1;
    }
    int m = n >> 1;
    int bottom = num - m + 1;  // 底层实际节点总数
    int leftMaxBottom = m >> 1; // 假设是满二叉树的情况下，左边节点的最大数量
    if (bottom > leftMaxBottom) { // 左边已经填满
        bottom = leftMaxBottom;
    }

    int index = bottom; // 左边的底层节点数
    if(m>1){ // 加上内部的节点数
        index += ((m >> 1) - 1);
```

```
    }
    return index;
}
```

例如，对于下面的数据，测试哪一个作为根节点：

```
int[] data ={1,3,4,5,6};
System.out.println(data[getRoot(data.length)]); // 输出 5
```

把 5 作为根节点，这样才能得到一个完全二叉树，如图 2-23 所示。

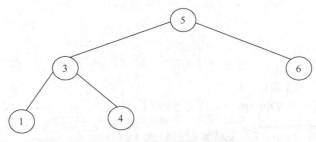

图 2-23   完全二叉搜索树

如果数组 data 中只有 5 个元素，则 data[3]个作为根节点。

完全二叉搜索树的任何一个非叶子节点的左子树和右子树也都是完全二叉搜索树。所以对于左边的元素和右边的元素，可以不断地调用 getRoot 方法。

如果要把一个已经生成好的链表形式的二叉树转换成数组形式存放，可以采用宽度优先遍历树的方法。要处理的数组范围记录在 Span 类中，示例代码如下：

```
static class Span {
    int start; // 开始区域
    int end; // 结束区域

    public Span(int s, int e) { // 构造方法
        start = s;
        end = e;
    }
}
```

构建完全二叉数组的过程类似于宽度遍历树。首先把根节点放入队列，然后取出队列中的节点，访问这个节点后，把它左边和右边的孩子节点放入队列。所以采用队列 ArrayDeque 存储要处理的数组范围 Span。构建完全二叉数组的实现代码如下：

```
public void buildArray(int[] keys, int[] values) {
    sortArrays(keys, values); // 先对数组排序

    int pos = 0; // 已经处理的位置
    this.keys = new int[keys.length]; // 完全二叉树数组
    this.vals = new int[keys.length];
    ArrayDeque<Span> queue = new ArrayDeque<Span>(); // 堆栈
    queue.add(new Span(0, keys.length)); // 加入数组的整个长度
    while (!queue.isEmpty()) { // 如果堆栈中还有元素
        Span current = queue.pop(); // 取出元素
        int rootId = CompleteTree.getRoot(current.end - current.start)
                + current.start;
        this.keys[pos] = keys[rootId];
        this.vals[pos] = values[rootId];
```

```
        pos++;
        if (rootId > current.start)
            queue.add(new Span(current.start, rootId));
        rootId++;
        if (rootId < current.end)
            queue.add(new Span(rootId, current.end));
    }
}
```

先把同一个条目下的数放到一起，然后按照方便查找的方式整理。

2.5.9 三元词典

三元分词要查找三元词典。三元词典结构可以在二元词典上继续改，还是键/值对，多套一层。或者像 BigramMap 那样，再嵌套一层。

BigramMap 里增加一个 IDFreqs[]，示例代码如下：

```
public class BigramMap{
    public int[] prevIds; // 前缀词 id 集合
    public int[] freqs; // 组合频率集合
    public IDFreqs[] prevGrams; // 前缀元
    public int id;// 词本身的 id
}
```

二级前驱词，实现代码如下：

```
public class IDFreqs{
 int[] ids; // 词编号
 int[] freqs; // 次数
}
```

2.5.10 N 元模型

为了切分得更准确，就要考虑一个词所处的上下文，例如：上海银行间的拆借利率上升。因为"银行"后面出现了"间"这个词，所以把"上海银行"分成"上海"和"银行"两个词。

一元分词假设前后两个词的出现概率是相互独立的，但实际这不太可能。比如，沙县小吃附近经常有桂林米粉，所以这两个词是正相关，但是很少会有人把"沙县小吃"和"星巴克"相提并论。"羡慕""嫉妒""恨"这三个词有时候会连续出现。切分出来的词序列越通顺，越有可能是正确的切分方案。N 元模型使用 N 个单词组成的序列来衡量切分方案的合理性。

估计单词 w_1 后出现 w_2 的概率。根据条件概率的定义：

$$P(w_2 \mid w_1) = \frac{P(w_1, w_2)}{P(w_1)}$$

可以得到：$P(w_1, w_2) = P(w_1)P(w_2 \mid w_1)$。

同理：$P(w_1, w_2, w_3) = P(w_1, w_2)P(w_3 \mid w_1, w_2)$。

所以有：$P(w_1, w_2, w_3) = P(w_1)P(w_2 \mid w_1)P(w_3 \mid w_1, w_2)$。

更加一般的形式：

$$P(S) = P(w_1, w_2, \cdots, w_n) = P(w_1)P(w_2 \mid w_1)P(w_3 \mid w_1, w_2) \cdots P(w_n \mid w_1 w_2 \cdots w_{n-1})$$

叫作概率的链规则。其中，$P(w_2 \mid w_1)$ 表示 w_1 之后出现 w_2 的概率。如果词 w_1 和 w_2 独立出现，则 $P(w_2 \mid w_1)$ 等价于 $P(w_2)$。

这样，需要考虑在 $n-1$ 个单词序列后出现单词 w 的概率。直接使用这个公式计算 $P(S)$ 存在两个致命的缺陷：一个缺陷是参数空间过大，不可能实用化；另一个缺陷是数据稀疏严重。例如，词汇量(V) = 20000 时，可能的二元（bigrams）组合数量有 400000000 个，可能的三元（trigrams）组合数量有 8×10^{12} 个，可能的四元（4-grams）组合数量有 1.6×10^{17} 个。

为了解决这个问题，我们引入了马尔可夫假设：一个词的出现仅依赖于它前面出现的有限的一个或者几个词。

如果简化成一个词的出现仅依赖于它前面出现的一个词，那么就称之为二元模型（Bigram）。即：

$$P(S) = P(w_1,w_2,\cdots,w_n) = P(w_1)\,P(w_2|w_1)\,P(w_3|w_1,w_2)\cdots P(w_n|w_1w_2\cdots w_{n-1})$$
$$\approx P(w_1)\,P(w_2|w_1)P(w_3|w_2)\cdots P(w_n|w_{n-1})$$

例如：$P(S_1) = P(有)\,P(意见|有)\,P(分歧|意见)$

如果简化成一个词的出现仅依赖于它前面出现的两个词，就称之为三元模型（Trigram）。如果一个词的出现不依赖于它前面出现的词，就称之为一元模型（Unigram），也就是已经介绍过的概率语言模型的分词方法。

如果切分方案 S 是 n 个词组成的，那么 $P(w_1)\,P(w_2|w_1)P(w_3|w_2)\cdots P(w_n|w_{n-1})$ 是 n 项连乘积。无论采用一元模型还是二元模型或者三元模型，它们都是 n 项连乘积。只不过二元以上模型是条件概率的连乘积。例如：对于切分"有意见分歧"来说，二元模型计算 $P(有)\,P(意见|有)\,P(分歧|意见)$，三元模型计算 $P(有)\,P(意见|有)\,P(分歧|有,意见)$。

因为 $P(w_i|w_{i-1}) = \mathrm{freq}(w_{i-1},w_i)\,/\mathrm{freq}(w_{i-1})$，所以二元分词不仅用到二元词典，还需要用到一元词典。

2.5.11　N 元分词

二元切分词图简称二元词图，n 元切分词图简称 n 元词图。我们来考虑如何得到二元词图。一个词的开始位置和结束位置组成的节点组合是二元词图中的点。前后两个词的转移概率作为边的权重。

"有意见分歧"这句话中节点的组合有 {0,1}、{0,2}、{1,2}、{1,3}、{2,3}、{3,4}、{3,5}。得到的二元词图如图 2-24 所示。

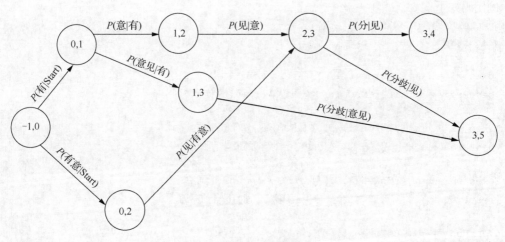

图 2-24　二元词图

切分方案"有/意见/分歧"对应切分路径{-1,0}→{0,1}→{1,3}→{3,5}，也就是对应概率乘积：$P(有|\mathrm{Start})×P(意见|有)×P(分歧|意见)$。切分方案"有意/见/分歧"对应切分路径{-1,0}→{0,2}→{2,3}→{3,5}，也就是对应概率乘积：$P(有意|\mathrm{Start})×P(见|有意)×P(分歧|见)$。

这个二元词图可以看成是以词为基础的，如图 2-25 所示。

相对于改进的一元分词，二元分词在分词路径上有更多选择。一元分词中的每个节点有最佳前驱节点，而二元分词中的每个节点组合有最佳前驱节点组合。

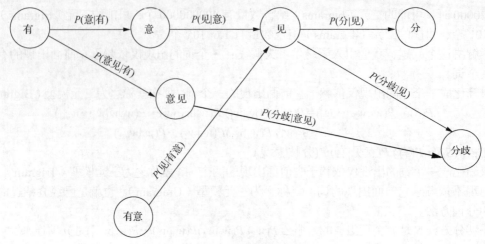

图 2-25　词表示的二元词图

根据最佳前驱节点找切分路径的 bestPath 方法如下：

```
public ArrayDeque<CnToken> bestPath() {  // 根据最佳前驱节点找切分路径
    ArrayDeque<CnToken> seq = new ArrayDeque<CnToken>();  // 切分出来的词序列
    // 从右向左找最佳前驱节点
    for (CnToken t = endNode.bestPrev; t != startNode; t = t.bestPrev) {
        seq.addFirst(t);
    }
    return seq;
}
```

动态规划找切分路径，从前往后设置每个节点的最佳前驱节点，然后调用 bestPath 方法找切分路径，示例代码如下：

```
Segmenter seg = new Segmenter();
seg.startNode = new CnToken(-1, 0, "start");  // 开始词

CnToken w1 = new CnToken(0,1, "有");  // 第一个词
w1.bestPrev = seg.startNode;  // 设置第一个词的最佳前驱词

CnToken w2 = new CnToken(1, 3, "意见");  // 第二个词
w2.bestPrev = w1;           // 设置第二个词的最佳前驱词

CnToken w3 = new CnToken(3, 5, "分歧");  // 第三个词
w3.bestPrev = w2;           // 设置第三个词的最佳前驱词

seg.endNode = new CnToken(5, 6, "end");  // 结束词
seg.endNode.bestPrev = w3;           // 设置结束词的最佳前驱词

ArrayDeque<CnToken> words = seg.bestPath();  // 找切分路径
for (CnToken word : words) {  // 输出分词结果中的每个词
    System.out.print(word.termText + "");
}
```

为了方便找指定词的前驱词集合，将所有的词放入逆邻接链表。二元分词流程如下。
（1）根据词表中的基本词得到逆邻接链表表示的二元词图。

（2）从前往后遍历二元词图中的每个节点，计算这个节点的最佳前驱节点；每个节点都有节点累积概率，还有前面节点到当前节点的转移概率。计算节点之间的转移概率过程中用到了词的二元转移概率。

（3）从最后一个节点向前找最佳前驱节点，同时把最佳切分词序列记录到队列。队列中的最佳切分词序列就是二元分词的结果。

二元分词代码如下：

```
private CnToken startWord; // 开始词
private CnToken endWord;    // 结束词

public ArrayDeque<CnToken> split(String sentence) {
    AdjList segGraph = getSegGraph(sentence); // 得到逆邻接链表表示的切分词图

    for (CnToken currentWord : segGraph) { // 从前往后遍历切分词图中的每个词
        // 得到当前词的前驱词集合
        CnTokenLinkedList prevWordList = segGraph
                .prevWordList(currentWord.start);
        double wordProb = Double.NEGATIVE_INFINITY; // 候选词概率
        CnToken minToken = null;
        for (CnToken prevWord : prevWordList) {
            double currentProb = transProb(prevWord, currentWord)
                    + prevWord.logProb;
            if (currentProb > wordProb) {
                wordProb = currentProb;
                minToken = prevWord;
            }
        }
        currentWord.bestPrev = minToken; // 设置当前词的最佳前驱词
        currentWord.logProb = wordProb; // 设置当前词的词概率
    }

    ArrayDeque<CnToken> ret = new ArrayDeque<CnToken>();

    // 从右向左找最佳前驱节点
    for (CnToken t = endWord; t != startWord; t = t.bestPrev) {
        ret.addFirst(t);
    }
    return ret;
}
```

其中 **transProb** 方法计算前一个词转移到后一个词的概率，代码如下：

```
// 返回前后两个词的转移概率
private double transProb(CnToken prevWord, CnToken currentWord) {
    // 首先得到二元转移次数
    double bigramFreq = getBigramFreq(prevWord.biEntry,currentWord.biEntry);

    if(bigramFreq==0){ // 根据词的长短搭配做平滑
        int preLen = prevWord.termText.length();
        int nextLen = currentWord.termText.length();
        if (preLen < nextLen) {
            bigramFreq = 0.01; // 短词后接长词分值高
        } else if (preLen == nextLen) {
```

```
            bigramFreq = 0.004;  // 前后两个词长度一样分值一般
        } else {
            bigramFreq = 0.0001; // 长词后接短词分值低
        }
    }

    double wordProb = lamda1 * prevWord.freq / dict.totalFreq + lamda2
            * (bigramFreq / currentWord.freq);// 平滑后的二元概率

    return Math.log(wordProb);
}
```

动态规划计算二元分词的过程，如图 2-26～图 2-29 所示。

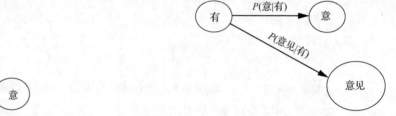

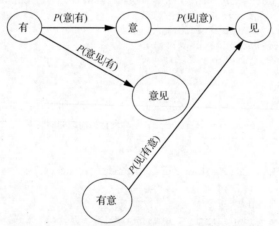

图 2-26　节点"意"的最佳前驱节点是节点"有"　　　　图 2-27　节点"意见"的最佳前驱节点是节点"有"

图 2-28　节点"见"的最佳前驱节点是节点"有意"

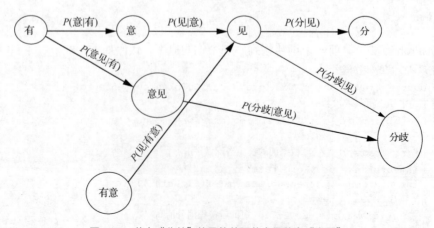

图 2-29　节点"分歧"的最佳前驱节点是节点"意见"

一元分词一个节点,二元分词两个节点组合, N 元分词 N 个节点组合。如果把词序列的概率看成马尔可夫过程,则将一元分词看成是一阶马尔可夫过程,计算 P(见)看成是节点 2 转移到节点 3 的概率,写成 $P(2→3)$;二元分词看成是二阶马尔可夫过程,计算 P(见|意)看成是节点组合{1,2}转移到节点组合{2,3}的概率,写成 $P(\{1,2\}→3)$;三元分词看成是三阶马尔可夫过程,计算 P(见|有,意)看成是节点组合{0,1,2}转移到节点组合{1,2,3}的概率,写成 $P(\{0,1,2\}→3)$。所有有效的 2 节点组合组成二元词图中的节点,所有有效的 3 节点组合组成三元词图中的节点,以此类推,所有有效的 N 节点组合组成 N 元词图中的节点。

在图 2-30 所示的三元词图中组合节点{2,3,5}的前驱节点数量是 2,和二元词图中组合节点{2,3}的前驱节点数量是一样的,和一元词图中节点 2 的前驱节点数量也是一样的。组合节点{2,3,5}的前驱节点是{1,2,3}和{0,2,3},组合节点{2,3}的前驱节点是{1,2}和{0,2},节点 2 的前驱节点是 1 和 0。

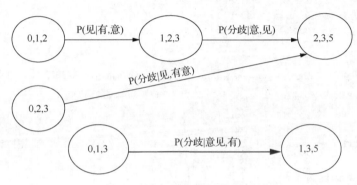

图 2-30　词表示的三元词图

在计算最佳节点序列的过程中,需要根据词或者位置得到节点。可以从切分词图即时生成节点。如果需要的节点还不存在,就创建这个节点,然后把已经创建的节点缓存起来,示例代码如下:

```java
HashMap<Node,Node> cache = new HashMap<Node,Node>();  // 节点缓存

public Node getNode(int s, int m, int e,double p){  // 根据位置得到节点
    Node test = new Node(s,m,e,p);
    Node old = cache.get(test); // 看是否已经创建过这个节点
    if(old !=null)
        return old; // 如果已经创建过,就返回原来的节点
    // 如果还没有创建过,就返回新的节点,并把新节点放入缓存
    cache.put(test, test);
    return test;
}

public Node getNode(CnToken t1, CnToken t2){  // 根据前后两个词得到节点
    Node test = new Node(t1,t2);
    Node old = cache.get(test);
    if(old !=null)
        return old;
    cache.put(test, test);
    return test;
}
```

为了方便计算,三元分词设置虚拟结束节点 end@end。待切分句子的概率就是节点 end@end 的概率。三元分词中找最佳节点序列的代码如下:

```java
public ArrayDeque<Node> split() { // 返回最佳节点序列
```

```
        AdjList segGraph = getSegGraph(text); // 得到切分词图

    for (Node currentNode : segGraph) { // 从前往后遍历切分词图中的每个节点
        // 得到当前节点的前驱节点集合
        Node[] prevNodes = segGraph.prevNodeSet(currentNode);
        double nodeProb = minValue; // 候选词概率
        Node minNode = null;
        if (prevNodes == null)
            continue;
        for (Node prevNode : prevNodes) {
            double currentProb = transProb(prevNode, currentNode)
                    + prevNode.nodeProb;
            if (currentProb > nodeProb) {
                nodeProb = currentProb;
                minNode = prevNode;
            }
        }
        currentNode.bestPrev = minNode; // 设置当前词的最佳前驱词
        currentNode.nodeProb = nodeProb; // 设置当前词的词概率
    }

    ArrayDeque<Node> seq = new ArrayDeque<Node>(); // 切分出来的节点序列

    // 从右向左找最佳前驱节点
    for (Node t = endNode.bestPrev; t.start > -1; t = t.bestPrev) {
        seq.addFirst(t);
    }
    return seq;
}
```

　　如果没有词频这样的信息，仍然可以用词的长度来改进分词。长词后接短词有罚分，而短词后接长词则有加分。前后两个词的长短用二元连接的概率以同样的方式处理，示例代码如下：

```
static final double lamda1 = 0.5;  // 一元概率权重
static final double lamda2 = 0.5;  // 二元概率权重

// 前后两个词的转移概率
private double transProb(CnToken prevWord, CnToken currentWord) {
    double biProb;  // 二元转移概率
    int preLen = prevWord.termText.length();
    int nextLen = currentWord.termText.length();
    if (preLen < nextLen) {
        biProb = 0.2; // 短词后接长词分值高
    } else if (preLen == nextLen) {
        biProb = 0.1;  // 前后两个词长度一样分值一般
    } else {
        biProb = 0.0001; // 长词后接短词分值低
    }

    return lamda1 * prevWord.logProb + lamda2 * Math.log(biProb);
}
```

　　对于拼音转换等歧义较多的情况，可以采用三元模型，例如：

$$P(设备|电机, 制造) > P(设备|点击, 制造)$$

在自然语言处理中，N 元模型可以应用于字符或者词，衡量字符或者词之间的搭配。应用于字符的例子如下：可以应用编码识别，将要识别的文本按照 GB 码和 BIG5 码分别识别成不同的汉字串，然后计算其中所有汉字频率的乘积，取乘积大的一种编码。

在实践中用得最多的就是二元模型和三元模型，而且效果都很不错。高于四元的用得很少，因为训练它需要更庞大的语料，而且数据稀疏严重，时间复杂度高，精度却提高得不多。

2.5.12　生成语言模型

先有语料库，后有词典文件。如果输入串是"迈向　充满　希望　的　新　世纪"，则返回"迈向@充满""充满@希望""希望@的""的@新""新@世纪"5 个二元连接串，以及加了虚拟开始词和结束词的 2 个二元连接串"0START.0@迈向"和"世纪@0END.0"。

找到切分语料库中所有的二元连接串，代码如下：

```
FileInputStream file = new FileInputStream(new File(fileName));
BufferedReader buffer = new BufferedReader(new InputStreamReader(file,"GBK"));
BufferedWriter result = new BufferedWriter(new FileWriter(resultFile,true));

String line;
while ((line = buffer.readLine()) != null) { // 按行处理
    if (line.equals(""))
        continue;
    StringTokenizer st = new StringTokenizer(line," " ); // 空格分开

    String prev = st.nextToken(); // 取得下一个词
    if(!st.hasMoreTokens())    {
        continue;
    }
    String next = st.nextToken(); // 取得下一个词
    if(!st.hasMoreTokens())    {
        continue;
    }
    while (true) {
        String bigramStr = prev + "@" + next; // 组成一个二元连接
        result.write(bigramStr); // 把二元连接串写到结果文件
        result.write("\r\n");
        if(!st.hasMoreTokens()){ // 如果没有更多的词，就退出
            break;
        }
        prev = next; // 下一个词作为上一个词
        next = st.nextToken(); // 得到下一个词
    }
}
result.close(); // 关闭写入文件
```

因为词是先进先出的，所以一个 N 元连接用一个容量是 N 的队列表示。对于一个只有固定长度的队列，当添加一个元素时，队列会溢出成固定大小，自动移除最老的元素。也就是说这个队列不能保留所有元素，逆出时丢掉最老的元素。例如，实现一个三元连接的代码如下：

```
CircularQueue q = new CircularQueue(3); // 容量是 3 的队列
q.add("迈向");
```

```
q.add("充满");

q.add("希望");

q.add("的");

q.add("新");

q.add("世纪");


Iterator it = q.iterator();
// 因为队列 q 中只保留了 3 个词, 所以只返回 3 个词
while (it.hasNext()) {
    Object word = it.next();
    System.out.print(word+" ");
}
```

输出如下:

的 新 世纪

首先从《人民日报切分语料库》得到新闻行业语言模型，然后切分行业文本得到垂直语料库，最后根据垂直语料库统计出垂直语言模型。这样可以提高切分准确度。

2.5.13 评估语言模型

困惑度（Perplexity）是和一个语言事件的不确定性相关的度量。通过困惑度来衡量语言模型。考虑词级别的困惑度，比如"行"后面可以跟的词有"不行""代码""善""走"，所以"行"的困惑度较高；但有些词不太可能跟在"行"后面，例如"您""分"。而有些词的困惑度比较低，例如"康佳"等专有名词，后面往往跟着"彩电"等词。语言模型的困惑度越低越好，相当于有比较强的消除歧义能力。如果从更专业的语料库中学习语言模型，则有可能获得更低的困惑度，因为专业领域中的词搭配更加可预测。

困惑度的定义：有一些测试数据，包含 n 个句子：$S_1, S_2, S_3, \cdots, S_n$，计算整个测试集 T 的概率：$\log \sum_{i=1}^{n} P(S_i) = \sum_{i=1}^{n} \log P(S_i)$，则有困惑度 $\text{Perplexity}(T) = 2^{-x}$，这里的 $x = \frac{1}{W} \sum_{i=1}^{n} \log P(S_i)$，$W$ 是测试集 T 中的总词数。

困惑度的构想：假设有词表 V，V 有 N 个词，形式化的写法是 $N = |V|$。模型预测词表中任何词的概率都是：$P(w) = 1/N$。很容易计算这种情况下的困惑度是：$\text{Perplexity}(T) = 2^{-x}$，这里 $x = \log \frac{1}{N}$。

所以，$\text{Perplexity}(T) = N$。困惑度是对有效分支系数的衡量。

例如，训练集有 3800 万词，来自华尔街日报（The Wall Street Journal, WSJ），词表有 19979 个词；测试集有 150 万词，也来自华尔街日报。一元模型的困惑度是 962，二元模型的是 170，三元模型的是 109。

2.5.14 概率分词的流程与结构

以二元分词为例，程序执行的流程是：首先构建一元词典，然后在一元词典上增加二元连接，得到最终的二元词典 Trie 树。为了避免重复生成词典树，把二元词典 Trie 树保存成二进制格式。实际分词时，首先加载二进制格式的词典文件，然后得到输入串的切分词图。根据切分词图使用动态规划算法找出最佳切分路径。最后根据最佳切分路径输出词序列。

一般来说，中文分词总体流程与结构如图 2-31 所示。

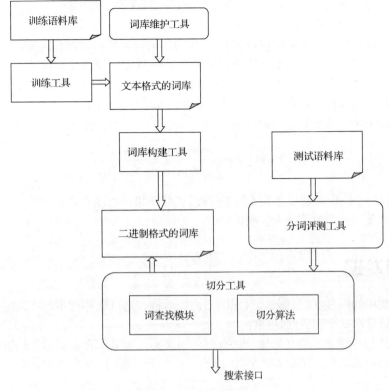

图 2-31 中文分词结构图

中文分词切分过程如下。

（1）从整篇文章识别未登录词。

（2）按规则识别英文单词或日期等未登录词。

（3）将输入字符串切分成句子：对一段文本进行切分，先依次从这段文本里面切分出一个句子，再对这个句子进行分词。

（4）生成全切分词图：根据基本词库对句子进行全切分，并且生成一个邻接链表表示的词图。

（5）计算最佳切分路径：在这个词图的基础上，运用动态规划算法生成切分最佳路径。

2.5.15 可变长 N 元分词

有意义的 N 元分词并不是越长越好。"上海@银行@间"是三元分词，而"上海银行@信用卡"是二元分词。可变长 N 元分词就是让各种长度的 N 元连接都参与分词。可变长 N 元词图中的节点是{1,2}或者{1,3,4}这样的复合节点。只需要计算好各种复合节点之间的权重即可得到词图。

2.5.16 条件随机场

把分词看成是对节点的标注，把节点标注成切分节点与不切分节点，如图 2-32 所示。

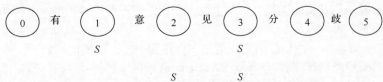

图 2-32 切分词图中的点

S_1: 　有/ 意见/ 分歧/ 把节点 1 和 3 标注成切分节点。

S_2: 　有意/ 见/ 分歧/ 把节点 2 和 3 标注成切分节点。

根据特征计算条件概率 $P(S_1|C)$ 和 $P(S_2|C)$。一个有用的特征是：短词在前面，长词在后面。

如果"有意见分歧"这句话只有这两种切分可能，则 $P(S_1|C)+P(S_2|C)=1$。

可以把 N 元分词看成是一种特殊的条件随机场分词。以最简单的一元分词为例，如果把词 w 看成特征 f，把 $\log P(w)$ 看成对应的权重 λ，则切分方案 S 对应的分值：

$$score(S|C)=\log P(w_1)+\log P(w_2)+\cdots+\log P(w_n)=f_1\times\lambda_1+f_2\times\lambda_2+\cdots+f_n\times\lambda_n$$

$$P(S|C)=\frac{\exp(score(S|C))}{\sum_{S'}\exp(score(S|C))}$$

可以用 $P(S|C)$ 这个值作为切分方案 S 的置信度。条件随机场可以整合词特征与词性之间的搭配特征。两个词之后的节点对当前节点无影响。

2.6　新词发现

比如想将系统中的一些文档加入语料库中，该如何做？通过软件行不行？人民日报语料库是人工整理的，格式就是在一个词后面是词性。

企业里工程师的一些知识论文的集合是有特色的文集。如果配合上面通用的语料库，必然是不合适的。基本句型应该类似，可是词的频率不行。建立专业词汇的优先匹配，提高它的频次，才会提高它的优先级。

完全做语料库，估计很多项目没这个条件。无监督的学习，当前达不到和有监督的学习同样的效果。通过从文档中识别新词，自动发现词表中没有的专业词，是当前比较现实的途径。

离线的方式发现不在词表中的词叫作新词识别。名词是开放性的词，新词往往是名词，也有可能是动词或者形容词。新词识别的两个任务是识别出新词和猜测识别出来的词的词性。

冒号和顿号或句号之间的词，或者两个顿号之间的词有可能是一个新名词。写成如下的识别规则：

:　<n>、

、<n>、

、<n>。

例如："以硼氢化钠、硝基甲烷、乙二胺盐酸盐为起始原料。"需要再增加下面两个识别规则：

以<n>、

、<n>为

这样的模板类似完形填空中的问题句子。

以"2.最后强调：循环流化床锅炉结焦不仅会影响到锅炉的安全、经济、稳定运行，甚至损坏设备。"为例，"循环流化床锅炉结焦"作为一个新词，遇到副词的词性就成为新词。

新词识别规则：

:　后边的部分，遇副词成新词。

底层 Trie 树放基本词及词的类型。":"也是一个词，有不可读的类型。上层 Trie 树存储识别规则，也就是词的类型序列。

新词往往在切分碎片中。把切分出来的未知字合并到一起，示例代码如下：

```
public ArrayList<WordTokenInf> seg(String sent) {
    MatchRet ret = new MatchRet();
    int i = 0;// 用来控制匹配的起始位置的变量
```

```
int senLen = sent.length();
ArrayList<WordTokenInf> words = new ArrayList<WordTokenInf>();
StringBuilder unknowBuffer = new StringBuilder();  // 未知词缓存

while (i < senLen) {
    dic.matchWord(sent, i, ret);

    if (ret.wordEntry == null) {
        unknowBuffer.append(sent.charAt(i));
        i++;
        continue;
    }
    else if (unknowBuffer.length() > 0) {
        String word = unknowBuffer.toString();
        WordTokenInf w = new WordTokenInf(word,
                            i - word.length(), i,WordEntry.UnknowType);
        words.add(w);
        unknowBuffer.setLength(0);  // 重置缓存
    }
    int start = i;
    int end = ret.end;
    String word = ret.wordEntry.word;
    WordTokenInf w = new WordTokenInf(word, start, end,
            ret.wordEntry.types);
    words.add(w);
    i = ret.end;
}

if (unknowBuffer.length() > 0) {
    String word = unknowBuffer.toString();
    WordTokenInf w = new WordTokenInf(word,
                        i - word.length(), i,WordEntry.UnknowType);
    words.add(w);
}

return words;
}
```

挖掘出来的候选新词往往有一些不是新词。需要通过其他文本验证候选新词是否是新词。可以通过搜索引擎中的高亮词验证新词，例如：搜索"硝基丙烷"，找到其中的高亮显示词"硝基丙烷"。这样验证"硝基丙烷"确实是一个新词。

存在天然的词边界，例如，标点符号、空格等。在天然边界前面的单字可能和前面的单字组合成词。发现天然词边界左边或者右边的词序列，把单字组合作为一个候选新词。

假设新词能够提高词性序列的常见度。未合并词之前的词性序列比合并出候选新词之后的词性序列更常见。使用如下的词性序列规则：

左边的词性序列 => 右边的词性序列

识别新词的流程如下。

（1）将分词结果写入分词二进制文件。分词二进制文件存储了二进制表示的词长度和词本身。

（2）从分词二进制文件中找出候选新词。检查每个切分出来的词，看它是否是单字，并且位于词边界旁边。

（3）使用规则排除新词。

把分词结果写入二进制文件，代码如下：

```java
public static void writeToFile(List<WordTokenInf> words, String filePath) {
    Charset charset = Charset.forName("utf-8"); // 得到字符集
    File file = new File(filePath); // 根据文件路径创建一个文件对象

    FileOutputStream fileOutput = new FileOutputStream(file);
    BufferedOutputStream buffer = new BufferedOutputStream(fileOutput); // 使用缓存
    DataOutputStream dataOut = new DataOutputStream(buffer);
    for (WordTokenInf word : words) {
        CharBuffer cBuffer = CharBuffer.wrap(word.termText);
        ByteBuffer bb = charset.encode(cBuffer);

        // 写入词的长度
        dataOut.writeInt(bb.limit());
        // 写入词的内容
        for (int i = 0; i < bb.limit(); ++i)
            dataOut.write(bb.get(i));
    }
    dataOut.close();
}
```

词典中没有的但是结合紧密的字或词有可能组成一个新词。比如："水立方"如果不在词典中，可能会切分成两个词"水"和"立方"。如果在一篇文档中"水"和"立方"结合紧密，则"水立方"有可能是一个新词。可以用信息熵来度量两个词结合的紧密程度。信息熵的一般公式是：

$$I(X,Y) = \log_2 \frac{P(X,Y)}{P(X)P(Y)}$$ 。

如果 x 和 y 相互独立出现，则 $P(x,y)$ 的值和 $P(x)P(y)$ 的值相等，因此 $I(x,y)$ 为 0。例如，假设有 10 个不同的词，也就是说词表中有 10 个词，文档中有 100 个词，任何一个词出现的概率都是 0.1。如果任何两个词都是独立出现的，则它们在一起出现的概率都是 0.01。

如果 x 和 y 正相关，$P(x,y)$ 将比 $P(x)P(y)$ 大很多，$I(x,y)$ 的值也就远大于 0。如果 x 和 y 几乎不会相邻出现，而它们各自出现的概率又比较大，那么 $I(x,y)$ 将取负值，这时候 x 和 y 负相关。设 $f(W)$ 是词 W 出现的次数，N 是文档的总词数，则：

$$P(w_1, w_2) = P(w_1) \times P(w_2 \mid w_1) = \frac{freq(w_1)}{N} \times \frac{freq(w_1, w_2)}{freq(w_1)} = \frac{freq(w_1, w_2)}{N}$$ 。

因此，两个词的信息熵 $I(w_1, w_2) = \log_2 N + \log_2 \frac{f(w_1, w_2)}{f(w_1)f(w_2)}$

$$= \log_2 N + \log_2 f(w_1, w_2) - \log_2 f(w_1) - \log_2 f(w_2)$$ 。

计算两个词的信息熵的代码如下：

```java
int freq1 = 5;  // 第一个词出现 5 次
int freq2 = 7;  // 第二个词出现 7 次
double temp = Math.log((double)freq1) + Math.log((double)freq2);
int bigramCount = 3;  // 这两个词共同出现 3 次
int n = 100;  // 文档共 100 个词
double entropy = (Math.log(n)+Math.log((double)bigramCount) - temp)/Math.log(2);// 信息熵
System.out.println(entropy);  // 输出 3.1
```

两个相邻出现的词叫作二元连接串，代码如下：

```java
public class Bigram {
    String one;// 上一个词
```

```
        String two;// 下一个词
        private int hashvalue = 0;

        Bigram(String first, String second) {
            this.one = first;
            this.two = second;
            this.hashvalue = (one.hashCode() ^ two.hashCode());
        }
    }
}
```

先分词，然后从二元连接串中计算二元连接串的信息熵。计算所有二元连接信息熵的代码如下：

```
int index = 0;
fullResults = new BigramsCounts[table.size()];
Bigrams key;
int freq;// 频率
double logn = Math.log((double)n); // 文档的总词数取对数
double temp;
double entropy;
int bigramCount; //f(c1,c2)
for( Entry<Bigrams,int[]> e : table.entrySet()){// 计算每个二元连接串的信息熵
    key = e.getKey();
    freq1 = oneFreq.get(key.one).freq;
    freq2 = oneFreq.get(key.two).freq;
    temp = Math.log((double)freq1) + Math.log((double)freq2);
    bigramCount = (e.getValue())[0];
    entropy = logn+Math.log((double)bigramCount) - temp;// 信息熵
    fullResults[index++] =
                new BigramsCounts(
                    bigramCount,
                    entropy,
                    key.one,
                    key.two);
}
```

实际计算时，要过滤二元词典中已有的二元连接，也就是说新出现的二元连接更有可能是一个新词。

有些新词具有普遍意义的构词规则，例如"模仿秀"由"动词+名词"组成。统计的方法和规则的方法结合，对每个文档中重复子串组成的候选新词打分，超过阈值的候选新词选定为新词。此外，可以用 Web 信息挖掘的方法辅助发现新词：网页锚点上的文字可能是新词，例如"美甲"。另外，可以考虑先对文档集合聚类，然后从聚合出来的相关文档中挖掘新词。

可以从查询日志的查询词中抽出新词。候选新词其实就是这个查询词的一个切分片段，可以将其切分出来。

对网页的语料建立语言模型，然后利用语言模型，对一定编辑距离（Levenshtein Distance）内的句子/短串，进行切分/序列聚类等，再选候选、边界、粒度、质量保证等。在特定应用场景中，可以基于模板发现新词。这个模板分两种，一种是网页的 HTML 模板，另一种是词序列或者句法模板。上面提到的编辑距离就是用来计算从原串转换到目标串所需要的插入、删除和替换操作的最小数目。

还可以利用输入法收集用户的词库，然后整理。

在搜索引擎中搜索"消毒枪"。其中一个网页中包含如下信息：

```
<title>沼气消毒枪,消毒枪,供应猪舍消毒枪[供应]_沼气设备</title>
<meta name="keywords" content="沼气消毒枪,消毒枪,供应猪舍消毒枪,沼气设备,沼气消毒枪,消毒枪,供应
```

猪舍消毒枪价格,沼气技术开发产品,太阳能产品,再生能源开发产品,沼源肥业" />

则可以确定:"沼气@消毒枪"是一个二元连接。

除了使用常规的方法来识别一些通用的词,还可以用专门的方法来识别专有名词。化学物质的成词语素如下:

- 化学元素名:溴、氧、氯、碳、硫、磷、锑、银、铜、锡、铁、锰……
- 化学功能名:酸、胺、脂、酮、酰、烷、酚、酊、羟……
- 化学介词:化、合、代、聚、缩、并、杂、联……
- 特定词头:亚、过、偏、原、次、高、焦、连……
- 各类符号:阿拉伯数字、罗马数字、汉文数字、天干、希腊字母、英文字母、标点符号……

把成词语素定义成枚举类型,代码如下:

```
public enum ChemistryType {
    element, // 化学元素,例如:溴、氧、氯、碳、硫、磷……
    function, // 化学功能,例如:酸、胺、脂、酮、酰……
    prep, // 化学介词,例如:化、合、代、聚、缩、并、杂、联……
    prefix, // 前缀,例如:亚、过、偏、原、次、高、焦、连……
    number; // 数字
}
```

例如"二氧化锰"的成词规则是"汉文数字+化学元素名+化学介词+化学元素名"。使用一个有限状态转换对象识别这类名词,代码如下:

```
FST fst =
    new FST(ChemistryType.number,ChemistryType.element,
            ChemistryType.prep,ChemistryType.element);

String sentence ="二氧化锰溶液";
int offset=0;
String n = fst.trans(sentence , offset); // 得到"二氧化锰"这个化学名词
```

医学专有名词的成词规则:人名加词干。例如:巴宾斯基症、帕金森病、福氏杆菌、克氏针等。

2.7 Android 系统中文输入法

输入中文文本的时候,用户往往逐词输入。为了从用户输入的文本中发现词的边界,可以考虑开发输入法记录用户选择的词语。

输入法编辑器(Input Method Editors,IME)是一个用户控件,用户可以输入文本。Android 系统提供了一个可扩展的输入法框架,允许应用程序为用户提供替代输入方法,例如屏幕键盘甚至语音输入。安装后,用户可以从系统设置中选择要使用的 IME,并在整个系统中使用它。一次只能启用一个 IME。

可以采用 NetBeans 或者 Android Studio 开发安卓应用。如果采用 NetBeans,则可以使用 NetBeans Android 支持插件。在使用这个插件之前需要先安装 Gradle 插件。

这里介绍使用 Android Studio 开发中文输入法。创建 Android 项目后,在 local.properties 中检查 Android SDK 路径的设置情况。

```
sdk.dir=D\:\\Android\\android-sdk
```

检查文本文件 settings.gradle 是否包含 app 模块:

```
include ':app'
```

要将 IME 添加到 Android 系统,需要创建一个包含扩展 InputMethodService 类的 Android 应用程

序。此外，通常会创建一个"设置"选项（activity），将选项传递给 IME 服务。还可以定义设置 UI，作为系统设置的一部分显示。

Manifest.xml 文件中的以下代码片段声明了 IME 服务。这段代码请求 BIND_INPUT_METHOD 权限，以便允许服务将 IME 连接到系统，设置与操作 android.view.InputMethod 匹配的意图过滤器，并为 IME 定义元数据：

```
<!--声明输入法服务-->
<service android:name="FastInputIME"
    android:label="@string/fast_input_label"
    android:permission="android.permission.BIND_INPUT_METHOD">
    <intent-filter>
        <action android:name="android.view.InputMethod" />
    </intent-filter>
    <meta-data android:name="android.view.im"
               android:resource="@xml/method" />
</service>
```

下一个片段声明了 IME 的设置 activity。它有一个 ACTION_MAIN 的意图过滤器，表示此 activity 是 IME 应用程序的主要入口点：

```
<!--可选：用于控制 IME 设置的 activity -->
<activity android:name="FastInputIMESettings"
    android:label="@string/fast_input_settings">
    <intent-filter>
        <action android:name="android.intent.action.MAIN"/>
    </intent-filter>
</activity>
```

与 IME 相关的类在 android.inputmethodservice 和 android.view.inputmethod 包中。KeyEvent 类对处理键盘特征至关重要。

IME 的核心部分是服务组件。InputMethodService 类除了实现正常的服务生命周期之外，还具有回调功能，用于提供 IME 的 UI，处理用户输入以及将文本传递到当前具有焦点的字段。默认情况下，InputMethodService 类提供了大部分实现，用于管理 IME 的状态和可见性以及与当前输入字段进行通信。这里创建一个 MyInputMethodService 类，示例代码如下：

```
public class MyInputMethodService extends InputMethodService {

    @Override
    public void onCreate() {
        super.onCreate();
    }

    @Override
    public void onDestroy() {
        super.onDestroy();
    }
}
```

IME 有两个主要的视觉元素：输入视图和候选视图，只需实现与正在设计的输入法相关的元素。输入视图是用户使用按键输入文本的 UI。

首次显示 IME 时，系统将调用回调方法 onCreateInputView()。在此方法的实现中，将创建要在 IME 窗口中显示的布局，并将布局返回到系统。实现 InputMethodService.onCreateInputView 方法的示例代码如下：

```
@Override
```

```
public View onCreateInputView() {
    MyKeyboardView inputView =
      (MyKeyboardView) getLayoutInflater().inflate( R.layout.input, null);
    inputView.setOnKeyboardActionListener(this);
    inputView.setKeyboard(mLatinKeyboard);

    return mInputView;
}
```

在这个例子中，MyKeyboardView 是呈现键盘的 KeyboardView 自定义实现的实例。

候选视图是 IME 显示潜在的单词校正或供用户选择的建议单词的用户界面。在 IME 生命周期中，系统在准备好显示候选视图时调用 onCateateCandidatesView()。在此方法的实现中，返回显示建议单词的布局。如果不想显示任何内容，则返回空值。空值响应是默认行为，因此如果不提供建议单词，则不必实现此操作。

当用户使用 IME 输入文本时，可以通过发送单个键事件或在应用程序的文本字段中编辑光标周围的文本来将文本发送到应用程序。在任何一种情况下，都使用 InputConnection 实例来传递文本。要获取此实例，请调用 InputMethodService.getCurrentInputConnection()。

当编辑文本字段中现有文本时，BaseInputConnection 中提供了一些更有用的方法，如下所示。

- getTextBeforeCursor()：返回一个包含当前光标位置前的请求字符数的 CharSequence 实例。
- getTextAfterCursor()：返回一个包含当前光标位置后的请求字符数的 CharSequence 实例。
- deleteSurroundingText()：删除当前光标位置前后的指定数量的字符。
- commitText()：向文本字段提交 CharSequence 实例并设置新的光标位置。

例如，返回当前光标位置前的 3 个字符，示例代码如下：

```
final InputConnection ic = getCurrentInputConnection();
CharSequence lastThree = ic.getTextBeforeCursor(3, 0);
```

例如，以下代码段显示如何使用文本"Hello!"替换光标左侧的 4 个字符：

```
InputConnection ic = getCurrentInputConnection();
ic.deleteSurroundingText(4, 0);
ic.commitText("Hello", 1);
ic.commitText("!", 1);
```

拼音转文字的实现代码如下：

```
Convertor convertor = new Convertor();   // 创建转换器
String yin = "dianji";
word = convertor.find(yin);              // 根据 n 元模型把拼音转换成汉字
System.out.println(word);                // 输出：电机
```

2.8　词性标注

在贴了地砖的卫生间，可能会有"小心地滑"这样的提示语。这里，"地"是名词，而不是助词。对分词结果中的每个词标注词性后，可以更深入地理解输入的句子。

提取一篇文章中的关键字，建议提取出的词是名词，是词库中的名词就可以。但是有的词有好几个词性。就好像一个人既可能是演员，也可能是导演，还有可能是作家，角色取决于他正在做的事情。所以需要根据一个词在句子中的作用判断它是哪种词性。

通常用词性来描述一个词在上下文中的作用。例如描述一个概念的词叫作名词，在下文引用这个名词的词叫作代词。现代汉语的词包括实词和虚词，可以粗分为 12 类。实词包括：名词、动词、形容词、数词、量词和代词。虚词包括：副词、介词、连词、助词、拟声词和叹词。词的分类体系如图 2-33 所示。

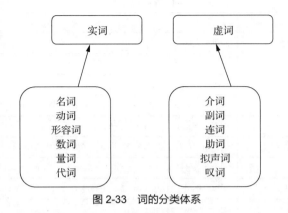

图 2-33 词的分类体系

把词性定义成枚举类型，示例代码如下：

```
public enum PartOfSpeech {
    a,// 形容词
    c,// 连词
    d,// 副词
    e,// 叹词
    m,// 数词
    n,// 名词
    o,// 拟声词
    p,// 介词
    q,// 量词
    r,// 代词
    u,// 助词
    v// 动词
}
```

描述一个动作的名词叫作名动词，例如"有保障""有奖励"。

有时候，词的长短决定了它的用法。当动词是单字时，名词可以是单字的也可以是多字的；如果动词是双字的，则名词必须是双字的。比如，可以说：扫地、扫垃圾，因为动词是单字的。不可以说：打扫地，只能说：打扫垃圾，因为动词是双字的。同理，可以说：开车、开汽车。不可以说：驾驶车，只能说：驾驶汽车。

有的词性经常会出现一些新的词，例如名词，这样的词性叫作开放式词性。另外一些词性中的词比较固定，例如代词，这样的词性叫作封闭式词性。

实词是开放的，虚词是封闭的。例如：名词、形容词、动词是开放的，有无限多个可能。但虚词，尤其是结构助词个数却很少，常用的虚词总数不过六七百个。

比如：在"[把][这][篇][报道][编辑][一][下]"这句话中，"把"作为一个介词；在"[一][把][宝刀]"这句话中，"把"作为一个量词。这个问题抽象出来就是已知单词序列 $w_1,w_2,\cdots,w_n$，给每个单词标注上词性 $t_1,t_2,\cdots,t_n$。因为存在一个词对应多个词性的现象，所以给词准确地标注词性并不容易。

不同的语言有不同的词性标注集。比如英文有反身代词，例如 myself，而中文中没有反身代词。为了方便指明词的词性，可以给每个词性编码。例如根据英文缩写，把"形容词"编码成 a，名词编码成 n，动词编码成 v，完整的词性编码表如表 2-2 所示。

表 2-2 　　　　　　　　　　　　　词性编码表

代码	名称	举例
a	形容词	最/d 大/a 的/u
ad	副形词	一定/d 能够/v 顺利/ad 实现/v 。/w
ag	形语素	喜/v 煞/ag 人/n
an	名形词	人民/n 的/u 根本/a 利益/n 和/c 国家/n 的/u 安稳/an 。/w
b	区别词	副/b 书记/n 王/nr 思齐/nr
c	连词	全军/n 和/c 武警/n 先进/a 典型/n 代表/n
d	副词	两侧/f 台柱/n 上/f 分别/d 雄踞/v 着/u
dg	副语素	用/v 不/d 甚/dg 流利/a 的/u 中文/nz 主持/v 节目/n 。/w
e	叹词	嗬/e ！/w
f	方位词	从/p 一/m 大/a 堆/q 档案/n 中/f 发现/v 了/u
g	语素	例如 dg 或 ag
h	前接成分	目前/t 各种/r 非/h 合作制/n 的/u 农产品/n
i	成语	提高/v 农民/n 讨价还价/i 的/u 能力/n 。/w
j	简称略语	民主/ad 选举/v 村委会/j 的/u 工作/vn
k	后接成分	权责/n 明确/a 的/u 逐级/d 授权/v 制/k
l	习用语	是/v 建立/v 社会主义/n 市场经济/n 体制/n 的/u 重要/a 组成部分/l 。/w
m	数词	科学技术/n 是/v 第一*/m 生产力/n
n	名词	希望/v 双方/n 在/p 市政/n 规划/vn
ng	名语素	就此/d 分析/v 时/Ng 认为/v
nr	人名	建设局/nt 局长/n 侯/nr 捷/nr
ns	地名	北京/ns 经济/n 运行/vn 态势/n 喜人/a
nt	机构团体	[洛阳/ns 耐火材料/l 研究院/n]nt
nx	字母专名	Ａ Ｔ Ｍ/nx 交换机/n
nz	其他专名	德士古/nz 公司/n
o	拟声词	汩汩/o 地/u 流/v 出来/v
p	介词	往/p 基层/n 跑/v 。/w
q	量词	不止/v 一/m 次/q 地/u 听到/v ，/w
r	代词	有些/r 部门/n
s	处所词	移居/v 海外/s 。/w
t	时间词	当前/t 经济/n 社会/n 情况/n
tg	时语素	秋/Tg 冬/tg 连/d 旱/a
u	助词	工作/vn 的/u 政策/n
ud	结构助词	有/v 心/n 栽/v 得/ud 梧桐树/n
ug	时态助词	你/r 想/v 过/ug 没有/v
uj	结构助词的	迈向/v 充满/v 希望/n 的/uj 新/a 世纪/n
ul	时态助词了	完成/v 了/ul
uv	结构助词地	满怀信心/l 地/uv 开创/v 新/a 的/u 业绩/n
uz	时态助词着	眼看/v 着/uz

代码	名称	举例
v	动词	举行/v 老/a 干部/n 迎春/vn 团拜会/n
vd	副动词	强调/vd 指出/v
vg	动语素	做好/v 尊/vg 干/j 爱/v 兵/n 工作/vn
vn	名动词	股份制/n 这种/r 企业/n 组织/vn 形式/n ，/w
w	标点符号	生产/vn 规模/n 扩大/v 了/u 几/m 次/q ，/w 产品/n 仍/d 是/v 供不应求/i 。/w
y	语气词	已经/d 3 0/m 多/m 年/q 了/y 。/w
z	状态词	势头/n 依然/z 强劲/a ；/w

词性标注有小标注集和大标注集。例如小标注集代词都归为一类，大标注集可以把代词进一步分成以下三类。

- 人称代词：你 我 他 它 你们 我们 他们
- 疑问代词：哪里 什么 怎么
- 指示代词：这里 那里 这些 那些

采用小标注集比较容易，但是太小的标注集可能会导致类型区分度不够。例如在黑白二色世界中，可以通过颜色的深浅来分辨物体，但是通过七彩颜色可以分辨出更多物体。

如图 2-34 所示，以[把][这][篇][报道][编辑][一][下]为例，[把]这个词有介词和量词两种词性，此外还有其他的词性，有 5×1×1×2×2×2×3 = 120 种可能的词性标注序列，哪种最合理？

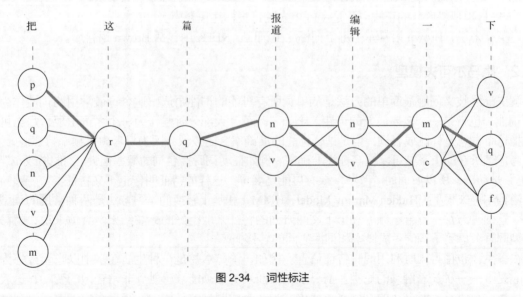

图 2-34　词性标注

有些经常出现的词性序列，表示了一些常用的语法结构，例如：n v n 或者 m q n，可以匹配一个词性序列，可以看成是词性标注图和词性序列图两个有限状态机求交集，每次以词性标注图中的一个词为起点。

2.8.1　数据基础

词典要能够识别每个词可能的词性。例如可以根据词性编码在文本文件 n.txt 中存放名词，文本文件 v.txt 中存放动词，文本文件 a.txt 中存放形容词，等等。例如，v.txt 的内容如下：

欢迎
迎接

可以把这些按词性分放到不同文件的词表合并成一个大的词表文件，每行一个词及其对应的一个词性。示例如下：

把:p
把:q

如果把词表放到数据库中，则设置词和词性两列。为了避免重复插入词，词和词性联合做主键，相应的 SQL 语句如下：

```
CREATE TABLE "AI_BASEWORD" ("WORD" string NOT NULL , --词
  "PARTSPEECH" string, --词性
  "FRQ" int, --词频
  "PINYIN" string) --拼音
```

对于基本的中文分词，训练集只是切分语料库。示例如下：

北京/欢迎/你

对于词性标注，需要标注词性的语料库。在每个词后面增加表 2-2 所示的词性编码。标注结果示例如下：

北京/ns 欢迎/v 你/r

词典里分不出的词按单字切分，词性标注成未知类型。

"人民日报语料库"是词性标注语料库。每行一篇切分和标注好的文章。示例如下：

不/d 忘/v 群众/n 疾苦/n 温暖/v 送/v 进/v 万/m 家/q

"人民日报语料库"的正式名称是《PFR 人民日报标注语料库》。

对英文来说，Brown 语料库中每个词标注了词性。NLTK 中包括 Brown 语料库。

2.8.2　隐马尔可夫模型

解决标注歧义问题最简单的方法是从单词所有可能的词性中选出这个词最常用的词性作为这个词的词性，也就是一个概率最大的词性，比如"改革"大部分时候作为一个名词出现，那么可以机械地把这个词总是标注成名词，但是这样标注的准确率会比较低，因为只考虑了频率特征。

考虑词所在的上下文可以提高标注准确率。例如在动词后接名词的概率很大。"推进/改革"中的"推进"是动词，所以后面的"改革"很有可能是名词。这样的特征叫作上下文特征。

隐马尔可夫模型（Hidden Markov Model，HMM）和基于转换的学习方法是两种常用的词型标注方法。这两种方法都整合了频率和上下文两方面的特征来取得好的标注结果。具体来说，隐马尔可夫模型同时考虑到了词的生成概率和词性之间的转移概率。

很多生物也懂得同时利用两种特征信息。例如，箭鼻水蛇是一种生活在水中以吃鱼或虾为生的蛇。它是唯一一种长着触须的蛇类。箭鼻水蛇最前端的触须能够感触到非常轻微的变动，这表明它可以感触到鱼类移动时产生的细微水流变化。当在光线明亮的环境中，箭鼻水蛇能够通过视觉捕食鱼虾。因此它能够同时利用触觉和视觉，也就是说利用光线的变化和水流的变化信息来捕鱼。

词性标注的任务是：给定词序列 $W=w_1,w_2,\cdots,w_n$，寻找词性标注序列 $T=t_1,t_2,\cdots,t_n$，使得 $P(t_1,t_2,\cdots,t_n|w_1,w_2,\cdots,w_n)$ 这个条件概率最大。

例如，词序列是[他] [会] [来]这句话。为了简化计算，假设只有词性：代词（r）、动词（v）、名词（n）和方位词（f）。这里：[他]只可能是代词，[会]可能是动词或者名词，而[来]可能是方位词或者动词，所以有 4 种可能的标注序列。需要比较：$P(r,v,v|他,会,来)$，$P(r,n,v|他,会,来)$，$P(r,v,f|他,会,来)$，$P(r,n,f|他,会,来)$，发现 $P(r,v,v|他,会,来)$是这 4 个概率中最大的，所以选择词性标注序列[r,v,v]。

使用贝叶斯公式重新描述这个条件概率：

$$P(t_1,t_2,\cdots,t_n) \times P(w_1,w_2,\cdots,w_n|t_1,t_2,\cdots,t_n) / P(w_1,w_2,\cdots,w_n)$$

忽略掉分母 $P(w_1,w_2,\cdots,w_n)$，

$$P(t_1,t_2,\cdots,t_n) = P(t_1)P(t_2|t_1)P(t_3|t_1,t_2)\cdots P(t_n|t_1t_2\cdots t_{n-1})。$$

做独立性假设，使用 N 元模型近似计算 $P(t_1,t_2,\cdots,t_n)$。例如使用二元模型，则有：

$$P(t_1,t_2,\cdots,t_n) \approx \prod_{i=1}^{n} P(t_i|t_{i-1})$$

近似计算 $P(w_1,w_2,\cdots,w_n|t_1,t_2,\cdots,t_n)$：假设一个类别中的词独立于它的邻居，则有：

$$P\left(w_1,w_2,\cdots,w_n \mid t_1,t_2,\cdots,t_n\right) \approx \prod_{i=1}^{n} P(w_i|t_i)$$

寻找最有可能的词性标注序列实际的计算公式：

$$P(t_1,t_2,\cdots,t_n) \times P(w_1,w_2,\cdots,w_n|t_1,t_2,\cdots,t_n) \approx \prod_{i=1}^{n} P(t_i|t_{i-1}) \times P(w_i|t_i)。$$

因为词是已知的，所以这里把词 w 叫作显状态。因为词性是未知的，所以把词性 t 叫作隐状态。条件概率 $P(t_i|t_{i-1})$ 叫作隐状态之间的转移概率。条件概率 $P(w_i|t_i)$ 叫作隐状态到显状态的发射概率，也叫作隐状态生成显状态的概率。注意，不要把 $P(w_i|t_i)$ 算成了 $P(t_i|w_i)$。

因为出现某个词性的词可能很多，所以对很多词来说，发射概率 $P(w_i|t_i)$ 往往很小。而词性往往只有几十种，所以转移概率 $P(t_i|t_{i-1})$ 往往比较大。就好像这世界有各种各样的动物，在所有的动物中，正好碰到啄木鸟的可能性比较小。

如果只根据当前的状态预测将来，而忽略过去状态对将来的影响，就是基本的马尔可夫模型。马尔可夫模型中的状态之间有转移概率。隐马尔可夫模型中有隐状态和显状态。隐状态之间有转移概率。一个隐状态对应多个显状态。隐状态生成显状态的概率叫作生成概率或者发射概率。在初始概率、转移概率以及发射概率已知的情况下，可以从观测到的显状态序列计算出可能性最大的隐状态序列。对词性标注的问题来说，显状态是分词出来的结果——单词 W，隐状态是需要标注的词性 T。词性之间存在转移概率。词性按照某个发射概率产生具体的词。可以把初始概率、转移概率和发射概率一起叫作语言模型。因为它们可以用来评估一个标注序列的概率。采用隐马尔可夫模型标注词性的总体结构，如图 2-35 所示。

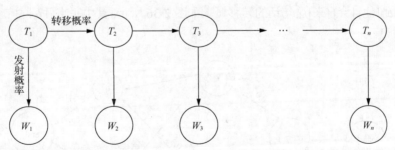

图 2-35　词性标注中的隐马尔可夫模型

语言模型中的值可以事前统计出来。中文分词中的语言模型可以从语料库中统计出来。

下面以标注[他] [会] [来]这句话为例，说明隐马尔可夫模型的计算过程。为了简化计算，假设只有词性：代词（r）、动词（v）、名词（n）和方位词（f）。这里：[他]只可能是代词，[会]可能是动词或者名词，而[来]可能是方位词或者动词。所以有 4 种可能的标注序列。

有些词性更有可能作为一个句子的开始，例如代词；有些词性更有可能作为一个句子的结束，例如语气词。所以每句话增加虚拟的开始和结束状态。用 start 表示开始状态，end 表示结束状态，emit

表示发射概率，go 表示转移概率。简化版本的语言模型描述如下：

```
START: go(R,1.0) emit(start,1.0)
F: emit(来,0.1) go(N,0.9) go(END,0.1)
V: emit(来,0.4) emit(会,0.3) go(F,0.1) go(V,0.3) go(N,0.5) go(END,0.1)
N: emit(会,0.1) go(F,0.5) go(V,0.3) go(END,0.2)
R: emit(他,0.3) go(V,0.9) go(N,0.1)
```

其中隐状态用大写表示，而显状态用小写表示。例如：START: go(R,1.0) emit(start,1.0) 表示隐状态 START 发射到显状态 start 的概率是 1，从句子开头转移到代词的概率也是 1；R: emit(他,0.3)表示从代词生成"他"的概率是 0.3；后面的 go(V,0.9)则表示从代词转移到动词的概率是 0.9。

这个语言模型的初始概率向量如表 2-3 所示。

表 2-3 初始概率表

	R	N	f	end
start	1.0	0	0	0

这个初始概率的意思是，代词是每个句子的开始。

转移概率矩阵如表 2-4 所示。

表 2-4 转移概率表

上个词性	下个词性					
	start	f	v	n	r	end
start					1	
f				0.9		0.1
v		0.1	0.3	0.5		0.1
n		0.5	0.3			0.2
r			0.9	0.1		

例如第 3 行表示动词后是名词的可能性比较大，仍然是动词的可能性比较小，所以上个词性是动词，下一个词性是名词的概率是 0.5，而上个词性是动词，下一个词性还是动词的概率是 0.3。根据转移概率表得到[他] [会] [来]这句话的转移概率如图 2-36 所示。其中垂直并列的节点表示这些节点是属于同一个词的。

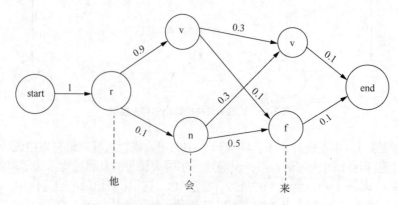

图 2-36 "他/会/来"的转移概率图

这个语言模型代表的发射概率（混淆矩阵）如表 2-5 所示。

表 2–5 发射概率表

	他	会	来
F			0.1
V		0.3	0.4
N		0.6	
R	0.3		

以发射概率表的第二行为例：如果一个词是动词，那么这个词是"来"的概率比"会"的概率大。

考虑到某些词性更有可能作为一句话的开始，有些词性更有可能作为一句话的结束，这里增加了开始和结束的虚节点 start 和 end。所以，"他会来"分词后的输入是：[start] [他] [会] [来] [end]。"他/会/来"的转移概率加发射概率如图 2-37 所示。

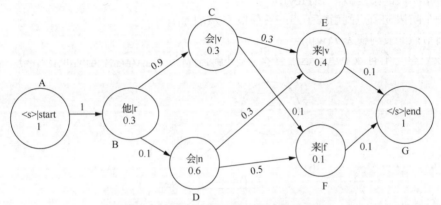

图 2-37 "他/会/来"的转移概率加发射概率图

每个隐状态和显状态的每个阶段组合成一个图 2-38 所示的由节点组成的二维矩阵。

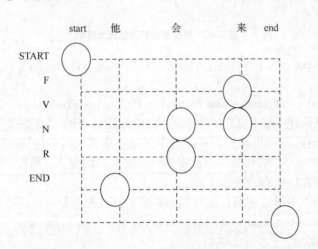

图 2-38 由节点组成的二维矩阵

每个词对应一个求解的阶段，每个阶段都有一个最佳标注。这样输入的一个句子对应一个最佳标注序列。可以由最佳节点序列确定最佳标注序列。例如，图 2-38 所示的最佳节点序列是：Node(Start, start)、Node(r,他)、Node(v,会)、Node(v,来)、Node(End,end)，所以确定词性输出[r, v, v]。

采用分治法找最佳节点序列。如图 2-39 所示，G 依赖 E 和 F 的结果，而 E 和 F 又分别依赖 C 和 D 的计算结果。

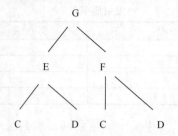

图 2-39　计算最佳节点序列问题分解图

因为重复求解节点的 C 和 D 概率，所以采用动态规划的方法求解最佳节点序列。当前节点概率的计算依据是：

- 上一个阶段的节点概率 $P(\text{Prev})$；
- 上一个阶段的节点到当前节点的转移概率 $P(t_i \mid t_{i-1})$；
- 当前节点的发射概率 $P(w_i|t_i)$。

end 阶段只有一个有效节点。这个有效节点的概率就是 $P_{\max}(t_1,t_2,\cdots,t_n|w_1,w_2,\cdots,w_n)$。

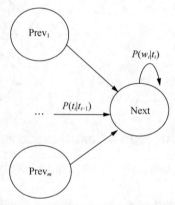

图 2-40　寻找当前节点的最大概率

对于每一个节点 Next，循环考察这个节点的上一个阶段所有可能的节点 Prev_1 到 Prev_m。计算节点概率的循环等式是：

$$P(\text{Next}) = \max P(\text{Prev}) \times P(t_i \mid t_{i-1}) \times P(w_i|t_i)。$$

实际计算时，仍然采用 log 相加的方式来避免向下溢出。所以循环等式变成 log 累积概率、log 转移概率和 log 发射概率三项相加的形式。这个用动态规划求解最佳词性序列的思想叫作维特比（Viterbi）算法。在初始概率、转移概率以及发射概率已知的情况下，可以用维特比算法从观测到的显状态序列计算出可能性最大的隐状态序列。

维特比求解方法由两个过程组成：前向累积概率计算过程和反向回溯过程。前向累积概率计算过程按阶段计算。从图 2-40 看就是从前向后按列计算，分别叫作阶段 "start" "他" "会" "来" "end"。

在阶段 "start" 计算：

- Best(A) = 1

在阶段 "他" 计算：

- Best(B) = Best(A) × $P(\text{r}|\text{start})$ × $P(他|\text{r})$ =1×1×0.3=0.3

在阶段 "会" 计算：

- Best(C)=Best(B) × $P(\text{v}|\text{r})$ × $P(会|\text{v})$ =0.3×0.9×0.3=0.081
- Best(D)=Best(B) × $P(\text{n}|\text{r})$ × $P(会|\text{n})$ =0.3×0.1×0.6=0.018

在阶段"来"计算：
- Best(E) = Max [Best(C) ×P(v|v), Best(D) ×P(v|n)] × P(来|v) =0.081×0.3×0.4=0.00972
- Best(F) = Max [Best(C) ×P(f|v), Best(D) ×P(f|n)] × P(来|f)=0.081×0.1×0.1=0.00081

在阶段"end"计算：
- Best(G) = Max [Best(E) ×P(end|v), Best(F) ×P(end|f)] × P(</s>|end)=0.00972×0.1×1=0.000972

执行回溯过程发现最佳隐状态序列，也就是图 2-41 所示的粗黑线节点。

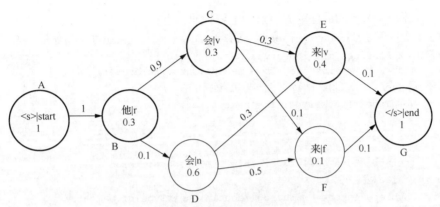

图 2-41 维特比求解过程

G 的最佳前驱节点是 E，E 的最佳前驱节点是 C，C 的最佳前驱节点是 B，B 的最佳前驱节点是 A。所以猜测词性输出：他/r 会/v 来/v。这样消除了歧义，判断出[会]的词性是动词而不是名词，[来]的词性是动词而不是方位词。

然后开始实现维特比算法。为了避免重复计算最佳前驱节点，用二维数组存储累积概率和最佳前驱节点。所以维特比算法又叫作在格栅上运行的算法。

初始化存储累积概率的二维数组，示例代码如下：

```
// 存储累积概率的二维数组
double[][] prob = new double[stageLength][ WordEntry.values().length];
// 最佳前驱
WordEntry[][] bestPre = new WordEntry [stageLength][ WordEntry.values().length];
// 用缺省值填充累积概率数组
Arrays.fill(prob, Double.NEGATIVE_INFINITY);
// 添加初始概率
prob[0][ WordEntry.start.ordinal()] = 1;
```

维特比求解的前向累积过程是三层循环，第一层循环把每个阶段从前往后运行一遍；第二层循环运行当前阶段的每个隐状态；第三层循环运行上一个阶段的每个隐状态，为当前节点找最佳前驱节点。

第一层循环遍历每个阶段的代码如下：

```
// 输入词序列, 返回词性序列
public byte[] viterbi(ArrayList<WordTokenInf> observations) {

    // 遍历每一个观察值, 但不包括第一个状态, 也就是开始状态
    for (int stage = 1; stage < stageLength; stage++) {
        // 遍历当前状态和前一个状态的每种组合
    }

    // 回溯求解路径
    // 构造返回结果
```

```
        return resultTag;
}
```

第一层循环从前往后遍历词序列如图 2-42 所示。

图 2-42 观察序列

三层循环计算每个节点的最佳前驱节点的主要代码如下：

```
for (int stage = 1; stage < stageLength; stage++) { // 从前往后遍历阶段
    WordTokenInf nexInf = observations.get(stage);
    Iterator<WordTypeInf> nextIt = nexInf.data.iterator();
    while (nextIt.hasNext()) { // 遍历当前节点
        WordTypeInf nextTypeInf = nextIt.next();

        WordTokenInf preInf = observations.get(stage - 1);

        Iterator<WordTypeInf> preIt = preInf.data.iterator();
        // log(发射概率)
        double emiprob = Math.log((double) nextTypeInf.weight /
                            dic.getTypeFreq(nextTypeInf.pos));

        while (preIt.hasNext()) { // 遍历前面的节点，寻找最佳前驱
            WordTypeInf preTypeInf = preIt.next();
            // log(转移概率)
            double transprob = dic.getTransProb(preTypeInf.pos, nextTypeInf.pos);
            // log(前驱累计概率)
            double preProb = prob[stage - 1][preTypeInf.pos.ordinal()];
            // log(前驱累计概率) + log(发射概率) + log(转移概率)
            double currentprob = preProb + transprob + emiprob;
            if (prob[stage][nextTypeInf.pos.ordinal()] <= currentprob) { // 计算最佳前驱
                // 记录当前节点的最大累积概率
                prob[stage][nextTypeInf.pos.ordinal()] = currentprob;
                // 记录当前节点的最佳前驱
                bestPre[stage][nextTypeInf.pos.ordinal()] = preTypeInf.pos;
            }
        }
    }
}
```

维特比算法的性能没问题。时间复杂度不是 n 的 3 次方，而是 $O(N \times T \times T)$，因为里面的循环和输入串长度没关系，只和词性数量有关系，这就只能是常数了。

维特比求解的反向回溯过程用来寻找最佳路径，主要代码如下：

```
byte currentTag = PartOfSpeech.end; // 当前最佳词性
byte[] bestTag = new byte[stageLength]; // 存放最佳词性标注序列结果
for (int i = (stageLength - 1); i > 1; i--) { // 从后往前遍历显状态
    currentTag = bestPre[i][currentTag]; // 最佳前驱节点对应的词性
    bestTag[i - 1] = currentTag; // 记录最佳词性
}
```

这样就得到了输入词序列的标注序列。

2.8.3　存储数据

计算两个词性之间的转移概率的公式：$P(t_i|t_j) = \dfrac{Freq(t_j, t_i)}{Freq(t_j)}$，例如：$P(量词|数词) = \dfrac{数词后出现量词的次数}{数词出现的总次数}$。

如果需要，还可以平滑转移概率：$P(t_i|t_j) = \lambda_1 \dfrac{Freq(t_j, t_i)}{Freq(t_j)} + \lambda_2 \dfrac{Freq(t_j)}{Freq(total)}$，这里的 $\lambda_1 + \lambda_2 = 1$。

用一个变量记录 $Freq(total)$，一个数组记录 $Freq(t_i)$，一个二维数组记录 $Freq(t_j, t_i)$，这样就可以计算出 $P(t_i|t_j)$，示例代码如下：

```
int totalFreq=0;   // 语料库中的总词数
int[] posFreq = new int[PartOfSpeech.values().length];   // 某个词性的词出现的总次数
// 某个词性的词后出现另外一个词性的词的总次数
int[][] transFreq=new int[PartOfSpeech.values().length][PartOfSpeech.values().length];
```

transFreq 是一个方阵。第 i 行的和是一个词性所有转出次数之和，第 i 列的和是一个词性所有转入次数之和。对于除了开始和结束类型的普通词性来说，转入次数应该等于转出次数。也就是说，transFreq 的第 i 行数值之和应该和第 i 列数值之和相等，如图 2-43 所示。

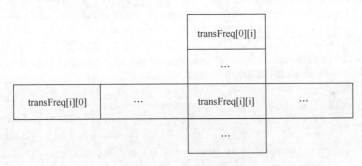

图 2-43　转移次数矩阵

前后两个词性之间的转移次数存储在文本文件 POSTransFreq.txt 里。POSTransFreq.txt 的部分内容样例如下所示：

```
a:b:62
a:c:451
a:d:296
a:dg:2
a:f:84
a:i:13
a:j:80
a:k:4
a:l:125
a:m:896
a:n:11004
a:ng:139
a:nr:53
a:ns:121
a:nt:2
a:nx:2
a:nz:10
```

```
a:p:296
a:q:258
a:r:94
a:s:17
a:t:45
```

前一个词性到后一个词性的转移次数可以存储到 HashMap<String, HashMap<String, Integer>>中。
加载转移次数的示例代码如下：

```java
public class Tagger {
    HashMap<String, HashMap<String, Integer>> transFreq =
                new HashMap<String, HashMap<String, Integer>>();
    // 每个词性的频次
    private HashMap<String, Integer> typeFreq = new HashMap<String, Integer>();
    private int totalFreq; // 所有词的总频次

    public double getTransProb(String curState, String toTranState) {
        return Math.log((0.9 * transFreq.get(curState).get(toTranState)
                / typeFreq.get(curState) + 0.1 * typeFreq.get(curState)
                / totalFreq));
    }

    public Tagger() {
            URI uri = Tagger.class.getClass().getResource(
                    "/questionSeg/bigramSeg/POSTransFreq.txt").toURI();
            InputStream file = new FileInputStream(new File(uri));

            BufferedReader read = new BufferedReader(new InputStreamReader(
                file, "GBK"));
            String line = null;
            while ((line = read.readLine()) != null) {
                StringTokenizer st = new StringTokenizer(line, ":");

                String pre = st.nextToken();
                String next = st.nextToken();
                int frq = Integer.parseInt(st.nextToken());
                addTrans(pre, next, frq); // 增加转移次数
                addType(next, frq); // 增加类型次数
                totalFreq += frq;
            }
    }

    public void addTrans(String pre, String next, int frq) { // 转移次数
        HashMap<String, Integer> ret = transFreq.get(pre);
        if (ret == null) {
            ret = new HashMap<String, Integer>();
            ret.put(next, frq);
            transFreq.put(pre, ret);
            return;
        }
        ret.put(next, frq);
    }

    public void addType(String type, int frq) { // 类型
        Integer ret = typeFreq.get(type);
```

```
            if (ret == null) {
                typeFreq.put(type, frq);
            } else {
                typeFreq.put(type, ret + frq);
            }
        }
    }
}
```

例如，最大似然估计法计算：$P(a\,|\,start) = \dfrac{Freq(start, a)}{Freq(start)}$。这里，$Freq(start,a)= 648$。

$Freq(start)$是所有以词性 start 开始的转移次数整数求和得到的值。

$$Freq(start) = Freq(start,a) + Freq(start,ad)+ \cdots + Freq(start,z)$$

start:50610 这个怎么理解？语料库中有 50610 句话。

为了支持词性标注，需要在词典中存储词性和对应的次数。格式如下：

```
滤波器 n 0
堵击 v 0
稿费 n 7
神机妙算 i 0
开设 vn 0 v 32
```

为什么发射概率是这样计算的，而不是考虑一个词以某个词性出现的概率呢？因为这是从全局计算的方式。实际计算发射概率需要平滑，则用分母增加该类别下的词表长度，代码如下：

```
double emiprob =
    Math.log(weight/ (double) (this.typeFreq[nextPOS]+ PartOfSpeech.names.length));
```

加上 PartOfSpeech.names.length 是为了平滑发射概率，以防出现除以 0 的情况，所以使用加一平滑。这里的 PartOfSpeech.names.length 是词类数量。

计算从某个词性转移到另一个词性的概率：

```
public double getTransProb(byte curState, byte toTranState) {
    return Math.log((0.9*transFreq[curState][toTranState]/typeFreq[curState]
            + 0.1* typeFreq[curState]/totalFreq));
}
```

每行一个词，然后是这个词可能的词性和语料库中按这个词性出现的次数。把词性定义成枚举类型，如下所示：

```
public enum PartOfSpeech {
    start,// 开始
    end,// 结束
    a,// 形容词
    ad,// 副形词
    ag,// 形语素
    an,// 名形词
    b,// 区别词
    c,// 连词
    d,// 副词
    dg,// 副语素
    e,// 叹词
    f,// 方位词
    g,// 语素
    h,// 前接成分
```

```
        i, // 成语
        j, // 简称略语
        k, // 后接成分
        l, // 习惯用语
        m, // 数词
        n, // 名词
        ng, // 名语素
        nr, // 人名
        ns, // 地名
        nt, // 机构团体
        nx, // 字母专名
        nz, // 其他专名
        o, // 拟声词
        p, // 介词
        q, // 量词
        r, // 代词
        s, // 处所词
        t, // 时间词
        tg, // 时语素
        u, // 助词
        ud, // 结构助词
        ug, // 时态助词
        uj, // 结构助词的
        ul, // 时态助词了
        uv, // 结构助词地
        uz, // 时态助词着
        v, // 动词
        vd, // 副动词
        vg, // 动语素
        vn, // 名动词
        w, // 标点符号
        x, // 非语素字
        y, // 语气词
        z, // 状态词
        unknow // 未知
}
```

存储基本词性相关信息的类如下：

```
public class POSInf {
    public PartOfSpeech pos= unknow;   // 词性，理解成词的类别
    // 词频，就是一个词在语料库中出现的次数。词频高就表示这个词是常用词
    public int freq=0;
}
```

同一个词可以有不同的词性，可以把这些和某个词的词性相关的信息放在同一个链表中。

为了避免零概率，可以采用加一平滑。加一后，转移概率要归一化。任意一个词性，转移到其

他词性的概率总和必须等于 1，也就是所有事件的概率可能性加到一起必须是 1。例如，一个名词到所有其他词的转移概率加起来是 1，分子是 1，分母是"共有多少词性"。例如，名词到一个不可能搭配词的转移概率 = 1 / 共有多少词性。

$$平滑转移概率：P(t_i \mid t_j) = \lambda_1 \frac{Freq(t_j, t_i)}{Freq(t_j)} + \lambda_2 \frac{Freq(t_j)}{Freq(total)}$$

取 λ_1=0.9，λ_2=0.1。

转移概率平滑后的计算公式是：0.9×prevCurFreq/prevFreq+0.1×prevFreq/totalFreq。实现代码如下：

```java
public double getTransProb(byte curState, byte toTranState) {
    return Math.log((0.9 * transFreq[curState][toTranState]
            / typeFreq[curState] + 0.1 * typeFreq[curState] / totalFreq));
}
```

测试转移概率如下：

```java
Tagger tagger = Tagger.getInstance();
// log(数词到量词的转移概率)
System.out.println(tagger.getTransProb(PartOfSpeech.m, PartOfSpeech.q));

// log(数词到动词的转移概率)
System.out.println(tagger.getTransProb(PartOfSpeech.m, PartOfSpeech.v));
```

测试词性标注如下：

```java
// 词序列
ArrayList<WordTokenInf> observations = new ArrayList<WordTokenInf>();

// 第一个词
WordTypes t = new WordTypes(1);
t.insert(0, PartOfSpeech.r, 1);
WordTokenInf w1= new WordTokenInf(0, 1, "他", t);
observations.add(w1);

// 第二个词
t = new WordTypes(2);
t.insert(0, PartOfSpeech.v, 1);
t.insert(1, PartOfSpeech.n, 1);
WordTokenInf w2= new WordTokenInf(1, 2, "会", t);
observations.add(w2);

// 第三个词
t = new WordTypes(2);
t.insert(0, PartOfSpeech.v, 1);
t.insert(1, PartOfSpeech.f, 1);
WordTokenInf w3= new WordTokenInf(2, 3, "来", t);
observations.add(w3);

Tagger tagger = Tagger.getInstance();
byte[] bestTag = tagger.viterbi(observations);

// 输出维特比算法标注的词性序列
for(int i=0 ;i<bestTag.length;++i){ // 输出词和对应的标注结果
    System.out.print(observations.get(i).termText +"|"+
```

```
                    PartOfSpeech.getName(bestTag[i])+'\t');
}
```

输出词性标注的结果如下：

他|r 会|v 来|v

2.8.4 统计数据

统计人民日报语料库中每个词性的总频率，示例代码如下：

```
// 记录词性及对应的频率
HashMap<String, Integer> posMap = new HashMap<String, Integer>();

FileReader fr = new FileReader("D:\\学习\\NLP\\199801.txt"); // 读入语料库文件
BufferedReader br = new BufferedReader(fr);
String line;
while ((line = br.readLine()) != null) {
        StringTokenizer tokenizer = new StringTokenizer(line);  // 用空格分开
        while (tokenizer.hasMoreTokens()) {
            String word = tokenizer.nextToken();
            StringTokenizer token = new StringTokenizer(word, "/"); // 用斜线分开词和词性
            if (!token.hasMoreTokens())
                    continue;

            String cnword = token.nextToken();
            if (!token.hasMoreTokens())
                    continue;
            String pos = token.nextToken();  // 词性
            Integer num = posMap.get(pos);   // 次数
            if (num == null)
                posMap.put(pos, 1);
            else
                posMap.put(pos, num + 1);
        }
}
fr.close();
for (Entry<String, Integer> e : posMap.entrySet()) {  // 输出统计结果
        System.out.println(e.getKey() + " " + e.getValue());
}
```

统计人民日报语料库中词性间的转移概率矩阵，示例代码如下：

```
public void anaylsis(String line) {
    StringTokenizer st = new StringTokenizer(line, " ");
    st.nextToken(); // 忽略掉第一个数字词

    int index = PartOfSpeech.start.ordinal(); // 前一个词性 ID
    int nextIndex = 0; // 后一个词性 ID
    while (st.hasMoreTokens()) {
        StringTokenizer stk = new StringTokenizer(st.nextToken(), "/");
        String word = stk.nextToken();
        String next = stk.nextToken();
        nextIndex = PartOfSpeech.valueOf(next.toLowerCase()).ordinal();
        contextFreq[index][nextIndex]++; // 转移矩阵数组增加一个计数
        posFreq[nextIndex]++;
```

```
        index = nextIndex;
    }
    nextIndex = PartOfSpeech.end.ordinal();
    contextFreq[index][nextIndex]++;
    posFreq[nextIndex]++;
}
```

根据词性得到对应的转移概率和发射概率，示例代码如下：

```java
public class Model { // 语言模型
    private long[][] transFreq; // 某个词性的词后出现另外一个词性的词的总次数
    private long[] typeFreq; // 某个词性的词出现的总次数

    // 根据词性得到转移概率
    public double getTransProb(WordType curState, WordType toTranState) {
        return Math.log((double) transFreq[curState.ordinal()][toTranState.ordinal()] /
                (double) typeFreq[curState.ordinal()]);
    }

    // 得到词性总频率
    public double getTypeFreq(WordType curState) {
        return  (double) typeFreq[curState.ordinal()];
    }
}
```

统计某个词的发射概率：

```java
public String getFireProbability(CountPOS countPOS){
    StringBuilder ret = new StringBuilder();
    for(Entry<String,Integer> m: posFreqMap.entrySet()){
        // 某个词的词性的发射概率是某词出现这个词性的频率 / 这个词性的总频率
        double prob =
                (double)m.getValue()/
                (double)(countPOS.getFreq(CorpusToDic.getPOSId(m.getKey())));
        ret.append(m.getKey() + ":"+ prob +" ");
    }
    return ret.toString();
}
```

测试一个词的发射概率和相关的转移概率：

```java
String testWord = "成果";
System.out.println(testWord+" 的词频率：\n"+this.getWord(testWord));
System.out.println("词性的总频率：\n"+posSumCount);
System.out.println (testWord+" 发射概率：\n"+
        this.getWord(testWord).getFireProbability(posSumCount));
System.out.println("转移频率计数取值测试：\n "+this.getTransMatrix("n","w"));
printTransMatrix();
```

例如，"成果"这个词的频率：

```
nr:5 b:1 n:287
```

词性的总频率：

```
 a:34578 ad:5893 ag:315 an:2827 b:8734 c:25438 d:47426 dg:125 e:25 f:17279 g:0 h:48 i:4767
j:9309 k:904 l:6111 m:60807 n:229296 ng:4483 nr:35258 ns:27590 nt:3384 nx:415 nz:3715 o:72
p:39907 q:24229 r:32336 s:3850 t:20675 tg:480 u:74751 ud:0 ug:0 uj:0 ul:0 uv:0 uz:0 v:184775
vd:494 vg:1843 vn:42566 w:173056 x:0 y:1900 z:1338
```

"成果"的发射概率：

nr: 0.00014181178739576834 b: 0.00011449507671170014 n:0.0012516572465285046

即"成果"这个词作为名词的发射概率

="成果"作为名词出现的次数/名词的总次数

= 287/229296

= 0.0012516572465285046。

2.8.5 整合切分与词性标注

N元分词需要一个词总的出现频次，而词性标注需要一个词每个可能词性的频次，再加上词性之间的转移频次。

可以用一元分词搭配词性标注或者其他的 N 元分词搭配词性标注。增加一个词到逆 Trie 树的addWord 方法如下：

```java
public void addWord(String key, String pos, int freq) {
    int charIndex = key.length() - 1;
    if (root == null)
        root = new TSTNode(key.charAt(charIndex));
    TSTNode currNode = root;
    while (true) {
        int compa = (key.charAt(charIndex) - currNode.splitChar);
        if (compa == 0) {
            if (charIndex <= 0) {
                byte posCode = PartOfSpeech.values.get(pos); // 得到词性对应的编码
                currNode.addValue(key, posCode, freq);  // 增加值到节点
                break;
            }
            charIndex--;
            if (currNode.mid == null)
                currNode.mid = new TSTNode(key.charAt(charIndex));
            currNode = currNode.mid;
        } else if (compa < 0) {
            if (currNode.left == null)
                currNode.left = new TSTNode(key.charAt(charIndex));
            currNode = currNode.left;
        } else {
            if (currNode.right == null)
                currNode.right = new TSTNode(key.charAt(charIndex));
            currNode = currNode.right;
        }
    }
}
```

一元概率分词加词性标注，示例代码如下：

```java
public class Segmenter {
    final static double minValue = -1000000.0;
    private static final SuffixTrie dic = SuffixTrie.getInstance();
    private static final Tagger tagger = Tagger.getInstance();
    String text;
    WordEntry[] bestWords; // 最佳前驱词

    public Segmenter(String t) {
        text = t;
    }
```

```java
// 只分词
public List<WordTokenInf> split() {
    bestWords = new WordEntry[text.length() + 1];// 最佳前驱节点数组
    double[] prob = new double[text.length() + 1]; // 节点概率

    // 用来存放前驱词的集合
    ArrayList<WordEntry> prevWords = new ArrayList<WordEntry>();

    // 求出每个节点的最佳前驱词
    for (int i = 1; i < bestWords.length; i++) {

            double maxProb = minValue; // 候选节点概率

            WordEntry bestPrev = null; // 候选最佳前驱词

            // 从词典中查找前驱词的集合
            dic.matchAll(text, i - 1, prevWords);

            // 根据前驱词集合挑选最佳前趋节点
            for (WordEntry word : prevWords) {
                    double wordProb = Math.log(word.posInf.total)
                            - Math.log(dic.totalFreq);
                    int start = i - word.word.length(); // 候选前驱节点
                    double nodeProb = prob[start] + wordProb;// 候选节点概率

                    if (nodeProb > maxProb) {// 概率最大的算作最佳前趋
                            bestPrev = word;
                            maxProb = nodeProb;
                    }
            }

            prob[i] = maxProb;// 节点概率
            bestWords[i] = bestPrev;// 最佳前驱节点
            }

    return bestPath();
}

public List<WordTokenInf> bestPath() { // 根据最佳前驱节点数组回溯求解词序列
    Deque<WordEntry> path = new ArrayDeque<WordEntry>(); // 最佳节点序列
    // 从后向前回朔最佳前驱节点
    for (int i = text.length(); i > 0; ) {
            WordEntry w = bestWords[i];
            path.push(w);
            i = i - w.word.length();
    }
    List<WordTokenInf> words = new ArrayList<WordTokenInf>();// 切分出来的词序列
    int start = 0;
    int end = 0;
    for (WordEntry w : path) {
        end = start + w.word.length();
```

```
                WordTokenInf word = new WordTokenInf(start, end, w.word, w.posInf);
                words.add(word);
                start = end;
            }
        return words;
    }


    // 先分词，再标注词性
    public WordToken[] tag() {
        List<WordTokenInf> path = split();   // 分词

        byte[] bestTag = tagger.viterbi(path); // 标注词性

        WordToken[] result = new WordToken[path.size()];
        for (int i = 0; i < path.size(); i++) {
            WordTokenInf tokenInf = path.get(i);
            WordToken token = new WordToken(tokenInf.start, tokenInf.end,
                    tokenInf.cost, tokenInf.termText, bestTag[i]);
            result[i] = token;
        }
        return result;
    }
}
```

整合切分与词性标注的中文分词的过程如下。

（1）按规则识别英文单词或日期等未登录词。

（2）将输入字符串切分成句子：对一段文本进行切分，先依次从这段文本里面切分出一个句子出来，再对这个句子进行分词。

（3）生成全切分词图：根据基本词库对句子进行全切分，并且生成一个邻接链表表示的词图。

（4）计算最佳切分路径：在这个词图的基础上，运用动态规划算法生成切分最佳路径。

（5）词性标注：采用隐马尔可夫模型方法标注词性。

返回的词序列中要有这个词所有可能的词性，代码如下：

```
public class WordTokenInf {
    public String termText;
    public WordTypes data; // 包含一个词所有可能的词性
    public int start;
    public int end;
}
```

一元分词求解切分路径时，不能只记录最佳前驱节点编号，而且要记录词。

```
WordTokenInf[] prevNode;  // 最佳前驱词数组
```

得到词序列的方法如下：

```
public ArrayDeque<WordTokenInf> getTokens() { // 回溯求解最佳切分路径
    ArrayDeque<WordTokenInf> ret = new ArrayDeque<WordTokenInf>();
    int start;
    for (int end = prevNode.length - 1; end > 0; end = start){ // 从右向左找前驱节点
        start = prevNode[end]; // 开始节点
        WordTokenInf tokenInf =
                new WordTokenInf(
                        start,end,preCnToken[end].word,preCnToken[end].pos);
        ret.addFirst(tokenInf);
    }
    return ret;
```

```
    }
```

词性标注类叫作 Tagger。Tagger.viterbi 方法返回标注出来的词性序列。分词和词性标注集成的 tag 方法实现如下：

```
public WordToken[] tag(){
    ArrayList<WordTokenInf> path = getTokens(); // 先分词

    byte[] bestTag = tagger.viterbi(path); // 词性用字节表示
  // 标注结果放入数组 result
    WordToken[] result = new WordToken[path.size()];// 创建结果数组
    for (int i = 0; i < path.size(); i++) {
        WordTokenInf tokenInf = path.get(i);
        WordToken token = new WordToken(tokenInf.start,
                tokenInf.end, tokenInf.cost, tokenInf.termText, bestTag[i]);
        result[i]=token; // 把附带词性的 token 对象放入结果
    }
    return result;
}
```

BigramSegmenter 类实现二元分词。BigramTagnizer 类集成二元分词和词性标注如下所示：

```
public List<WordToken> split(String sentence) throws Exception {
    // 实现分词
    List<WordToken> tokens = tag(); // 词性标注
    return tokens;
}
```

2.8.6　大词表

无法完全加载到内存的大词表并不在内存中完全展开词典 Trie 树，也就是说，部分内容在内存中，还有部分内容在文件中。

把词典 Trie 树保存到数据库中。为了能够简单地把 Trie 树保存到一个表，则把一个词相关的信息保存成 JSON 格式的字符串。为了方便，把 WordEntry 对象转换成一个 JSON 格式的字符串。WordEntry 对象中包括 WordTypes 对象，把 WordTypes 对象和 JSON 格式的字符串互相转换的例子如下：

```
Gson gson = new Gson();
String json = gson.toJson(WordTypes.noun); // 转换成 JSON 格式的字符串
WordTypes output = gson.fromJson(json, WordTypes.class);  // 由 JSON 格式的字符串得到对象
```

2.8.7　词性序列

词性序列有助于选择合理的切分方案。例如：“数词+量词+名词”是一个常用词性序列组合，“一把圆珠笔”正好符合这个条件。结合语言模型进一步验证切分方案“一/把/圆珠笔”，词性序列为“数词，量词，名词”。

2.8.8　基于转换的学习方法

基于转换的学习方法（Transformation Based Learning，TBL）是先把每个词标注上最可能的词性，然后通过转换规则修正错误的标注，提高标注精度。

例如“报告”更多时候作为一个动词，而不是名词。所以把：[他] [做] [了] [一] [个] [报告]。首先标注成：他/r 做/v 了/u 一/m 个/q 报告/v。

一个转换规则的例子如下：如果一个词左边第一个词的词性是量词（q），左边第二个词的词性是数词（m），则将这个词的词性从动词（v）改为名词（n）。

他/r 做/v 了/u 一/m 个/q 报告/v

转换成：

他/r 做/v 了/u 一/m 个/q 报告/**n**

基于转换规则的示例代码如下：

```
ArrayList<PartOfSpeech> lhs = new ArrayList<PartOfSpeech>(); // 左边的词性序列
ArrayList<PartOfSpeech> rhs = new ArrayList<PartOfSpeech>(); // 右边的词性序列
// m q v
rhs.add(PartOfSpeech.m); // m
rhs.add(PartOfSpeech.q); // q
rhs.add(PartOfSpeech.v); // v
// m q n
lhs.add(PartOfSpeech.m);// m
lhs.add(PartOfSpeech.q);// q
lhs.add(PartOfSpeech.n);// n
// 加到规则库
addProduct(rhs, lhs);
```

另一个转换规则的例子如下：如果一个词左边第一个词的词性是介词（p），则将这个词的词性从动词（v）改为名词（n）。

从形式上来看，转换规则由激活环境和改写规则两部分组成。例如，对于刚才的例子改写规则是：将一个词的词性从动词（v）改为名词（n）。激活环境是：该词左边第一个紧邻词的词性是量词（q），第二个词的词性是数词（m）。

可以从训练语料库中学习出转换规则。学习转换规则序列的过程如下。

（1）初始状态标注：用从训练语料库中统计的最有可能的词性标注语料库中的每个词。

（2）考察每个可能的转换规则：选择能最多地消除语料库标注错误数的规则，把这个规则加到规则序列最后。

（3）用选择出来的这个规则重新标注语料库。

（4）返回到（2），直到标注错误没有明显减少为止。

这样得到一个转换规则集序列，以及每个词最有可能的词性标注。

标注新数据分两步：首先，用最有可能的词性标注每个词；然后依次将每个可能的转换规则应用到新数据。

使用基于转换的学习方法标注词性的实现代码如下：

```
public List<String> tag(List<String> words) { // 输入词序列
    List<String> ret = new ArrayList<String>(words.size()); // 返回标注序列
    for (int i = 0, size = words.size(); i < size; i++) { // 先给每个词标注上最有可能的词性
        String[] ss = (String[]) lexicon.get(words.get(i)); // 词典中存储了很多词性
        if (ss == null)
            ss = lexicon.get(words.get(i).toLowerCase());
        if (ss == null && words.get(i).length() == 1)
            ret.add(words.get(i) + "^");
        if (ss == null)
            ret.add("NN"); // 标注成名词
        else
            ret.add(ss[0]);// 先给每个词标注上最有可能的词性
    }
```

```
        // 然后依次应用每个可能的转换规则
        for (int i = 0; i < words.size(); i++) {
            String word = ret.get(i);
            // 规则1: DT, {VBD | VBP} --> DT, NN
            if (i > 0 && ret.get(i - 1).equals("DT")) {
                if (word.equals("VBD")
                        || word.equals("VBP")
                        || word.equals("VB")) {
                    ret.set(i, "NN");
                }
            }
        }
        return ret;
    }
```

也可以用如下统一的规则进行标注：

```
lhs = new ArrayList<Byte>(); // 左边的符号
rhs = new ArrayList<Byte>(); // 右边的符号
//m q v
rhs.add(PartOfSpeech.m);
rhs.add(PartOfSpeech.q);
rhs.add(PartOfSpeech.v);
//m q n
lhs.add(PartOfSpeech.m);
lhs.add(PartOfSpeech.q);
lhs.add(PartOfSpeech.n);
// 加到规则库
addProduct(rhs, lhs);
```

基于转换的学习方法能够改进规则，提高精度。而隐马尔可夫模型的计算形式比较固定，标注准确度可改进的余地不大。

2.8.9　实现词性标注

给每个可能的词性序列打分后，选择分值最大的词性序列作为词序列的标注。打分的依据是看词性序列和词序列本身满足哪些特征。如果满足某个特征，就加上相应的权重。当然，这里的权重可以是负数，表示词性序列不太可能是这样的。

特征函数 f_1 是：如果前一个词的词性是代词，当前词的词性是动词，则返回 1，否则返回 0。$f_i(s,i,t)$ 用程序表示如下：

```
int f1(ArrayList<String> s,int i,ArrayList<PartOfSpeech> t){
    if(t.get(i-1)==PartOfSpeech.r && t.get(i)==PartOfSpeech.v)
        return 1;
    return 0;
}
```

测试这个特征函数：

```
ArrayList<String> tokens = new ArrayList<String>(); // 词序列
tokens.add("他");
tokens.add("会");
tokens.add("来");

ArrayList<PartOfSpeech> tags = new ArrayList<PartOfSpeech>(); // 词性序列
```

```
tags.add(PartOfSpeech.r);
tags.add(PartOfSpeech.v);
tags.add(PartOfSpeech.v);

int i=1;  // 当前位置

int f = f1(tokens,i,tags); // 匹配特征
System.out.println(f); // 匹配上了，返回 1
```

最大熵马尔可夫模型计算上一个词性和当前词产生当前词性的条件概率，用这个值来估计当前词性可能是 t_i 的概率。

$$\arg\max_{t_1,t_2,\cdots,t_n} P(w_1,w_2,\cdots,w_n|t_1,t_2,\cdots,t_n) = \prod_{i=1}^{n} P(t_i \mid w_i,t_{i-1})$$

用一个例子说明最大熵马尔可夫模型的问题。例如要根据训练集，标注每个字符。训练集中存在标注好的序列："[r/1] [i/2] [b/3]" 和 "[r/4] [o/5] [b/3]"，标注图如图 2-44 所示。

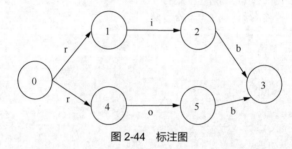

图 2-44　标注图

因为状态 1 到状态 2 的转移概率 $P(2|1)=1$，所以 $P(2|i,1)=1$。因为状态 4 到状态 5 的转移概率 $P(5|4)=1$，所以 $P(5|i,4)=1$。考虑把 ri 标注成 1,2 还是 4,5。

$$P(1,2|ri)=P(1|r)\times P(2|i,1)=P(1|r)\times 1$$
$$P(4,5|ri)=P(4|r)\times P(5|i,4)=P(4|r)\times 1$$

$P(1|r)$ 和 $P(4|r)$ 哪个更大取决于训练集中 rib 出现得多，还是 rob 出现得多。也就是说，把 ri 标注成哪种类型取决于训练集中 rib 出现得多，还是 rob 出现得多，这叫作标签偏置问题。最大熵马尔可夫模型对向外转移很少的状态存在偏见。

假设有 m 个特征，词序列 s 中有 n 个词。每个特征 f_j 对应一个权重 λ_j。词序列 s 对应的词性序列 t 的打分公式是：

$$score(t \mid s) = \sum_{j=1}^{m} \sum_{i=1}^{n} \lambda_j f_j(s,i,t)$$

第一个求和在每个特征函数 j 上运行，而内部的求和在句子的每个位置 i 上运行。通过幂和归一化，把这些分值转换成 0 和 1 之间的概率：

$$p(t \mid s) = \frac{\exp(score(t \mid s))}{\sum_{t'} \exp(score(t' \mid s))}$$

训练参数时，需要固定一个值，这里假定 $\sum_{t'} p(t' \mid s) = 1$。

2.9　词类模型

N 元方法面临数据稀疏的问题。如果不存在 N 元，则可以用 N 个词类的序列来代替。有些词类的转移概率较高，例如"形容词@名词"。选择最好的词性之间的搭配概率，作为这种切分方案的词

类概率。

基于类的语言模型将前后两个词的条件概率用如下公式计算：

$$P(w_k|w_{k-1})= P(w_k|t_k)P(t_k|t_{k-1})$$

这里的 t_i 表示词 w_i 的类别。

把基于类的语言模型和二元模型整合到一起计算一个平滑后的概率：

$$P_{li}(w_i \mid w_{i-1}) = \lambda_1 P_{ML}(w_i) + \lambda_2 P_{ML}(w_i \mid w_{i-1}) + \lambda_3 P_{ML}(w_i \mid t_i)P_{ML}(t_i \mid t_{i-1})。$$

这里的 $\lambda_1+\lambda_2+\lambda_3=1$。$t_i$ 和 t_{i-1} 是 token 里面的类别。

基于类的模型还要考虑类别到词本身的发射概率，比如某人是否能代表整个团队。

虽然一个词可以具有多种词性，但是一个词在一个给定的句子中应该只有一个词类，也只有一个词义。在一个固定的句子中不可能表现出它所有可能的词性。一般来说，可以取一个最大值，而不是所有可能的词性搭配加在一起更合理。

如果一个词作为名词有几种不同的词义，如 bank 有河岸和银行两个意思，则应考虑该名词到某个词的概率。

另外，非零概率也可以回退。但是对于出现次数很多的 gram，没必要回退。那样不如 "cut-off" + "back-off" 合理。要保证类中的词有比较好的可互换性，所以基于类的语言模型的好坏很大程度上取决于词聚类。聚类得越准，效果就越好。

有如下几种常用的聚类方法。

- 划分方法：K-平均、K-中心点等。
- 层次方法：凝聚（自底向上）、分裂（自顶向下）。
- 基于密度的方法：OPTICS。
- 基于网格的方法：STING、Clique、WaveCluster。
- 基于模型的方法：统计学（COBWEB、CLASSIT 等）、神经网络方法。

2.10　未登录词识别

有人问道：南京市长叫江大桥？你怎么知道的？因为看到一个标语——南京市长江大桥欢迎您。

在分词时即时发现词表中没有的词叫作未登录词识别。常见的未登录词包括：人名、地名、机构名，人名例如李德，地名例如乌有乡，机构名例如克莱登大学。人们往往通过不变的东西把握变化的东西，通过一些已知词和未登录词成词规则来识别未登录词。

2.10.1　未登录人名

未登录人名包括中国人名和外国译名。例如，"彭帅、郑洁 1：2 不敌阿根廷选手杜尔科和意大利选手佩内塔"。其中包括中国人名 "彭帅" "郑洁"，还有外国人名 "杜尔科" "佩内塔"。

对于没有能够根据词典与相邻字组成 2 个字以上词的字符，切分出来的结果叫作切分碎片。例如：素与杨宝森先生交好。如果 "杨宝森" 这个词不在词典中，则切分出来的结果是："素/与/杨/宝/森/先生/交好"。人名往往在切分碎片中，但是也有特例。

- 人名内部相互成词，指姓与名、名与名之间本身就是一个已经被收录的词。例如，[王国]民、[高峰]、王[朝阳]、冯[成功]等。
- 人名与其上下文组合成词。例如，"这里[有关]天培的壮烈"，还有 "王维[民主]任本月开会的行程"。

对识别人名有用的信息如下。

- 人名所在的上下文。例如："××教授"，这里 "教授" 是人名的下文；"邀请××"，这里 "邀请"是人名的上文。

- 人名本身的概率。例如：不依赖上下文，直观来看，"刘宇"可能是个人名，"史光"不太可能是个人名。将未登录词的概率作为这种可能性的衡量依据。"刘宇"作为人名的概率是："刘宇"作为人名出现的次数/人名出现的总次数。怎么算当前这个人名的出现概率呢？用姓的概率×名字的概率。

- 人名识别规则。例如"让<nr>和<nr>一起"。

分析中国人名所在的上下文。来看表明身份的词。

- 出现在人名之前的词：工人、教师、影星、犯人。
- 出现在人名之后的词：先生、同志。
- 既可能出现在前面，也可能出现在后面的词：校长、经理、主任、医生。

地名或机构名往往出现在人名之前，例如：静海县大丘庄**张敏**。

的字结构往往出现在人名之前，例如：年过七旬的**刘贵芝**。

有的动作词出现在人名之前，例如：批评，逮捕，选举。有的动作词出现在人名之后，例如：说，表示，吃，结婚。

未登录人名的识别过程是：首先从输入串找所有可能的人名，然后按照 N 元模型做分词，过滤候选人名。例如，输入串原文是：程正泰的父亲是一位京剧票友，素与杨宝森先生交好。从中提取出候选人名：{程正泰, 杨宝, 杨宝森}，把候选人名"杨宝"过滤掉。

2.10.2 提取候选人名

未登录人名识别的两层信息是：底层是组成未登录姓名的单字特征和上下文词特征，特征串作为一个整体的搭配。

识别未登录中国人名相关的特征如表 2-6 所示。

表 2-6   未登录中国人名相关的特征

编号	特征	举例
1	姓	王/nr 华/nr
2	双名首字	郑/nr 云龙/nr
3	双名尾字	郑/nr 云龙/nr
4	单名	王/nr 娟/nr
11	上文	技术总监/n 黄/nr 培磊/nr
12	下文	黄/nr 培磊/nr 首先/d
13	同时做上文和下文	王/nr 鹏/nr 和/d 黄/nr 培磊/nr

最容易想到的方法是：先找姓，然后找名。但有的未登录姓名只有名，没有姓。

把人名特征存放在 nr.txt 这个文本中，根据特征词表 nr.txt 对输入串全切分，形成人名特征词图。采用邻接链表（AdjList）存储切分结果，也就是说，用邻接链表表示人名特征词图。例如，输入串"作者是王诚"组成的特征词图如图 2-45 所示。

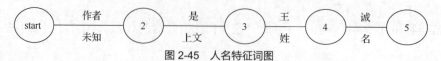

图 2-45 人名特征词图

根据特征序列识别出人名。例如：作者是王诚。这里[动词 , 姓 , 名 , 标点符号]组成了一个包含中国人名的特征序列，把[动词，姓，名，标点符号]叫作一个识别规则。可以根据这个识别规则识别出"王诚"这个人名。这个规则的完整形式是：

　　动词　中国人名　标点符号 => 动词　姓　名　标点符号

　　例如有一条识别规则[姓氏，单名，下文]，用特征编号序列表示是：[1,4,12]。

　　一个词可以同时是两种类型。例如"**彭帅、郑洁 1:2** 不敌阿根廷选手杜尔科和意大利选手佩内塔"这句话，这里的[、]既是[彭帅]这个人名的下文，[、]也是[郑洁]这个人名的上文。

　　因为未登录人名往往在切分碎片中，所以最简单的方法是把分词结果再标注一次人名特征，如图 2-46 所示。其中的人名特征用编号表示。

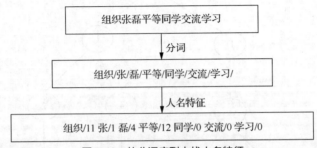

图 2-46　从分词序列中找人名特征

　　因为"平等"形成了一个词，所以用词序列只能识别出"张磊"这样的人名，无法正确地识别出"张磊平"，所以需要用人名特征专用的词图。也就是说，用存放在 nr.txt 中的人名特征词切分出人名特征词图，如图 2-47 所示。

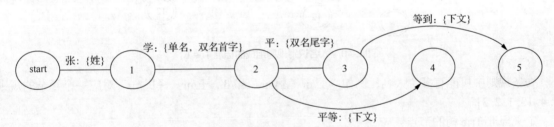

图 2-47　"张磊平等到"特征词图

　　在特征词图里找到人名的识别规则序列[1,2,3,12]，找到后就能把"张磊平"识别成一个人名。也就是从特征词图找到[张，磊，平，等到]对应的特征序列[姓氏，双名首字，双名尾字，下文]。

　　首先有一些和识别未登录词相关的特征词表，然后输入串根据特征词表形成特征词图，最后根据未登录词识别规则从特征词图中找候选未登录词。

　　人名规则除了[姓 + 名]，还有很多类似的规则，可以用有限状态机求交集的方法同时找出所有可能的人名。存在一个句子的人名特征词图，还有一个是规则树组成的 Trie 树。人名特征词图（也就是一个 AdjList 的实例）相当于一个 DFA，规则树组成的 Trie 树相当于另外一个 DFA。找候选人名相当于两个 DFA 求交集。

　　在特征词序列上识别人名，不是原始的字符上识别人名。将特征词类型定义成枚举类型：

```
public enum PersonType {
    preContext, // 上下文中的上文，例如，邀请**
    postContext, // 上下文中的下文，例如，**说
    surName, // 姓
    singleName, // 单名
```

```
        doubleName1, // 双名第一个字
        doubleName2 // 双名第二个字
}
```

例如：[老生] [虞] [子] [期] [小生]。这里的[老生]是 preContext，而[小生]则是 postContext。

人名识别规则有很多，用标准 Trie 树存储规则。例如有规则：[1,4,12]、[11,1,2,3]、[11,1,4,12]，如图 2-48 所示。

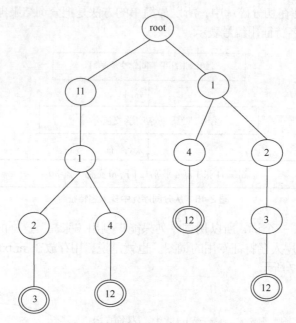

图 2-48 人名识别规则组成的标准 Trie 树

一条规则中可能有多个人名，例如"王/nr 鹏/nr 和/d 王/nr 泽民/nr"对应一个复杂的规则：[1, 4, 13, 1, 2, 3]。

定义标准 Trie 树的节点：

```
public class TrieNode{
    private PersonType nodeKey; // 键
    private ArrayList<NameSpan> nodeValue;  // 值
    private boolean terminal; // 标志这个节点是否可以结束的节点
    private Map<PersonType, TrieNode> children =
                new HashMap<PersonType, TrieNode>();  // 引用到所有的孩子节点
}
```

所以可以通过匹配规则来识别未登录词。为了实现同时查找多个规则，可以把右边的模式组织成 Trie 树，左边的模式作为节点属性。

NameSpan 用来指定一个区间，就是合并未登录词语素成为一个未登录词。识别规则的左边部分就是一个 NameSpan 序列。识别规则的右边部分就是一个 PersonType 序列。规则 Trie 树的实现如下：

```
public class Trie {
    public TrieNode rootNode = new TrieNode(); // 根节点

    // 放入键/值对
    public void addProduct(ArrayList<PersonType> key, ArrayList<NameSpan> lhs) {
```

```
         TrieNode currNode = rootNode; // 当前节点
         for (int i = 0; i < key.size(); ++i) { // 从前往后找键中的类型
             PersonType c = key.get(i);
             Map<PersonType, TrieNode> map = currNode.getChildren();
             currNode = map.get(c); // 向下移动当前节点
             if (currNode==null) {
                     currNode = new TrieNode();
                     map.put(c, currNode); // 孩子放入散列表
             }
         }
         currNode.setTerminal(true); // 设置成可以结束的节点
         currNode.setNodeValue(lhs); // 设置值
     }

     // 根据键查找对应的值，也就是根据右边的 PersonType 序列看有没有对应的识别规则
     public ArrayList<NameSpan> find(ArrayList<PersonType> key) {
         TrieNode currNode = rootNode; // 当前节点
         for (int i = 0; i < key.size(); ++i) { // 从前往后找键中的类型
             PersonType c = key.get(i);
             currNode = currNode.getChildren().get(c);// 向下移动当前节点
             if (currNode==null) {
                     return null;
             }
         }
         if (currNode.isTerminal()) { // 是结束节点
             return currNode.getNodeValue();
         }
         return null; // 没找到
     }
}
```

把规则加入规则 Trie 树的代码如下：

```
// 构造规则的右部分：人名上文姓氏 + 单人名
rhs = new ArrayList<PersonType>();
rhs.add(PersonType.preContext); // 人名上文
rhs.add(PersonType.surName);    // 姓氏
rhs.add(PersonType.singleName); // 单名
// 构造规则的左部分：人名上文之后是姓名
lhs = new ArrayList<NameSpan>();
lhs.add(new NameSpan(1, 2, PersonType.name)); // 姓氏和单人名组成完整的人名
rules.addProduct(rhs, lhs); // 把人名识别规则加入规则库
```

从特征词图中找规则 Trie 树上可以匹配的规则，也就是特征词图上有一条路径正好也是可以在规则 Trie 树上从开始节点走到结束节点的。例如，图 2-49 左图所示的特征词图状态 0 接收输入"姓"以后转换到状态 1，状态 0 接收输入"上文"以后转换到状态 2。状态 1 和状态 2 被映射到图 2-49 右图所示的规则 Trie 树，因为规则 Trie 树也会从开始状态接收输入"姓"以后转换到一个新状态，从开始状态接收输入"上文"以后转换到另外一个新状态。

把特征词图中的当前状态叫作 s1，规则 Trie 树的当前状态叫作 s2。状态 s1 和 s2 组成一个当前状态对(s1,s2)。例如，图 2-49 所示的规则 Trie 树中存在状态对(1,1)和(2,11)。

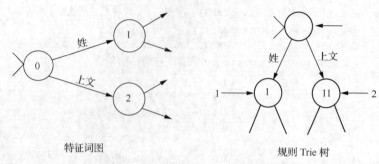

特征词图　　　　　　　　　　　　规则 Trie 树

图 2-49　从人名特征词图上找匹配规则

当前状态对 StatePair 类的部分代码如下：

```
public static class StatePair {
    int s1;  // 特征词图中的当前状态编号
    TrieNode s2;  // 规则 Trie 树的当前状态节点
}
```

在每个当前状态对中，都对状态 s1 和 s2 的所有可能接收的输入求交集。从特征词图找规则序列的每一步都要找输入交集，也就是求词图和规则树中的 PersonType 的交集。

```
public static class NextInput {  // 有限状态机中的下一个输入
        int end;  // 词的结束位置，词图中下一个状态对的依据
        PersonType type;  // 经过的类型，规则 Trie 树中下一个状态对的依据
        String term;  // 经过的词
}
```

intersection 方法的实现代码如下：

```
/**
 * 取得词图和规则树都可以向前进的步骤
 * @param edges  词图上的边
 * @param s 规则树上的类型
 * @return 共同的有效输入
 */
public ArrayList<NextInput> intersection(EntityLinkedList edges,
                                    Set<PersonType> s) {
    ArrayList<NextInput> tmp = new ArrayList<NextInput>();
    for (EntityTokenInf x : edges) {
        if (x.data == null)
            continue;
        for (EntityTypes.EntityTypeInf typeInf : x.data) {
            if (s.contains(typeInf.pos)) {  // 规则树上的类型包含词所属的类型
                tmp.add(new NextInput(x.end, typeInf.pos, x.termText));
            }
        }
    }
    return tmp;
}
```

找出人名相关的序列，也就是把词图映射到 Trie 树上，示例代码如下。

```
public static class MatchValue {
    ArrayList<NameSpan> left;  // 规则的左边部分
```

```
        ArrayList<PersonType> right; // 规则的右边部分
        ArrayList<String> term; // 对应的词序列
}
```

　　词图上的每个节点上都可能有几条路径通过。只保留那些能走到底的路。查找过程的输入是特征词图开始找的位置，返回多个可能的识别规则，示例代码如下：

```
/**
 * 词图映射到 trie 树上，也就是从词图指定位置开始找识别规则
 * @param g 人名特征词图
 * @param offset 开始位置
 * @return 匹配结果
 */
public ArrayList<MatchValue> intersect(AdjList g, int offset) {
    ArrayList<MatchValue> match = new ArrayList<MatchValue>(); // 映射结果
    Stack<StatePair> stack = new Stack<StatePair>(); // 存储遍历状态的堆栈
    ArrayList<PersonType> path = new ArrayList<PersonType>();  // 类型序列
    ArrayList<String> term = new ArrayList<String>();  // 人名特征词序列

    stack.add(new StatePair(path, offset, rules.rootNode, term));
    while (!stack.isEmpty()) { // 堆栈内容不是空
        StatePair stackValue = stack.pop(); // 弹出堆栈

        // 取出图中当前节点对应的边
        EntityLinkedList edges = g.edges(stackValue.s1);

        // 取出树中当前节点对应的类型
        Set<PersonType> types = stackValue.s2.getChildren().keySet();
        ArrayList<NextInput> ret = intersection(edges, types);
        if (ret == null)
            continue;
        for (NextInput edge : ret) { // 遍历每个有效的输入
            // 向下遍历树
            TrieNode state2 = stackValue.s2.getChildren().get(edge.type);
            // 向前遍历图上的边
            int end = edge.end;
            if (state2 != null) {
                ArrayList<PersonType> p = new ArrayList<PersonType>(
                        stackValue.path);
                p.add(edge.type);

                ArrayList<String> t = new ArrayList<String>(stackValue.term);
                t.add(edge.term);

                stack.add(new StatePair(p, end, state2, t)); // 压入堆栈
                if (state2.isTerminal()) { // 是可以结束的节点
                    match.add(new MatchValue(state2.getNodeValue(), p, t));
                }
            }
        }
    }
}
```

```
        return match;
    }
```

特征词图的每个节点开始向后找规则，示例代码如下：

```
UnknowGrammar unknowGrammar = UnknowGrammar.getInstance();

for (int i = 0; i < atomCount; ++i) {
    // 从特征词图指定位置开始求交集
    ArrayList<MatchValue> match = unknowGrammar.intersect(g, i);
    // 处理找到的未登录词
}
```

全切分词图匹配右边的模式后用左边的模式替换。

识别出来的候选人名可以搭配采用最大长度匹配、一元概率或者二元概率分词方法。接下来三小节分别介绍候选人名在这三种搭配中的使用方法。

2.10.3　最长人名切分

最简单的中文分词算法是最大长度匹配方法。可以把识别出来的候选人名当作普通的词，使用最大长度匹配方法得到最终的分词结果。例如，输入句子是"程正泰的父亲是一位京剧票友，素与杨宝森先生交好。"，识别出候选人名：[程正泰、杨宝、杨宝森]。识别出了一些无效的人名，有什么办法过滤？简单的做法是：对"杨宝森"和"杨宝"这两个人名采取开始位置一样则取最长人名的方法，所以留下"杨宝森"这个人名。这就是最长人名切分。

2.10.4　一元概率人名切分

整合未登录词识别的中文分词切分过程如下。

（1）从整篇文章识别未登录词。

（2）按规则识别英文单词或日期等未登录词。

（3）对输入字符串切分成句子：对一段文本进行切分，先依次从这段文本里面切分出一个句子，再对这个句子进行分词。

（4）生成全切分词图：根据基本词库对句子进行全切分，并且生成一个邻接链表表示的词图。

（5）计算最佳切分路径：在这个词图的基础上，运用动态规划算法生成切分最佳路径。

（6）词性标注：可以采用隐马尔可夫模型方法。

（7）未登录词识别：应用规则识别未登录词。

（8）按需要的格式输出结果：例如输出全文检索软件 Lucene 需要的格式。

把识别出来的候选人名都加入一元词图，然后在词图上找最佳切分方案，示例代码如下：

```
String sentence = "王诚刚才来过。";

AdjList g = new AdjList(sentence .length()+1);// 存储所有被切分的可能的词
// 根据词典得到切分词图

g.addEdge(new CnToken(0, 2, logProb1, "王诚"));  // 增加候选人名到切分词图
g.addEdge(new CnToken(0, 3, logProb2, "王诚刚"));
```

最长人名切分并没有用到概率。人名识别出来以后，按照一元概率分词的计算公式，需要计算识别出来的人名本身的概率，然后参与后续选择切分方案的计算。先把未登录词打折，然后把所有的未登录人名都当成一个普通词来看。例如：作者是王诚，识别出来的人名是"王诚"，则 $P(王诚) = P(人名) \times P(王诚|人名)$。

$P(王诚|人名) = (姓王的频率/总的姓的频率) \times (诚作为单名的频率/总的单名的频率) \times (姓+单名这条

规则的出现概率)。

一个简化的情景：假设有 5 个姓，出现概率都是 0.2，10 个名字，出现概率都是 0.1。两条规则：规则 A 出现概率是 0.8，规则 B 出现概率是 0.2。规则 A 只是一个姓，规则 B 是一个姓+一个名。在所有人名中，看到符合规则 A 中的某个姓的概率是 0.8×0.2。看到符合规则 B 中的某个姓+一个名的概率是 0.2×0.2×0.1。

把未登录词打折也就是从 P(人名)中分出一部分概率给识别出来的某个人名。例如，一元词典 coreDict.txt 中包括一个条目："未??人:2:16 294"，即语料库中所有人名总的词频数是 16294，则 P(人名)=(16294/n)。这里的 n 是词典中的词频总数。

从总次数中分一部分给新识别出的人名，例如：给"李四"20 次，给"孙俊"10 次，因为孙姓比李姓在语料库中出现的次数少。nr.txt 中有这样的频率。

比如识别出来一个"孙有才"，到 nr.txt 里找出"孙:1:1000"，表示"孙"作为一个姓出现了 1000 次。还有一个 nr.ctx，记录了："1:15550"，表示"姓"总共出现了 15550 次。姓出现的频次是 15550，根据这个算 1000/15550，就是孙姓的概率。

2:12132 + 4:2354 比 1:15550 的值小，因为有些是单姓，后面不跟名。

人名概率 = 规则概率 × 规则中每个部分的概率。

例如："姓 + 单名"这条规则出现的概率是 0.3，"姓 + 双名"出现概率是 0.4，姓单独出现的概率是 0.1，单名单独出现的概率是 0.1，双名单独出现的概率是 0.1。如果识别出来一个"姓 + 单名"，姓的出现概率是 0.01，单名的出现概率也是 0.01，则人名概率 = 0.3 × 0.01 × 0.01。

人名识别模式集合如下：

```
BBCD:姓+姓+名 1+名 2;
BBE: 姓+姓+单名;
BBZ: 姓+姓+双名成词;
BCD: 姓+名 1+名 2;
BE:  姓+单名;
BEE: 姓+单名+单名;//韩磊磊
BG:  姓+后缀;
BXD: 姓+姓双名首字成词+双名末字;
BZ:  姓+双名成词;
CD:  名 1+名 2;
EE:  单名+单名;
FB:  前缀+姓;
XD:  姓双名首字成词+双名末字;
Y:   姓单名成词;
```

频次及概率如下：

```
BBCD 343 0.003606
BBE 125 0.001314
BBZ 30 0.000315
BCD 62460 0.656624
BEE 0 0.000000
BE 13899 0.146116
BG 869 0.009136
BXD 4 0.000042
BZ 3707 0.038971
CD 8596 0.090367
EE 26 0.000273
```

```
FB 871 0.009157
Y 3265 0.034324
XD 926 0.009735
```

识别人名后的人名概率是一项，而如果不识别人名，按单字×概率，就是两项了。例如，识别人名后的概率是 P(王诚)，识别人名前的概率是 P(王) × P(诚)。所以增加人名识别后，得出的句子概率可能更大。

2.10.5　二元概率人名切分

为了进一步提高根据上下文人名切分的准确度，可以根据二元模型计算包含候选人名的句子概率。以"作者是王诚"为例，计算 P(作者|start) × P(是|作者) × P(人名|是) × P(王诚|人名) × P(end|人名)。借助二元词典中的"是@人名"和"人名@end"这样的二元连接计算这个切分方案的概率。

把识别出来的候选人名都加入二元词图中，然后在词图上找最佳切分方案。"赵磊平和小王"得到的词图如图 2-50 所示。

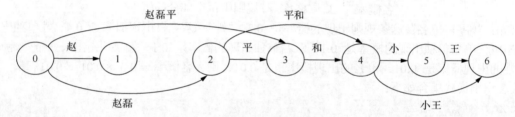

图 2-50　人名词图

例如，原文：京剧《谢瑶环》张馨月 《勘玉钏》李艳艳 《捧印》郭睿玥《战金山》胡紫珊 《断桥》马佳 《廉锦枫》张晨萱

识别出来候选人名：

[谢瑶，李艳艳，马佳，张馨月，胡紫，张馨，金山，战金山，战金，李艳，胡紫珊，张晨，张晨萱]

把人名放到切分词表，再次根据上下文计算概率。例如，"》"到"人名"有二元连接概率，"人名"到"《"也有二元连接概率。

如何表示二元连接概率呢？在 bigramDict.txt 中，有类似"》@未??人:2"这样的条目。仍然用二元分词过滤掉无效人名。

例如"》@未??人:2"中，"未??人"是词性，所有的未登录人名词概率加在一起，作为人名的概率 P(人名)，PersonName 也就是"未??人"。

但是对于某个具体识别出来的未登录人名 x，有个人名到 x 的发散概率= x 的出现频率 / PersonName 的概率。

得到这个概率的代码如下：

```
int bigramFreq = getBigramFreq(t2, t1);
```

二元分词把未登录词选择的问题解决了。

操作步骤是：先做规则识别，找出候选未登录词。识别出来之后，识别出来的词有类别，这里是人名类别。按类别再计算二元分词，比如"》李宁玉"。仍然用二元连接"》@人名"，识别出：李宁、李宁玉。"》李宁玉"的下文是什么？是"人名@结束符号"。

用"》@人名"和"人名@结束符号"这两个包含词类别的二元搭配频率即可。

为了方便插入未登录词，把所有的词放入邻接链表。同时，为了方便找指定词的前驱词集合，所有的词也放入逆邻接链表。用动态规划的方法求解二元切分词图最短路径的伪代码如下：

```
for(CnToken currentWord: segGraph){  // 邻接链表从前往后遍历切分词图中的每个词
    // 逆邻接链表得到当前词的前驱词集合
    CnTokenLinkedList prevWordList = segGraph.prevWordList(currentWord.start);
    double wordProb = Double.MAX_VALUE;  // 候选词概率
    CnToken minNode = null;
    for(CnToken prevWord : prevWordList ){
      double currentProb = transProb(prevWord,currentWord)+ prevWord.logProb;
      if(currentProb<wordProb){
              wordProb = currentProb;
              minNode = prevWord;
      }
    }
    currentWord.bestPrev = minNode;   // 设置当前词的最佳前驱词
    currentWord.logProb = wordProb;    // 设置当前词的词概率
}
```

原文：京剧《谢瑶环》张馨月　《勘玉钏》李艳艳　《捧印》郭睿玥《战金山》胡紫珊　《断桥》马佳　《廉锦枫》张晨萱

候选人名：[张馨, 郭睿玥, 李艳艳, 马佳, 张馨月, 张晨萱, 张晨, 胡紫珊, 胡紫, 李艳]

利用 "人名@空格"，识别出人名 "张馨月"。

原文：教戏先教功，杨宝森又请来著名武净钱宝森教程把子功，所费均由杨付。

候选人名：[杨宝森, 武净, 钱宝森, 杨付]

但是这个又有问题，"武净" 和 "杨付" 都不是人名。"武净" 可以通过行业词屏蔽掉。"杨付" 用三元连接解决："由@人名@付"。

杨生前/n 的/uj 物品/n 。/w

词频二元分词 : [杨生前/n, 的/uj, 物品/n, 。/w]

姓氏@生前比较合适，比如，李@生前，杨@生前，都是 "姓氏@生前"，也就是 "词类@普通词"，放在一个二元词典中。

假如一个词上面，某个二元关系重复怎么办？

张三@生前，人名@生前

把未登录词打折，然后把所有的未登录人名都当成一个普通词，这样就把 "未登录词@文本" 和 "文本@未登录词" 特征加到现有的计算框架中。计算文本到未登录词的公式如下：

$$P(w_{unkown}|w_{prev})= P(t_{unknow}|w_{prev})P(w_{unkown}|t_{unknow})。$$

识别出来新词按发射概率定义的比例分摊 t.freq 和 bigramFreq。

$$P(w_{unkown}|w_{prev})= P(t_{person}|w_{prev})P(w_{unkown}|t_{person})。$$

然后根据这个比例，从 "未??人" 分一部分概率出来，分给姓孙的 1000 个人名。"未??人" 整体作为一个词参与二元概率分词计算。

例如，原文：杨生前的影响力，都起到了很大的作用。

候选人名：[都起, 杨生, 杨生前]

过滤结果：[]

原文：教戏先教功，杨宝森又请来著名武净钱宝森教程把子功，所费均由杨付。

候选人名：[钱宝, 武净, 杨宝, 钱宝森, 杨宝森, 杨付]

过滤结果：[杨宝森, 钱宝森]

原文：杭子和司鼓

识别结果：[杭子和]

"司鼓" 作为词搭配人名，作为人名的下文。二元连接中也要有 "人名@司鼓"。

过滤结果：[杭子和]

"杨@生前"也是将"未??人"的概率分一部分给杨，所以还是"未??人@生前"。

先识别出人名，然后用 N 元模型再次切分，就相当于过滤了。

在词图中再次切分时，不一定要选择规则匹配出来的未登录词。也就是说，根据二元连结算概率最大的切分路径。概率最大的切分路径当然可能不包括规则匹配出来的未登录词。

例如，原文是：连梅兰芳、周信芳也曾带艺到富连成"进修"。

识别结果：[梅兰，梅兰芳，周信芳，兰芳，连成，信芳，信芳也，周信]

过滤结果：[梅兰芳，周信芳]

梅兰芳、梅兰，不包括梅兰。

切分"老生黄桂秋"的过程：首先用人名特征把"黄桂秋"识别成一个人名，然后用"老生@人名"这样的二元连接切分出"老生/黄桂秋"。

找出的未登录词首先加入基本词库，通过 addword 方法。如果需要，可以把识别出的词用一个临时的文件存起来。临时文件中存储的词要经过人工确认后才能确定确实是词。

有时候会把一些不是人名的词当作人名了。可以用依存关系改进判断人名的准确性。

2.10.6　未登录地名

大的地名往往在词典中已经有了。未登录地名包括一些新建小区，如"**太子花苑 12 号楼开始交房了。**"

首先专门切分地址串，然后从一段文本中识别出地名。

可以用二元或三元语言模型整合未登录词本身的概率和未登录词所在的上下文这两种信息。

未登录地名识别过程如下。

（1）选取未登录地名候选串。

（2）未登录地名特征识别。

（3）对每个候选未登录地名根据词图和词之间的依存关系特征判断是否是真的地名。

（4）得到最终的输出结果。

2.10.7　未登录企业名

未登录企业名的例子：自创立之日起，**智明星通**就坚定地相信中国互联网产业会延续中国制造业的国际化进程，拥有属于自己的创新性，并在世界舞台享有自己的一席之地。

根据规则识别，如："挖 **微动** 公司 的墙角。"，对应未登录企业名识别规则"上文 未登录企业 公司功能词 下文"。

2.11　中文分词总体结构

中文分词总体流程与结构如图 2-51 所示。

简化版本的中文分词切分过程说明如下。

（1）生成全切分词图：根据基本词库对句子进行全切分，并且生成一个邻接链表表示的词图。

（2）计算最佳切分路径：在这个词图的基础上，运用动态规划算法生成切分最佳路径。

（3）词性标注：可以采用隐马尔可夫模型方法进行词性标注。

（4）未登录词识别：应用规则识别未登录词。

（5）按需要的格式输出结果。

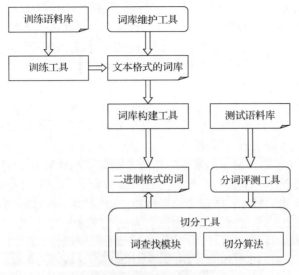

图 2-51　中文分词结构图

复杂版本的中文分词切分过程说明如下。

（1）对输入字符串切分成句子：对一段文本进行切分，依次从这段文本中切分出一个句子，然后对这个句子再进行切分。

（2）原子切分：对于一个句子的切分，首先是通过原子切分，将整个句子切分成一个个原子单元（即不可再切分的形式，例如 ATM 这样的英文单词可以看成不可再切分的）。

（3）生成全切分词图：根据基本词库对句子进行全切分，并且生成一个邻接链表表示的词图。

（4）计算最佳切分路径：在这个词图的基础上，运用动态规划算法生成切分最佳路径。

（5）未登录词识别：进行中国人名、外国人名、地名、机构名等未登录名词的识别。

（6）重新计算最佳切分路径。

（7）词性标注：可以采用隐马尔可夫模型方法或最大熵方法等进行词性标注。

（8）根据规则调整切分结果：根据每个分词的词形以及词性进行简单的规则处理，如日期分词的合并。

（9）按需要的格式输出结果：例如输出搜索引擎需要的格式。

对于搜索引擎需要的分词，还需要考虑再次切分复合词和原子词保护。例如，"公安局"可以再次拆分成[公安][局]，花生不能再拆分，当归这个词也不能再拆分。

2.12　平滑算法

最大似然估计可能会存在问题，例如抛硬币，如果只抛三次，不能因为有两次是正面就认为正面的概率是 2/3。

语料是有限的，不可能覆盖所有的词汇。比如对于 N 元模型，当 N 较大的时候，由于样本数量有限，导致很多先验概率（Prior Probability）值都是 0，这就是零概率问题。当 N 值是 1 的时候，也存在零概率问题，也就是说一元模型中也存在零概率问题。例如一些词在词表中，但是没有出现在语料库中。这说明语料库太小了，没有包括一些本来可能出现的词。

做过物理实验的人都知道，一般测量了几个点后，就可以画出一条大致的曲线，这叫作回归分析。利用这条曲线，可以修正测量的一些误差，还可以估计一些没有测量的值。平滑算法是用观测到的事件来估计未观察到的事件的概率。例如，从那些比较高的概率值中匀一些给低概率或零概率。为了更合理地分配概率，可以根据整个直方图分布曲线去预测那些为概率值为 0 的实际值应该是多少。

由于训练模型的语料库规模有限且类型不同，许多合理的搭配关系在语料库中不一定出现，因此会有模型出现数据稀疏现象。数据稀疏在统计自然语言处理中的一个表现就是零概率问题。各种平滑算法可以解决零概率问题。例如，我们对自己能做到的事情比较了解，而不太了解别人是否能做到一些事情，这样导致高估自己而低估别人。所以需要开发一个模型减少已经看到的事件的概率，而允许没有看到的事件发生。

平滑算法分黑盒和白盒两种。黑盒平滑算法把一个项目作为不可分割的整体；白盒平滑算法把一个项目作为可拆分的，可用于 N 元模型。

加法平滑算法是最简单的一种平滑算法。加法平滑算法的原理是给每个项目增加 lambda(1>=lambda>=0)，然后除以总数作为项目的新概率。因为数学家拉普拉斯（Laplace）首先提出用加 1 的方法估计没有出现过的现象的概率，所以加法平滑算法也叫作拉普拉斯平滑算法。

下面是加法平滑算法的一个实现，注释中以词为例来理解代码：

```java
// 根据原始的计数器生成平滑后的分布
public static <E> Distribution<E> laplaceSmoothedDistribution(
                                      GenericCounter<E> counter,
                                      int numberOfKeys,
                                      double lambda) {
    Distribution<E> norm = new Distribution<E>();// 生成一个新的分布
    norm.counter = new Counter<E>();
    double total = counter.totalDoubleCount();// 原始的出现次数
    double newTotal = total + (lambda * (double) numberOfKeys);// 新的出现次数
    // 有多大可能性出现零概率事件
    double reservedMass =
                    ((double) numberOfKeys - counter.size()) * lambda / newTotal;
    norm.numberOfKeys = numberOfKeys;
    norm.reservedMass = reservedMass;
    for (E key : counter.keySet()) {
      double count = counter.getCount(key);
      // 对任何一个词来说，新的出现次数是原始出现次数加 lambda
      norm.counter.setCount(key, (count + lambda) / newTotal);
    }
    if (verbose) {
        System.err.println("unseenKeys=" + (norm.numberOfKeys - norm.counter.size()) +
" seenKeys=" + norm.counter.size() + " reservedMass=" + norm.reservedMass);
        System.err.println("0 count prob: " + lambda / newTotal);
        System.err.println("1 count prob: " + (1.0 + lambda) / newTotal);
        System.err.println("2 count prob: " + (2.0 + lambda) / newTotal);
        System.err.println("3 count prob: " + (3.0 + lambda) / newTotal);
    }
    return norm;
}
```

需要注意的是，reservedMass 是所有零概率词出现概率的总和，而不是其中某个词出现概率的总和。取得指定 key 的概率的实现代码如下：

```java
public double probabilityOf(E key) {
    if (counter.containsKey(key)) {
        return counter.getCount(key);
    } else {
        int remainingKeys = numberOfKeys - counter.size();
        if (remainingKeys <= 0) {
            return 0.0;
```

```
        } else {
            // 如果有零概率的词，则这个词的概率是 reservedMass 分摊到每个零概率词的概率
            return (reservedMass / remainingKeys);
        }
    }
}
```

这种方法中的 lambda 值不好选取，在接下来介绍的另外一种平滑算法 Good-Turing 方法中则不需要 lambda 值。为了说明 Good-Turing 方法，首先定义一些标记。

假设词典中共有 x 个词。在语料库中出现 r 次的词有 N_r 个，出现 1 次的词有 N_1 个，则语料库中的总词数 $N=0 \times N_0 + 1 \times N_1 + r \times N_r + \cdots$

而 $x = N_0 + N_1 + N_r + \cdots$

使用观察到的类别 $r+1$ 的全部概率去估计类别 r 的全部概率。计算中的第一步是估计语料库中没有见过的词的总概率 $P_0 = N_1 / N$，分摊到每个词的概率是 $N_1 / (N \times N_0)$。第二步估计语料库中出现过一次的词的总概率 $P_1 = N_2 \times 2 / N$，分摊到每个词的概率是 $N_2 \times 2 / (N \times N_1)$。依次类推，当 r 值比较大时，N_r 可能是 0，这时候不再平滑。

词的概率图如图 2-52 所示。

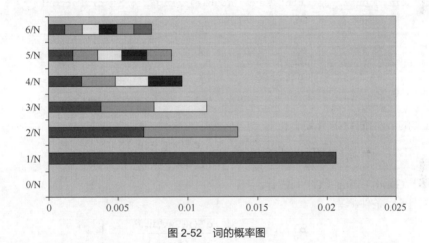

图 2-52　词的概率图

Good-Turing 平滑实现代码如下：

```
public static <E> Distribution<E> goodTuringSmoothedCounter(
                                        GenericCounter<E> counter,
                                        int numberOfKeys) {
    // 收集计数数组，也就是直方图
    int[] countCounts = getCountCounts(counter);

    // 如果计数数组不可靠，就不要用 Good-Turing 方法
    // 而采用拉普拉斯平滑方法
    for (int i = 1; i <= 10; i++) {
      if (countCounts[i] < 3) {
          return laplaceSmoothedDistribution(counter, numberOfKeys, 0.5);
      }
    }

    double observedMass = counter.totalDoubleCount();
    double reservedMass = countCounts[1] / observedMass;
```

```
// 计算和缓存调整后的频率, 同时也调整观察到的项目的总数
double[] adjustedFreq = new double[10];
for (int freq = 1; freq < 10; freq++) {
  adjustedFreq[freq] = (double) (freq + 1) * (double) countCounts[freq + 1] /
                                      (double) countCounts[freq];
  observedMass -= ((double) freq - adjustedFreq[freq]) * countCounts[freq];
}

double normFactor = (1.0 - reservedMass) / observedMass;

Distribution<E> norm = new Distribution<E>();
norm.counter = new Counter<E>();

// 填充新的分布, 同时重新归一化
for (E key : counter.keySet()) {
  int origFreq = (int) Math.round(counter.getCount(key));
  if (origFreq < 10) {
    norm.counter.setCount(key, adjustedFreq[origFreq] * normFactor);
  } else {
    norm.counter.setCount(key, (double) origFreq * normFactor);
  }
}

norm.numberOfKeys = numberOfKeys;
norm.reservedMass = reservedMass;
return norm;
}
```

对条件概率的 N 元估计平滑如下:

$$P_{GT}(w_i \mid w_1, \cdots, w_{i-1}) = \frac{c*(w_1, \cdots, w_i)}{c*(w_1, \cdots, w_{i-1})}。$$

这里的 $c*$ 来源于 Good-Turing（GT）估计。

例如, 估计三元条件概率:

$$P_{GT}(w_3 \mid w_1, w_2) = \frac{c*(w_1, w_2, w_3)}{c*(w_1, w_2)}。$$

对于一个没见过的三元联合概率:

$$P_{GT}(w_1, w_2, w_3) = \frac{c_0^*}{N} = \frac{N_1}{N_0 \times N}。$$

对于一元和二元模型也是如此。

N 元分词中, 没有在词表中出现的单字都要根据 GT 估计给出一个概率。

2.12.1 最大熵

熵（Information Entropy）是信息论的核心概念, 用来描述一个随机系统的不确定度。设离散随机变量 X 取值 A_K 的概率为 P_K, 这里 $k=1, 2, \cdots, n$, $P_K > 0$, $\sum_{K=1}^{n} P_K = 1$。则熵定义为:

$$H(X) = -\sum_{K=1}^{n} P_K \log(P_K)。$$

一个团队内部要有规矩, 使各位成员和谐共处。数学公式只是一个让各种数值能够达成某个目标的形式, 计算熵值的公式也是如此。

最大熵原理（Maximum Entropy）描述在一定条件下，随机变量满足何种分布时熵取得最大值。例如，在离散随机变量情况下，当概率分布为平均分布，即 $P_K = \dfrac{1}{N}$ 时，熵取最大熵。

最大熵框架可以粗略理解为：不要做其他任何比你所观察到的东西更多的概率分布假设。

举个例子，一个快餐店提供 3 种食品：汉堡（B）、鸡肉（C）、鱼（F）。价格分别是 1 元、2 元、3 元。已知人们在这家店购买一种食品的平均消费是 1.75 元，求顾客购买这 3 种食品的概率。符合条件的概率有很多，但是一个稳定的系统往往都趋向于使得熵最大。如果假设买这 3 种食品的概率相同，那么根据熵公式，不确定性就是 1（熵等于 1）。但是这个假设很不合适，因为这样算出来的平均消费是 2 元。我们已知的信息是：

$$P(B)+P(C)+P(F) = 1$$
$$1\times P(B)+2\times P(C)+3\times P(F) = 1.75$$

以及关于对概率分布的不确定性度量，熵为：

$$S = -P(B)\log(P(B)) - P(C)\log(P(C)) - P(F)\log(P(F))$$

对前两个约束，两个未知概率可以由第三个量来表示，可以得到：

$$P(C) = 0.75 - 2\times P(F)$$
$$P(B) = 0.25 + P(F)$$

把上式代入熵的表达式中，熵就可以用单个概率 $P(F)$ 来表示：

$$S = -(0.25 + P(F))\log(0.25 + P(F)) - (0.75 - 2\times P(F))\log(0.75 - 2\times P(F)) - P(F)\log(P(F))$$

对这个单变量优化问题，很容易求出 $P(F)$=0.216 时熵最大，S=1.517，$P(B)$=0.466，$P(C)$=0.318。x 是类别 c 的概率：

$$P(c\,|\,x) = \frac{\exp\sum\limits_i w_i f_i}{Z} = \frac{\exp(\sum\limits_i w_{ci} f_i(c,x))}{\sum\limits_{c'\in C}\exp(\sum\limits_i w_{c'i} f_i(c',x))}\,。$$

把这个公式叫作最大熵的原因是：这个形式能让类别分布的熵值达到最大，也就是说能让 $P(c)$ 的熵值最大。

特征函数 f_i 的返回值只取 0 或者 1 两个值中的一个，这样的函数叫作指示函数。特征函数 f_i 接收两个输入参数类别 c 和观察到的对象 x。例如，把最大熵用于解决词性标注的问题，要给 "Secretariat is expected to race tomorrow." 这句话中的单词 race 标注一个词性。

Secretariat/NNP is/VBZ expected/VBN to/TO race/<u>??</u> tomorrow/NN

对于上面这句话，一个有用的特征是：要标注的 race 这个词可能是名词。所以特征 $f_1(c,x)$ 的定义是：如果单词 x 是 race，而且类别 c 是 NN，则返回 1，否则返回 0。每个特征函数有个对应的重要度 w，例如特征 $f_1(c,x)$ 对应的重要度 $w_1(c,x)$ 的值是 0.8。

词性 TO 后面可能跟词性 VB。特征 $f_2(c,x)$ 的定义是：如果前一个单词的类型是 TO，而且当前单词的类别是 VB，则返回 1，否则返回 0。这个特征的重要度是 0.8。

特征 $f_3(c,x)$ 的定义是：当前词词尾是 ing，而且当前单词的类别是 VBG，则返回 1，否则返回 0。这个特征的重要度是 0.5。

特征 $f_4(c,x)$ 的定义是：当前词是小写的，而且当前单词的类别是 VB，则返回 1，否则返回 0。这个特征的重要度是 0.01。

特征 $f_5(c,x)$ 的定义是：当前词是 race，而且当前单词的类别是 VB，则返回 1，否则返回 0。这个特征的重要度是 0.1。

特征 $f_6(c,x)$ 的定义是：如果前一个单词的类型是 TO，而且当前单词的类别是 NN，则返回 1，否则返回 0。这个特征的重要度是-1.3。

例如，把 race 这个词标注成类别 NN 符合特征 f_1 和 f_6。score(NN)=$\lambda_1+\lambda_6$。因此 $P(NN|x)$是：

$$P(NN \mid x) = \frac{e^{0.8}e^{-1.3}}{e^{0.8}e^{-1.3} + e^{0.8}e^{0.01}e^{0.1}} = 0.2 \text{。}$$

把 race 这个词标注成类别 VB 符合特征 f_2、f_4 和 f_5。score(VB)=$\lambda_2+\lambda_4+\lambda_5$。因此 $P(VB|x)$是：

$$P(VB \mid x) = \frac{e^{0.8}e^{0.01}e^{0.1}}{e^{0.8}e^{-1.3} + e^{0.8}e^{0.01}e^{0.1}} = 0.8 \text{。}$$

因为 $P(NN|x) < P(VB|x)$，所以把 race 这个词标注成类别 VB。

回顾一下计算概率的公式。每个特征相当于是一个投票者，特征对应的权重相当于是投票权。如果待分类的对象满足某个特征，则相当于它拉到了一个投票。e 的任意次方都是正数，如果特征对应的权重是负数，就相当于对象被投了反对票，因为 e 的负数次方小于 1。概率必须是非负数，e 的任意次方正好满足这个需要。分母是用来归一化的值，让概率值位于 0 和 1 之间。

调用 java.lang.Math.exp 方法计算一个数的 e 次方。计算 $P(NN|x)$的程序如下：

```java
double molecular = Math.exp(0.8) * Math.exp(-1.3); // 分子
double sigma = molecular + Math.exp(0.8) * Math.exp(0.01) * Math.exp(0.1); // 分母
System.out.println(molecular / sigma);  // 输出概率
```

最大熵返回的是一个和类别相关的概率分布，所以 $P(NN|x)+P(VB|x)=1$。

opennlp.maxent 是一个最大熵分类器的实现。实现英文词性标注需要的模型文件是 en-pos-maxent.bin。

使用最大熵模型对英文切分和标注的例子如下：

```java
public class Main{
  private static final String TOKENS = "path to EnglishTok.bin.gz";
  private static final String DICT = "path to dict.bin.gz";
  private static final String TAGDICT = "path to tag.bin.gz";

  private static final String TEXT = "This is a testing sentence";

  public static void main(String[] args)  {
    try
    {
      TokenizerME tokenizer =
                    new TokenizerME(
                    (new SuffixSensitiveGISModelReader(
                    new File(TOKENS))).getModel());  // 初始化切分类
      tokenizer.setAlphaNumericOptimization(true);
      String[] tokens = tokenizer.tokenize(TEXT);  // 得到词序列

      POSTaggerME postagger =
                    new POSTaggerME(getModel(TAGDICT),
      new DefaultPOSContextGenerator(new Dictionary(DICT)));  // 初始化词性标注类
      String[] tags = postagger.tag(tokens); // 得到词性序列

      if(tags!=null)
          for(int i=0;i<tags.length;i++)
              System.out.println("tag "+i+" = "+tags[i]);

    } catch (IOException ex)
    {
        Logger.getLogger(Main.class.getName()).log(Level.SEVERE, null, ex);
    }
```

```
    }

    private static MaxentModel getModel(String name) {
        return new SuffixSensitiveGISModelReader(new File(name)).getModel();
    }
}
```

例如，对于下述输入词序列：

```
        [Pierre] [Vinken] [,] [61] [years] [old] [,] [will] [join] [the] [board] [as] [a]
[nonexecutive] [director] [Nov.] [29] [.]
        [Mr.] [Vinken] [is] [chairman] [of] [Elsevier] [N.V.] [,] [the] [Dutch] [publishing]
[group] [.]
```

返回下述词性标注序列：

```
        [NNP] [NNP] [,] [CD] [NNS] [JJ] [,] [MD] [VB] [DT] [NN] [IN] [DT] [JJ] [NN] [NNP]
[CD] [.]
        [NNP] [NNP] [VBZ] [NN] [IN] [NNP] [NNP] [,] [DT] [JJ] [NN] [NN] [.]
```

这里采用的词性标注集是 Penn English Treebank POS tags，词性列举如下：

```
CC Coordinating conjunction
CD Cardinal number
DT Determiner
EX Existential there
FW Foreign word
IN Preposition or subordinating conjunction
JJ Adjective
JJR Adjective, comparative
JJS Adjective, superlative
LS List item marker
MD Modal
NN Noun, singular or mass
NNS Noun, plural
NNP Proper noun, singular
NNPS Proper noun, plural
PDT Predeterminer
POS Possessive ending
PRP Personal pronoun
PRP$ Possessive pronoun
RB Adverb
RBR Adverb, comparative
RBS Adverb, superlative
RP Particle
SYM Symbol
TO to
UH Interjection
VB Verb, base form
VBD Verb, past tense
VBG Verb, gerund or present participle
VBN Verb, past participle
VBP Verb, non-3rd person singular present
VBZ Verb, 3rd person singular present
WDT Wh-determiner
WP Wh-pronoun
WP$ Possessive wh-pronoun
WRB Wh-adverb
```

宾夕法尼亚州立大学的扎赫夫斯基（Ratnaparkhi）将上下文信息、词性（名词、动词和形容词等）、句子成分通过最大熵模型结合起来，做出了当时世界上最准确的词性标注系统和句法分析器。OpenNLP 则利用 maxent 实现了 Ratnaparkhi 提出的句法解析器算法。

maxent 适合训练多分类问题。maxent 的输出和 SVM 分类方法不同，SVM 训练的是二分类问题。如果训练的是多分类问题，可以考虑用最大熵模型。

例如，要做一个从英文句子查找人名的分类器，假设已经有一个训练好的模型。从下面这个句子判断 Terrence 是否是一个人名。

对于下面这句话：

```
He succeeds Terrence D. Daniels, formerly a W.R. Grace vice chairman, who resigned.
```

首先要从句子中提取针对当前词 "Terrence" 的特征，并且转换成 context：

```
previous=succeeds current=Terrence next=D. currentWord IsCapitalized
```

把一个带有所有特征的字符串数组送给模型，然后调用 eval 方法。

```
public double[] eval(String[] context);
```

返回的 double[] 包含了对每个类别的隶属概率。这些隶属概率是根据 context 输入的各种特征计算出来的。double[] 的索引位置和每个类别对应。例如，索引位置 0 代表 "TRUE" 的概率，而索引位置 1 代表 "FALSE" 的概率。可以调用下面的方法查询某个索引类别的字符串名字：

```
public String getOutcome(int i);
```

可以通过下面的方法取得 eval 返回的隶属概率数组中的最大概率所对应的类名：

```
public String getBestOutcome(double[] outcomes);
```

根据特征分类的例子如下：

```
    RealValueFileEventStream rvfes1 = new RealValueFileEventStream("D:/ /opennlp/
maxent/real-valued-weights-training-data.txt");
    GISModel realModel = GIS.trainModel(100,new OnePassRealValueDataIndexer(rvfes1,1));

String[] features2Classify = new String[] {"feature2","feature5"};
// 输入特征数组返回分类结果，还可以对每个特征附加特征权重
    double[] realResults = realModel.eval(features2Classify);

    for(int i=0; i<realResults.length; i++) {
      System.out.println(String.format("classifiy with realModel: %1$s = %2$f", realModel.
getOutcome(i), realResults[i]));
    }
```

2.12.2 实现中文分词

条件随机场（Conditional Random Field，CRF）是一种无向图模型，它在给定需要标记的观察序列的条件下计算整个标记序列的联合概率分布，而不是在给定当前状态条件下定义下一个状态的状态分布，即给定观察序列 O，求最佳序列 S。

用最大熵做分词，以字符串 C "有意见分歧" 为例。计算每个字符是属于开始字符还是后续字符的概率。类别集合 $C=\{Begin,Continue\}$。

例如，特征 $f_1(c,x)$ 的定义是：如果当前字符 x 是 "有"，类别 c 是 Begin，则返回 1，否则返回 0。

特征 $f_2(c,x)$ 的定义是：如果当前字符是 "有"，下一个字符是 "意"，类别 c 是 Begin，则返回 1，否则返回 0。

条件随机场的优点有：条件随机场没有隐马尔可夫模型那样严格的独立性假设条件，因而可以容纳任意的上下文信息，可以灵活地设计特征。同时，由于条件随机场计算全局最优输出节点的条件概率，它还克服了最大熵马尔可夫模型标记偏置（Label-bias）的缺点。条件随机场的缺点是训练的时间比较长。

可以用条件随机场来做词性标注。有几个条件随机场的开源包，例如：CRF 是一个专门的软件包，而 Mallet 和 MinorThird 则包含了相关的实现。

2.13　地名切分

地图搜索中，用户输入"北京"，不应该出现和"湖北京山"相关的地名，所以需要切分地址串，把"湖北京山"切分成"[湖北] [京山]"，然后按地名进行模糊匹配。

为了方便对地址分类或者计算地址之间的相似度，也需要对地址分词，例如：Sim(杭州市文一路 3 号，杭州市文二路 3 号) < Sim(杭州市文一路 3 号，杭州市文一路 4 号)。

地址需要专用的标注类型，不能采用通用分词的形容词、名词那样的标注类型。省和直辖市有不同的搭配特点，例如直辖市后面可以直接接区，而省则不可以。所以把省和直辖市分成不同的两类。

有以下几种地址切分相关的标注类型。

- 省：例如广东、福建。
- 直辖市：例如北京、上海。
- 市：例如东莞市。
- 区：例如东城区。
- 街道：例如学院路。
- 门牌号 ：例如 156 号。
- 地标建筑：例如西单图书大厦。

例如，"广西南宁市青秀区安湖路 1 号新锐大厦"标注成：广西/省 南宁市/市 青秀区/区 安湖路/街道 1 号/门牌号 新锐大厦/地标建筑。

可以根据行政区域简称词表得到地名的语义编码。例如，"山东省"简称"山东"。

2.13.1　识别未登录地名

存在很多词典中没有的需要识别的未登录地址，例如"高东镇高东二路"，需要把"高东二路"这样不在词典中的路名识别出来。可以先把输入串抽象成待识别的序列"镇后缀　UNKNOW　号码　街后缀"，然后利用规则（也叫模板）来识别并提取信息。未登录地址识别规则可以表示成如下的形式：

镇后缀 未登录街道 =>镇后缀　UNKNOW　号码　街后缀

应用规则后，把"高东/UNKNOW　镇/镇后缀 高东/UNKNOW　二/号码　路/街后缀"转换成"高东/UNKNOW　镇/镇后缀 高东二路/街道"。

也可以用这样的模板规则：

镇<街道> =>镇<UNKNOW><号码>[路|街]

首先用词表匹配出地名特征，然后用规则识别出未登录地址。UnknowGrammar 类负责从输入串中找识别未登录词的规则。

词典文件是一些文本文件。每个类别为一个文本文件，每行为一个词。

- province.txt 中包含省会名称和行政区域编码。其中的词往往以省结尾。
- city.txt 包含市级城市名称和行政区域编码。其中的词往往以市结尾。承德市的简称承德也应该在这个词表中。
- county.txt 包含县以及县级区名称和行政区域编码。其中的词往往以县或者区结尾。
- town.txt 包含镇的名称和行政区域编码。其中的词往往以镇或者乡结尾。
- village.txt 包含村的名称和行政区域编码，其中的词往往以村结尾。

为了完善词表，可以从中华行政区划网抓取地名和对应的行政区域编码。

地址标注定义成枚举类型的代码如下：

```java
public enum AddressType {
    Country // 国家
    ,Municipality // 直辖市
    ,SuffixMunicipality // 特别行政区后缀
    ,Province // 省
    ,City // 市
    ,County // 区
    ,Town // 镇
    ,Street // 街 例如，长安街
    ,StreetNo // 街门牌号
    ,No // 编号
    ,Symbol // 字母符号
    ,LandMark // 地标建筑 例如，**大厦 门牌设施
    ,RelatedPos // 相对位置
    ,Crossing // 交叉路
    ,DetailDesc // 详细描述
    ,childFacility// 子设施
    ,Village // 村
    ,VillageNo // 村编号，例如：深圳莲花一村
    ,BuildingNo // 楼号
    ,BuildingUnit // 楼单元
    ,SuffixBuildingUnit // 楼单元后缀
    ,SuffixBuildingNo // 楼号后缀
    ,Start // 开始状态
    ,End   // 结束状态
    ,StartSuffix//（
    ,EndSuffix//）
    ,Unknow
    ,Other
    ,SuffixProvince // 省后缀
    ,SuffixCity // 市后缀
    ,SuffixCounty // 区后缀
    ,District // 区域
    ,SuffixDistrict // 区域后缀
    ,SuffixTown // 镇后缀
    ,SuffixStreet // 街后缀 例如，街、路、道
    ,SuffixLandMark // 地标建筑后缀
    ,SuffixVillage // 村后缀
    ,SuffixIndicationFacility// 指示性设施后缀
    ,IndicationFacility// 指示性设施
    ,SuffixIndicationPosition// 指示性设施方位后缀
    ,IndicationPosition// 指示性设施方位
    ,Conj // 连接词
}
```

转换成代码实现如下：

```
lhs = new ArrayList<AddressSpan>(); // 左边的符号
rhs = new ArrayList<AddressType>(); // 右边的符号
// 镇后缀 UNKNOW 号码 街后缀
rhs.add(AddressType.SuffixTown); // 镇后缀
rhs.add(AddressType.Unknow); // 未知词
rhs.add(AddressType.No); // 号码
rhs.add(AddressType.SuffixStreet); // 街后缀
// 镇后缀 未登录街道
lhs.add(new AddressSpan(1,AddressType.SuffixTown));// 归约长度是 1
// 把 "UNKNOW 号码 街后缀" 3 个符号替换成 "未登录街道", 因此归约长度是 3
lhs.add(new AddressSpan(3,AddressType.Street)); // 街道
// 加到规则库
addProduct(rhs, lhs);
```

"UNKNOW 号码 街后缀" 合并成 "街道", 可以记录内部结构, 这样方便后续处理。

增加规则的 addProduct 方法有两个参数: 规则右边的地名序列和规则左边的地址区间, 方法定义如下:

```
public void addProduct(ArrayList<AddressType> key, // key 代表地名序列
            ArrayList<AddressSpan> lhs)
```

其中的 AddressSpan 类表示一个区间, 用来合并几个词成为一个词, 其定义如下:

```
public class AddressSpan{
    public int length; // 表示它合并几个 Token, 不代表词的字符长度。
    public AddressType type; // 合并后的新 Token 类型
}
```

addProduct 方法是 UnknowGrammar 类中的一个方法。有很多识别未登录地名的规则需要同时匹配输入的 Token 序列。为了同时匹配这些规则, UnknowGrammar 把这些规则的右边部分组织成 Trie 树。Trie 树节点中有两个属性, 节点的定义如下:

```
public final class TSTNode {
    // 规则左边的部分, 也就是匹配上规则后, 识别出未登录词的部分
    ArrayList<AddressSpan> data;
    AddressType splitchar // 表示一个地名类型, 来源于规则右边部分
}
```

为了提高提取准确性, 规则往往设计成比较长的形式。长的规则往往更多参考上下文, 覆盖面小, 但是更准确。短的规则会影响更多的提取结果, 可能这一条信息靠这条规则提取正确了, 却有更多的其他记录受影响。

设计规则存储格式为: "右边的符号列表@左边的符号列表"。左边的符号列表用 "整数值,类型" 来表示, 例如:

```
Town,SuffixProvince @ 2,Province
Unknow,SuffixTown,Unknow,No,SuffixStreet@2,Town,3,Street
Town,Unknow,No,SuffixStreet@1,Town,3,Street
City,Unknow,Street@1,City,2,Street
Unknow,SuffixStreet@2,Street
Unknow,SuffixLandMark@2,LandMark
Unknow,No,SuffixStreet@3,Street
```

读入规则的代码如下:

```
StringTokenizer st = new StringTokenizer(line, "@");//分成左右符号串
StringTokenizer rhst = new StringTokenizer(st.nextToken(), ","); // 逗号分隔
```

```
StringTokenizer lhst = new StringTokenizer(st.nextToken(), ","); // 逗号分隔
ArrayList<PoiSpan> rhs = new ArrayList<PoiSpan>(); // 右边的符号
ArrayList<PoiType> lhs = new ArrayList<PoiType>(); // 左边的符号
while (rhst.hasMoreTokens()) {
    lhs.add(PoiType.valueOf(rhst.nextToken()));// 左边类型
}
while (lhst.hasMoreTokens()) {
    rhs.add(new PoiSpan(Integer.parseInt(lhst.nextToken()), // 右边符号长度
                        PoiType.valueOf(lhst.nextToken()))); // 右边符号类型
}
addProduct(lhs, rhs); // 加入规则库
```

可以从 Java 源代码中抽取出规则到配置文件中，实现代码如下：

```
String[] sa=str.split("addProduct");// 分割每一条规则
for(String s : sa){      // 遍历每一条规则并处理
    // 通过正则表达式匹配找出该条规则中所有的右边的符号
    Pattern p=Pattern.compile("rhs\\.add.POIType1\\.([a-zA-Z]+)");
    Matcher m=p.matcher(s);
    String result="";
    while(m.find()) {
        result=result+m.group(1)+",";
    }
    if("".equals(result)) {
        break;
    }

    // 通过正则表达式匹配找出该条规则中所有的左边的符号
    result=result.substring(0, result.length()-1)+"@";

    Pattern
p2=Pattern.compile("lhs\\.add.new\\sPoiSpan1.([0-9]+),\\sPOIType1\\.([a-zA-Z]+)");
    Matcher m2=p2.matcher(s);
    while(m2.find()) {
        String num=m2.group(1);
        String type=m2.group(2);
        result+=num+","+type+",";
    }
    // 输出提取出的规则
    System.out.println(result.substring(0, result.length()-1));
}
```

匹配规则以后，通过替换来识别出未登录词。注意，只有当类型不同，或者区间长度大于 1 时，才执行替换。替换出新词的代码如下：

```
public static void replace(ArrayList<AddressToken> key, int offset, // 词序列中的开始位置
        ArrayList<AddressSpan> spans) {
    int j = 0;  // span 位置
    for (int i = offset; i < key.size(); ++i) {
        AddressSpan span = spans.get(j);
        AddressToken token = key.get(i);
        StringBuilder newText = new StringBuilder();    // 未登录词
        int newStart = token.start;
        int newEnd = token.end;
        AddressType newType = span.type;
```

```
            if(newType == token.type &&span.length==1){  // 不用替换
                j++;
                if (j >= spans.size()) {
                        return;
                }
                continue;
            }

            // 合并多个词成为一个未登录词
            for (int k = 0; k < span.length; ++k) {
                token = key.get(i + k);
                newText.append(token.termText);
                newEnd = token.end;
            }

            // 创建新的未登录词对应的 Token
            AddressToken newToken = new AddressToken(newStart, newEnd, newText
                    .toString(), newType);

            // 删除旧的 Token
            for (int k = 0; k < span.length; ++k) {
                key.remove(i);
            }
            // 增加新的 Token
            key.add(i, newToken);
            j++;
            if (j >= spans.size()) {
                    return;
            }
        }
    }
}
```

规则替换可能会进入死循环，因为可能会出现重复应用规则的情况。如果规则的左边部分小于右边部分，也就是说替换后的长度越来越短，那么应用这样的规则不会导致死循环。当规则的左边部分和右边部分相等时，可以用 Token 类型的权重和来衡量，规则左边部分的权重和必须小于右边部分的权重和。这样的规则使应用于匹配序列的 Token 类型的权重和越来越小，所以也不会产生死循环。使用 ordinal 方法取得的枚举类型的内部值作为权重。这样做的效果是：可以用街道代替未知类型，但是不能用未知类型代替街道。下面是检查规则的实现方法：

```
/**
 * 规则校验
 *
 * @return true 表示规则不符合规范 false 表示符合符合规范
 */
public boolean check(ArrayList<DocType> key, ArrayList<DocSpan> lhs) {
    boolean isEquals = false;
    for (DocSpan span : lhs) {
        if (span.length > 1) {
                return isEquals;
        }
    }
    int leftCount = 0;
    int rightCount = 0;
    for (DocType dy : key) {
```

```
            leftCount += dy.ordinal();
        }
    for (DocSpan sd : lhs) {
            rightCount += sd.type.ordinal();
        }

    if (leftCount <= rightCount) {
            isEquals = true;
        }
        return isEquals;
}
```

很多时候，需要看一段文本匹配上了哪一条规则，或者考察某一条具体的规则可能产生的影响。先总体执行一遍数据，然后看哪些数据用了这条规则。

2.13.2 整体流程

把地址词存在 Trie 树中，采用全匹配的方法从切分串中匹配出词。虽然切分出来的每个词至少有一个类型，但是还不能唯一确定词的类型，例如，有河南省，还有河南县。碰到"河南"这个词的时候，需要区分它是指河南省还是河南县，需要通过词性标注消除这样的歧义。可以使用隐马尔可夫模型标注词，从而消除歧义。

此外，还可以用词性序列规则的方法标注词性。一个常见的词性序列规则是："省/市/区/街道"。

地名分词的流程如图 2-53 所示。

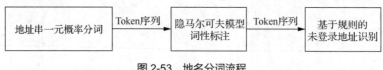

图 2-53　地名分词流程

首先把"广西南宁市青秀区安湖路 1 号新锐大厦"分成：[广西] [南宁市] [青秀区] [安湖路] [1 号] [新锐大厦]，然后标注成：广西/省　南宁市/市　青秀区/区　安湖路/街道　1 号/门牌号　新锐大厦/地标建筑。也可以先不标注词性，直接用有限状态求交集的方法从未确定词性的词序列找未登录地址识别规则。

地名分词的代码如下：

```java
public static ArrayList<AddressToken> tag(String addressStr){ // 分词
    // 返回带词性标注的切分结果
    // 其中使用一元概率分词得到切分结果，使用隐马尔可夫模型实现词性标注
    ArrayList<AddressToken> tokens = probSeg(addressStr);
    // 增加开始和结束节点
    AddressToken startToken = new AddressToken(-1,0,"Start",AddressType.Start);
    tokens.add(0, startToken);
    AddressToken endToken =
        new AddressToken(g.verticesNum-1,g.verticesNum,"End",AddressType.End);
    tokens.add(endToken);

    // 未登录词识别
    int offset = 0;
    while (true) {
        ArrayList<AddressSpan> lhs = grammar.matchLong(tokens, offset);
```

```
            if (lhs != null) {
                UnknowGrammar.replace(tokens, offset, lhs);  //规则左边部分替换词序列
                offset = 0;   // 重置匹配的开始位置
            } else {
                ++offset;
                if (offset >= tokens.size())
                    break;
            }
        }
        return tokens;
    }
```

mergeUnknow 方法就是把 Unknow 类型的 Token 合并成一个，方便后面应用识别未登录词的规则，实现代码如下：

```
public static void mergeUnknow(ArrayList<AddTokenInf> tokens) {
    // 合并未知词
    for (int i = 0; i < tokens.size(); ++i) {
        AddTokenInf token = tokens.get(i);
        if (token.data != null) {
            continue;
        }
        StringBuilder unknowText = new StringBuilder();
        int start = token.start;
        while (true) {
            unknowText.append(token.termText);
            tokens.remove(i);
            if (i >= tokens.size()) { // 已经到结束位置了
                int end = token.end;

                AddTypes item = new AddTypes();
                item.put(new AddTypes.AddressTypeInf(AddressType.Unknow,
                                                     10, 0));
                AddTokenInf unKnowTokenInf = new AddTokenInf(start,
                        end, unknowText.toString(),item,0);
                tokens.add(i, unKnowTokenInf);
                break;
            }
            token = tokens.get(i);
            if (token.data != null) { // 已经到了已知词的位置
                int end = token.start;

                AddTypes item = new AddTypes();
                item.put(new AddTypes.AddressTypeInf(AddressType.Unknow,
                                                     10, 0));
                AddTokenInf unKnowTokenInf = new AddTokenInf(start,
                        end, unknowText.toString(),item,0);
                tokens.add(i, unKnowTokenInf);
                break;
            }
        }
    }
}
```

2.14　企业名切分

　　把"北京盈智星科技发展有限公司"拆分成"北京/盈智星/科技/发展/有限公司"。此外还要对拆分出来的词分类。有以下几种企业名称拆分类型。

- 行政区划：例如北京。
- 功能词：例如股份有限公司。
- 关键词：例如盈智星。
- 小地名：例如桂林路。
- 括号：( )。
- 书名号：《 》。

企业名称中的词定义成如下枚举类型：

```java
public enum CompanyType {
    Start            // 开始状态
    ,End             // 结束状态
    ,Country         // 国家
    ,Municipality // 直辖市
    ,Province        // 省市
    ,City // 市
    ,County  // 区
    ,SuffixCity // 市后缀
    ,SuffixCounty // 区后缀
    ,Function        // 功能词
    ,KeyWord         // 关键字
    ,Feature         // 行业特点
    ,Facilities      // 设施
    ,SuffixSmallAdress // 镇后缀
    ,SuffixStreet // 街后缀
    ,StartBraket    //（ 开始
    ,EndBraket      // ）结束
    ,GuillemetStart //《 开始
    ,GuillemetEnd   // 》结束
    ,Suffix         // 后缀
    ,Unknow    // 未知
    ,Delimiter      // -
    ,Other
}
```

　　"北京/盈智星/科技/发展/有限公司"拆分结果是："北京/行政区划 盈智星/关键词　科技/功能词 发展/功能词 有限公司/功能词"。

2.14.1　识别未登录词

　　"北京/盈智星/科技/发展/有限公司"中的关键词"盈智星"不太可能正好在词表中，因此要识别这样的未登录词。

　　未登录词识别规则有：

- 机构名=>机构名　区域方位词　功能词

- 机构名=>区域方位词　关键词　功能词
- 功能词=>功能词　功能词
- 其他=>小地名 功能词
- 关键词=>小地名 关键词
- 关键词=>左书名号 其他 右书名号

在 UnknowGrammar 类中定义规则，如下所示：

```
lhs = new ArrayList<Span>(); // 左边的序列
rhs = new ArrayList<CompanyType>(); // 右边的符号序列

rhs.add(CompanyType.Unknow);
rhs.add(CompanyType.City);
rhs.add(CompanyType.Function);

lhs.add(new Span(1, CompanyType.KeyWord)); // 识别出的关键词
lhs.add(new Span(1, CompanyType.City));
lhs.add(new Span(1, CompanyType.Function));

addProduct(rhs, lhs); // 把这条识别规则加入规则库
```

例如，"肯德基朝阳路店"，这里会把"朝阳"当作一个区名。为了识别出朝阳路，应用规则：关键词 + 区 + 路后缀　=>　关键词 + 路，示例代码如下：

```
lhs = new ArrayList<Span>(); // 左边的序列
rhs = new ArrayList<CompanyType>(); // 右边的符号序列

rhs.add(CompanyType.keyWord);
rhs.add(CompanyType.County);
rhs.add(CompanyType.SuffixStreet);

lhs.add(new Span(1, CompanyType.KeyWord));
lhs.add(new Span(2, CompanyType.Street)); // 识别出的路名

addProduct(rhs, lhs); // 把这条识别规则加入到规则库
```

CompanyAnalyzer 调用 ComTokenizer 中的切分功能。使用示例如下：

```
public static void main(String[] args) throws IOException {
    final String text = "唐山汇聚食品有限公司";

    CompanyAnalyzer analyzer = new CompanyAnalyzer();
    TokenStream stream = analyzer.tokenStream("field", new StringReader(text));

    // 从 TokenStream 得到 TermAttribute，也就是词本身
    TermAttribute termAtt = stream.addAttribute(TermAttribute.class);
    TypeAttribute typeAtt = stream.addAttribute(TypeAttribute.class);
    OffsetAttribute offsetAtt = stream.addAttribute(OffsetAttribute.class);

    stream.reset();

    // 输出所有的 Token 直到流结束
    while (stream.incrementToken()) {
        System.out.print(termAtt.term()+" ");
        System.out.print(offsetAtt.startOffset()+" "+offsetAtt.endOffset()+" ");
        System.out.println( typeAtt.type());
```

```
        }

        stream.end();
        stream.close();
    }
```

输出结果如下：

```
唐山 0 2 City
汇聚 2 4 KeyWord
食品 4 6 Feature
有限公司 6 10 Function
公司 6 10 Function
```

2.14.2　整体流程

和地名切分类似，企事业机构的完整名称拆分流程如图 2-54 所示。

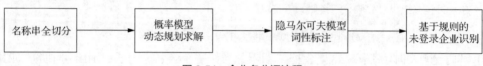

图 2-54　企业名分词流程

首先根据词表对企业名称串进行全切分，得到切分词图。然后，使用动态规划算法求解词序列。接下来，使用隐马尔可夫模型算法标注词性。最后，使用规则识别企业字号。

2.15　结果评测

测试和实际结果对齐。使用类似计算海明距离的方式判断错误率。

把切分边界抽象成整数，看有多少个切分边界是相同的，也就是看两个整数序列，有多少是相同的。因为是排好序的整数序列，所以找起来很容易。切分边界集合如图 2-55 所示。

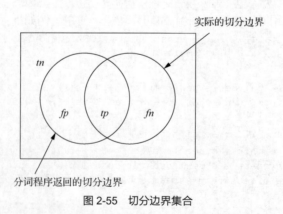

图 2-55　切分边界集合

实际的切分边界和分词程序返回的边界越相似越好。分词结果衡量指标包括：召回率、切准率和 F 值。基本公式如下：

$$召回率 = \frac{切分结果中的准确边界数}{实际边界总数} = \frac{tp}{tp + fn}$$

也就是有多大比例把该切出来的词都切出来了。

$$切准率 = \frac{切分结果中的准确边界数}{切分结果中边界总数} = \frac{tp}{tp + fp}$$

也就是有多大比例切出多余的词。

$$F\,值 = \frac{切准率 \times 召回率 \times 2}{切准率 + 召回率}$$

2.16　专业术语

Backward Maximum Matching Method　逆向最大长度匹配法

Conditional Random Field　条件随机场

Feature　特征，往往作为计算函数的参数值

Forward Maximum Matching Method　正向最大长度匹配法

Hidden Markov Model　隐马尔可夫模型

Machine Learning　机器学习

Maximum Likelihood Estimation　最大似然估计

N-gram　N 元语法

Out of Vocabulary　未登录词

Perfect Hash　完美散列，即不存在冲突的散列表

Trigram　三元模型

Perplexity　困惑度，用来衡量语言模型

Trie　词典树

第3章　语义分析

对句子进行分析需要确定句子的句法结构，有时候需要从一个句子提取关键词。例如："看到一个拿着望远镜的男孩。"提取其中所有的名词作为关键词不够准确，而提取"男孩"作为关键词更恰当。可以使用依存文法树确定句子中的主要名词。

对句子，以词为最小单位，进行结构分析，分析结果往往以一棵树的形式表现出来，叫作句法分析树。

3.1　句法分析树

句法分析树一般用在机器翻译中，但是搜索引擎也可以借助句法分析树更准确地理解文本，从而更准确地返回搜索结果。比如有用户输入："肩宽的人适合穿什么衣服"。如果返回结果中包括"肩宽的人穿什么衣服好？"，或者"肩膀宽的女孩子穿什么衣服好看?"，可能就是用户想要的结果。

"咬/死/了/猎人/的/狗"这个经过中文分词切分后的句子有两个不同的理解，句法分析树能够确定该句子的意义。也就是说句法分析树能消除歧义。

句法分析树的节点定义如下：

```
/** 保存解析构件的数据结构 */
public class Parse {
    /**这个解析基于的文本字符串，同一个句子的所有解析共享这个对象*/
    private String text;
    /** 这个构件在文本中代表的字符的偏移量 */
    private Span span;
    /**这个解析的句法类型*/
    private POSType type;
    /** 这个解析的孩子 */
    private Parse[] children;
}
```

在句法分析树的每个节点中还可以增加中心词(head)。中心词就是被修饰的词，比如"女教师"，中心词就是"教师"，而"女"就是定语了。为了更好地表示句子中词汇之间的关系，除了在短语结构的句法分析树中引进中心语，还可以使用表示依存关系的依存文法树。例如，"这是一本书。"的依存文法树表示如图 3-1 所示。

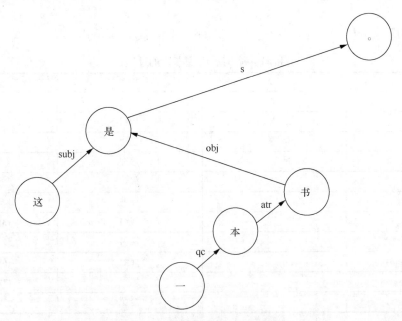

图 3-1 "这是一本书。"的依存文法树

对中文来说，一般先分词，然后形成树形结构。

句法分析树可以使用自顶向下的方法或者自底向上的方法。Chart Parser 是自顶向下的分析器，而 Earley Parser 是 Chart Parser 的一种。

OpenNLP 采用了移进－归约（Shift-reduce Parser）的方法实现分析器。移进－归约分析器是一种自底向上的分析器。移进－归约算法的基本数据结构是堆栈。检查输入词并且决定是把它移进堆栈还是规约堆栈顶部的元素，把产生式右边的符号用产生式左边的符号替换掉。

移进－归约算法有如下 4 种操作。

* 移进（Shift）：从句子左端将一个终结符移到栈顶。
* 归约（Reduce）：根据规则，将栈顶的若干个符号替换成一个符号。
* 接受（Accept）：句子中所有词语都已移进栈中，且栈中只剩下一个符号 S，分析成功，结束。
* 拒绝（Error）：句子中所有词语都已移进栈中，栈中并非只有一个符号 S，也无法进行任何归约操作，分析失败，结束。

例如，表 3-1 所示的是产生式列表。

表 3–1　　　　　　　　　　　　　　　　　产生式列表

编号	产生式
1	r→我
2	v→是
3	n→县长
4	np→r
5	np→n
6	vp→v np
7	s→np vp

其中 s 是 sentence 的缩写，np 是名词短语的缩写，vp 是动词短语的缩写。第 1、2、3 条可以叫作词法规则（Lexical rule），第 5、6、7 条叫作内部规则（Internal rule）。整个产生式列表是一个上下

文无关文法。

移进－归约算法分析词序列"我 是 县长"的过程如表 3-2 所示。

表 3-2　　　　　　　　　　　　分析词序列"我 是 县长"的过程

栈	输入	操作	规则
	我 是 县长	移进	
我	是 县长	规约	(1) r→我
r(1)	是 县长	规约	(4) np→r
np(4)	是 县长	移进	
np(4) 是	县长	规约	(2)v→是
np(4) v(2)	县长	移进	
np(4) v(2) 县长		规约	(3) n→县长
np(4) v(2) n(3)		规约	(5) np→n
np(4) v(2) np(5)		规约	(6)vp→v np
np(4) vp(6)		规约	(7) s→np vp
s(7)		接受	

如果在每一步规约的过程中记录父亲指向孩子的引用，则可以生成一个完整的句法分析树，例如图 3-2 所示的句法分析树。

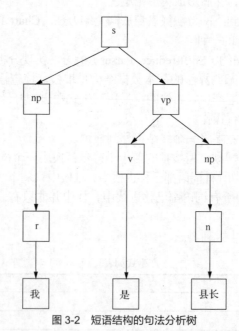

图 3-2　短语结构的句法分析树

词汇化规则如表 3-3 所示。

表 3-3　　　　　　　　　　　　词汇化规则

编号	产生式
4	np(我,r)→r(我,r)
5	np(县长, n)→n(县长, n)
6	vp(是, v)→v(是, v) np(县长, n)
7	s(是, v)→np(我,r) vp(是, v)

根据词汇化的规则可以生成图 3-3 所示的词汇化句法分析树。

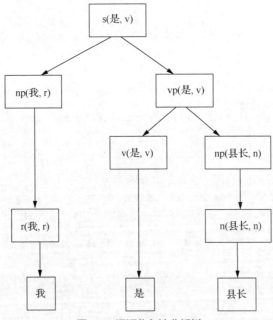

图 3-3 词汇化句法分析树

产生式定义如下：

```
public class Production {
    protected TokenType lhs; // 产生式左边的非终结符
    protected ArrayList<TokenType> rhs; // 产生式右边的符号
}
```

递归方式实现的移进规约算法如下：

```
// 输入待分析的字符串, 判断是否可以接受这个字符串
private boolean recognise(NonTerminal cat, ArrayList string, Stack stack) {
    // 可以接受吗?
    if (string.size() == 0 && stack.size() == 1 && stack.peek().equals(cat)) {
            return true;
    }
    else if (string.size() == 0 && stack.size() == 1 ) {
        return false;
    }

    // 可以移进吗?
    if (string.size() > 0) {
            Terminal sym = (Terminal) string.get(0);
            ArrayList prods = grammar.getTerminalProductions();
            for (int i = 0; i < prods.size(); i++) {
                // 是任何产生式的右侧的第一个符号吗?
                if (((Production) prods.get(i)).getRHS().get(0).equals(sym)) {
                    // 是的, 就移进并检查剩下的
                    Symbol lhs = ((Production) prods.get(i)).getLHS();
                    ArrayList restString = new ArrayList(string);
                    restString.remove(0);
                    Stack shiftedStack = (Stack) stack.clone();
                    shiftedStack.push(lhs);
```

```
                        if (recognise(cat, restString, shiftedStack)) {
                            return true;
                        }
                    }
                }
            }

            // 可以规约吗?
    if (! stack.empty()) {
        ArrayList prods = (ArrayList) grammar.getRhsIndex().get(stack.peek());
        if (prods == null) {
            return false;
        }
        // 堆栈中顶层的符号对应产生式的右边部分吗?
        for (int i = 0; i < prods.size(); i++) {
            Symbol lhs = ((Production) prods.get(i)).getLHS();
            ArrayList rhs = ((Production) prods.get(i)).getRHS();
            Stack reducedStack = (Stack) stack.clone();

            if (rhs.size() > stack.size()) {
                continue;
            }
            ArrayList topOfStack = new ArrayList();
            for (int j = 0; j < rhs.size(); j++) {
                topOfStack.add(reducedStack.pop());
            }
            topOfStack = reverse(topOfStack);
            if (rhs.equals(topOfStack)) {
                // 是的, 则通过弹出右边的符号并推入左边的符号来规约
                reducedStack.push(lhs);
                // 检查其余的
                if (recognise(cat, string, reducedStack)) {
                    return true;
                }
            }
        }
    }

    return false;
}
```

3.2 依存文法

一个电影中往往存在主角和配角, 一个句子中往往存在修饰词和被修饰词。依存文法认为词之间的关系是有方向的, 通常是一个词支配另一个词, 这种支配与被支配的关系就称作依存关系。包括汉语和英语的大多数语言都满足投射性。所谓投射性是指, 如果词 p 依存于词 q, 那么 p 和 q 之间的任意词 r 就不能依存到 p 和 q 所构成的跨度之外。

3.2.1 中文依存文法

汉语句子 "这是一本书。" 的依存文法结构如图 3-4 所示。

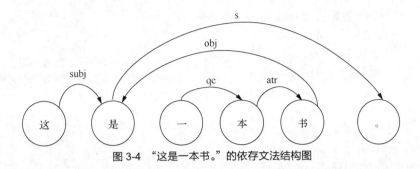

图 3-4　"这是一本书。"的依存文法结构图

图 3-4 中带箭头的弧的起点为从属词，箭头指向的是支配词，弧上的标记为依存关系标记。例如句号"。"支配"是"。动词"是"是句子的谓语，它支配主语"这"和宾语"书"。"是"是支配词，"这"和"书"是从属词，"s""subj""obj"是依存关系标记。支配词也叫核心词，从属词也叫修饰词。

数词"一"是量词"本"的量词补足语，"本"是支配词，"一"是从属词，"qc"是依存关系标记。数量短语"一本"是名词"书"的定语，名词"书"支配量词"本"，"atr"是依存关系标记。

依存文法也可以表示成图 3-5 所示的树型结构。因为总是连接线下面的词依赖上面的词，所以图中的箭头可以省略。

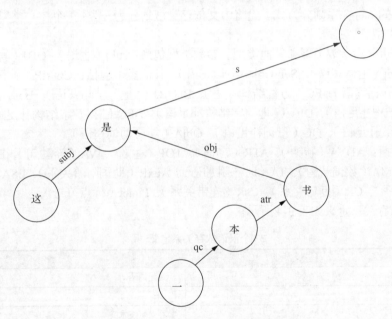

图 3-5　"这是一本书。"的依存文法树

有下面 24 种依存关系：

```
public enum DependencyRelation {
    ATT,  // 定中关系（attribute）
    QUN,  // 数量关系（quantity）
    ROOT, // 核心
    COO,  // 并列关系（coordinate）
    APP,  // 同位关系（appositive）
    LAD,  // 前附加关系（left adjunct）
    RAD,  // 后附加关系（right adjunct）
    VOB,   // 动宾关系（verb-object）
```

```
        POB,      // 介宾关系（preposition-object）
        SBV,      // 主谓关系（subject-verb）
        SIM,      // 比拟关系（similarity）
        VV,       // 连动结构（verb-verb）
        CNJ,      // 关联结构（conjunctive）
        MT,       // 语态结构（mood-tense）
        IS,       // 独立结构（independent structure）
        ADV,      // 状中结构（adverbial）
        CMP,      // 动补结构（complement）
        DE,       // "的" 字结构
        DI,       // "地" 字结构
        DEI,      // "得" 字结构
        BA,       // "把" 字结构
        BEI,      // "被" 字结构
        IC,       // 独立分句（independent clause）
        DC;       // 依存分句（dependent clause）
}
```

还有更复杂的依存关系划分方式。先将中文依存类型划分为三类：1 个核心类型 s，18 个补充类型和 14 个辅助类型。

补充类型又可分为参数类型和其他类型。参数类型包括：subj（主语）、OBJ（宾语）、OBJ2（间接宾语）、SubObj（主体宾语）、SentObj（小句宾语）。其他类型包括：COMP（补语）、SOC（兼语补语）、POBJ（介词宾语）、FC（方位结构补语）、BaOBJ（"把" 字句宾语）、BeiS（"被" 字结构）、DEC（"的" 字结构补足语）、DIC（"地" 字结构补足语）、DFC（"得" 字结构补足语）、PLC（名词复数）、OC（序数补足语）、QC（量词补足语）、ObjA（能愿动词宾语）。

辅助类型包括：ADVA（状语）、ATR（定语）、TOP（主题）、VA（连动句）、EPA（同位语）、InA（插入语）、MA（数词结构）、TA（时态附加语）、AuxR（助词附着关系）、ESA（句末附加语）、COOR（并列关系）、CR（复句关系）、CsR（连带关系）、Punct（标点符号）。

33 个汉语依存关系定义如表 3-4 所示。

表 3-4   33 个汉语依存关系定义

编号	意义	举例
S	核心	。支配谓语
subj	主语	我 来
OBJ	宾语	学习支配技术
OBJ2	间接宾语	我 教 他 英文
SUBOBJ	主体宾语	村里 来 了 狼
SentObj	小句宾语	您看您这么大年纪了，还继续工作呢！
ObjA	能愿动词宾语	可以 有
COOR	并列标记	"张三 和 李四" 和支配李四
ATR	定语。例如，名词支配量词	书支配本
QC	量词支配数词	岁支配三
BaOBJ	"把" 字句宾语，也就是谓语支配把	"把书给小明" 中 "给支配把"
POBJ	介词宾语	把支配书
DIC	"地" 字结构补足语	轻轻 地 点头
DFC	"得" 字结构补足语	笑 得

编号	意义	举例
EPA	同位语	李静 校长发表了重要讲话
PLC	名词复数	向为我国航天事业做出贡献的同志 们致敬
InA	插入语	比方说，你的书的销量
OC	序数补足语	第 二
DEC	"的"字结构补足语	党 的
SOC	兼语补语	他 自私得 不肯协助筹款送给工友礼物
VA	连动句	会 走
TOP	主题	这件事我没有听说过
FC	方位结构补语	国际 上取消了对食用味精量限制的规定
ESA	句末附加语	是 这样的 啦
ADVA	状语	过去，该地区劳动力出现过短缺现象
BeiS	"被"字结构	庄稼 被 大水淹没了
COMP	补语	出生 在上海
SOC	兼语补语	我让 他来
MA	数词结构	壹 千
TA	时态附加语	吃 了
AuxR	助词附着关系	像 蚂蚁 似的
CR	复句关系	昨天星期天，他想这该好好歌歌了
CsR	连带关系。指在一个复句中，从属连词和其所在分句谓词之间的关系	那里需要的不是军队，而是行政资源
Punct	标点符号	

举例说明"MA 数词结构"。比如："一千五百"，MA 用在"一""千""五""百"这 4 个词之间。依存关系定义成枚举类型，如下所示：

```
public enum DependencyRelation {
    S, // 核心 (Main governor)
    SUBJ, // 主语 (Subject)
    OBJ, // 宾语 (Object)
    OBJ2, // 间接宾语 (Indirect Object)
    SentObj, // 句子的宾语 (Sentential object)
    ObjA, // 助动词 (Auxiliary verb)
    COOR, // 并列标记 (Coordinating adjunct)
    ATR, // 定语
    AVDA, // 状语 (Adverbial)
    SUBOBJ, // 主体宾语 (Subobject)
    VA, // 修饰动词的助动词 (Verb adjunct)
    SOC, // 主语补语 (Subject Complement)
    POBJ, // 介词宾语 (Prepositional Object)
    TOP, // 主题 (Topic)
    FC, // 方位结构补语 (Postpositional Complement)
    COMP, // 补语 (Complement)
    EPA, // 同位语 (Epithet)
    DEC, // "的"字结构补足语
```

```
        MA, // 数词结构（Numeral adjunct）
        DIC, // "地"字结构补足语
        TA, // 时态附加语（Aspect adjunct）
        DFC, // "得"字结构补足语，V（动词或充当谓语的形容词）+得+C（补语）
        ESA, // 句末附加语（Adjunct of sentence end）
        BaOBJ, // "把"字句宾语。"把"字结构是"介词'把'+名词、代词或词组"的语言结构。"把"字后边的
               // 名词、代词或词组叫作"把"字的后置成分。
        InA, // 插入语（Parenthesis）
        PLC, // 名词复数（Plural complement）
        CR, // 复句关系（Clause adjunct）
        OC, // 序数补足语（Ordinal complement）
        CsR, // 连接状语（Correlative adjunct）
        QC, // 数量（Complement of classifier），如：三本、三岁、两个。
        AuxR, // 助词附着关系（Particle adjunct）
        BeiS, // "被"字结构
        Punct // 标点（Punctuation）
}
```

以文本形式表示：[2] [个] [类]。

```
个 - ATR→类
2 - QC→个
```

首先定义依存文法树中的节点，也就是一个词：

```
public class TreeNode {
    public int id; // 在句子中唯一的编号
    public String term; // 词本身
    public TreeNode dominator; // 支配词
    public GrammaticalRelation relation; // 依存关系
}
```

"一/本/书"的依存文法树如图 3-6 所示。

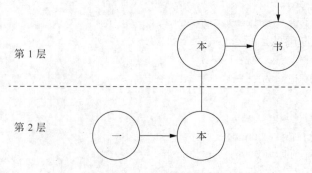

图 3-6 中文依存文法树

依存文法树的图形化表示，不仅表现出结构，而且表现出词出现位置的先后关系。
生成"一/本/书"的依存文法树的代码如下：

```
// 本→书
DepTree ben = new DepTree(new TreeNode(new Token("本",2,3)) );
DepTree book = new DepTree(new TreeNode(new Token("书",4,5)) );
```

```
ArrayList<DepTree> struct = new ArrayList<DepTree>(); // 第一层
struct.add(ben);
struct.add(book);
book.treeStruct = struct;

DepTree cnTree = book; // 依存文法树的根节点

// 一→本
DepTree a = new DepTree(new TreeNode(new Token("一",0,1)) );
struct = new ArrayList<DepTree>(); // 第二层
struct.add(a);
struct.add(ben);
ben.treeStruct = struct;
System.out.println(enTree.toSentence()); // 根据依存句法输出句子
```

对于 SVO（主谓宾）或者数词依赖量词这样的简单规则，只需要生成一个子层结构，如图 3-7 所示，然后把这个子层结构作为序列中唯一的中心词的子结构。

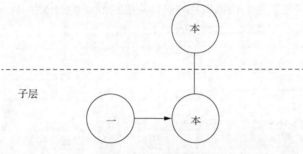

图 3-7　支配词的子层

如何生成句子的依存文法树？写生成规则，也就是写出什么样的词性序列形成什么样的结构。

不能只匹配部分，而应该完全匹配，例如，SVO 不能先匹配 SV（主谓）再匹配 VO（谓宾），所以每次都找最长的规则。如果这样，合并子树的方法就比较简单，示例代码如下：

```
public static void merge(ArrayList<DepTree> key, int offset,
        ArrayList<POSSeq> seq) {
    // 只生成一个子层结构
    ArrayList<DepTree> stuct = new ArrayList<DepTree>();
    int i = 0;
    for (POSSeq p : seq) {
        // 得到规则中当前元素对应的子树
        DepTree currentTree = key.get(offset + i);
        if (p.offset != 0) { // 不是中心词
            currentTree.root.governor = key.get(offset + i + p.offset).root;
            currentTree.root.relation = p.relation;
            key.remove(offset + i);
            offset--;
        } else {
            currentTree.treeStruct = stuct;
        }
        stuct.add(currentTree);
        ++i;
    }
}
```

除了依存关系的类型，还要有方向，也就是说支配词在左边还是右边。

如果用从前往后多次扫描规则的方式实现，示例代码如下：

```
DependencyGrammar grammar = DependencyGrammar.getInstance();
boolean findNew = true;
while (findNew) {
    findNew = false;
    for (int offset = 0; offset < depTrees.size(); ++offset) {
        ArrayList<DependencyGrammar.POSSeq> rule = grammar.matchLong(
                depTrees, offset);
        if (rule != null) {
            findNew = true;
            DependencyGrammar.merge(depTrees, offset, rule);
        }
    }
}
```

例如，匹配"贵妃醉酒的剧情是什么"会产生问题。首先组成 2 个子树：

贵妃醉酒的 (贵妃醉酒)

剧情是什么 (是)

由"贵妃醉酒"与"是"这个词再组合，这样不能得到正确的依存文法树。

应该用左边的词优先匹配规则，示例代码如下：

```
int offset = 0;
while (offset < tokens.size()) {
    ArrayList<DependencyGrammar.POSSeq> rule = grammar.matchLong(
            depTrees, offset);
    if (rule != null) {
        DependencyGrammar.merge(depTrees, offset, rule);
        offset = 0;
    }else {
        ++offset;
    }
}
```

以叶子规则（MQ 规则）为例，优先匹配叶子规则，把叶子规则放在前面。

例如"跑了两趟"这样的后补结构怎样定义规则呢？能不能用一个规则完成呢？现在是由"动词+了"和"数词+量词"两个规则定义的。应该可以放在一起，示例代码如下：

```
// "动词+了"和"数词+量词"两个规则合并写在一起
seq = new ArrayList<POSSeq>();
// 跑支配了
seq.add(new POSSeq(PartOfSpeech.v,  0, GrammaticalRelation.DEPENDENT));
seq.add(new POSSeq(PartOfSpeech.ul, -1, null));
// 趟支配两
seq.add(new POSSeq(PartOfSpeech.m, 1, GrammaticalRelation.DEPENDENT));
seq.add(new POSSeq(PartOfSpeech.q, 0, GrammaticalRelation.DEPENDENT));
addRule(seq);
```

每个词对应一个可能的子层结构，这样就是一个子层结构数组：

```
ArrayList<DepTree>[] stucts;
```

位于第 i 个位置的中心词的子层结构用它对应的 stucts[i] 赋值。

对于结构：动词+代词+动词（动宾），例如，"叫他来"的中心词是"叫"，示例代码如下：

```
// 叫他来
seq = new ArrayList<POSSeq>();
seq.add(new POSSeq(PartOfSpeech.v, 0, GrammaticalRelation.SUBJECT));
```

```
seq.add(new POSSeq(PartOfSpeech.r, 1, null));  // 来支配他
seq.add(new POSSeq(PartOfSpeech.v, -2, GrammaticalRelation.OBJECT)); // 叫支配来
```

依存文法由一系列规则组成。规则类定义如下：

```
public class Rule {
    PartOfSpeech[] dependents; // 被支配词性序列
    int headId;                // 支配词性位置
    DependencyRelation type; // 依存关系类型
    public Rule(DocType[] deps,int governor,DependencyRelation dr){
        dependents = deps;
        headId = governor;
        type = dr;
    }
}
```

依存文法可以提高分词准确性。例如，对于切分"从小学计算机"这个句子来说，因为"从小/学/计算机"存在谓语和宾语结构，而"从/小学/计算机"则是介宾结构，介宾结构不是一个完整的句子结构，所以更有可能切分为"从小/学/计算机"。

可以根据规则规约，从底向上生成不完全的树。

怎么把一句话里的关键字提取出来呢？比如从"包邮！日本原装代购 精致品质 时尚老花镜 +200～+300"中提取"老花镜"。先分词，然后去掉停用词，再提取主要的名词。使用依存句法识别作为主干成分的名词。

3.2.2 英文依存文法

英文句子"water as long as not contaminated is drinkable"的依存关系如图 3-8 所示。

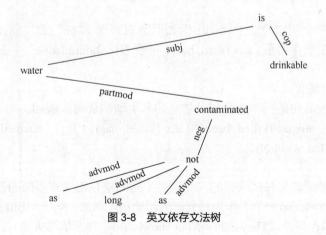

图 3-8　英文依存文法树

一个语法关系持有一个支配词（或中心语）和一个依存者，根据依存关系的缩略名字（parser 的输出）按字母表的顺序进行排列。依存关系使用 Penn Treebank 的部分语言标签和短语标签。

一个依存关系的写法：缩略的依存关系名字（支配词，依存词）。英文中存在如下依存关系。

- abbrev：缩略语修饰词

一个 NP 的缩略语修饰词是一个被括号括起来的 NP 缩写（或者被定义一个缩略语）。例如，句子"The Australian Broadcasting Corporation(ABC)"中存在依存关系：abbrev(Corporation, ABC)。

- acomp：形容词补集

一个动词的形容词补集是一个以补集形式出现的形容词短语（类似于动词的一个对象）。例如，

句子"She looks very beautiful"存在依存关系：acomp(looks, beautiful)。

- advcl：副词从句修饰词

一个 VP 或 S 的副词从句修饰词是一个修饰动词的从句（暂态从句、结果从句、条件从句等）。例如，句子"The accident happened as the night was falling"存在依存关系：advcl(happened, falling)；句子"If you know who did it, you should tell the teacher"存在依存关系 advcl(tell, know)。

- advmod：副词修饰词

一个词的副词修饰词是一个非从句的副词或副词短语（ADVP），用于修正词的含义。例如，句子"Genetically modified food"存在依存关系：advmod(modified, genetically)；句子"less often"存在依存关系：advmod(often, less)。

- agent：代理

代理是被介词"by"引导的被动动词的补集。例如，句子"The man has been killed by the police"存在依存关系：agent(killed, police)；句子"Effects caused by the protein are important"存在依存关系：agent(caused, protein)。

- amod：形容词修饰词

一个 NP 的形容词修饰词是任意形容词短语服务于修饰 NP。例如，句子"Sam eats red meat"存在依存关系：amod(meat, red)；句子"this is a great camera"存在依存关系：amod(camera, great)。

- appos：同位修饰词

NP 的同位修饰词紧挨在第一个 NP 的右边。例如，句子"Sam, my brother"存在依存关系：appos(Sam, brother)；句子"Bill (John's cousin)"存在依存关系 appos(Bill, cousin)。

- attr：定语

一个定语是一个连接动词，例如"to be""to seem""to appear"的 WHNP 的补集。句子"What is that?"存在依存关系：attr (is, What)。

- aux：辅助词

从句的辅助词是一个从句的非主动词，例如形态辅助词，"be"和"have"的复合形态。句子"Reagan has died"存在依存关系：aux (died, has)；句子"He should leave"存在依存关系：aux (leave, should)。

- auxpass：被动辅助词

一个被动辅助词的从句是一个包含被动信息的非主动词从句。例如，句子"Kennedy has been killed"存在依存关系：auxpass(killed, been)和 aux (killed, has)；句子"Kennedy was/got killed"存在依存关系：auxpass(killed, was/got)。

- cc：并列词

并列词是用于连接副词与并列副词的。注意：不同的依存语法有不同的连接词处理方法。通常将并列词中的一个（通常是第一个）作为并列词的起始词。例如，句子"Bill is big and honest"存在依存关系：cc(big, and)；句子"They either ski or snowboard"存在依存关系：cc(ski, or)。

- ccomp：从句补集

动词或形容词的从句补集是一个将动词或形容词的目标对象作为内部主语的依存从句。名词的从句补集以一个名词子集（例如"实事"或"报告"）的形式被限定在补集从句之内。这样的从句补集通常是有限集（尽管经常有些残留的英语虚拟语态）。例如，句子"He says that you like to swim"存在依存关系：ccomp(says, like)；句子"I am certain that he did it"存在依存关系：ccomp(certain, did)；句子"I admire the fact that you are honest"存在依存关系：ccomp(fact, honest)。

- complm：补语标记

从句补集的补语标记是引导从句补集的词。一般是从属连接词"that"或"whether"。例如，句

子 "He says that you like to swim" 存在依存关系：complm(like, that)。

- conj：连接词

一个连接词指 "and" "or" 这样的并列连接词连接起来两个元素。以非对称方式处理连接词：连接关系的中心语是第一个连接词，另一个连接词通过 conj 关系与之依存。例如，句子 "Bill is big and honest" 存在依存关系：conj (big, honest)；句子 "They either ski or snowboard" 存在依存关系：conj (ski, snowboard)。

- cop：系动词

系动词用于表达系动词和系动词的补集之间的关系（通常认为系动词依存于其补集）。例如，句子 "Bill is big" 存在依存关系：cop(big, is)；句子 "Bill is an honest man" 存在依存关系：cop(man, is)。

- csubj：从句对象

一个从句对象是一个从句，例如，对象本身就是从句。关系的支配词并不一定总是动词，当动词是系动词时，从句的根即为系动词的补集。在接下来的两个例子中，"what she said" 是对象。句子 "What she said makes sense" 存在依存关系：csubj (makes, said)；句子 "What she said is not true" 存在依存关系：csubj (true, said)。

- csubjpass：从句被动对象

从句被动对象是一个被动从句的从句式语法对象。在下列例子中，"that she lied" 是对象。句子 "That she lied was suspected by everyone" 存在依存关系：csubjpass(suspected, lied)。

- dep：依存关系

当系统没有能力去确定两个词之间更精确的依存关系时，依存关系被标记为 dep。这些可能是因为一个奇异的语法结构，在斯坦福依存关系转换软件里的一个限定，即分词器错误，或者因为一个未被解析的依存关系。例如，句子 "Then, as if to show that he could,⋯" 的依存关系标记为 dep(show, if)。

- det：限定词

限定词用于表示 NP 的中心语及其限定词之间的关系。例如，句子 "The man is here" 存在依存关系：det(man, the)；句子 "Which book do you prefer?" 存在依存关系：det(book, which)。

- dobj：直接对象

VP 的直接对象是名词短语，作为动词的直接宾语对象。例如，句子 "She gave me a raise" 存在依存关系：dobj (gave, raise)；句子 "They win the lottery" 存在依存关系：dobj (win, lottery)。

- expl：虚词

这个关系捕捉到存在的 "there"。从句的主要动词是支配词。例如，句子 "There is a ghost in the room" 存在依存关系：expl (is, There)。

- infmod：不定词修饰词

NP 的不定词修饰词是用于修饰 NP 意义的不定词。例如，句子 "Points to establish are⋯" 存在依存关系：infmod(points, establish)；句子 "I don't have anything to say" 存在依存关系：infmod(anything, say)。

- iobj：间接对象

VP 的间接对象是名词短语，这个短语是动词的对象。例如，句子 "She gave me a raise" 存在依存关系：iobj (gave, me)。

- mark：标记

状语从句补集的标记（advcl）是引导词，是与 "that" 或 "whether" 不同的从属连接词，例如 "because" "when" "although" 等。句子 "Forces engaged in fighting after insurgents attacked" 存在依存关系：mark(attacked, after)。

- mwe：多词表达式

多词表达式（修饰词）关系用于多词惯用法，即表现为像只用一个功能词一样地工作，用于存储普通多词表达式的依存变量的封闭集合，而这些多词的依存关系分配到其他关系集合则显得很困难或者不明确。现在，这个关系被用于下列表达式：rather than、as well as、instead of、such as、because of、instead of、in addition to、all but、such as、because of、instead of、due to。这些类的边界不是很清晰，其边界会随时间变化而增长或者缩减一点点。例如，句子 "I like dogs as well as cats" 存在依存关系：mwe(well, as)和 mwe(as ,well)；句子 "He cried because of you" 存在依存关系：mwe(of, because)。

- neg：否定修饰词

否定修饰词用于表达一个否定词及其修饰的具体词。例如，句子 "Bill is not a scientist" 存在依存关系：neg(scientist, not)；句子 "Bill doesn't drive" 存在依存关系：neg(drive, n't)。

- nn：名词复合修饰词

NP 的名词复合修饰词可以是修饰中心名词的任意名词。注意：在当前用于依存关系提取的系统中，所有名词都修饰 NP 最右边的名词——没有智能名词复合分析。当 Penn Treebank 表示 NPs 的分支结构时，这很有可能被固定下来。例如，句子 "Oil price futures 存在依存关系：nn(futures, oil)和 nn(futures, price)。

- npadvmod：名词短语作为状语修饰语

这个关系是 NP 在句子中不同地方被用作状语修饰语，包括下面 5 个使用方法。

① 度量短语，是中心语 ADJP/ADVP/PP 和修饰 ADJP/ADVP 度量短语的中心语之间的关系。例如，句子 "The director is 65 years old" 存在依存关系：npadvmod(old, years)；句子 "6 feet long" 存在依存关系：npadvmod(long, feet)。

② 在 VP 中作为扩展的非宾语的 NP。例如，句子 "Shares eased a fraction" 存在依存关系：npadvmod(eased, fraction)。

③ 金融结构中包括状语或像 PP 的 NP，尤其是下列结构中的 NP 表示 "per share"。例如，句子 "IBM earned $ 5 a share" 存在依存关系：npadvmod($, share)。

④ 浮动反身代词。例如，句子 "The silence is itself significant" 存在依存关系：npadvmod($,share)。

⑤ 某些其他形式的 NP 结构。例如，句子 "90% of Australians like him, the most of any country" 存在依存关系：npadvmod(like, most)。

一个暂态的修饰词 tmod 是 npadvmod 作为分立关系的子集。

- nsubj：名义主语

名义主语是一个作为从句的语法主语的名词短语。这种关系的支配词不一定总是动词，当动词是一个连接动词时，从句的根是连接动词的补集，可以是形容词或者名词。例如，句子 "Clinton defeated Dole" 存在依存关系：nsubj (defeated, Clinton)；句子 "The baby is cute" 存在依存关系：nsubj (cute, baby)。

- nsubjpass：被动名义主语

被动名义主语是一个作为被动从句的语法主语的名词短语。例如，句子 "Dole was defeated by Clinton" 存在依存关系：nsubjpass(defeated, Dole)。

- num：数字修饰词

名词的数字修饰词是用于修饰名词含义的任意的数字短语。例如，句子 "Sam eats 3 sheep" 存在依存关系：num(sheep, 3)。

- number：复合数量词的元素

复合数量词的元素是一个金钱的数量或数字短语的一部分。例如，句子 "I lost $ 3.2 billion" 存在依存关系：number ($, billion)。

- parataxis：排比句

排比关系（源于希腊的"place side by side"）是从句的主动词和其他句子元素之间的关系，例如句子的括号，或":"以及";"之后的从句。例如，句子"The guy, John said, left early in the morning"存在依存关系：parataxis(left, said)。

- partmod：分词修饰词

NP 或 VP 的分词修饰词是一个分词动词形式，用于修饰名词短语或句子。例如，句子"Truffles picked during the spring are tasty"存在依存关系：partmod(truffles, picked)；句子"Bill tried to shoot demonstrating his incompetence"存在依存关系：partmod(shoot, demonstrating)。

- pcomp：前置词补语

前置词补语被用于这种情况：当前置词补语是一个从句或介词短语（or occasionally, an adverbial phrase），介词的前置词补语是介词之后的从句的中心语，或其后 PP 的介词中心语。例如，句子"We have no information on whether users are at risk"存在依存关系：pcomp(on, are)；句子"They heard about you missing classes"存在依存关系：pcomp(about, missing)。

- pobj：介词的对象

介词的对象是跟随在介词之后的名词短语的中心词，或者副词"here"和"there"。（介词依次轮流修饰名词、动词等）和 Penn Treebank 不一样，这里将"including""concerning"等 VBG 准介词定义为 pobj 的实例。介词对于"pace""versus"等而言能被称为 FW，也能被称为 CC，但是不能现在就对其进行操作，并且需要将其与联合介词区分开来。在介词与动词合并的情况下，对象能够在介词之前（例如，"What does CPR stand for?"）。例如，句子"I sat on the chair"存在依存关系：pobj (on, chair)。

- poss：所有格修饰词

所有格修饰词关系存在于 NP 的中心词和它的所有格限定词之间，或是一个所有格补集。例如，句子"their offices"存在依存关系：poss(offices, their)；句子"Bill's clothes"存在依存关系：poss(clothes, Bill)。

- preconj：前置连接词

前置连接词关系存在于 NP 的中心词和连接套词的第一个括号词之初（并且着重于此），例如"either""both""neither"。例如，句子"Both the boys and the girls are here"存在依存关系：preconj (boys, both)。

- predet：前置限定词

前置限定词关系存在于 NP 的中心词及修正 NP 限定词的前驱词之间。例如，句子"All the boys are here"存在依存关系：predet(boys, all)。

- prep：前置介词修饰词

动词、形容词或名词的前置介词修饰词可以是用于修饰动词、形容词、名词甚至其他介词含义的任意的前置介词短语。在分解表达式中，它仅仅用于 NP 补集的前置介词。例如，句子"I saw a cat in a hat"存在依存关系：prep(cat, in)；句子"I saw a cat with a telescope"存在依存关系：prep(saw, with)；句子"He is responsible for meals"存在依存关系：prep(responsible, for)。

- prepc：介词从句修饰词

在分解表达式中，动词、形容词或名词的介词从句修饰词是一个用于修饰动词、形容词或名词的介词引导的从句。例如，句子"He purchased it without paying a premium"存在依存关系：prepc_without (purchased, paying)。

- prt：动词短语助词

动词短语助词关系标记动词短语，并依存于动词与其助词之间。例如，句子"They shut down the

station"存在依存关系：prt(shut, down)。

- punct：标点符号突出

如果标点符号被保持在类型的依存关系中，punct 用于从句中任意片段的标点符号突出。默认情况下，标点符号不保留在输出中。例如，句子"Go home!"存在依存关系：punct(Go, !)。

- purpcl：目的从句修饰词

VP 的目的从句修饰词是使用中心词"(in order) to"规定目的从句。目前系统只能识别含有"in order to"的部分，而对于其他部分则无法将展现的表达式与公开的从句补集（xcomp）区分开。它还可以识别句子中"to"前置的目的从句。例如，句子"He talked to him in order to secure the account"存在依存关系：purpcl (talked, secure)。

- quantmod：数量词短语修饰词

数量词修饰词是 QP 组成部分的中心语修饰词。这些修饰词是复合数字数量词，不是其他类型的"quantification"。像"all"这样的数量词成为了限定词。例如，句子"About 200 people came to the party"存在依存关系：quantmod(200, About)。

- rcmod：关系从句修饰词

NP 的关系从句修饰词是修饰 NP 的关系从句。关系从 NP 的中心语名词指向关系从句的中心语，通常是一个动词。例如，句子"I saw the man you love"存在依存关系：rcmod(man, love)；句子"I saw the book which you bought"存在依存关系：rcmod(book,bought)。

- ref：指示对象

NP 中心语的指示对象是引导关系从句修饰 NP 的关系词。例如，句子"I saw the book which you bought"存在依存关系：ref(book, which)。

- rel：关系词

关系从句的关系词是 WH-短语的中心词引导的词。例如，句子"I saw the man whose wife you love"存在依存关系：rel(love, wife)。这个分析仅仅用于关系从句中非对象的关系词。关系从句的主语关系词被当作 nsubj 来分析。

- root：根

根语法关系指向句子的根。虚节点"ROOT"被用作支配词。根节点被标记为索引"0"，句子中的实际词的索引从 1 开始。例如，句子"I love French fries"存在依存关系：root(ROOT, love)；句子"Bill is an honest man"存在依存关系：root(ROOT, man)。

- tmod：暂态修饰词

暂态修饰词 VP、NP 或 ADJP 是裸名词短语组成部分，用来指定时间，用于修饰组成部分的含义。其他修饰词是介词短语，被作为 prep 引导。例如，句子"Last night, I swam in the pool"存在依存关系：tmod(swam, night)。

- xcomp：开放从句的补集

VP 或 ADJP 的开放从句的补集（xcomp）是一个没有自己主语的从句补集，其引用被外部主语确定。这些补集通常是无限集。xcomp 这个名字是从词汇功能语法中借用过来的。例如，句子"He says that you like to swim"存在依存关系：xcomp(like, swim)；句子"I am ready to leave"存在依存关系：xcomp(ready, leave)。

- xsubj：控制主语

控制主语是开放从句的补集（xcomp）中心语与从句的外部主语之间的关系。例如，句子"Tom likes to eat fish"存在依存关系：xsubj (eat, Tom)。

上面定义的语法关系表现为层次结构。当层次结构中更精确的关系不存在或者不能被系统检索时，最普通的语法关系和依存关系（dep）将会被使用。下面列举了依存关系的缩略名字、全称及中文含义。

root - root	根
dep - dependent	依存
aux - auxiliary	辅助词
auxpass - passive auxiliary	被动副助词
cop - copula	并列词
arg - argument	论据
agent - agent	代理
comp - complement	辅助词
acomp - adjectival complement	形容词补集
attr - attributive	属性词
ccomp - clausal complement with internal subject	含有内部主语的从句补集
xcomp - clausal complement with external subject	含有外部主语的从句补集
complm - complementizer	辅助词
obj - object	对象
dobj - direct object	直接对象
iobj - indirect object	非直接对象
pobj - object of preposition	介词的对象
mark - marker (word introducing an advcl)	标注词（引导 advcl 的词）
rel - relative (word introducing a rcmod)	关系词（引导 rcmod 的词）
subj - subject	主语
nsubj - nominal subject	名义主语
nsubjpass - passive nominal subject	被动名义主语
csubj - clausal subject	从句主语
csubjpass - passive clausal subject	被动从句主语
cc - coordination	协同词
conj - conjunct	连接词
expl - expletive (expletive "there")	虚词（虚词"there"）
mod - modifier	修饰词
abbrev - abbreviation modifier	缩写式修饰词
amod - adjectival modifier	形容词修饰词
appos - appositional modifier	同位修饰词
advcl - adverbial clause modifier	副词从句修饰词
purpcl - purpose clause modifier	目的从句修饰词
det - determiner	限定词
predet - predeterminer	预限定词
preconj - preconjunct	预连接词
infmod - infinitival modifier	有限修饰词
mwe - multi-word expression modifier	多词表达式修饰词
partmod - participial modifier	分词修饰词
advmod - adverbial modifier	副词修饰词
neg - negation modifier	否定修饰词

rcmod - relative clause modifier	关系从句修饰词
quantmod - quantifier modifier	数量词修饰词
nn - noun compound modifier	名词复合修饰词
npadvmod - noun phrase adverbial modifier	名词短语的副词修饰词
tmod - temporal modifier	暂态修饰词
num - numeric modifier	计数修饰词
umber - element of compound number	复合数量词的元素
prep - prepositional modifier	介词修饰词
poss - possession modifier	所有词修饰词
possessive - possessive modifier ('s)	所有格修饰词
prt - phrasal verb particle	语法动词助词
parataxis - parataxis	排比
punct - punctuation	截略
ref - referent	参考词
sdep - semantic dependent	语法依存
xsubj - controlling subject	控制主语

3.2.3 生成依存文法树

一种生成依存文法树的规则是：定义词性和依存方向，以及依存关系的类型。例如，冠词后面是名词，然后是表示依存方向的箭头，最后是依存类型。形式如下：

```
det:noun:RA:DETERMINER
```

GrammaticalRelation.java 里定义的是依存关系。

PartOfSpeech.java 里定义的是每个词的词性。根据分词以后得到的结果及词性标注，分析得出词之间的依存关系。

有些依存关系根据一些封闭的常用助词得到。

DependencyGrammar.java 里定义的是依存规则。把这些依存规则组织成树的形式，例如主谓宾这样的依存规则如下所示：

```
pron(1) verb(0) noun(-1)
```

每一个词用词性、偏移量和依存关系来描述。例如代词依赖后面的动词：

```
new POSSeq(PartOfSpeech.pron,1,GrammaticalRelation.SUBJECT);
```

依存规则通过下列代码添加到三叉 Trie 树中：

```
ArrayList<POSSeq> seq = new ArrayList<POSSeq>();  // 创建序列表示的依存规则
seq.add(new POSSeq(PartOfSpeech.pron, 1, GrammaticalRelation.SUBJECT));
seq.add(new POSSeq(PartOfSpeech.verb, 0, null));
seq.add(new POSSeq(PartOfSpeech.noun, -1, GrammaticalRelation.OBJECT));
addRule(seq);
```

每个 POSSeq 表示一个词。例如，"The dog" 这个例子如下所示：

```
seq.add(new POSSeq(PartOfSpeech.det, 1, GrammaticalRelation.DETERMINER));
seq.add(new POSSeq(PartOfSpeech.noun, 0, null));
```

"The" 依赖后面的词，所以 "The" 的偏移量是 1，"dog" 是中心语，属于支配词，所以它的偏移量是 0。

那么是不是偏移量的值只可能是 1、0 或-1？其实也可能是 2、3 或-2、-3 等。那怎么确定哪个词的偏移量是多少呢？这要看它和中心词的距离。

以 "I have been in Canada since 1947." 这句话为例，它的依存文法树如图 3-9 所示。

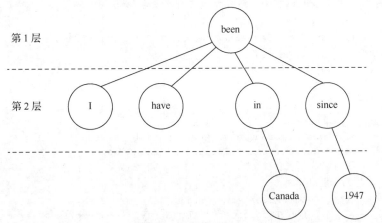

第1层

第2层

图 3-9　依存文法树（1）

have 到 been 的偏移量是 1，I 到 been 的偏移量是 2，since 到 been 的偏移量是-2。因为 been 是中心词，所以 been 是根节点。

怎么确定一句话的中心词呢？是根据事先定义好的语法规则树吗？应根据依存规则做合并。最开始，把每个词都看成一个原子树，然后向上合并，能合并到哪里算哪里。

偏移量是指与其支配词的偏移。in 到 been 的偏移量是-1，因为 in 与 have 在同一层，只是方向不同。

Canada 和 1947 这两个词不直接由 been 支配。Canada 的支配词是 in。in Canada 组成原子树。1947 的支配词就是 since。

"history of php" 这个短语的依存文法树如图 3-10 所示。

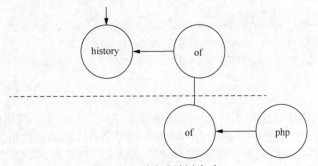

图 3-10　依存文法树（2）

这里表示 "of" 的 DepTree 对象只有一个。因为存在两个数组，每个数组中都有一个对 "of" 的 DepTree 对象的引用，所以画了两个 "of"。

每个 DepTree 类由根节点和它直接管辖的子结构组成，定义如下：

```
public class DepTree {
    public TreeNode root; // 根节点
    public ArrayList<DepTree> order; // 用来记录词序
}
```

首先匹配规则，然后根据规则建立起依存文法树的结构。得到依存文法树结构的方法是：首先建立起层次关系和支配连接，然后删除同一个层次中多余的出现，示例代码如下：

```
public static void merge(ArrayList<EnDepTree> key, int offset,
                ArrayList<POSSeq> seq) {
```

```
                // 首先建立起层次关系和支配连接，然后删除顶层中多余的子树引用
        for (int i=0;i<key.size();++i) {
                EnDepTree currentTree = key.get(offset + i);  // 当前树
                POSSeq p = seq.get(i);
                if(p.offset != 0)    {
                        EnDepTree parentTree = key.get(offset + i + p.offset);  // 当前树的父亲树

                        // 建立支配连接
                        currentTree.root.governor = parentTree.root;
                        currentTree.root.relation = p.relation;

                        // 建立层次
                        if(parentTree.order == null){
                            parentTree.order = new ArrayList<EnDepTree>();
                        }

                        // 如果父节点缺位，先把它自己加进去
                        if(p.offset<0 && parentTree.order.size()==0){
                            parentTree.order.add(parentTree);
                        }

                        parentTree.order.add(currentTree);
                }
        }

        // 删除顶层中多余的子树引用
        int i=0;
        for (POSSeq p : seq) {
            if(p.offset != 0)    {
                    key.remove(offset + i);
                    offset--;
            }
            ++i;
        }
}
```

为了根据依存文法树还原出句子，需要遍历依存文法树。对一个二叉树来说，用中序遍历的方法就可以得到一个有序的元素序列。把所有的词插入到一个有序的动态数组，示例代码如下：

```
public String toSentence(){
    if(order == null)
        return term;

    ArrayList<TermNode> result = new ArrayList<TermNode>();  // 要得到的节点序列
    result.add(new TermNode(this));

    ArrayDeque<TreeNode> queue=new ArrayDeque<TreeNode>();// 遍历树用到的队列
    queue.add(this);

    for (TreeNode headNode = queue.poll();headNode!=null;headNode = queue.poll()) {
        int head = headNode.order.indexOf(headNode);

        int resultPos = result.indexOf(new TermNode(headNode));

        for (int k = 0; k <head; ++k) {
            TreeNode currentNode = headNode.order.get(k);
```

```
        result.add(resultPos, new TermNode(currentNode));
        if(currentNode.order!=null){
            queue.add(currentNode);
        }
        ++resultPos;
    }

    ++resultPos;
    for (int k = (head + 1); k < headNode.order.size(); ++k) {
        TreeNode currentNode = headNode.order.get(k);
        result.add(resultPos, new TermNode(currentNode));
        if(currentNode.order!=null){
            queue.add(currentNode);
        }
        ++resultPos;
    }

    StringBuilder sb = new StringBuilder();
    for(TermNode n:result){
        sb.append(n.term +" ");
    }
}

StringBuilder sb = new StringBuilder();
for(TermNode n:result){
    sb.append(n.term +" ");
}
return sb.toString();
}
```

3.2.4 机器学习的方法

经过结构标注的语料库叫作树库,例如宾夕法尼亚大学树库。

MSTParser 是一个 Java 语言实现的依存句法分析包,其中对训练实例的定义如下:

```
public class DependencyInstance {
    public String[] terms;          // 词
    public DocType[] postags;       // 标注类型
    public int[] heads;             // 每个元素的头 ID
    public String[] deprels;        // 依赖关系,例如"SUBJ"
}
```

训练数据中的每个句子用 3 到 4 行表示,一般的格式是:

w1	w2	...	wn
p1	p2	...	pn
l1	l2	...	ln
d1	d2	...	d2

这里,第 1 列的含义如下:

- w1 ... wn 是以空格分开的句子中的单词。

- p1 ... pn 是每个单词的词性标注。

- l1 ... ln 是依赖关系类型标注。

- d1 ... dn 用整数表示每个单词的父亲的位置。

Zpar 是一个 C++语言实现的依存文法树解析包。

CONLL 格式的依存文法树库样例如下:

1	摩洛哥	摩洛哥	n	nsf	_	2	施事
2	组成	组成	v	v	_	0	核心成分
3	新	新	a	a	_	4	描述
4	政府	政府	n	n	_	2	受事

SyntaxNet 是使用 DRAGNN 训练和发布的神经网络框架。

3.3　依存语言模型

构造依存语言模型的最简单方法是使用依存文法树的拓扑结构 T。每个单词都由其父亲节点调节。例如图 3-11 所示的句子的概率计算公式如下：

```
P (s | T)= P ( the | boy) P ( boy | find) P(will| find ) P (find | <NONE> ) P ( it | find )P (interesting |find)
```

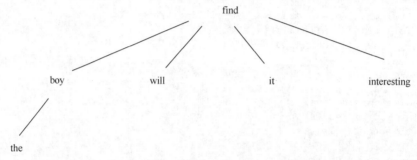

图 3-11　句子"the boy will find it interesting"的依存文法树

3.4　使用 Java 计算机语言的语义分析

下面学习如何根据要理解的文本生成对应的计算机编程语言代码。例如，根据"英国 4 岁白血病女孩嫁护士大叔"生成代码：

```
Patient patient = new Patient(1212);  // 用患者唯一编号构造一个特定的患者
patient.age = 4;
patient.sex = female;

Nurse nurse = new Nurse(121223); // 用护士唯一编号构造一个特定的护士
nurse.sex = male;
patient.merry(nurse);
```

可以使用 JavaPoet 生成源代码。可以从其官网下载唯一的 jar 包 javapoet-1.9.0.jar，然后在项目中增加对这个包的引用，示例代码如下：

```
dependencies {
    compile 'com.squareup:javapoet:1.11.1'
}
```

如果使用 gradle 构建项目，在修改 build.gradle 文件，增加依赖项以后，右键单击菜单选择刷新 gradle 项目，让 Eclipse 可以显示增加的依赖项。

com.squareup.javapoet.TypeSpec 用来定义类，com.squareup.javapoet.JavaFile 用来输出源代码。

例如，生成一个表示性别的枚举类的代码如下：

```
// 创建枚举类
TypeSpec helloWorld = TypeSpec.enumBuilder("Sex")
        .addModifiers(Modifier.PUBLIC)
```

```
        .addEnumConstant("MALE")
        .addEnumConstant("FEMALE")
        .build();

// 创建 java 文件
JavaFile javaFile = JavaFile.builder("com.lietu.nlu", helloWorld).build();

javaFile.writeTo(System.out);
```

生成的代码如下：

```
package com.lietu.nlu;

public enum Sex {
  MALE,
  FEMALE
}
```

使用 JavaFile 把 Sex 类写入目录 src/test/java/下的 Sex.java 文件中，示例代码如下：

```
Path testPath = new File("src/test/java/").toPath();
// 创建枚举类
TypeSpec type =
  TypeSpec.enumBuilder("Sex").addModifiers(Modifier.PUBLIC)
              .addEnumConstant("MALE")
            .addEnumConstant("FEMALE").build();

// 创建 java 文件
JavaFile.builder("com.lietu.nlu", type).build().writeTo(testPath);
```

com.squareup.javapoet.FieldSpec 定义属性。生成病人类的代码如下：

```
FieldSpec fieldSpec = FieldSpec.builder(int.class, "age", Modifier.PUBLIC).build();

// 创建类
TypeSpec type = TypeSpec.classBuilder("Patient")// 类名 Patient
        .addModifiers(Modifier.PUBLIC).addField(fieldSpec) // 在类中添加属性
        .build();

// 创建 java 文件
JavaFile javaFile = JavaFile.builder("com.lietu.nlu", type).build();
Path testPath = new File("src/test/java/").toPath();
javaFile.writeTo(testPath);
```

声明一个病人变量，示例代码如下：

```
TypeName typeName = ClassName.get("", "Patient");  // 首先得到一个类型名

CodeBlock block = CodeBlock.builder()
    .add("$1T patient;", typeName).build();

System.out.println(block); // 输出: Patient patient
```

创建 com.lietu.nlu.Patient 类的实例并赋值给变量 patient，示例代码如下：

```
String handleClass = "com.lietu.nlu.Patient";
Class clz = Class.forName(handleClass);

CodeBlock block = CodeBlock.builder().add("patient = new $1T();", clz).build();

System.out.println(block); // 输出 patient = new com.lietu.nlu.Patient()
```

com.squareup.javapoet.MethodSpec 定义方法，生成代码如下：

```
// 创建方法
MethodSpec main = MethodSpec.methodBuilder("main")// 方法名为 main
        .addModifiers(Modifier.PUBLIC, Modifier.STATIC)// 方法名前的修饰关键字
        .returns(void.class).addStatement("$T.out.println($S)", System.class, "hi").build();
// 这里的$T 和$S 都是占位符


// 创建类
// 类名 SentenceUnderstand
TypeSpec helloWorld = TypeSpec.classBuilder("SentenceUnderstand")
        .addModifiers(Modifier.PUBLIC).addMethod(main) // 在类中添加方法
        .build();


// 创建 java 文件
JavaFile javaFile = JavaFile.builder("com.lietu.nlu", helloWorld).build();

javaFile.writeTo(System.out);
```

生成的 Java 代码如下：

```
package com.lietu.nlu;

import java.lang.System;

public class SentenceUnderstand {
  public static void main() {
    System.out.println("hi");
  }
}
```

生成理解句子的代码如下：

```
TypeName typeName = ClassName.get("", "Patient"); // 首先得到一个类型名

CodeBlock block1 = CodeBlock.builder().add("$1T patient;", typeName).build();

String handleClass = "com.lietu.nlu.Patient";
Class clz = Class.forName(handleClass);

CodeBlock block2 = CodeBlock.builder().add("patient = new $1T();", clz).build();

// 创建方法
MethodSpec main = MethodSpec.methodBuilder("main")// 方法名 main
        .addModifiers(Modifier.PUBLIC, Modifier.STATIC)// 方法名前的修饰关键字
        .returns(void.class).addCode(block1).addCode(block2)
        .build();// 这里的$T 和$S 都是占位符


// 创建类
// 类名 SentenceUnderstand
TypeSpec helloWorld =
  TypeSpec.classBuilder("SentenceUnderstand").addModifiers(Modifier.PUBLIC)
        .addMethod(main) // 在类中添加方法
        .build();

// 创建 java 文件
```

```
JavaFile javaFile = JavaFile.builder("com.lietu.nlu", helloWorld).build();
Path testPath = new File("src/test/java/").toPath();
javaFile.writeTo(testPath);
```

生成的 test\java\com\lietu\nlu\SentenceUnderstand.java 文件内容如下：

```
package com.lietu.nlu;

public class SentenceUnderstand {
  public static void main() {
    Patient patient;patient = new Patient();}
}
```

3.5 专业术语

Dependency Grammar　依存文法
Nonterminal　非终结符
Probalistic Context Free Grammar　概率上下文无关文法
Production　产生式
Syntactic Parser　句法分析器
Terminal　终结符
Treebank　树库
Syntactic Parser Tree　句法分析树

第4章 文章分析

为了自动分析英文文章，需要英文分词。后续的处理还包括重点词汇提取和句子时态分析等。

4.1 分词

对于英文文章，首先断句，然后逐句分词。为了得到切分出来的词的词性，大部分词采用词典匹配的方式返回，这样就能够根据词典中的词性判断一个词在文本中所用的词性。

4.1.1 句子切分

句子切分并不是一个简单的问题。标点符号"?"和"!"的含义比较单一。但是"."有很多种不同的用法，并不一定是句子的结尾。例如："Mr. Vinken is chairman of Elsevier N.V., the Dutch publishing group."需要排除掉一部分情况。如果"."是某个短语中间的一部分，则它不是句子的结尾。这里的"Mr. Vinken"是一个人名短语。如果这个人名正好不在词典中，则可以根据上下文识别规则识别出这个短语，示例代码如下：

```
String text= "Mr. Vinken is chairman of Elsevier N.V., the Dutch
publishing group.";
EnText enText = new EnText(text);
for(Sentence sent:enText){
    System.out.println(sent); // 因为输入的是一个句子，所以这里只会打
印出一个句子
}
```

Java 语言中的 BreakIterator 类已经包含了切分句子的功能。用它实现一个英文句子迭代器，示例代码如下：

```
private final static class SentBreakIterator implements Iterator
<Sentence> {
    String text;
    int start;
    int end;
    // 根据英文标点符号切分
    static final BreakIterator boundary = BreakIterator
                .getSentenceInstance(Locale.ENGLISH);
```

```
    public SentBreakIterator(String t) {
        text = t;
        // 设置要处理的文本
        boundary.setText(text);
        start = boundary.first(); // 开始位置
        end = boundary.next();
    } // 用于迭代的类

    @Override
    public boolean hasNext() {
        return (end != BreakIterator.DONE);
    }

    @Override
    public Sentence next() {
        String sent = text.substring(start, end);

        Sentence sentence = new Sentence(sent, start, end);
        start = end;
        end = boundary.next();
        return sentence;
    }
}
```

BreakIterator 分得不太准确，所以可以自己写一个句子切分器。输入当前切分点，找下一个切分点的代码如下：

```
public static int nextPoint(String text, int lastEOS) {
    int i = lastEOS;
    while (i < text.length()) {
        // 跳过短语
        i = skipPhrase(text, i);

        // 然后再找标点符号
        String toFind = eosDic.matchLong(text, i); // 匹配标点符号词典
        if (toFind != null) {
            // 判断是否有效的可切分点。例如，在括号中的标点符号不是有效的可切分点
            boolean isEndPoint = isSplitPoint(text, lastEOS, i);
            if (isEndPoint) {
                return i + toFind.length();
            }
            i = i + toFind.length();
        } else { // 没找到
            i++;
        }
    }
    return text.length(); // 返回最大长度
}
```

SentIterator 是一个用于迭代英文文本返回句子的内部类，实现代码如下：

```
private final static class SentIterator implements Iterator<Sentence> {
    String text;
    int lastEOS = 0;

    public SentIterator(String t) {
```

```
        text = t;
    }

    @Override
    public boolean hasNext() {
        return (lastEOS < text.length());
    }

    @Override
    public Sentence next() {
        int nextEOS = EnSentenceSpliter.nextPoint(text, lastEOS);
        String sent = text.substring(lastEOS, nextEOS);
        Sentence sentence = new Sentence(sent, lastEOS, nextEOS);
        lastEOS = nextEOS;
        return sentence;
    }
}
```

4.1.2　识别未登录串

识别数字的例子如下：

```
The luxury auto maker last year sold 1214 cars in the U.S.
```

识别短语的例子如下：

```
the New York Animal Medical Center made a study
```

匹配数字的有限状态机，示例代码如下：

```
Automaton num = BasicAutomata.makeCharRange('0', '9').repeat(1);
num.determinize(); // 转换成确定自动机
num.minimize();  // 最小化
```

匹配英文单词的有限状态机，示例代码如下：

```
Automaton lowerCase = BasicAutomata.makeCharRange('a', 'z');
Automaton upperCase = BasicAutomata.makeCharRange('A', 'Z');
Automaton c = BasicOperations.union(lowerCase, upperCase);
Automaton english = c.repeat(1);
english.determinize();
english.minimize();
```

为了保证匹配速度，需要同时匹配多个有限状态机。把匹配出来的类型放到自动机中，这样自动机就变成了有限状态转换。

例如同时匹配数字和英文单词，示例代码如下：

```
FST fstNum = new FST(num, "num"); // 识别数字的有限状态转换
FST fstN = new FST(english, "n"); // 识别英文的有限状态转换
FSTUnion union = new FSTUnion(fstNum, fstN);
FST numberEnFst = union.union(); // 有限状态转换求并集
```

有限状态转换分类找最长的匹配，示例代码如下：

```
public Collection<Token> matchAll(String s, int offset){
    HashMap<String,Integer> count =
        new HashMap<String,Integer>();// 每个类型最长的匹配
    HashMap<String,Token> tokens =
        new HashMap<String,Token>();  // 每个类型对应的 Token

    State p = initial;
    int i = offset;
```

```
    for (; i < s.length(); i++) {
            State q = p.step(s.charAt(i));
            if (q == null) {
                    break;
            }
            p = q;

            if (p.automaton2WordType != null) { //碰到一个可结束的状态
                    int end = i + 1;
                    Token token = new Token(s.substring(offset, end), offset, end,
                            p.automaton2WordType.values());
                    int matchLen = (i-offset); // 匹配长度
                    count(p.automaton2WordType,count,tokens,matchLen,token);
            }
    }
    return tokens.values();
}
```

首先用有限状态转换得到切分词图，然后用查词典的方式向现有的切分词图中增加边，示例代码如下：

```
AdjList wordGraph = fstSeg.seg(sentence);  // 用有限状态转换得到切分词图
seg.seg(sentence, wordGraph); // 用查词典的方式向现有的切分词图中增加边
PathFinder pf = new PathFinder(wordGraph);
Deque<Token> path = pf.getPath();  // 找最短路径
```

4.1.3　切分边界

在英文分词中需要约定哪些匹配点可以作为匹配的结束边界。例如单词 apple 中的 a 不能作为匹配的结束边界。在切分方案中定义开始边界和结束边界，示例代码如下：

```
public class SegScheme {
    public BitSet startPoints;// 可开始点
    public BitSet endPoints; // 可结束点
}
```

根据有限状态转换返回的 Token 集合设置开始边界和结束边界，示例代码如下：

```
public static void addPoints(Collection<Token> tokens,BitSet startPoints,BitSet endPoints)
{
    for(Token t:tokens){
        endPoints.set(t.end);
        startPoints.set(t.start);
    }
}
```

在匹配词典时使用结束边界去掉一些不可能的匹配，示例代码如下：

```
public WordEntry matchWord(String key, int offset, BitSet endPoints) {
    WordEntry wordEntry = null; // 词类型

    TSTNode currentNode = rootNode;
    int charIndex = offset;
    while (true) {
        if (currentNode == null) {
            return wordEntry;
        }
        int charComp = key.charAt(charIndex) - currentNode.spliter;

        if (charComp == 0) {
```

```
        if (currentNode.data != null) {
            if(endPoints.get(charIndex)){  // 可结束点约束条件
                wordEntry = currentNode.data;  // 候选最长匹配词
            }
            //ret.end = charIndex;
        }
        charIndex++;
        if (charIndex == key.length()) {
            return wordEntry;  // 已经匹配完
        }
        currentNode = currentNode.mid;
    } else if (charComp < 0) {
        currentNode = currentNode.left;
    } else {
        currentNode = currentNode.right;
    }
    }
}
```

4.2   词性标注

一段英文：Cats never fail to fascinate human beings. They can be friendly and affectionate towards humans, but they lead mysterious lives of their own as well.

标注词性后的结果如下所示：

Cats(n.) never fail(v.) to(prep) fascinate(v.) human(n.) beings(n.). They(pron.) can(aux.) be(v.) friendly(adj.) and(conj.) affectionate(adj.) towards(prep) humans(n.) but(conj.) they(n.) lead(v.) mysterious(adj.) lives(n.) of(prep.) their(n.) own(n.) as well(adv.).

这里用编码来表示词性，括号中的输出是词性编码。汉语中的量词是英语中没有的，例如：件，个，艘。英语中也有一些独有的词性，例如冠词：a，an，the。英文词性编码表如表 4-1 所示。

表 4-1   英文词性编码表

代码	名称
n	名词
adj	形容词
adv	副词
art	冠词
pos	所有格
pron	代词
aux	情态助动词
conj	连接词
v	动词
num	数词
prep	介词
punct	标点符号
int	感叹词

英文分词流程图如图 4-1 所示。

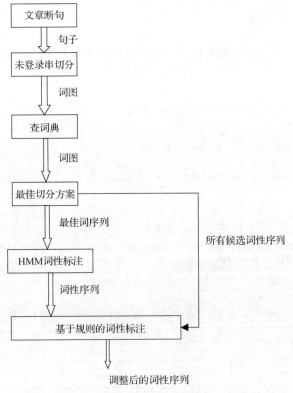

图 4-1　英文分词流程图

关于隐马尔可夫模型做中文词性标注已经介绍过了。英文词性标注语料库和中文词性标注语料库不一样。

标注 I like it 对应的词性序列[r v r]，代码定义如下：

```
key = new ArrayList<PartOfSpeech>();
key.add(PartOfSpeech.pron); //I
key.add(PartOfSpeech.v); //like
key.add(PartOfSpeech.pron); //it
posTrie.addProduct(key);
```

实现代码如下：

```
public static ArrayList<WordToken> getWords(Sentence sent){
    ArrayList<WordTokenInf> words = Segmenter.seg(sent); // 先分词
    WordType[] tags = g.tag(words); // 然后标注词性

    // 再把词性和词本身结合起来，返回完整的词性标注结果
    int i=0;
    ArrayList<WordToken> tokens = new ArrayList<WordToken>();

    for(WordTokenInf w:words){
        WordToken t = new WordToken(w.baseForm,w.termText,w.start,w.end,tags[i]);
        ++i;
        tokens.add(t);
    }

    return tokens;
}
```

4.3　重点词汇提取

一篇文章中的重点词汇就是需要重点学习的词汇。将出现频率低的词作为该文章的重点词汇。WordNet 中包含了一些词频信息。另外，也可以根据四六级词表或者 GRE 词表估计频率。例句及提取重点词汇的定义和函数调用如下：

```
String text = "The quake struck just after 8 a.m. local time about 115 kilometers (70 miles)
away from the provincial capital, Chengdu, at a depth of around 12 kilometers, according to
the U.S. Geological Survey. There was conflicting information about the earthquake's strength,
with the USGS putting the magnitude at 6.6 and the China Earthquake Networks Center gauging
it at 7.0.";
ArrayList<KeyWord> keyWords = KeyWordsExtractor.getKeyWords(new EnText(text),10);
```

提取重点词汇的主要代码如下：

```java
// 整篇文章最多取 k 个词
public static ArrayList<KeyWord> getKeyWords(EnText text, int k) {
    PairingHeap<Token> h = new PairingHeap<Token>(); // 用于取相对频次最低的几个词
    // 对输入的文章分句，然后对每句话判断
    for (Sentence sent : text) {
        // 对句子标注词性
        ArrayList<WordToken> tokens = Tagger.getWords(sent);

        for (WordToken t : tokens) {
            // 按词性过滤
            if (t.type.equals(PartOfSpeech.num)
                    || t.type.equals(PartOfSpeech.unknow)
                    || t.type.equals(PartOfSpeech.punct)) { // 去掉标点符号
                continue;
            }
            // 去掉停用词
            if (stopWords.contains(t.termText)) {
                continue;
            }
            if (t.termText.indexOf(' ') >= 0) {
                continue;
            }
            // 词的原形
            String baseForm = morphEnAnalyzer.getBase(t.termText, t.type);
            if (baseForm == null) {
                baseForm = t.termText;
            }
            h.insert(new Token(baseForm, sent.start + t.start, t.end,
                    t.frq, t.type, t.cn,sent.text));
        }
    }
    // 取出最罕见的 k 个词
    return keyWords(h, k);
}
```

对不同的人来说，同一篇文章中需要学习的词汇不一样，可以考虑针对每个人建立词频模型，实现个性化学习。

4.4　句子时态分析

程序自动判读句子的时态可以帮助用户学习英语。英文句子有 16 种时态。简单的判断方法是根

据情态动词、系动词和动词形态等情况来判断。例如，句子中只出现动词原形，那么这个句子就是一般现在时。

把英文句子的 16 种时态定义成字符串常量：

```
String SimplePresent = "一般现在时";
String PresentPerfect = "现在完成时";
String PresentContinuous = "现在进行时";
String PresentPerfectContinuous ="现在完成进行时";

String SimplePast = "一般过去时";
String PastPerfect = "过去完成时";
String PastContinuous = "过去进行时";
String PastPerfectContinuous = "过去完成进行时";

String FuturePrefect = "将来完成时";
String SimpleFuture = "一般将来时";
String FutureContinuous = "将来进行时";
String FuturePerfectContinuous = "将来完成进行时";

String PastFuture="过去将来时";
String PastFutureContinuous ="过去将来进行时";
String PastFuturePerfect ="过去将来完成时";
String PastFuturePerfectContinuous="过去将来完成进行时";
```

例如："The Greek prime minister has said the British Museum's decision ..." 这句话是现在完成时，则返回 PresentPerfect 类型。

判断现在完成时的模板规则如下：

```
tense = Tenses.PresentPerfect;//"现在完成时";
pattern = " [have|has|have not|has not] <PastParticiple>";//PastParticiple: 过去分词形式
template.addTense(tense , pattern);
```

调用举例如下：

```
String sent = "I am going to be staying at the Madison Hotel.";
String tense = TenseAnalyzer.getTense(sent);
System.out.println("时态 " + tense);  // 输出时态: 将来进行时
```

除了一般情况，还需要处理涉及时态的缩写。例如，'d 既可能是 had，也可能是 would 的缩写。

4.5 专业术语

Document Analysis   文档分析
Sentence Splitter   句子切分器
Key Word   关键词
Tense   时态

第5章　文档语义

互联网给人们提供了数不尽的信息和网页，其中有许多是重复和多余的，这就需要文档排重。比如，中国人民银行征信中心会收到来自不同银行申请贷款的客户资料，需要合并重复信息，并整合成一个更完整的客户基本信息。可以通过计算信息的相似性合并来自不同数据来源的数据。

5.1　相似度计算

相似度计算的任务是根据两段输入文本的相似度返回从 0 到 1 之间的相似度值：完全不相似，则返回 0；完全相同，则返回 1。衡量两段文字距离的常用方法有：海明距离（Hamming Distance）、编辑距离、欧氏距离、文档向量的夹角余弦距离、最长公共子串。

5.1.1　夹角余弦

假设要比较相似度的两篇文档分别是：

x 吃/苹果

y 吃/香蕉

把"吃"这个词作为第一个维度，"苹果"这个词作为第二个维度，"香蕉"这个词作为第三个维度。则文档 x 可以用向量$(1,1,0)$表示，而文档 y 可以用向量$(1,0,1)$表示。

把文档 x 对应的向量抽象表示成(x_1,x_2,x_3)，文档 y 对应的向量抽象表示成(y_1,y_2,y_3)。

可以把向量看成多维空间中从原点出发的有向线段。

x 和 y 的相似度分值 $= (x_1y_1+x_2y_2+x_3y_3) / ((x_1x_1 + x_2x_2 + x_3x_3) y_2 \times (y_1y_1 + y_2y_2 + y_3y_3) y_2)$

文档向量的夹角余弦相似度量方法将两篇文档看作是词的向量，如果 x 和 y 为两篇文档的向量，则：$\cos(x, y) = \dfrac{x \cdot y}{\|x\|\|y\|}$，如图 5-1 所示。

如果余弦相似度为 1，则 x 和 y 之间的夹角为 0°，并且除大小（长度）之外，x 和 y 是相同的；如果余弦相似度为 0，则 x 和 y 之间的夹角为 90°，并且它们不包含任何相同的词。

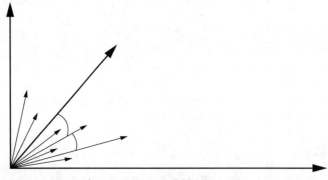

图 5-1 向量的夹角

实现计算相似度的代码如下：

```java
// 计算两个向量的向量积，也就是内积
public static int scalarProduct(int[] one, int[] two) {
    int result = 0;
    for (int i = 0; i < one.length; i++) {
        result += one[i] * two[i];
    }
    return result;
}


// 向量长度
public static double vectorLength(int[] vector) {
    double sumOfSquares = 0d;
    for (int i = 0; i < vector.length; i++) {
        sumOfSquares = sumOfSquares + (vector[i] * vector[i]);
    }

    return Math.sqrt(sumOfSquares);
}


// 两个向量的余弦相似度
public static double cosineOfVectors(int[] one, int[] two) {
    double denominater = (vectorLength(one) * vectorLength(two));
    if (denominater == 0) {
        return 0;
    } else {
        return (scalarProduct(one, two)/denominater);
    }
}
```

除了余弦相似度，还可以用 Dice 系数。

```
Dice(s1,s2)=2*comm(s1,s2)/(leng(s1)+leng(s2))。
```

其中，comm (s1,s2)是 s1、s2 中相同字符的个数，leng(s1)与 leng(s2)是字符串 s1、s2 的长度，实现的示例代码如下：

```java
/**
 * Calculate Dice's Coefficient
 *
 * @param intersection
 *              number of tokens in common between input 1 and input 2
 * @param size1
```

```
*            token size of first input
* @param size2
*            token size of second input
* @return Dice's Coefficient as a float
*/
public static float calculateDiceCoefficient(int intersection, int size1, int size2) {
    return (float) ((2.0f * (float) intersection)) / (float) (size1 + size2) * 100.0f;
}
```

Jaccard 系数和 Dice 系数类似，不过分母不一样。

5.1.2　最长公共子串

匹配两段文字时，允许匹配不连续，而是允许中间有间断的匹配，这种方法叫作最长公共子串（Longest Common Substring，LCS）。这是一种衡量文档相似度的常用方法。举例说明两个字符串 x 和 y 的最长公共子串。

假设 x = { a,**b**,**c**,**b**,d,a,**b** }，y = { **b**,d,**c**,a,**b**,**a** }，则从前往后找，x 和 y 的最长公共子串 LCS(x, y) = { b,c,b,a }，如图 5-2 所示。

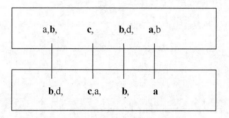

图 5-2　最长公共子串

最长公共子串另一个可能的取值是：LCS(x,y)={b,d,a,b}。{ b,c,b,a }和{b,d,a,b}的长度都是 4。

假设 x = "高新技术开发区北环海路 128 号"，y = "高技区北环海路 128 号"，则 x 和 y 的最长公共子串为 LCS(x, y) = "高技区北环海路 128 号"。

LCS（"在花的中间"，"在中间的花"）= "在中间"。

使用动态规划的思想计算最长公共子串的长度的方法是：引进一个二维数组 $lenLCS[][]$，用 $lenLCS[i][j]$ 记录 x 的前 i 个长度的子串与 y 的前 j 个长度的子串的 LCS 的长度。需要一个递归方程计算 $lenLCS(i, j)$。这个递归方程也叫作循环等式。

自底向上进行递推计算，那么在计算 $lenLCS[i][j]$ 之前，$lenLCS[i-1][j-1]$、$lenLCS[i-1][j]$ 与 $lenLCS[i][j-1]$ 均已计算出来。此时再根据 $x[i-1]$ 和 $y[j-1]$ 是否相等，就可以计算出 $lenLCS[i][j]$。

计算 lenLCS 的循环等式：

$$lenLCS(i, j) = \begin{cases} 0 & \text{if } i = 0, \text{ or } j = 0 \\ lenLCS(i-1, j-1)+1 & \text{if } i,j>0 \text{ and } x_{i-1} = y_{j-1} \\ \max\{lenLCS(i-1, j), lenLCS(i, j-1)\} & \text{else} \end{cases}$$

计算两个字符串的最长公共子串长度的代码如下：

```java
static int lcsLen(String s1, String s2){
    int[][] lenLCS = new int[s1.length()+1][s2.length()+1];  // 初始化为 0 的二维数组

    // 实际算法
    for (int i = 1; i <= s1.length(); i++)
        for (int j = 1; j <= s2.length(); j++)
            if (s1.charAt(i - 1)==s2.charAt(j - 1))
```

```
                            lenLCS[i][j] = 1 + lenLCS[i-1][j-1];
                else
                            lenLCS[i][j] = Math.max(lenLCS[i-1][j], lenLCS[i][j-1]);

        return lenLCS[s1.length()][s2.length()];
}
```

为了返回 0 到 1 之间的一个相似度值，根据最长公共子串计算的打分公式如下：

```
int lcsLength = lcsLen(s1, s2);
double sim = (double) lcsLength / (double) Math.min(s1.length(), s2.length());
```

编辑距离相似度如下：

```
public static double getSim(String s1,String s2){// 编辑距离
    int distance = LD(s1,s2);
    double sim = 1 - (double)distance/(double)Math.max(s1.length(), s2.length());
    if(sim<=0){
        sim=0;
    }
    return sim;
}
```

同时考虑编辑距离相似度和最长公共子串相似度，如下所示：

```
double sim1 = Distance.getSim(s1, s2); // 编辑距离相似度
double sim2 = LCS.getSim(s1, s2); // 最长公共子串相似度
return (sim1 + sim2) / 2;
```

最长公共子串与夹角余弦相比，最长公共子串体现了词的顺序，而夹角余弦没有。显然，词的顺序在网页文档的相似性比较中本身就是一种重要的信息，一个由若干词按顺序组成的句子和若干个没有顺序的词组成的集合有着完全不同的意义。完全有可能两篇文档根本不同，但是夹角余弦值很接近 1，特别是当文档数很大的时候。

最长公共子串中比较的是字符，可以把字符抽象成 Token 序列。也就是说把最长公共子串抽象成最长公共子序列。对英文文档计算相似度，可以先按空格分词，再计算最长公共子序列。

例如，"书香门第 4 号门"和"书香门第 4 号"相似度高，但是"书香门第 4 号门"和"书香门第 5 号门"相似度低。所以单从字面比较无法更准确地反映其相似性。如果只差一个字，还要看有差别的这个字是什么类型的，所以应用带权重的最长公共子串方法。首先对输入字符串切分成词数组，然后对切分出来的词数组应用带权重的最长公共子序列的相似度打分算法 LCSWeight。为了避免不准确的分词结果影响 LCSWeight 算法的准确性，可以只对切分可信度高的分词结果应用 LCSWeight 算法。

用比较元素 E 增加权重属性 Weight。这里用 AddressToken 增加权重属性 Weight，示例代码如下：

```
public static double addSim(String n1, String n2) throws Exception {
  // 首先执行同义词替换，例如把"税务分局"替换成"税务局"
  String s1 = SynonymReplace.replace(n1);
  String s2 = SynonymReplace.replace(n2);

  double d = getSim(s1, s2);
  if (d > 0.7) {
   ArrayList<PoiToken> ret1 = PoiTagger.basicTag(s1);
   ArrayList<PoiTokenWeight> poiW1 = new ArrayList<PoiTokenWeight>();

   for (int i = 0; i < ret1.size(); i++) {
    PoiToken poi = ret1.get(i);
    PoiTokenWeight poiTokenWeight = new PoiTokenWeight(poi);
    poiW1.add(poiTokenWeight);
```

```
    }
    ArrayList<PoiToken> ret2 = PoiTagger.basicTag(s2);
    ArrayList<PoiTokenWeight> poiW2 = new ArrayList<PoiTokenWeight>();

    for (int i = 0; i < ret2.size(); i++) {
     PoiToken poi = ret2.get(i);
     PoiTokenWeight poiTokenWeight = new PoiTokenWeight(poi);
     poiW2.add(poiTokenWeight);
    }
    return getSim(poiW1, poiW2);
   }
   return d;
}
```

应用带权重的最长公共子序列，实现代码如下：

```
public static int longestCommonSubsequence(ArrayList<AddressTokenWeight> s1,
        ArrayList<AddressTokenWeight> s2) {
    int[][] num = new int[s1.size() + 1][s2.size() + 1];

    // 带权重的最长公共子序列
    for (int i = 1; i <= s1.size(); i++)
        for (int j = 1; j <= s2.size(); j++)
            if (s1.get(i - 1).equals(s2.get(j - 1))) {
                num[i][j] = s1.get(i - 1).weight + num[i - 1][j - 1];
            } else {
                num[i][j] = Math.max(num[i - 1][j], num[i][j - 1]);
            }

    return num[s1.size()][s2.size()];
}
```

这里的计算依赖于序列的 equals 方法。只需要根据词的 term 判断即可，不需要对 type 判断，equals 方法定义如下：

```
@Override
public boolean equals(Object obj) {
    if (this == obj)
        return true;
    if (obj == null)
        return false;
    if (getClass() != obj.getClass())
        return false;
    final AddressTokenWeight other = (AddressTokenWeight) obj;
    if (token == null) {
        if (other.token != null)
            return false;
    } else if (!token.equals(other.token))
        return false;
    return true;
}
```

AddressToken 的 equals 方法也只是根据字面进行判断，定义如下：

```
@Override
public boolean equals(Object obj) {
    if (this == obj)
        return true;
    if (obj == null)
        return false;
    final AddressToken other = (AddressToken) obj;
```

```
        if (!termText.equals(other.termText)) {
            return false;
        }

        return true;
    }
```

上述相似度计算方法中没有考虑词语之间的语义相关度。例如，"国道"和"高速公路"在字面上不相似，但是两个词在意义上有相关性。可以使用分类体系的语义词典提取词语之间的语义相关度。基于语义词典的度量方法的计算公式中，以下因素是最经常使用的。

（1）最短路径长度，即两个概念节点 *A* 和 *B* 之间间隔最少的边数量。

（2）局部网络密度，即从同一个父节点引出的子节点数量。显然，层次网络中各个部分的密度都是不相同的。例如，WordNet 中的 plant/flora 部分是非常密集的，一个父节点包含了数百个子节点。对于一个特定节点（和它的子节点）而言，全部的语义块是一个确定的数量，所以局部密度越大，节点（即父子节点或兄弟节点）之间的距离越近。

（3）节点在层次中的深度。在层次树中，自顶向下，概念的分类由大到小，大类间的相似度一定要小于小类间的。所以当概念由抽象逐渐变得具体，连接它们的边对语义距离计算的影响应该逐渐减小。

（4）连接的类型，即概念节点之间的关系的类型。在许多语义网络中，上下位关系是一种最常见的关系，所以许多基于边的方法也仅仅考虑 IS-A 连接。IS-A 关系是指子类和父类之间的关系，例如"绵羊"和"羊"之间存在 IS-A 关系。事实上，如果可以得到其他类型的信息，如部分关系和整体关系，那么也同样应该考虑其他的关系类型对边权重计算的影响。

（5）概念节点的信息含量。它的基本思想是用概念间的共享信息作为度量相似性的依据，方法是从语义网中获得概念间的共享信息，从语料库的统计数据中获得共享信息的信息量，综合两者计算概念间的相似性。这种方法基于一个假设：概念在语料库中出现的频率越高，则越抽象，信息量越小。

（6）概念的释义。在基于词典的模型中，不论是基于传统词典，还是基于语义词典，词典被视为一个闭合的自然语言解释系统，每一个单词都被词典中其他的单词所解释。如果两个单词的释义词汇集重叠程度越高，则表明这两个单词越相似。

将上述 6 个因素进一步合并，则可归为三大因素：结构特点、信息量和概念释义。

5.1.3 同义词替换

"麻团"也叫作"麻球"，如果有人听不懂某个词，可以换个说法再重复一遍。在相似度计算时，需要统一说法，例如把"公共关系部"替换成"公关部"，"公关部"是"公共关系部"的缩略语。企业的简称和全称可以看成是语义相同的。一般来说，用长词替换短词。

在地址方面有时会有各种不同的写法和行政区域编码。这时同义词替换的方法之一是把门牌号码中文字符串转成阿拉伯数字。例如："翠微中里一号楼"转换成："翠微中里 1 号楼"。

汉语中构造缩略语的规律目前还没有一个定论。初次听到这个问题，几乎每个人都会做出这样的猜想：缩略语都是选用各个成分中最核心的字，比如"安全检查"缩减成"安检"，"人民警察"缩减成"民警"等。不过，反例也是有的，"邮政编码"就被缩减成"邮编"了，但"码"无疑是更能概括"编码"一词的。当然，这几个缩略语已经逐渐成词，可以加入词库了。

两列组成的文本文件如下：

公关部:公共关系部

SynonymReplace 执行同义词替换，实现代码如下：

```
public class SynonymReplace {
```

```
        static SynonymDic synonymDic = SynonymDic.getInstance(); // 取得同义词词典

        /**
         * 全文替换的方法
         *
         * @param content 待替换的文本
         * @return 替换后的文本
         */
        public static String replace(String content) {
            int len = content.length();
            StringBuilder ret = new StringBuilder(len);// 创建一个同样长度的字符串数组缓存
            SynonymDic.PrefixRet matchRet = new SynonymDic.PrefixRet(null, null);

            for (int i = 0; i < len;) {
                    // 检查是否存在从当前位置开始的同义词
                    synonymDic.checkPrefix(content, i, matchRet);
                    if (matchRet.value == SynonymDic.Prefix.Match) { // 匹配上
                        ret.append(matchRet.data); // 替换为标准说法
                        i = matchRet.next;// 下一个匹配位置
                    } else { // 从下一个字符开始匹配
                        ret.append(content.charAt(i));
                        ++i;
                    }
            }
            return ret.toString(); // 返回替换后的内容
        }
}
```

5.1.4　地名相似度

一个公司在 A、B 两个系统中分别登记了名称和地址信息，地址信息是一个开放性的字符串，A、B 系统在登记时均没有格式检验。可以假设公司在 A、B 系统中登记的名称绝对相同，但地址信息可能不相同，不相同的原因包括"实际不同"和"表述不同"两种，目的就是要比对 A、B 系统数据，找出 A、B 系统中地址"实际不同"的公司信息。

如以下 3 个地址都可以认为是实际相同，只是表述不同的：

江苏省南京市白下区珠江路 696 号 302 房

江苏南京市白下区珠江路 696 号 302 房

南京市珠江路 696 号 302

但以下这些地址则是实际不同的：

江苏省南京市白下区珠江路 696 号 302 房

江苏省南京市白下区珠江路 696 号 402 房

江苏省南京市白下区珠江路 196 号 302 房

江苏省南京市白下区长江路 696 号 302 房

比对方式是先分词，然后标注词性和语义，最后计算相似度。

行政区域编码树是一种特殊的语义编码树，可以用来计算两个地名的相似度。行政区域编码和身份证号码的编码类似，都是把有差别的编码限制在低位。

地名字符串标准化的过程如下。

（1）繁体转换为简体。因为有的地名是繁体的。

（2）小写中文数字转换为阿拉伯数字。比如"三千七百二十八万九百一十四"，转换为 37280914。

（3）双字节字符转换为单字节字符。

（4）大写中文数字转换为阿拉伯数字。比如"肆拾柒"，转换为 47。

地名字符串标准化的代码实现如下：

```java
public static String charStandardization(String strString){
    if(strString == null){
        return null;
    }
    strString = traditionalToSimplify(strString); // 繁体转换为简体
    strString = chFigureToArabicFigure(strString); // 中文数字转换为阿拉伯数字
    strString = doubleByteCharToSingleByteChar(strString); // 双字节字符转换为单字节字符
    strString = strString.toLowerCase();           // 大写数字转换为小写数字
    return strString;
}
```

中文数字转换为阿拉伯数字时，万以下采用十进制，万以上采用万进制，单位是万、亿（万万）、兆（万亿）、京（万兆），接下来是垓、秭、穰等。

中文数字中的字符可分为两种，一种是单位，还有一种是数字。单位有两种，万级的单位和万级以下的单位。

对于万级以下的单位来说，在大单位后出现小单位，例如"九百一十四"，其中"百"出现在"十"前面。

万级以下的数字后面可能会出现万级单位，这时要注意叠加位数。

中文数字中的字符定义如下：

```java
// 万以下的单位
HashMap<Character, Integer> m_mapUnit = new HashMap<Character, Integer>();
m_mapUnit.put(Character.valueOf('十'), Integer.valueOf(1));
m_mapUnit.put(Character.valueOf('拾'), Integer.valueOf(1));
m_mapUnit.put(Character.valueOf('百'), Integer.valueOf(2));
m_mapUnit.put(Character.valueOf('佰'), Integer.valueOf(2));
m_mapUnit.put(Character.valueOf('千'), Integer.valueOf(3));
m_mapUnit.put(Character.valueOf('仟'), Integer.valueOf(3));

// 万以上的单位
HashMap<Character, Integer> m_wUnit = new HashMap<Character, Integer>();
m_wUnit.put(Character.valueOf('万'), Integer.valueOf(4));
m_wUnit.put(Character.valueOf('亿'), Integer.valueOf(8));
m_wUnit.put(Character.valueOf('兆'), Integer.valueOf(16));

// 数字
HashMap<Character, Integer> m_mapNum = new HashMap<Character, Integer>();
m_mapNum.put(Character.valueOf('零'), Integer.valueOf(0));
m_mapNum.put(Character.valueOf('O'), Integer.valueOf(0));
m_mapNum.put(Character.valueOf('〇'), Integer.valueOf(0));
m_mapNum.put(Character.valueOf('一'), Integer.valueOf(1));
m_mapNum.put(Character.valueOf('二'), Integer.valueOf(2));
m_mapNum.put(Character.valueOf('三'), Integer.valueOf(3));
m_mapNum.put(Character.valueOf('四'), Integer.valueOf(4));
```

```java
m_mapNum.put(Character.valueOf('五'), Integer.valueOf(5));
m_mapNum.put(Character.valueOf('六'), Integer.valueOf(6));
m_mapNum.put(Character.valueOf('七'), Integer.valueOf(7));
m_mapNum.put(Character.valueOf('八'), Integer.valueOf(8));
m_mapNum.put(Character.valueOf('九'), Integer.valueOf(9));
m_mapNum.put(Character.valueOf('壹'), Integer.valueOf(1));
m_mapNum.put(Character.valueOf('贰'), Integer.valueOf(2));
m_mapNum.put(Character.valueOf('叁'), Integer.valueOf(3));
m_mapNum.put(Character.valueOf('肆'), Integer.valueOf(4));
m_mapNum.put(Character.valueOf('伍'), Integer.valueOf(5));
m_mapNum.put(Character.valueOf('陆'), Integer.valueOf(6));
m_mapNum.put(Character.valueOf('柒'), Integer.valueOf(7));
m_mapNum.put(Character.valueOf('捌'), Integer.valueOf(8));
m_mapNum.put(Character.valueOf('玖'), Integer.valueOf(9));
```

中文数字转换为阿拉伯数字的代码如下：

```java
static int end = 0; // 下次开始接收的位置

// 接收一个万以下的小数字
public static int getFigure(String input ,int offset){
    int figure = 0;
    char c = input.charAt(offset);
    Integer ret = m_mapNum.get(c);
    if(ret == null){
        return 0;
    }
    figure = ret;

    offset++;
    if(offset>=input.length()){
        end = offset;
        return figure;
    }
    c = input.charAt(offset);
    int unitLevel = 0;
    ret = m_mapUnit.get(c);

    if(ret!=null){
        offset++;
        unitLevel = ret;
    }

    figure *= Math.pow(10.0D, unitLevel);
    end = offset;
    return figure;
}

public static void main(String[] args){
    int figure = 0;
    String input = "九百一十四";
    for(int i=0;i<input.length();i = end){
        int unitNum = getFigure(input,i);
        // TODO 如果不是小数字，再判断是否万级单位
```

```
            figure += unitNum;
    }

    System.out.println(figure);
}
```

按照千百十这样的单位顺序出现，如果单位有跳跃，就要加"零"，例如"一千零一夜"。

5.1.5　企业名相似度

企业名称有时会有不同的写法，这些微小的差别会带来计算机识别的困难。这时可以只留下字母，然后做相等比较。例如，下面 4 个公司名只留下字母后都是相等的。

```
JUNCTION INT L LOGISTICS INC.
JUNCTION INT'L LOGISTICS, INC.
JUNCTION INT'L LOGISTICS,INC.
JUNCTION INT L LOGISTICS,INC.
```

5.2　文档排重

不同的网站间转载相同内容的情况很常见。即使在同一个网站，有时候不同的 URL 地址也可能对应同一个页面，或者同样的内容以多种方式显示出来。所以，网页需要按内容做文档排重。

5.2.1　关键词排重

网络一度出现过很多篇关于"罗玉凤征婚"的新闻报道，其中的两篇新闻对比如表 5-1 所示。

表 5-1　　　　　　　　　　　　　　　征婚文档对比

文档 ID	文档 1	文档 2
标题	非北大清华硕士不嫁的"最牛征婚女"	1 米 4 专科女征婚 求 1 米 8 硕士男 应征者如云
内容	24 岁的罗玉凤，在上海街头发放了 1300 份征婚传单。传单上写了近乎苛刻的条件，要求男方北大或清华硕士，身高 1 米 76 至 1 米 83 之间，东部沿海户籍。而罗玉凤本人，只有 1 米 46，中文大专学历，重庆綦江人。此事经网络曝光后，引起了很多人的兴趣。"每天都有人打电话、发短信求证，或者应征。"罗玉凤说，她觉得满意的却寥寥无几，"到目前为止只有 2 个，都还不是特别满意"。	24 岁的罗玉凤，在上海街头发放了 1300 份征婚传单。传单上写了近乎苛刻的条件，要求男方北大或清华硕士，身高 1 米 76 至 1 米 83 之间，东部沿海户籍。而罗玉凤本人，只有 1 米 46，中文大专学历，重庆綦江人。此事经网络曝光后，引起了很多人的兴趣。"每天都有人打电话、发短信求证，或者应征。"罗玉凤说，她觉得满意的却寥寥无几，"到目前为止只有 2 个，都还不是特别满意"。

对于这两篇内容相同的新闻，有可能提取出几个同样的关键词："罗玉凤""征婚""北大""清华""硕士"。

以关键词为粒度建立编辑距离自动机。只要这两篇文档的关键词编辑距离在 1 以内，就能从数万篇文档中找出这个相似的文档。关键词排重流程如图 5-3 所示。

为了提高关键词提取的准确性，需要考虑到同义词，例如："北京华联"和"华联商厦"可以看成是同义词。可以做同义词替换。把"开业之初，比这还要多的质疑的声音环绕在北京华联决策者的周围"替换为"开业之初，比这还要多的质疑的声音环绕在华联商厦决策者的周围"。

设计同义词词典的格式是：每行一个义项，前面是基本词，后面是一个或多个被替换的同义词。例如：

华联商厦 北京华联 华联超市

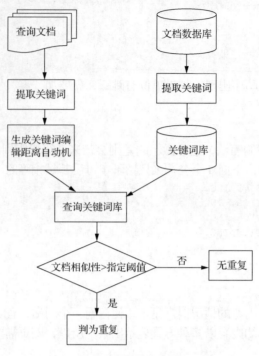

图 5-3 关键词排重流程

这样会把"北京华联"和"华联超市"替换成"华联商厦"。对指定文本，要从前往后查找同义词词库中每个要替换的词，然后实施替换。同义词替换的实现代码分为两步，首先是查找 Trie 树结构的词典过程，示例代码如下：

```java
public void checkPrefix(String sentence,int offset,PrefixRet ret) {
    if (sentence == null || root == null || "".equals(sentence)) {
        ret.value = Prefix.MisMatch;
        ret.data = null;
        ret.next = offset;
        return ;
    }
    ret.value = Prefix.MisMatch;// 初始返回值设为没匹配上任何要替换的词
    TSTNode currentNode = root;
    int charIndex = offset;
    while (true) {
        if (currentNode == null) {
            return;
        }
        int charComp = sentence.charAt(charIndex) - currentNode.splitchar;

        if (charComp == 0) {
            charIndex++;

            if(currentNode.data != null){
                ret.data = currentNode.data;// 候选最长匹配词
                ret.value = Prefix.Match;
                ret.next = charIndex;
            }
            if (charIndex == sentence.length()) {
                return; // 已经匹配完
```

```
                }
                currentNode = currentNode.eqKID;
            } else if (charComp < 0) {
                currentNode = currentNode.loKID;
            } else {
                currentNode = currentNode.hiKID;
            }
        }
    }
}
```

然后是同义词替换过程，示例代码如下：

```
// 输入待替换的文本，返回替换后的文本
public static String replace(String content) throws Exception{
    int len = content.length();
    StringBuilder ret = new StringBuilder(len);
    SynonymDic.PrefixRet matchRet = new SynonymDic.PrefixRet(null,null);

    for(int i=0;i<len;){
        // 检查是否存在从当前位置开始的同义词
        synonymDic.checkPrefix(content,i,matchRet);
        if(matchRet.value == SynonymDic.Prefix.Match) // 如果匹配上，则替换同义词
        {
            ret.append(matchRet.data);// 把替换词输出到结果
            i=matchRet.next;// 下一个匹配位置
        }
        else // 如果没有匹配上，则从下一个字符开始匹配
        {
            ret.append(content.charAt(i));
            ++i;
        }
    }

    return ret.toString();
}
```

5.2.2　语义指纹排重

指纹可以判断人的身份，比如把犯罪现场采集的指纹和指纹库中的指纹比较，可以确定罪犯的身份。类似地，用一个二进制数组代表文档的语义，把这个二进制数组叫作该文档的语义指纹，这样可以判断文本的相似度。计算机最底层只存储 0 和 1 组成的序列。可以把 long 类型看成是 64 个 0 和 1 组成的序列，也就是一个二进制数组。判断文档内容的相似性转换成了判断语义指纹的相似性。

要比较人与人之间的差别，可以手和手比，脚和脚比，鼻子和鼻子比。例如，西方人的鼻子往往更大。对长度相同的二进制数组，可以使用对应位有差别的数量来衡量相似度，这叫作海明距离。例如：1011101 和 1001001 的第 3 位和第 5 位有差别，所以海明距离是 2。

可以把两个整型数按位异或（XOR），然后计算结果中 1 的个数，这个个数就是这两个数的海明距离，如表 5-2 所示。

表 5-2　　　　　　　　　　　　　　　　海明距离的计算

数字	二进制表示
2	00000010
5	00000101
<XOR 结果>	00000111

计算两个数的海明距离的示例代码如下：

```
public static int hammingDistance(int x, int y){
    int dist = 0; // 海明距离
    int val = x ^ y; // 异或结果
    // 统计 val 中 1 的个数
    while (val>0) {
        ++dist;
        val &= val - 1; // 去掉 val 中最右边的一个 1
    }
    return dist;
}
```

测试如下：

```
int x = 1;
int y = 2;

System.out.println(hammingDistance(x,y)); // 输出结果 2
```

提取网页的语义指纹的方法是：对于每张网页，净化后选取最有代表性的一组特征，并使用该特征生成一个语义指纹。通过比较两个网页的语义指纹是否相似来判断两个网页是否相似。

语义指纹是一个很大的数组，全部存放在内存中会导致内存溢出，而普通的数据库效率太低，所以这里采用内存数据库 BerkeleyDB，可以通过 BerkeleyDB 判断该语义指纹是否已经存在。也可以通过布隆过滤器判断语义指纹是否重复。

使用 MD5 方法得到语义指纹无法找出特征近似的文档。例如，对于两个文档，如果两个文档相似，但这两个文档的 MD5 值却是完全不同的。关键字的微小差别会导致 MD5 的 Hash 值差异巨大，这是 MD5 算法中雪崩效应（Avalanche Effect）的结果。输入中一位的变化，将导致散列结果中将有一半以上的位改变。

如果两个相似文档的语义指纹只相差几位或更少，这样的语义指纹叫作 SimHash。

SimHash 是由从文档中提取的一些特征综合得到的一个二进制数组。假设可以得到文档的一系列特征，每个特征有不同的重要度。计算文档对应的 SimHash 值的方法是把每个特征的 Hash 值叠加到一起形成一个 SimHash。计算过程如图 5-4 所示。

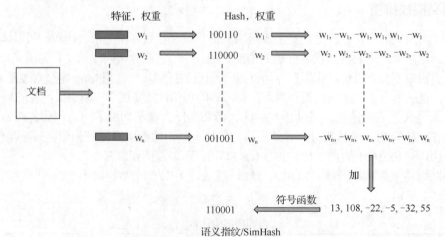

图 5-4　语义指纹计算过程

可以把特征权重看成是特征在 SimHash 结果的每一位上的投票权。权重大的特征的投票权大，权重小的特征的投票权小。所以权重大的特征更有可能影响文档的 SimHash 值中的很多位，而权重小的特征影响文档的 SimHash 值的位数很少。如果特征不同的文档差别很大，则这个特征对应的权重就比较大。

例如，判断两条蛇是否属于同一种类。有些无毒蛇会在外形上模仿有毒蛇。因此外形特征只能作为判断蛇是否是相同种类的次要依据，是否有毒才是主要依据，也就是说这个特征的权重高，而外形特征对应的权重低。

假定 SimHash 的长度为 64 位，文档的 SimHash 值的计算过程如下。

（1）初始化长度为 64 的数组，该数组的每个元素都是 0。

（2）对于特征列表循环做如下处理。

① 取得每个特征的 64 位的 Hash 值。

② 如果这个 Hash 值的第 i 位是 1，则将数组的第 i 个数加上该特征的权重；反之，如果 Hash 值的第 i 位是 0，则将数组的第 i 个数减去该特征的权重。

（3）完成所有特征的处理，数组中的某些数为正，某些数为负。SimHash 值的每一位与数组中的每个数对应，将正数对应的位设为 1，负数对应的位设为 0，就得到 64 位的 0 或 1 值组成的数组，即最终的 SimHash。

输入特征和权重数组，返回 SimHash 的代码如下：

```java
// 输入特征和对应的权重
// 特征是从网页中提取的，往往不是分词出来的结果，可能就是一个来源网站的名字
// 权重是根据情况调出来的
public static long simHash(String[] features,int[] weights){
        int[] hist = new int[64];// 创建直方图

        for(int i=0;i<features.length;++i) {
            long addressHash = stringHash(features[i]);// 生成特征的 Hash 码
            int weight = weights[i];
            /* 更新直方图 */
            for (int c=0; c<64; c++)
                hist[c] += (addressHash & (1 << c)) == 0 ? -weight : weight;
        }

        /* 从直方图计算位向量 */
        long simHash=0;
        for (int c=0; c<64; c++)  {
            long t= ((hist[c]>=0)?1:0);
            t <<= c;
            simHash |= t ;
        }

        return simHash;
}
```

显示长整型的二进制表示方法的代码如下：

```java
public static String toBinaryString(long n) {
    // 创建一个字符串缓存初始值，并设置初始值为全 0
    StringBuilder sb = new StringBuilder(
    "0000000000000000000000000000000000000000000000000000000000000000");
    for (int bit = 0; bit < 64; bit++) { // 遍历每一位
        if (((n >> bit) & 1) > 0) { // n 右移 bit 位
            sb.setCharAt(63 - bit, '1'); // 设置一个字符的值
```

```
        }
    }
    return sb.toString();
}
```

要生成好的 SimHash 编码，就要让完全不同的特征差别尽量大，而相似的特征差别比较小。文档排重可能会出现特别不可靠的结果，因为不能完全保证字符串的散列码没有任何冲突。把网页类别作为枚举类型，假设枚举类型有 5 个不同的取值，网页只属于 5 个类别中的一种，因此从网页提取出来的特征可能是如下枚举类型：

```
simHash(long[] features,int[] weights)
```

如果特征是枚举类型，则只有两个可能的取值，例如 Open 和 Close。Open 返回二进制位全是 1 的散列编码，而 Close 则返回二进制位全是 0 的散列编码。下面的代码将为指定的枚举值生成尽量不一样的散列编码：

```
public static long getSimHash(MatterType matter){
    int b=1; // 记录用多少位编码可以表示一个枚举类型的集合
    int x=2;
    while(x<MatterType.values().length){
        b++;
        x = x<<1;
    }

    long simHash = matter.ordinal();
    int end = 64/b;
    for(int i=0;i<end;++i) {
        simHash = simHash << b; // 枚举值按枚举类型总个数向左移位
        simHash += matter.ordinal();
    }
    return simHash;
}
```

这样就能让每个不同类别的散列码位差别足够大。

中文字符串特征的散列算法如下：

```
public static int byte2int(byte b) {  // 字节转换成整数
    return (b & 0xff);
}


private static int MAX_CN_CODE = 6768;// 最大中文编码
private static int MAX_CODE = 6768+117;// 最大编码

// 取得中文字符的散列编码
public static int getHashCode(char c) throws UnsupportedEncodingException{
    String s = String.valueOf(c);
    int maxValue = 6768;
    byte[] b = s.getBytes("gb2312");
    if(b.length==2) {
        int index =  (byte2int(b[0]) - 176) * 94  + (byte2int(b[1]) - 161);
        return index;
    }
    else if(b.length==1) {
        int index = byte2int(b[0]) - 9 + MAX_CN_CODE;
        return index;
    }
```

```
        return c;
    }

// 取得中文字符串的散列编码
public static long getSimHash(String input) throws UnsupportedEncodingException{
    if(input==null || "".equals(input)){
        return -1;
    }
    int b=13;  // 记录用多少位编码可以表示一个中文字符

    long simHash = getHashCode(input.charAt(0));
    int maxBit = b;
    for(int i=1;i<input.length();++i)  {
        simHash *= MAX_CODE;  // 把中文字符串看成是 MAX_CODE 进制的
        simHash += getHashCode(input.charAt(i));
        maxBit += b;
    }


    long origialValue = simHash;

    for(int i=0;i<=(64/maxBit);++i)      {
        simHash = simHash << maxBit;
        simHash += origialValue;
    }
    return simHash;
}
```

如果信息来源于很多网站，则给每个网站一个编码，示例代码如下：

```
public static long getSimHash(int current,int total){
        int b=1;  // 记录用多少位编码可以表示一个枚举类型的集合
        int x=2;
        while(x<total){
            b++;
            x = x<<1;
        }

        long simHash = current;
        int end = 64/b;
        for(int i=0;i<end;++i){
            simHash = simHash << b;
            simHash += current;
        }
        return simHash;
}
```

SimHash 的计算依据是要比较的对象的特征，对于结构化的文档可以按列提取特征，而非结构化的文档特征则不明显。如果是新闻，特征可以是标题或较长的几句话。提取特征前，建议先进行一些简单的预处理，如全角转半角。

每个文档提取语义指纹，放到语义指纹库。基于 SimHash 的文档排重流程如图 5-5 所示。

根据文档排重流程设计出对结构化文档使用排重接口的方式：首先根据文档集合生成一个语义指纹的集合（fingerprintSet），然后根据待查重的文档生成的一个 SimHash 值来查找近似的文档集合。fingerprintSet.getSimSet(key, k)返回和 key 相似的数据集合，示例代码如下：

```
// 返回一条记录的 simHash
long simHashKey = poiSimHash.getHash(poi,address,tel);
```

```
// 根据一条记录的 simHash 返回相似的数据
HashSet<SimHashData> ret = fingerprintSet.getSimSet(simHashKey, k);
```

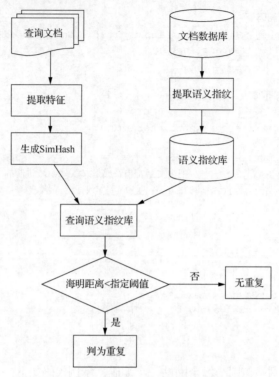

图 5-5　基于 SimHash 的文档排重计算过程

可以用海明距离来衡量近似的语义指纹。海明距离是针对长度相同的字符串或二进制数组而言的。对于二进制数组 s 和 t，$H(s, t)$ 是两个数组对应位有差别的数量。例如：**1011101** 和 **1001001** 的海明距离是 2。下面的方法可以按位比较计算两个 64 位长整型之间的海明距离：

```
public static int hamming(long l1, long l2) {
        int counter = 0;
        for (int c=0; c<64; c++)
            counter += (l1 & (1L << c)) == (l2 & (1L << c)) ? 0 : 1;
        return counter;
}
```

这种按位比较的方法比较慢，可以把两个长整型按位异或，然后计算结果中 1 的个数，这个个数就是海明距离。例如计算 A 和 B 两数的海明距离：

```
A = 1 1 1 0
B = 0 1 0 0
A XOR B = 1 0 1 0
```

计算 1 0 1 0 中 1 的个数是 2，实现代码如下：

```
public static int hammingXOR(long l1, long l2) {
        long lxor = l1 ^ l2;  // 按位异或
        return BitUtil.pop(lxor); // 计算 1 的个数
}
```

把文档转换成 SimHash 后，文档排重就变成了海明距离计算问题。海明距离计算问题：给出一个 f 位的语义指纹集合 F 和一个语义指纹 fg，找出 F 中是否存在与 fg 只有 k 位差异的语义指纹。

最基本的一种方法是逐次探查法，先把所有和 fg 差 k 位的指纹扩展出来，然后用折半查找法查找排好序的指纹集合 F，如图 5-6 所示。

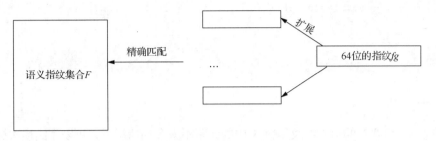

图 5-6 扩展 *fg* 的方法

需要多少次折半查找呢？相当于从 *f* 位中选出 *k* 位。首先借助组合数生成器 CombinationGenerator 来生成和给定的语义指纹差别在 2 位以内的语义指纹，示例代码如下：

```
long fingerPrint = 1L; // 语义指纹

int[] indices; // 组合数生成的一种组合结果

// 生成差 2 位的语义指纹

CombinationGenerator x = new CombinationGenerator(64, 2);

int count =0; // 计数器

while (x.hasMore()) {

    indices = x.getNext();// 取得组合数生成结果

    long simFP = fingerPrint;

    for (int i = 0; i < indices.length; i++) {

        simFP = simFP ^ 1L << indices[i];// 翻转对应的位

    }

    System.out.println(Long.toBinaryString(simFP));// 打印相似的语义指纹

    ++count;

}
```

这里运行的结果是 count=2016。因为是从 64 位中选有差别的 2 位，所以计算公式是 $C_{64}^2 =64\times$ 63/2=2016。也就是说，要找出和给定语义指纹差别在 2 位以内的语义指纹需要探查 2016 次。

逐次探查法完整的查找过程如下：

```
// 输入要查找的语义指纹和 k 值，如果找到相似的语义指纹则返回真，否则返回假

public boolean containSim(long fingerPrint,int k) {

    // 首先用二分法直接查找语义指纹

    if(contains(fingerPrint)) {

        return true;

    }

    // 然后用逐次探查法查找

    int[] indices;

    for(int ki=1;ki<=k;++ki)    {

        // 找差 1 位直到差 k 位的

        CombinationGenerator x = new CombinationGenerator(64, ki);

        while (x.hasMore()) {

            indices = x.getNext();

            long simFP = fingerPrint;

            for (int i = 0; i < indices.length; i++) {

                simFP = simFP ^ 1L << indices[i];

            }

            // 查找相似语义指纹
```

209

```
                    if(contains(simFP)) {
                        return true;
                    }
                }
            }

        return false;
    }
```

在 k 值很小，而要找的语义指纹集合 S 中的元素不太多的情况下，可以用比逐次探查法更快的方法查找。

如果 k 值很小，例如 $k=1$，可以给指纹集合 S 中每个元素生成和这个元素差别在 1 位以内的元素。对于长整型的元素，差别在 1 位以内的元素只有 65 种可能。然后再把所有这些新生成的元素排序，最后用折半查找法查询这个排好序的语义指纹集合 simSet。生成法查找近似语义指纹的整体流程如图 5-7 所示。

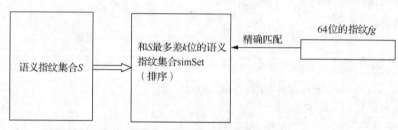

图 5-7 生成法查找近似语义指纹

生成和给定 SimHash 值 n 差 1 位的 Hash 值的代码如下：

```
for(int j=0;j<64;j++){
    long newSimHash=n^1L<<j; // 生成和 n 差 1 位的 Hash 值
}
```

在 k 值比较小的情况下，例如 k 不大于 3，介绍另一种快速计算方法。假设有一个已经排序的容量为 2^d 的 f 位指纹集合，看每个指纹的高 d 位。该高 d 位具有以下性质：因为指纹集合中有很多位组合存在，所以高 d 位中只有少量重复。

SimHash 排重的假设如下。

（1）整个表中排列组合的部分很少，例如：一批 8 位 SimHash 不太可能出现前 4 位都一样，但后 4 位出现 16 种 0-1 组合的情况。

（2）整个表在前 d 位 0-1 分布不会有很多的重复。

这两个假设得到排重的基础：前 d 位上的 0-1 分布足以当成一个指针；有能力快速搜索前 d 位。

现在找一个接近于 d 的数字 d'，由于整个表是排好序的，所以一遍搜索就能找出高 d' 位与目标指纹 F 相同的指纹集合 f'。因为 d' 和 d 很接近，所以找出的集合 f' 也不会很大。

$$|f'| = |S| / 2^{d'}$$

最后在集合 f' 中很快查找到和 F 之间海明距离为 k 的指纹。总思想是：先把检索的集合缩小为原来的 $1/2^{d'}$，然后在小集合中逐个检查，看剩下的 $f-d'$ 位的海明距离是否满足要求。假设 k 值为 3，有 2^{34} 个语义指纹待查找，则有下面两种策略。

第一种策略：f 分为 6 块，分别是 11、11、11、11、10、10 位，最坏的可能是其中 3 块里各出现 1 位海明距离不同，把这 3 块限制到低位，换言之，选 3 块精确匹配的到高位，有 $C_6^3 = 20$ 种选法，因此需要复制 20 个 T 表。对每个表高位做精确匹配，需要匹配 31~33 位（11+10×2、11×2+10、11×3），那么 f' 的个数大概是 $|S| / 2^{31} = 2^{|34-31|} = 8$，即精确匹配一次，产生大约 8 个需要算海明距离的 SimHash。

第二种策略：f 先分为 4 块，各 16 位，选 1 个精确匹配块到高位的可能有 $C_4^1 = 4$ 种选法，再对剩下 3 块 48 位切分，分成 4 块，各 12 位，选 1 个精确匹配块到高位的可能有 $C_4^1 = 4$ 种选法，$4×4 = 16$，一共要复制 16 次 T 表。那么高位就有 $16+12 = 28$ 位。每次精确匹配 28 位后，产生大约 $2^{|34-28|} = 64$ 个需要算海明距离的 SimHash。

假设 SimHash 有 f 位，现在找一个接近于 d 的数字 d'，由于整个表是排好序的，所以一趟精确匹配就能找出高 d' 位与目标指纹 F 相同的指纹集合 f'，$f' = 2^{|d-d'|}$。因为 d' 和 d 很接近，所以找出的集合 f' 也不会很大。海明距离的比较就在 $f-d'$ 位上进行。要确保海明距离位不同的几位都被限制在 $f-d'$ 上就需要考虑 f 上不同位的组合可能，即让海明距离位不会出现在前 d' 位上，每种 f 位上的组合就需要复制一次 T 表。

算法本质就是采用分治法，把问题分解成更小的几个子问题，降低需要处理的数据规模。也就是利用空间（原空间的 t 倍）和并行计算换时间。分治法查找海明距离在 k 以内的语义指纹算法步骤如下。

（1）先复制原表 T 为 t 份：$T_1, T_2, \cdots, T_t$。

（2）每个 T_i 都关联一个 p_i 和一个 π_i，其中 p_i 是一个整数，π_i 是一个置换函数，负责把 p_i 个 bit 位换到高位上。

（3）应用置换函数 π_i 到相应的 T_i 表上，然后对 T_i 进行排序。

（4）然后对每一个 T_i 和要匹配的指纹 F、海明距离 k 做如下运算：使用 F 的高 p_i 位检索，找出 T_i 中高 p_i 位相同的集合，在检索出的集合中比较剩下的 $f-p_i$ 位，找出海明距离小于或等于 k 的指纹。

（5）最后合并所有 T_i 中检索出的结果。

举一个实现的例子，假设有 100 亿左右（2^{34}）的语义指纹，SimHash 有 64 位。所以 $f = 64$，$d = 34$。海明距离 k 值是 3。例如，SimHash 长度是 64 位，按 16 位拆分，复制 4 份，分别是 T_1、T_2、T_3、T_4。这里，T_i 在 T_{i-1} 的基础上左移 16 位。精确匹配每个复制表的高 16 位。然后在精确匹配出来的结果中找差 3 位以内的 SimHash。按 16 位拆分的查找方法查找语义指纹，如图 5-8 所示。

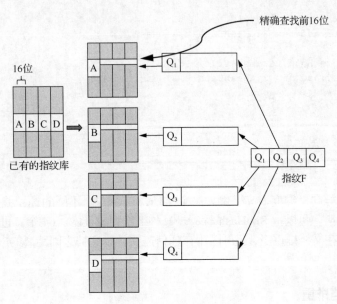

图 5-8　分 4 块查找语义指纹

比较用长整型表示的无符号 64 位语义指纹的代码如下：

```java
public static boolean isLessThanUnsigned(long n1, long n2) {
        return (n1 < n2) ^ ((n1 < 0) != (n2 < 0));
}


static Comparator<SimHashData> comp = new Comparator<SimHashData>(){
        public int compare(SimHashData o1, SimHashData o2){
                if(o1.q==o2.q) return 0;
                return (isLessThanUnsigned(o1.q,o2.q)) ? 1: -1;
        }
}; // 比较无符号 64 位

static Comparator<Long> compHigh = new Comparator<Long>(){
        public int compare(Long o1, Long o2){
                o1 |= 0xFFFFFFFFFFFFFL;
                o2 |= 0xFFFFFFFFFFFFFL;
                //System.out.println(Long.toBinaryString(o1));
                //System.out.println(Long.toBinaryString(o2));
                //System.out.println((o1 == o2));
                if(o1.equals(o2)) return 0;
                return (isLessThanUnsigned(o1,o2)) ? 1: -1;
        }
}; // 比较无符号 64 位中的高 16 位

public void sort(){// 对四个表排序
        t2.clear();
        t3.clear();
        t4.clear();
        for(SimHashData simHash:t1)   {
                long t = Long.rotateLeft(simHash.q, 16);
                t2.add(new SimHashData(t,simHash.no));

                t = Long.rotateLeft(t, 16);
                t3.add(new SimHashData(t,simHash.no));

                t = Long.rotateLeft(t, 16);
                t4.add(new SimHashData(t,simHash.no));
        }

        Collections.sort(t1, comp);
        Collections.sort(t2, comp);
        Collections.sort(t3, comp);
        Collections.sort(t4, comp);
}
```

以词作维度的文档向量维度很高，例如一个文档，有 100 个不同的词，就是 100 维，也就是向量空间中的 100 个箭头。可以把 SimHash 看成是一种维度削减技术。64 个二进制位，也就是 64 维。SimHash 除了可以用在文档排重上，还可以用在任何需要计算文档之间距离的应用上，例如文本分类或聚类。

5.2.3　分布式文档排重

在批量版本的海明距离问题中，有一批查询语义指纹，而不是一个查询语义指纹。

假设已有的语义指纹库存储在文件 F 中，批量查询语义指纹存储在文件 Q 中。80 亿个 64 位的语义指纹文件 F 大小是 64GB，压缩后小于 32GB。一批有一百万个的语义指纹需要批量查询，因此假设文件 Q 的大小是 8MB。把文件 F 和 Q 存放在 GFS（Google 文件系统）分布式文件系统中。文件分成多个 64MB 的组块。每个组块复制到一个集群中的 3 个随机选择的机器上。每个组块在本地系统存储成文件。

使用 MapReduce 框架，整个计算可以分成两个阶段。在第一阶段，有和 F 的组块数量一样多的计算任务（在 MapReduce 术语中，这样的任务叫作 mapper）。

每个任务以整个文件 Q 作为输入，在某个 64MB 的组块上求解海明距离问题，示例代码如下：

```
public class SimHashMapper extends Mapper<ArrayList<SimHashData>, SimHashSet4,
SimHashData, HashSet<SimHashData>>{
     static int k=3;

     // 在 64MB 的组块 fingerprintSet 上求解海明距离问题
     public void map(ArrayList<SimHashData> q,
                     SimHashSet4 fingerprintSet,
                     Context context) throws IOException, InterruptedException {
     for (SimHashData query : q) {
         HashSet<SimHashData> ret = fingerprintSet.getSimSet(query.q, k);
         if(ret!=null)
                     // 收集相似的语义指纹集合
                     context.write(query, ret);
     }
   }
}
```

一个任务以发现的一个近似重复的语义指纹列表作为输出。在第二阶段，MapReduce 收集所有任务的输出，删除重复发现的语义指纹，产生一个唯一的、排好序的文件，示例代码如下：

```
public class SimHashReducer
        extends
        Reducer<SimHashData, ArrayList<SimHashData>, SimHashData, HashSet<SimHash
Data>> {
    public void reduce(SimHashData key,
                Iterable<ArrayList<SimHashData>> values,
                Context context) throws IOException, InterruptedException {
        HashSet<SimHashData> dup = new HashSet<SimHashData>();
        for (ArrayList<SimHashData> val : values) {
            dup.addAll(val);
        }
        context.write(key, dup);
    }
}
```

Google 用 200 个任务（mapper）扫描组块的合并速度在 1GB/s 以上。压缩版本的文件 Q 大小大约是 32GB（压缩前是 64GB）。因此总的计算时间少于 100s。压缩对于速度的提升起了重要作用，因为对于固定数量的任务，时间大致与文件 Q 的大小成正比。

通过 Job 类构建一个任务的代码如下：

```
Job job = new Job(conf, "Find Duplicate");
job.setJarByClass(FindDup.class);
```

5.2.4　使用文档排重

在城市发展建设的过程中，地图数据信息的变更不可避免，这就需要及时更新数据。监测新闻等网络媒体，通过爬虫抓取和地图数据信息相关的最新的变更信息，通过信息提取技术形成变化的地址信息列表等，都需要排重。其中需要考虑的信息包括时间、所属地区、POI 主体、变更事件（开业、拆迁、完工、迁址、关门等）。这里也要去掉描述同一事件的重复新闻。

5.3 在搜索引擎中使用文档排重

文档库是由爬虫抓取得来的。爬虫将数据抓取下来后放到数据库中。生成语义指纹的基本步骤是：得到文档之后，进行关键字提取、分类，然后生成语义指纹。

可以用于排重的特征有：分类的类别、文档首次发布的日期、文档的作者等。

首先取枚举类型的文档类别，然后提取文档的关键字作为特征字符串，最后将类别特征和字符串特征的 long 值合并成一个指纹。

指纹库一开始是空的，也就是遍历每个原始文档，算出指纹，再往指纹库里放。语义指纹总是往指纹库里放的，但和索引库中的文档重复的就可能不进索引库，而是直接被忽略掉，或者覆盖索引库中原来的文档。A 和 B 相似，B 和 C 相似，不代表 A 和 C 相似，所以每个原始文档在语义指纹库都有对应的语义指纹。

在搜索引擎中使用文档排重的过程如图 5-9 所示。

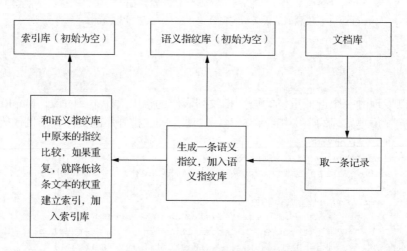

图 5-9　在搜索引擎中使用文档排重

5.4 专业术语

Edit Distance　编辑距离
Euclidean Distance　欧氏距离
Finding Overlapping and Similar Digital Documents　文档排重
Hamming Distance　海明距离
Longest Common Subsequence　最大共同子序列
Semantic Fingerprint　语义指纹

第6章 信息提取

信息提取即信息抽取（Information Extraction，IE），是把文本里包含的信息进行结构化处理，变成表格一样的组织形式。在信息抽取系统中，输入的是原始文本，输出的是固定格式的信息点。这些被抽取的信息点以统一的形式集成在一起，这就是信息抽取的主要任务。例如，苹果价格上涨，橘子价格下跌，语义标注出苹果和橘子都是水果，得到关键词"水果"。

6.1 指代消解

下面举一个指代消解（Coreference Resolution）的例子。有这样一段话："张三一大早就赶到了学校。张三先到食堂吃早餐，然后张三到张三的宿舍拿张三自己的教材和张三自己的笔记本。当张三匆忙来到教室时，张三发现张三的课本拿错了。"实际采用如下的叙述方式，"张三一大早就赶到了学校。他先到食堂吃早餐，然后[X]到[X]宿舍拿自己的教材和[X]笔记本。当[X]匆忙来到教室时，他发现[X]课本拿错了。"

可以把指代消解看成是一种基于上下文的压缩。

信息抽取需要使用指代消解。识别文本中的实体，建立实体之间的关系。实体常常用代词表示，关系的建立需要明确代词的指向。指代的几个相关概念如下。

（1）Anaphor：指代语。当语篇中提到某个实体后，再一次提及时，常用一种简洁的形式表示（如代词"他"），这一简洁的形式称为指代语。

（2）Entity (referent)：实体（指称对象）。实际存在或传说存在（如孙悟空）的对象，主要包括人、机构、地方等。

（3）Reference：指称。用于指称实体的语言表示。

（4）Antecedent：先行语。语篇中引入的一个相对明确的指称意义的表述（如张三）。

（5）Coreference：共指（同指）。当两种表述均指称相同对象（实体）时，这两种表述具有共指关系。

代词的指代消解规则如下。

（1）代词的指代消解仍然存在全匹配的问题，即如果上文出现一个"他说"，紧跟的几个句子里面有多次出现"他"的言行，那么这个"他"肯定与上文的"他"一致。由此我们得到的需要加入的第一条规则就是：对于代词的指代消解，全匹配则具有指代关系。

（2）指代消解中需要考虑的一种指代现象是上文出现了一个人名的命名实体，后面立刻跟随一个代词"他"或"她"为主语的句子。比如"张华今天买了一台电视机。他非常喜欢这台电视机。"对于这种指代情况，我们的消解规则是：如果先行词是人名，指代词是"他"或"她"，就确定二者存在指代关系。

（3）指代的情况中还存在一种情形，上文出现一个机构名、地名或者专有名词的命名实体，下文紧跟一个"它"。那么"它"和前文的机构名、地名或者专有名词的命名实体存在指代关系，比如"中国是一个伟大的国家。它有着五千年的悠久历史。"

（4）0-指代也就是省略。例如：张三对[ ]弟弟保护得很好，[ ]每次出去，[ ]都是牵着[ ]弟弟的手。省略恢复的过程如下。

① 省略现象的判别：判断是否存在省略现象。

② 省略候选词的生成：找出可以作为省略恢复的候选词。

③ 省略成分的恢复：句子内部的省略恢复是指省略的成分在句子内部就可以找到并恢复，常见的情况为长的复合句或者在语言学上称为骈句的句子，如"他出了门，上了车，直奔公司去了。"，我们通过句法分析得知，把这种复合形式的句子以逗号拆分之后，各个子句具有一定的句法结构相似性，因此可以实现省略部分的恢复，但这类长度较长的问题在用户的真实需求中出现的概率很小（小于 1%），因此采用比较简单的基于规则的方法，值得注意的是，如果这种方法在本句之内找不到相应的可恢复的成分，则会转为句子间的省略恢复情形。

JavaRAP 实现了一个经典的指代消解方法。

6.2　中文关键词提取

关键词提取是文本信息处理的一项重要任务，例如可以利用关键词提取来发现新闻中的热点问题。和关键词类似，很多政府公文也有主题词描述。上下文相关广告系统也可能会用到关键词提取技术。可以给网页自动生成关键词来辅助搜索引擎优化（SEO）。

有很多种方法可以应用于关键词提取。例如，基于训练的方法、基于图结构挖掘的方法和基于语义的方法等。这里采用基于训练的方法。

6.2.1　关键词提取的基本方法

关键词提取整体流程如图 6-1 所示。

文本、系统参数输入 → 分词、过滤停用词 → 单个词的权重计算、排序 → 文本关键词

图 6-1　关键词提取流程图

为了调节计算过程中用到的参数，可以建立关键词提取训练库。训练库包括训练文件（x.txt）和对应的关键词文件（x.key）。

利用 TF×IDF 公式，计算每个候选关键词的权重：统计词频和词在所有文档中出现的总次数。TF（Term Frequence）代表词频，DF（Document Frequence）代表文档频率，IDF（Invert Document Frequence）代表文档频率的倒数。比如，"的"在 100 篇文档中的 40 篇文档中出现过，则文档频率 DF 是 40，IDF 是 1/40。"的"在第一篇文档中出现了 15 次，则 TF×IDF（的）=15×1/40=0.375。另一个词"反腐败"在这 100 篇文档中的 5 篇文档中出现过，则 DF 是 5，IDF 是 1/5。"反腐败"在第一篇文档中出现了 5 次，则 TF×IDF（反腐败）= 5×1/5=1。结果是：TF×IDF（反腐败）> TF×IDF（的）。

开始和结束位置的词往往更可能是关键词，所以可以根据位置信息计算词的权重。比如，利用下面的经验公式：

```
double position = t.startOffset() / content.length();
position = position * position - position +2;
```

或者利用一个分段函数，首段或者末段的词的权重更大。

● 标题中出现的词往往比内容中的词更重要。

● 利用词性信息：关键词往往是名词或者以名词为结尾的词，而以介词、副词、动词为结尾的词一般不能组成词组。

● 利用词或者字的互信息：$I(X,Y) = \log_2 \dfrac{P(X,Y)}{P(X)P(Y)}$，互信息大的单字有可能是关键词。 比如说，$I(福,娃) = \log_2 \dfrac{P(福,娃)}{P(福)P(娃)}$。

● 利用标点符号：《 》和 " " 之间的文字更有可能是关键词。

● 构建文本词网络：将单个词语当作词网络的节点，若两个词语共同出现在文本的一句话中，则在网络中对应的节点上建立一条权值为 1.0 的边。在文本词网络上运行图结构挖掘算法（例如 Page Rank 或 HITS 算法）对节点进行权值计算。

● 把出现的名词按语义聚类，然后提取出有概括性的词作为关键词。

首先定义词及其权重的描述类：

```java
public class WordWeight implements Comparable<WordWeight> {
    public String word; // 单词
    public double weight; // 权重
    protected WordWeight(String word, double weight) {
        this.word = word;
        this.weight = weight;
    }
    public String toString() {
        return word + ":" + weight;
    }
    public int compareTo(WordWeight obj) {
        WordWeight that = obj;
        return (int) (that.weight - weight);
    }
}
```

可以使用 Select 算法把权重最大的几个关键词选出来。

根据 unigrams.txt 计算 IDF。unigrams.txt 保存每个词及对应的频率，内容如下：

```
inhomogeneities  1
bookbinder    6
mithering 1
Karney    1
violet    264
fatality 69
shear     277
Grace     1043
sheat     1
```

返回关键词的主要代码如下：

```java
// 全部待选的关键词放入 PairingHeap 实现的优先队列
PairingHeap<WordWeight> h = new PairingHeap<WordWeight>();
// 把单个单词放入优先队列
```

```
for (Entry<String,Double> it : wordTable.entrySct()) {
    word = it.getKey();
    java.lang.Double tempDouble;
    if( word.length() ==1)
        tempDouble = new Double(0.0);
    else
        tempDouble = it.getValue();
    h.insert( new WordWeight(word,tempDouble.doubleValue()) );
}
// 把词组放入优先队列
for(WordWeight we : ngram) {
    h.insert(we);
}
retNum = Math.min(retNum,h.size()); // 返回的关键词数量

WordWeight[] fullResults = new WordWeight[retNum]; // 关键词返回结果
for(int i=0;i<retNum;++i) {
    fullResults[i] = (WordWeight)h.deleteMin();
}
```

6.2.2 HITS 算法应用于关键词提取

首先介绍 HITS（Hypertext Induced Topic Selection）算法的原理与实现。HITS 算法可以选出图中有向带权重的最重要的节点。

每个节点有 Authority 和 Hub 两个值。Authority 值可以理解为该节点的权威性，也就是重要度。若 B 节点上有指向 A 节点的边，则称 B 为 A 的导入节点，这说明 B 认为 A 有指向价值，是一个"重要"的节点。此外，可以看作 B 节点向 A 节点投了一票。Hub 值可以理解为该节点的投票可信度。所以 Authority 值是指向该节点的所有节点的 Hub 值之和。而 Hub 值是该节点指向的那些节点的 Authority 值之和。可以看到，Authority 和 Hub 值以互相递归的方式定义。

HITS 算法执行一系列迭代过程，每个过程由如下两步组成。

（1）Authority 更新：更新每个节点的 Authority 值为指向该节点的所有节点的 Hub 值之和。

（2）Hub 更新：更新每个节点的 Hub 值为该节点指向的所有节点的 Authority 值之和。

计算一个节点的 Hub 值和 Authority 值的步骤如下。

（1）开始设置每个节点的 Hub 值和 Authority 值为 1。

（2）执行 Authority 更新规则。

（3）执行 Hub 更新规则。

（4）对 Hub 值和 Authority 值归一化。其中，Hub 值的归一化方式是每个 Hub 值除以所有的 Hub 值的和。Authority 值的归一化方式是每个 Authority 值除以所有的 Authority 值的和。

（5）重复第（2）步直到达到指定叠代次数，或者 Hub 值和 Authority 值变化很小为止。

基本的算法实现如下：

```
public void computeHITS(int numIterations) {
        while(numIterations-->0 ) {// 如果没有超过指定叠代次数
            for (int i = 1; i <= graph.numNodes(); i++) {// 更新 Authority 值
                Map<Integer,Double> inlinks   = graph.inLinks(new Integer(i));
                double authorityScore = 0;

                for (Integer id:inlinks.keySet()) {
                    authorityScore += (hubScores.get(id)).doubleValue();
                }
```

```
                    authorityScores.put(new Integer(i), new Double(authorityScore));
                }
            for (int i = 1;i <= graph.numNodes(); i++)// 更新 hub 值
            {
                Map<Integer,Double> outlinks = graph.outLinks(new Integer(i));
                double hubScore = 0;
                for (Integer id:outlinks.keySet()) {
                        hubScore += (authorityScores.get(id)).doubleValue();
                }

                hubScores.put(new Integer(i),new Double(hubScore));
            }
            normalize(authorityScores); // 归一化 Authority 值
            normalize(hubScores); // 归一化 Hub 值
        }
    }
```

如果认为节点之间连接的重要程度不一样，也就是指向关系有强弱之分，那么考虑节点之间的连接重要度的实现，示例代码如下：

```
public void computeWeightedHITS(int numIterations) {
    while(numIterations-->0 ) {
        for (int i = 1; i <= graph.numNodes(); i++) {
                Map<Integer,Double> inlinks  = graph.inLinks(new Integer(i));
                Map<Integer,Double> outlinks = graph.outLinks(new Integer(i));
                double authorityScore = 0;
                double hubScore = 0;
                for (Entry<Integer,Double> in:inlinks.entrySet()) {
                        authorityScore+=(hubScores.get(in.getKey())).doubleValue() * in.get
Value();
                }

                for (Entry<Integer,Double> out:outlinks.entrySet()) {
                        hubScore += (authorityScores.get(out.getKey())).doubleValue() * out.
getValue();
                }

                authorityScores.put(new Integer(i),new Double(authorityScore));
                hubScores.put(new Integer(i),new Double(hubScore));
        }
        normalize(authorityScores);
        normalize(hubScores);
    }
}
```

如何建立文档中词之间的有向图呢？根据依存文法树中词之间的依赖关系提取词之间的连接关系，抽象成依赖词向中心词投票。

有些词在引号里，表示这个词很重要，还有些词在文档的标题中出现，也表示这个词也很重要，所以要修改 HITS 算法，把节点的初始 Authority 值提高，并且保证它不会变得很低。例如，把用 TF×IDF 方法计算的词权重作为节点的初始 Hub 值或 Authority 值。

6.2.3 从网页中提取关键词

从网页中提取关键词的处理流程如下。

（1）从网页中提取正文。

（2）从正文中提取关键词。

网页中，在 H1 标签中的词或者<B>黑体加粗的词可能更重要，更有可能是网页的关键词。另外，Meta 中的 KeyWords 描述也有可能真实地反映该网页的关键词，例如：

```
<meta name="keywords" content="公判" />
```

6.3 信息提取

我们可以从文本中抽取用户感兴趣的事件、实体和关系，被抽取出来的信息以结构化的形式描述，然后存储在数据库中，为各种应用提供服务。例如：从交通新闻中抽取出什么地方发生车祸，什么地方堵车；从经济新闻中抽取出公司发布新产品的情况，比如产品名、发布时间、产品性能等。下面实现一个简化版本的文本信息提取系统。

输入"北京盈智星公司"，切分后标注成"北京/行政区划 盈智星/关键词 公司/功能词"。根据标注的结果可以提取出"盈智星"这样的关键词。有基本的词典用来存放行政区划、功能词表等特征，例如"北京"这个词是在一个行政区划词表中，"公司"在另一个功能词词表中。

信息提取的流程如下。

（1）根据利用信息的方式定义词的类别。

（2）定义专业词库并根据词库对输入文档做全切分。

（3）最大概率动态规划求解。

（4）隐马尔可夫模型词性标注。

（5）基于规则的未登录词识别。

（6）根据切分和标注的结果提取信息。

信息提取系统一般根据行业应用特点量身定做。例如，在农业信息化项目中为农业相关的文档提取出作物名称、对应季节、适用地区等信息。例如，根据下面的问答信息："河北沧州地区的盐碱地适合种植的农作物是什么？苜蓿，在黄骅等许多地方都有种植，销量也可以。"提取出"农作物名称：苜蓿；适用地区：黄骅，河北沧州。"

首先定义农业相关的词类：

```java
public enum DocType {
    Product,// 作物名称
    Pronoun,// 代词
    Address,// 地名
    Season,// 季节
    Start,// 虚拟类型，开始状态
    End // 虚拟类型，结束状态
}
```

然后可以建几个简单的词表，例如季节词表 season.txt。存放内容如下：

```
春
夏
秋
冬
```

作物名称有 product.txt 词表。存放内容如下：

```
大豆
高粱
```

然后通过 DicDoc 类加载这些词，代码如下：

```
private DicDoc() {
        // 加载字典
        // "product.txt"是一类词，DocType.Product 定义好这类词性
        load("product.txt", DocType.Product); // 农作物
        load("address.txt", DocType.Address); // 地址
        load("season.txt", DocType.Season); // 季节
}
```

信息提取的关键在于定义相关规则，用户定义好规则后，程序会按照指定的规则提取相关信息，规则越多，提取的信息越精确。另外，可以把需要优先匹配的规则放到前面，因为会先匹配规则库中放在前面的规则。

还可以用信息提取的方法提取网页中的信息。例如下面这段描述图书的网页片段："<span class="dark">出版社：</span>中国工人出版社
"，要从中提取出版社信息。把标签放到不同的词典文件中，例如 "</span>" "<br>" 和 "出版社："，这样可以根据规则提取出 "中国工人出版社"。

例如："经查，某企业 2004 年度超过计税工资标准列支工资，未做纳税调整，查增应纳税所得额 67044.64 元，少缴企业所得税 22124.73 元。"，说明了三个方面：一是时间，2004 年度；二是问题现象："超过计税工资标准列支工资"；三是违法金额："查增应纳税所得额 67044.64 元，少缴企业所得税 22124.73 元"。先分词，然后标注。标注出时间词和违法金额词，还有原因。

可以使用 JDBI 把提取出来的结果存入数据库表，示例代码如下：

```
Handle handle = Jdbi.open(getConnect());
Update update = handle.createUpdate("INSERT INTO disease (en) VALUES (:enName)").
bind("enName", "1111");

int rows = update.execute();
System.out.println(rows);
```

6.3.1 提取联系方式

可以从网页信息中提取用户想要的相关信息，如相关联系人的 QQ 号码、电话号码等相关信息。但是有效信息的格式千变万化，如包含 QQ 信息的文本 "QQ：45070×××，电话：1358×××858"，这就需要使用信息提取的方式。

此次信息提取采用的是规则提取的方式，先建立相关字典，存储所要抓取对象的必要的特征信息（如前缀信息、后缀信息等），再根据所要提取的信息特征定义一些规则，用于提取用户所要定义的对象。

例如，4 可能采用肆或者④，都定义成一个 Num 类型，要提取的信息类型定义成枚举类型，代码如下：

```
public enum DocType {
        QQInfo,              // 要提取的 QQ 号
        Num,                 // 数字
        QQPrefix,            // QQ 前缀，有可能是 QQ、q 我、qq、扣扣等
        QQSuffix,            // QQ 后缀
        Other                // 其他
}
```

定义提取 9 位 QQ 号码 QQ 信息的规则如下：

```
lhs = new ArrayList<DocSpan>();
rhs = new ArrayList<DocType>();
rhs.add(DocType.QQPrefix); // QQ 的前缀信息
```

```
rhs.add(DocType.Num);
rhs.add(DocType.Num);
rhs.add(DocType.Num);
rhs.add(DocType.Num);
rhs.add(DocType.Num);
rhs.add(DocType.Num);
rhs.add(DocType.Num);
rhs.add(DocType.Num);
rhs.add(DocType.Num);
lhs.add(new DocSpan(1, DocType.Other));
lhs.add(new DocSpan(9, DocType.qqinfo)); // 要提取的 QQ 号码文本对应的类型
addProduct(rhs, lhs);
```

6.3.2 从互联网提取信息

从互联网中提取<作者，书名>关系，例如<司马迁，史记>。提交查询词"司马迁 史记"到搜索引擎。返回结果中包括："《史记》是由司马迁撰写的中国第一部纪传体通史。"。提取模板："《书名》是由作者撰写的"。再次到互联网中搜索："《?》是由?撰写的"。得到："《周恩来传》是由外国知名学者迪克·威尔逊撰写的周恩来传记。"提取出新的<作者，书名>关系：<迪克·威尔逊，周恩来传>。

对于同样的信息，还存在"迪克威尔逊代表作：周恩来传"这样的描述。提取模板："作者代表作：书名"。提交查询词"代表作"到搜索引擎。找到如下记录"叶圣陶的代表作：《稻草人》"。提取出新的<作者，书名>关系：<叶圣陶，稻草人>。

因为 Web 内容高度冗余，利用实体间的关系和描述这些关系的模式之间的对应关系，从一个种子关系集合出发，从 Web 网页中发现这些种子出现的上下文，然后从这些上下文中产生对应的模式，进而利用这些模式从 Web 网页中发现更多的关系实例，然后从这些关系实例中选择新的种子集合，重复上述过程，迭代地从 Web 上得到相应的关系和模板。

若种子集合选择得不够好，则会导致最终得到的关系实例集合局限在一个较小的样本空间里，并且这些关系实例与种子实例在同一个领域，例如，对于关系<人物，出生日期>，若种子关系均是关于政治人物的关系实例，由于对于政治人物的描述会过于正式，提取出的模板也会比较正式，会造成最终提取的关系实例都是关于政治人物和相近领域人物的，而不能得到娱乐人物等与政治人物较远的人物关系实例，这样会造成结果的局部性。

关系类型动态扩展的一般步骤是：首先定义一个核心关系，比如<人名，民族，籍贯>，或者<机构名，地址>，然后从核心关系出发，利用 DIPRE 迭代此类关系的更多实例以及这些实例的上下文，对上下文进行统计分析，提取出其中与所要提取实体密切相关的其他实体，比如对于<人名，民族，籍贯>关系，可以从对应关系实例的上下文中发掘出"性别""身高""爱好"等与人物密切相关的实体，然后利用这些实体与"人名"组成新型候选关系，对候选关系类型进行过滤，保留质量较好的新型关系，利用这些关系发掘更多的关系实例，进而提高命名实体提取的覆盖率。

6.3.3 提取地名

在车载导航系统中，需要根据语音识别出来的文本提取导航的目的地。可以设置提取模板。例如，"下一个目的地是宁虹路"，总结出模板："下一个目的地是<地名>"。例如，"亲咱去西关二巷吧设置下导航"，总结出模板："亲咱去<地名>吧"。例如，"知春路咋走"，总结出模板："<地名>咋走"。

通过标注的方法提取地名。例如"合蚌客运专线 2013 年与京福高铁同时通车",标注成为:"合蚌客运专线/Address　2013 年/Time　与/Link　京福高铁/Address　同时通车/Matter"。

有些地名需要通过指代消解来提取。例如:"昨天(20 日)晚上 10 时,随着最后一段接缝处合龙段混凝土浇筑完毕,由上海建工基础公司承建的**新河南路桥**实现了提前 10 天合龙贯通。预计到今年 8 月,**这座桥**的部分车道将通车,以缓解河南路的交通压力。"

此例中希望提取出"新河南路桥",而这里,"这座桥"指代了"新河南路桥"。很多代词如果不还原出来,就很难抽取到内容了。

因为"新河南路桥"这个词只出现了一次,所以要通过指代消解来确定谈话主体。

指代消解对词性标注和语法分析有一定的依赖,判断是否消解不是根据这个词出现了几次,而是要先找到指示词"这座桥"。

用选出的先行词(antecedent)替换指代词,即进行指代消解。

具体实现中,要首先找出指示词的候选先行词,然后计算候选先行词和指示词的一致性。例如"新河南路桥"和"这座桥"词尾都是"桥",所以一致性比较高。指代语过滤器用于判断一个实体描述是否应该将一些实体描述作为其先行语。最后把指示词替换成对应的先行词。

以下是和地名相关的几个例子。

"**成都**人民南路主车道完成施工……记者了解到,自人民南路综合改造工程动工以来,**我市**在确保施工质量的前提下先后进行过多次改造进度提速"。在这里,"**我市**"指代"**成都**"。

"**东莞**阳光网……莞深高速三期石碣段即东江大桥于上月 28 日通车以来,受到市民的广泛欢迎。特别是**我市**东部镇街的市民经此去广州以及白云机场,将比走广深高速节省半个小时。"在这里,"**我市**"指代"**东莞**"。

"**我市**金龙大桥长田隧道正式通车……该工程于 2008 年 1 月开工,建成通车后,将有效改善达州天然气能源化工基地连通主城区的交通面貌,对推动化工产业园区建设,拓展城市发展空间,构建城市交通内联外接骨架网络具有重大重义。"在这里,"**我市**"指代"**达州**"。

6.4　拼写纠错

输错电话号码,往往只是得到简单的提示"没有这个电话号码"。但是在搜索框中输入错误的搜索词,搜索引擎往往会提示"您是不是要找×××"。这个功能也叫作"**Did you mean**",正式的说法叫作查询纠错(Query Correction)或者查询拼写纠错。

拼写纠错是查询处理极为重要的一个组成部分。在网络搜索引擎用户提交的查询中有大约 10%~15%的拼写错误,搜索引擎很难用错误拼写的查询词找出相关的文档。拼写纠错就是对错误的词给出正确的提示。如果有正确的词和用户输入的词很近似,则用户的输入可能是错误的。

查询日志中包含大量简单错误的例子,例如:

```
poiner sisters → pointer sisters
brimingham news → birmingham news
ctamarn sailing → catamaran sailing
```

这些错误可以通过建立正误词表来检查。然而,除此之外,将有许多查询日志包含与网站、产品、公司相关的词,对于这样的开放类的词不可能在标准的拼写词典中发现。以下是来自同一个查询日志的例子:

```
akia 1080i manunal → akia 1080i manual
ultimatwarcade → ultimatearcade
mainscourcebank → mainsource bank
```

因此不存在万能的词表，垂直（网站）搜索引擎往往需要整理和自己行业（网站）相关的词库才能达到好的匹配效果。可以从搜索日志中挖掘出"错误词→正确词"这样的正误词对，例如"飞利蒲→飞利浦"。

根据正误词表替换用户输入，示例代码如下：

```java
public static String replace(String content) {
    int len = content.length();
    StringBuilder ret = new StringBuilder(len);
    ErrorDic.PrefixRet matchRet = new ErrorDic.PrefixRet(null,null);

    for(int i=0;i<len;){
        errorDic.checkPrefix(content,i,matchRet);// 检查是否存在从当前位置开始的错词
        if(matchRet.value == ErrorDic.Prefix.Match)        {
            ret.append(matchRet.data);
            i=matchRet.next;// 下一个匹配位置
        }
        else // 从下一个字符开始匹配
        {
            ret.append(content.charAt(i));
            ++i;
        }
    }
    return ret.toString();
}
```

因为在各种语言中导致用户输入错误的原因不一样，所以每种语言的正误词对的挖掘方式有不一样的地方。对英文单词的搜索需要专门针对英文的拼写检查，对中文词的搜索需要专门针对中文的拼写检查。

为了讨论对搜索引擎查询最有效的拼写检查技术，首先看下单词拼写检查的概率模型：

$$Spell(w) = \arg\max_{c \in C} P(c \mid w) = \arg\max_{c \in C} \frac{P(w \mid c)P(c)}{P(w)}。$$

对于任何 c 来讲，出现 w 的概率 $P(w)$ 都是一样的，从而在上式中忽略它，写成：

$$Spell(w) = \arg\max_{c \in C} P(w \mid c)P(c)。$$

这个式子有三个部分，从右到左分别如下。

（1）$P(c)$：文章中出现一个正确拼写词 c 的概率。也就是说，在英语文章中，c 出现的概率有多大呢？因为这个概率完全由英语这种语言决定，一般称之为语言模型。例如，英语中出现 the 的概率 P('the')相对比较高，而出现 P('zxzxzxzyy')的概率接近 0（假设后者也是一个词的话）。

（2）$P(w|c)$：在用户想键入 c 的情况下敲成 w 的概率。因为这个是代表用户会以多大的概率把 c 敲错成 w，因此这个概率被称为误差模型。

（3）arg max：用来枚举所有可能的 c 并且选取概率最大的那个词。因为有理由相信，一个正确的单词出现的频率高，用户又容易把它敲成另一个错误的单词，那么，那个敲错的单词应该被更正为这个正确的。

为什么把一个 $P(c|w)$ 变成两项复杂的式子来计算？因为 $P(c|w)$ 是和这两项同时相关的，因此拆成两项反而容易处理。举个例子，比如一个单词 thew 拼错了，看上去 thaw 应该是正确的，因为就是把 a 敲成 e 了。然而，也有可能用户想要的是 the，因为 the 是英语中常见的一个词，并且很有可能打字时候手不小心从 e 滑到 w 了。因此，在这种情况下，我们想要计算 $P(c|w)$ 就必须同时考虑 c 出现的概率和从 c 到 w 的概率。把一项拆成两项让这个问题更加容易更加清晰。

对于给定词 w，可以通过编辑距离挑选出相似的候选正确词 c 的集合。编辑距离越小，候选正确

词越少，计算越快。76%的正确词和错误词的编辑距离是 1。所以还需要考虑编辑距离是 2 的情况。99%的正确词和错误词的编辑距离在 2 以内。因此对于拼写检查来说，查找出编辑距离在 2 以内的候选正确词 c 的集合就可以了。这是一个模糊匹配的问题。

6.4.1 模糊匹配问题

从用户查询词中挖掘正确提示词表。一般不需要提示没有任何用户搜索过的词。如何从一个大的正确词表中找和输入词编辑距离小于 k 的词集合？逐条比较正确词和输入词的编辑距离太慢。

编辑距离自动机的基本想法是：构建一个有限状态自动机，准确地识别出和目标词在给定的编辑距离内的字符串集合。可以输入任何词，然后自动机可以基于是否和目标词的编辑距离最多不超过给定距离来决定接收或拒绝它。而且，由于有限状态自动机的内在特性，判断是接收还是拒绝的时间复杂度是 $O(n)$。这里，n 是测试字符串的长度。而标准的动态规划编辑距离计算方法的时间复杂度是 $O(m \times n)$，这里 m 和 n 是两个输入单词的长度。因此编辑距离自动机可以更快地检查许多单词和一个目标词是否在给定的最大距离内。

单词"food"的编辑距离自动机形成的非确定有限状态自动机（NFA），最大编辑距离是 2。如图 6-2 所示，开始状态在左下，状态使用 n^e 标记风格命名。这里 n 是目前为止正确匹配的字符数，e 是错误数量。垂直转换表示未修改的字符，水平转换表示插入，两类对角线转换表示替换（用*标记的转换）和删除（空转换）。

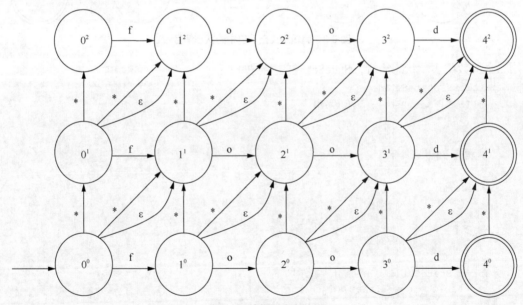

图 6-2　编辑距离自动机

单词"food"的长度是 4，所以有 5 列；允许 2 次错误，所以有 3 行。NFA 中的状态用整数编码，如图 6-3 所示。

把状态用整数编号表示，计算状态编号的代码如下：

```
/**
 * 计算状态编号
 * @param c 正确的字符数
 * @param e 错误的字符数
 * @return 状态编号
 */
```

```
public int getStateNo(int c, int e) {
    int hash = e * (this.n+1) + c;
    return hash;
}
```

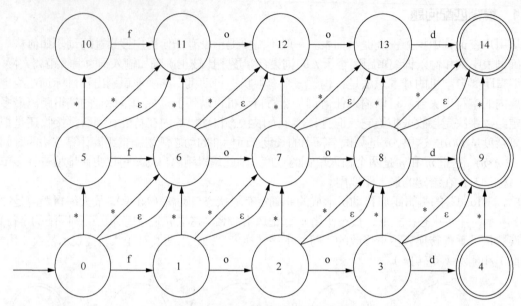

图 6-3　编辑距离自动机中的状态编号

用一个位数组表示状态集合，StateSet 类的实现如下：

```
public class StateSet {
    public BitSet table; // 位数组

    /**
     * 构造一个状态集合
     *
     * @param n
     *              正确字符数
     * @param e
     *              错误字符数
     */
    public StateSet(int n, int e) {
        table = new BitSet((n + 1) * (e + 1));
    }

    /**
     * 状态集合是否包含某个状态
     * @param o 状态编号
     * @return
     */
    public boolean contains(int o) {
        return table.get(o);
    }

    /**
```

```
 * 两个状态集合是否存在交集
 * @param s 要判断的另外一个状态集合
 * @return
 */
public boolean containsAny(StateSet s) {
    for (int state = s.table.nextSetBit(0); state >= 0; state = s.table
                .nextSetBit(state + 1)) {
        if (table.get(state))
            return true;

    }
    return false;
}


/**
 * 增加一个状态到状态集合
 * @param s
 */
public void add(int s) {
    table.set(s);
}


/**
 * 增加一个状态集合中的所有状态到当前状态集合
 * @param s
 */
public void add(StateSet s) {
    for (int state = s.table.nextSetBit(0); state >= 0; state = s.table
                .nextSetBit(state + 1)) {
        table.set(state);
    }
}


@Override
public String toString() {
    StringBuilder sb = new StringBuilder();

    // 输出当前状态集合中包含的状态编号
    for (int state = table.nextSetBit(0); state >= 0; state = table
                .nextSetBit(state + 1)) {
        sb.append(state + "\n");
    }
    return sb.toString();
}
}
```

如果不考虑边界节点，一般的节点会发出 4 个状态转换，如图 6-4 所示。

把这里的*和 ε 定义成两个特殊的字符。NFA.ANY 表示接收任意字符都可以。NFA.EPSILON 表示不用接收任何字符，可以自动转移到下一个状态。

首先用一个容易生成的 NFA 表示编辑距离自动机，然后转换为确定的有限状态机。构建非确定的有限状态机实现代码如下：

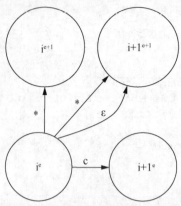

图 6-4 编辑距离自动机中的状态转换

```
/**
 * 构造方法
 * @param term        词
 * @param k           距离
 */
public NFA(String term, int k) {
    this._startState = getStateNo(0, 0); // 开始状态
    this.n = term.length(); // 长度
    this.k = k; // 允许的最大距离

    for (int i = 0; i < n; ++i) { // i 表示正确匹配上的字符数
        char c = term.charAt(i);
        for (int e = 0; e < (k + 1); ++e) { // e 表示错误字符数
            // 正确字符
            addTransition(getStateNo(i, e), c, getStateNo(i + 1, e));
            if (e < k) {
                // 删除，也就是删除当前的输入字符，向上的箭头
                addAnyTrans(getStateNo(i, e),getStateNo(i,e + 1));

                // 插入，曲线斜箭头
                epsilonTrans.put(getStateNo(i, e), getStateNo(i + 1, e + 1));

                // 替换，直的斜箭头
                addAnyTrans(getStateNo(i, e),getStateNo(i+1,e + 1));
            }
        }
    }
    for (int e = 0; e < (k + 1); ++e) {
        if (e < k){ // 最后一列往上的箭头
            addAnyTrans(getStateNo(term.length(), e),
                    getStateNo(term.length(), e + 1));
        }
        addFinalState(getStateNo(term.length(), e)); // 设置结束状态
    }
}
```

测试先生成 NFA，然后输出生成的 NFA。测试代码如下：

```
NFA lev = new NFA("food",2); // 生成编辑距离不大于 2 的 NFA
System.out.println(lev.toString());
```

输出结果如下：

```
正常转换:
0 -> {f=1}
1 -> {o=2}
2 -> {o=3}
3 -> {d=4}
5 -> {f=6}
6 -> {o=7}
7 -> {o=8}
8 -> {d=9}
10 -> {f=11}
11 -> {o=12}
12 -> {o=13}
13 -> {d=14}
空转换:
0 -> 6
1 -> 7
2 -> 8
3 -> 9
5 -> 11
6 -> 12
7 -> 13
8 -> 14
任意转换:
0 -> 5      6
1 -> 6      7
2 -> 7      8
3 -> 8      9
4 -> 9
5 -> 10     11
6 -> 11     12
7 -> 12     13
8 -> 13     14
9 -> 14
结束状态:
4    9    14
```

76%的正确词和错误词的编辑距离是 1。23%的正确词和错误词的编辑距离是 2。需要在状态对象中记住接收的字符串有几处错误。

看用户输入的某个单词是否和一个正确的单词相似，也就是看它对应的编辑距离自动机能否接收这个正确单词，代码如下：

```
// 构建编辑距离自动机
NFA lev = new NFA("foxd",2);
// 根据幂集构造转换成确定有限状态机
DFA dfa = lev.toDFA();
// 看单词 food 是否能够被接收
System.out.println(dfa.accept("food"));
```

看某个单词是否和给定词表中某个单词相似，就好像先织一个矩形的网，然后用这个网去正确词表中捞相似的正确词。把正确的词典和条件都表示成确定有限状态机（DFA），有可能高效地对两个 DFA 取交集（intersect），从词典中找到满足条件的词。取交集就是步调一致地遍历两个 DFA，仅跟踪两个 DFA 共有的边，并且记录走过来的路径。当两个 DFA 都在结束状态时，输出词典 DFA 对应的单词。

编辑距离自动机中的节点 j 和 k 映射到词典 DFA 对应的节点，如图 6-5 所示。

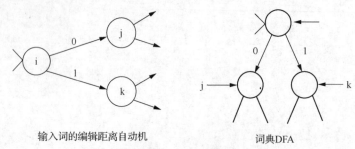

输入词的编辑距离自动机　　　　　　　　词典 DFA

图 6-5　DFA 取交集

因为可以把 Trie 树看成 DFA，所以这里使用标准 Trie 树代替 DFA，标准 Trie 树中存储了正确词库，示例代码如下：

```java
/**
 * 有限状态转换
 * @param dfa2 正确词库
 * @return 返回相似的正确的词
 */
public ArrayList<String> transduce(Trie<String> dfa2) {
    ArrayList<String> match = new ArrayList<String>(); // 找到的正确单词集合
    // ArrayDeque 当堆栈用
    ArrayDeque<StackTrieValue> stack = new ArrayDeque<StackTrieValue>();
    stack.add(new StackTrieValue(startState, dfa2.rootNode));
    while (!stack.isEmpty()) {
        StackTrieValue stackValue = stack.pop();
        Set<Character> ret = null; // 可以往前走的字符集合
        if (defaults.containsKey(stackValue.s1)) {
            ret = stackValue.s2.getChildren().keySet();
        } else {
            Set<Character> edges = edges(stackValue.s1);
            ret = intersection(edges, stackValue.s2.getChildren().keySet());
        }
        if (ret == null)
            continue;
        for (char edge : ret) {
            State state1 = next(stackValue.s1, edge);
            TrieNode<String> state2 = stackValue.s2.getChildren().get(edge);
            if (state1 != null && state2 != null) {
                stack.add(new StackTrieValue(state1, state2));
                if (isFinal(state1) && state2.isTerminal()) {// 走到可以结束的状态
                    match.add(state2.getNodeValue());
                }
            }
        }
    }
    return match;
}
```

从正确词库查找相似正确词的整体流程如下：

```java
// 根据错误词构建 NFA，这个错误词一般是用户输入的
NFA lev = new NFA("fod",1);
```

230

```
// 把 NFA 转换成 DFA
DFA dfa = lev.toDFA();

// 正确词表
Trie<String> stringTrie = new Trie<String>();
stringTrie.add("food", "food");
stringTrie.add("hammer", "hammer");
stringTrie.add("hammock", "hammock");
stringTrie.add("ipod", "ipod");
stringTrie.add("iphone", "iphone");

// 返回相似的正确的词
ArrayList<String> match = dfa.transduce(stringTrie);
for(String s:match){
    System.out.println(s); // 输出 food
}
```

现在已经实现了从一个大的正确词表中找和输入词编辑距离小于 k 的词集合，接下来要找出最大的 $P(c|w)$ 对应的 c。为了计算 $P(c|w)$，需要用到 $P(w|c)$ 和 $P(c)$。根据正确词表中的词频来估计 $P(c)$。根据 w 和 c 之间的编辑距离估计 $P(w|c)$。所以实际返回的是如下对象的列表：

```
public class RightWord implements Comparable<RightWord> {
    public String word; // 正确词
    public int errors; // 错误数，也就是正确词和错误词之间的编辑距离
    public int freq;  // 在词表中的词频

    public RightWord(String w, int e, int f) {
        word = w;
        errors = e;
        freq = f;
    }

    public int compareTo(RightWord o) { // 先比较错误数，再比较词频
        int diff = this.errors - o.errors;
        if(diff!=0) {
            return diff;
        }

        return o.freq - this.freq;
    }
}
```

为了简化选择正确词的计算过程，可以先把范围缩小到编辑距离小的正确词，对于编辑距离相同的正确词，则取词频高的正确词。

输入 sonly 应该提示 sony，但是却提示 only。对于专有名词可以使用 Jaro-Winkler 距离。因为假设首字母不容易拼错，所以 Jaro-Winkler 方法给予了起始部分就相同的字符串更高的分数，示例代码如下：

```
public class Jaro {
    /**
     * gets the similarity of the two strings using Jaro distance.
     *
     * @param string1 the first input string
     * @param string2 the second input string
     * @return a value between 0-1 of the similarity
     */
```

```java
        public float getSimilarity(final String string1, final String string2) {

            //get half the length of the string rounded up - (this is the distance used for
acceptable transpositions)
            final int halflen = ((Math.min(string1.length(), string2.length())) / 2) +
((Math.min(string1.length(), string2.length())) % 2);

            //get common characters
            final StringBuffer common1 = getCommonCharacters(string1, string2, halflen);
            final StringBuffer common2 = getCommonCharacters(string2, string1, halflen);

            //check for zero in common
            if (common1.length() == 0 || common2.length() == 0) {
                return 0.0f;
            }

            //check for same length common strings returning 0.0f is not the same
            if (common1.length() != common2.length()) {
                return 0.0f;
            }

            //get the number of transpositions
            int transpositions = 0;
            int n=common1.length();
            for (int i = 0; i < n; i++) {
                if (common1.charAt(i) != common2.charAt(i))
                    transpositions++;
            }
            transpositions /= 2.0f;

            //calculate jaro metric
            return (common1.length() / ((float) string1.length()) +
                    common2.length() / ((float) string2.length()) +
                    (common1.length() - transpositions) / ((float) common1.length())) / 3.0f;
        }

        /**
         * returns a string buffer of characters from string1 within string2 if they are of
a given
         * distance seperation from the position in string1.
         *
         * @param string1
         * @param string2
         * @param distanceSep
         * @return a string buffer of characters from string1 within string2 if they are of
a given
         *         distance seperation from the position in string1
         */
        private static StringBuffer getCommonCharacters(final String string1, final String
string2, final int distanceSep) {
            //create a return buffer of characters
            final StringBuffer returnCommons = new StringBuffer();
            //create a copy of string2 for processing
            final StringBuffer copy = new StringBuffer(string2);
            //iterate over string1
            int n=string1.length();
            int m=string2.length();
```

```
            for (int i = 0; i < n; i++) {
                    final char ch = string1.charAt(i);
                    //set boolean for quick loop exit if found
                    boolean foundIt = false;
                    //compare char with range of characters to either side

                    for (int j = Math.max(0, i - distanceSep); !foundIt && j < Math.min(i +
distanceSep, m - 1); j++) {
                            //check if found
                            if (copy.charAt(j) == ch) {
                                    foundIt = true;
                                    //append character found
                                    returnCommons.append(ch);
                                    //alter copied string2 for processing
                                    copy.setCharAt(j, (char)0);
                            }
                    }
            }
        return returnCommons;
    }
}
```

计算两个词的 Jaro-Winkler 相似度，示例代码如下：

```
String s1 ="sony";
String s2 ="sonf";
Jaro j = new Jaro();
System.out.println(j.getSimilarity(s1, s2));
```

6.4.2　正确词表

正确词表放入标准 Trie 树的示例代码如下：

```
private void addNode(TrieNode<String> currNode, String key, String value) {
    int pos = 0;

    while (true) {
        Character c = key.charAt(pos);
        TrieNode<String> nextNode = currNode.getChildren().get(c);

        if (nextNode == null) {
            nextNode = new TrieNode<String>();
            nextNode.setNodeKey(c);
            if (pos < key.length() - 1) {
                pos++;
            } else {
                nextNode.setNodeValue(value);
                nextNode.setTerminal(true);
                currNode.getChildren().put(c, nextNode);
                return;
            }
            currNode.getChildren().put(c, nextNode);
        } else {
            if (pos < key.length() - 1) {
                pos++;
            } else {
                nextNode.setNodeValue(value);
                nextNode.setTerminal(true);
                return;
```

```
                        }
                }
                currNode = nextNode;
        }
}
```

有时候甚至没有正确词表，如何从包含错误词和正确词的语料库中找出正确词呢？

逐个遍历每个词，计算和这个词相似的词，例如编辑距离在 1 以内的词。把其他词和这个词相似看作其他词对这个词的一次投票。一个词在语料库中出现的次数看成这个词的权威性。

把每个词看成是一个节点，使用 HITS 算法计算出排名最高的 n 个词，把它们当作正确词。取出最高分的词后，可以从排名结果中删除和它相似而不太可能是正确词的词。

6.4.3　英文拼写检查

先来看看英文拼写出错的可能性有多大。统计 101919 条英文公司名，有拼写出错的为 16663 条，出错概率为 16.35%。因为大部分是正确的，所以如果所有的词都在正确词表中，则不必再查找错误，否则先检查错误词表。对最后仍然不确定的，提交查询给搜索引擎，看看是否有错误。

正确词的词典格式为每行一个词，分别是词本身和词频。样例如下：

```
biogeochemistry : 1
repairer : 3
wastefulness : 3
battier : 2
awl : 3
preadapts : 1
surprisingly : 3
stuffiest : 3
```

因为互联网中的新词不断出现，正确的词并不是来源于固定的词典，而是来源于搜索的文本本身。下面直接从文本内容提取英文单词。不从索引库中提取的原因是 Term 可能经过词干化处理过了，所以我们用 StandardAnalysis 再次处理，代码如下：

```
java.io.StringReader input = new java.io.StringReader(content);
TokenStream tokenizer = new StandardTokenizer(input);
for (Token t = tokenizer.next(); t != null; t = tokenizer.next()){
        if( isAllLetter(t.termText()) &&
                (t.termText().length()>=3) &&
                (t.termText().length()<=30) ){
            System.out.println(t.termText());
            fpSource.write(t.termText().toLowerCase());
            fpSource.write(" : 1\n");
        }
}
```

可以根据发音计算用户输入词和正确词表的相似度，还可以根据字面的相似度来判断是否输入错误，并给出正确的单词提示，也可以参考开源的拼写检查器（Spell Checker），例如 Aspell 或者 LanguageTool。

特别需要考虑公司名中的拼写错误。一般首字母拼写错误的可能性很小，可以先简单地对名称排序，然后比较前后两个公司名，就可以检测出一些非常相似的公司名了。

另外可以考虑抓取 Google 的拼写检查结果，示例代码如下：

```
public static String  getGoogleSuggest(String name) throws Exception {
     String searchWord = URLEncoder.encode(name,"utf-8");
     String searchURL = "http://www.google.com/search?q=" + searchWord;
     String strPages=DownloadPage.downloadPage(searchURL);// 下载页面
```

```
String suggestWord="";
Parser parser=new Parser(strPages); // 使用 HTMLParser 解析返回的网页
NodeFilter filter=
    new AndFilter(new TagNameFilter("a"),new HasAttributeFilter("class","spell"));
// 取得符合条件的第一个节点
NodeList nodelist=parser.extractAllNodesThatMatch(filter);
int listCount=nodelist.size();

if(listCount>0){
        TagNode node=(TagNode)nodelist.elementAt(0);
        if (node instanceof LinkTag) {// <a> 标签
            LinkTag link = (LinkTag) node;
            suggestWord = link.getLinkText();// 链接文字
        }
    }

return suggestWord;
}
```

6.4.4　中文拼写检查

对于汉语的查询纠错，系统预测错误并不是要产生一个有语法错误的纠错串。通过一个带有错误的查询串猜测到用户的真实查询意图，给出一个满足条件的纠错串，这个纠错串代表了用户的查询意图，这才是查询纠错的目的。语义的偏离才是影响系统性能的首要因素。

和英文拼写检查不一样，用户输入的中文的搜索词串的长度更短，从错误的词猜测可能的正确的输入更加困难。这时需要更多地借助正误词典，词典文本格式如下：

代款:贷款

阿地达是:阿迪达斯

诺基压:诺基亚

飞利蒲:飞利浦

寂么沙洲冷:寂寞沙洲冷

欧米加:欧米茄

欧米枷:欧米茄

爱力信:爱立信

西铁成:西铁城

瑞新:瑞星

登心绒:灯心绒

前面一个词是错误的词条，后面是对应的正确词条。为了方便维护，还可以把这个词典存放在数据库中，示例代码如下：

```
CREATE TABLE CommonMisspellings (
        [misword] [varchar] (50) COLLATE Chinese_PRC_CI_AS NULL , --错误词
        [rightword] [varchar] (50) COLLATE Chinese_PRC_CI_AS NULL  --正确词
)
```

除了人工整理，还可以从搜索日志中挖掘相似字串来找出一些可能的正误词对。比较常用的方法是采用编辑距离来衡量两个字符串是否相似。

当一个用户输入错误的查询词没有结果返回时，他可能会知道输入错误，然后用正确的词再次搜索。从日志中找出来这样的行为，进而找出正误词对。

例如，日志中有这样的记录：

```
2007-05-24 00:41:41.0781|DEBUG |221.221.167.147||喀尔喀蒙古|2
…
2007-05-24 00:43:45.7031|DEBUG|221.221.167.147||喀爾喀蒙古|0
…
```

处理每行日志信息，用 **StringTokenizer** 返回 "|" 分割的字符串，代码如下：

```java
StringTokenizer st = new StringTokenizer(line,"|");
while(st.hasMoreTokens()) { // 有更多的内容
    System.out.println(st.nextToken()); // 取得子串
}
```

假设日志中有搜索结果返回的是正确词，无搜索结果返回的是错误词。挖掘日志的代码如下：

```java
// 存放挖掘的词及搜索出的结果数
HashMap<String,Integer> searchWords = new HashMap<String,Integer>();
while((readline=br.readLine())!=null)  {
                StringTokenizer st = new StringTokenizer(readline,"|");
                if(!st.hasMoreTokens()) continue;
                st.nextToken();
                if(!st.hasMoreTokens())continue;
                st.nextToken();
                if(!st.hasMoreTokens())continue;
                st.nextToken();
                if(!st.hasMoreTokens())continue;
                st.nextToken();
                if(!st.hasMoreTokens())continue;
                st.nextToken();
                if(!st.hasMoreTokens())continue;
                // 存放搜索词
                String key = st.nextToken();
                if(key.indexOf(":")>=0) {
                    continue;
                }
                // 如果已经处理过这个词就不再处理
                if(searchWords.containsKey(key)) {
                    continue;
                }
                if(!st.hasMoreTokens())
                {
                    continue;
                }
                String results = st.nextToken();
                int resultCount = Integer.parseInt(results);//得到搜索出的结果数

                for(Entry<String,Integer> e : searchWords.entrySet())  {
                    int diff= Distance.LD(key, e.getKey()) ;
                    if(diff ==1 && key.length()>2) {
                        if( resultCount == 0 && e.getValue()>0 ) {
                            // e.getKey()是正确词, key 是错误词
                            System.out.println(key +":"+ e.getKey());
                            bw.write(key +":"+ e.getKey()+"\r\n");
                        }
                        else if(e.getValue()==0 && resultCount>0) {
                            // key 是正确词, e.getKey()是错误词
                            System.out.println(e.getKey() +":"+ key);
                            bw.write(e.getKey() +":"+ key+"\r\n");
                        }
                    }
```

```
        }
            searchWords.put(key, resultCount);// 存放当前词及搜索出的结果数
}
```

可以挖掘出如下一些正误词对：

谕伽服:瑜伽服

落丽塔:洛丽塔

巴甫洛:巴甫洛夫

hello kiitty:hello kitty

……

除了根据搜索日志挖掘正误词表，还可以根据拼音或字形来挖掘。例如根据拼音挖掘出"周杰论:周杰伦"，根据字形挖掘出"浙江移动:浙江移动"。

6.5 输入提示

医生写病历时需要智能提示（输入一个字就有很多句话供选择），就像在 Google 中搜索时有提示一样。这些提示在以前的病历中出现过就显示出来，如果没有就不显示。

比如有这样一段文字："胸廓两侧对称，气管居中。两肺纹理增多，右肺上叶后段见一较大结节样高密度影，边缘尚清，其内见部分斑点片状致密影及充气支气管影，周围见少许条索影。右肺下叶背段及右肺上叶前段另见部分小钙化结节影。左肺上叶局部胸膜下部分斑点灶。左肺下叶见少许斑片状模糊影。两肺未见明显小叶间隔增厚，未见明显肺气囊。心影大小和形态正常，主动脉及冠脉壁见钙化影，纵隔内见多发小淋巴结影，双侧胸膜未见明显增厚，两侧胸腔未见明显积液。扫及左侧肾上腺区见一液性密度肿块影，直径约 27mm，边缘较清。"

医生输入"胸腔"，则需要弹出框提示："胸腔未见明显积液"。

6.6 专业术语

Coreference Resolution　　指代消解

Information Extraction　　信息抽取

第7章　自动摘要

对于论坛中长篇的帖子，有的网友会求摘要。自动摘要是使用软件缩短文本文档的过程，以便生成包含原始文档主要点的摘要。进行连贯总结的摘要技术会考虑诸如摘要的长度、书写风格和语法等变量。

7.1　自动摘要技术

自动摘要的常用方法是将文本作为句子的线性序列，将句子视为词的线性序列。最简单的自动生成摘要的方法是返回文档的第一句。稍微复杂的方法是：首先确定最重要的几个句子，然后根据最重要的几个句子生成摘要。

出于性能考虑，一般用最小堆存储最重要的 k 个句子。但这里的 k 值往往不是事前确定的。通常生成不超过 n 个字符的摘要，所以先不考虑性能，返回句子数组，示例代码如下：

```
public static String getSummary(String text) throws Exception {
    ArrayList<SentenceScore> sentenceArray = getSentences(text);
// 得到打分句子数组

    return getSummary(sentenceArray); // 根据最重要的几个句子生成摘要
}
```

为了提高准确度，可以把标题作为提取文本摘要的参数。

摘要的实现方法有摘取性的方法和概括性的方法。摘取性的方法相对容易实现，通常是摘取文章中的主要句子。

OTS(Open Text Summarizer)是一种广泛使用的摘取性的开源摘要方法，它使用文档内容产生摘要，实现方法就是摘取文章中的主要句子，假设文章中重要的想法用许多同样的词来描述，而冗余的信息则使用较少的技术化词语，并且和文章的主题无关。文章的主题是在文章中讨论最多的想法，重要的句子是和文章主题相关的句子。

在实践中，只会对这篇文章扫描一次。所有单词和它们在文本中的出现次数都存储在一个列表中。按单词出现次数对这个列表排序后，可以看见类似下面这样的列表：

```
11 are
17 is
16 a
14 Harry
```

```
14 on
13 Sally
11 Love
11 such
4 an
2 taxi
1 university
1 chicago
1 meets
...
```

然后使用词典文件删除所有常见的单词如"The""a""since""after""will"。因为这些单词没有告诉我们关于这个文章主题的任何东西。

删除这些冗余的词后，新的词表类似下面这样：

```
14 Harry
13 Sally
11 Love
2 taxi
1 university
1 chicago
1 meets
```

根据这个词表，可以假定这个文本谈论"Harry，Sally，Love"。

所以文本中重要的句子将是谈到 Harry、Sally 和 Love 的句子。谈到了 the university of chicago 的句子可能会被忽视掉，因为在文本中只发现了一次"chicago"这个词，所以我们也可以假设"chicago"不是文本中主要的想法。每句话都基于句子里面的关键词得到一个评级，包含许多重要词的一句话得到一个高的评级。

为了产生一个长度是原文 20%的摘要，可以打印出评级前 20%的句子。

对一整本书，OTS 不会产生很好的输出，因为这些文字包括太多话题。但是，每个页面可以独立输入，这样可以得到好的摘要结果。不过，诗歌或其他非标准文本不会产生一个好的结果，因为它们的结构太"有趣"了。

每个要实现的新语言需要包含一个在这个语言中非常常见的单词的列表，包括 250 个单词就绰绰有余了。以 en.dic 为例，写这样一个词典是一个迭代的过程。

建议词典的作者使用 OTS 扫描几篇文章，提取出其中的关键词。例如，如果"his"是文本的主题，那么就需要把"his"添加到词典。

词干化是指将词追溯到它的原始形式的单词。例如，"running"追溯到它的原始形式的单词是"run"。使用此功能汇总一个特定词的所有衍生形式。OTS 知道这篇文章的主题是单词"run"，而不是"running""run""runnable"……。当遇到一个句子谈到"runner"时，就知道它与该文章的主题相关。

用一个基于 XML 的文件格式保存词干化规则。例如：

```
[dam]==[dams]              stem[dam]
[asking]==[asked]          stem[ask]
[build]==[building]        stem[build]
[accidents]==[accident]    stem[accident]
[policing]==[police]       stem[polic]
[reported]==[report]       stem[report]
[years]==[year]            stem[year]
[increased]==[increase]    stem[increas]
[study]==[studies]         stem[study]
[reported]==[reports]      stem[report]
[gates]==[gate]            stem[gat]
```

```
[locked]--[lock]          stem[lock]
```

自动摘要时需要使用最长重复子串检测可能出现的未登录短语。例如：字符串 abcdabcd 的最长重复子串是 abcd。解决方法是：对一个字符串生成一个后缀数组，然后对后缀数组进行排序，排序后依次检测相邻的两个字符串的开头公共部分。返回两个字符串的最长公共前缀，示例代码如下：

```java
public static String lcp(String s, String t) {
    int n = Math.min(s.length(), t.length());
    for (int i = 0; i < n; i++) {
        if (s.charAt(i) != t.charAt(i))
            return s.substring(0, i);
    }
    return s.substring(0, n);
}
```

返回最长重复字符串的方法如下：

```java
public static String lrs(String s) {
    // 生成 N 个后缀
    int N = s.length();
    String[] suffixes = new String[N];
    for (int i = 0; i < N; i++) {
        suffixes[i] = s.substring(i, N);
    }

    // 对后缀数组进行排序
    Arrays.sort(suffixes);

    // 通过比较相邻的排序后的后缀找到最长重复子串
    String lrs = "";
    for (int i = 0; i < N - 1; i++) {
        String x = lcp(suffixes[i], suffixes[i+1]);
        if (x.length() > lrs.length())
            lrs = x;
    }
    return lrs;
}
```

7.1.1　英文文本摘要

英文文本摘要系统 MEAD 是一个功能完善的多文档摘要软件，不过是用 Perl 实现的。另一个系统 Classifier4J 包含一个简单的文本摘要实现，它是由 Java 语言开发的，方法是抽取指定文本中的重要句子形成摘要。使用它的例子如下：

```java
String input = "Classifier4J is a java package for working with text. Classifier4J includes a summariser.";
// 输入文章内容及摘要中需要返回的句子个数
String result = summariser.summarise(input, 1);
```

返回结果是："Classifier4J is a java package for working with text."。

Dragon 也是一个 Java 语言开发的文本摘要软件。

自动摘要的主要方法有基于句子重要度的方法和基于篇章结构的方法。基于句子重要度的方法相对成熟，基于篇章结构的方法还处在研究阶段。

Classifier4J 采用了句子重要度计算的简化方法，它通过高频词统计和句子分析来实现自动摘要，其主要流程如下。

（1）取得高频词。

（2）把内容拆分成句子。

（3）取得包含高频词的前 k 个句子。

（4）将句子按照在文中出现的顺序重新排列，添加适当的分隔符后输出。

统计文本中最常出现的 k 个高频词的基本步骤如下。

（1）在遍历整个单词序列时，使用一个散列表记录所有的单词频率。散列表的关键字是词，而值是词频，花费时间的复杂度为 $O(n)$。

（2）对散列表按值从大到小进行排序。使用通常的排序算法花费时间的复杂度为 $O(n \times \lg(n))$。

（3）排序后，取前 k 个词。

为了优化第（2）步和第（3）步，可以不对散列表进行全排序，而直接取前 k 个值最大的词。使用的一个方法是从数组中快速地选取最大的 k 个数。

快速排序基于分而治之（Divide and Conquier）策略。数组 A[p..r]被划分为两个（可能空）子数组 A[p..q-1]和 A[q+1..r]，使得 A[p..q-1]中的每个元素都小于等于 A(q)，而且小于等于 A[q+1..r]中的元素。这里 A(q)称为中值。可以根据快速排序的原理设计接口如下：

```
// 根据随机选择的中值来选取最大的 k 个数, 输入参数说明如下:
// a: 待选取的数组
// size: 数组的长度
// k: 前 k 个值最大的词
// offset: 偏移量
selectRandom(ArrayList<WordFreq> a, int size, int k, int offset)
```

根据快速排序的原理，实现选取最大的 k 个数的方法如下：

```
// 把数组中的两个元素交换位置
public static <E extends Comparable<? super E>> void swap(ArrayList<E> a, int i, int j) {
    E tmp = a.get(i);
    a.set(i, a.get(j));
    a.set(j, tmp);
}
static void selectRandom(ArrayList<WordFreq> a, int size, int k, int offset) {
    if (size < 5) {// 采用简单的冒泡排序方法对长度小于 5 的数组排序
        for (int i = offset; i < (size + offset); i++)
            for (int j = i + 1; j < (size + offset); j++)
                if (a.get(j).compareTo(a.get(i)) < 0)
                    swap(a, i, j);
        return;
    }
    Random rand = new Random();// 随机选取一个元素作为中值
    int pivotIdx = partition(a, size, rand.nextInt(size) + offset, offset);
    if (k != pivotIdx) {
        if (k < pivotIdx) {
            selectRandom(a, pivotIdx - offset, k, offset);
        } else {
            selectRandom(a, size - pivotIdx - 1 + offset, k, pivotIdx + 1);
        }
    }
}
static int partition(ArrayList<WordFreq> a, int size, int pivot, int offset) {
    WordFreq pivotValue = a.get(pivot); // 取得中值
    swap(a, pivot, size - 1 + offset);
    int storePos = offset;
    for (int loadPos = offset; loadPos < (size - 1 + offset); loadPos++) {
        if (a.get(loadPos).compareTo(pivotValue) < 0) {
```

```
                    swap(a, loadPos, storePos);
                    storePos++;
            }
        }
    swap(a, storePos, size - 1 + offset);
    return (storePos);
}
```

Classifier4J 的英文文本摘要的实现在 net.sf.classifier4J.summariser 类。这个 Java 项目使用了 JUnit 做单元测试，所以依赖 junit-3.8.1.jar 包。

可用于训练文本摘要的 CNN-DM 语料库包含美国有线电视新闻网（Cable News Network）和每日邮报（Daily Mail）新闻文章。

处理 CNN-DM 语料库：

```
python preprocess.py -train_src data/cnndm/train.txt.src \
                     -train_tgt data/cnndm/train.txt.tgt \
                     -valid_src data/cnndm/val.txt.src \
                     -valid_tgt data/cnndm/val.txt.tgt \
                     -save_data data/cnndm/CNNDM \
                     -src_seq_length 10000 \
                     -tgt_seq_length 10000 \
                     -src_seq_length_trunc 400 \
                     -tgt_seq_length_trunc 100 \
                     -dynamic_dict \
                     -share_vocab \
                     -shard_size 100000
```

文本摘要评测可以使用 ROUGE，这是一个自动摘要评估工具包。原始的 Perl 版本的 ROUGE 的一个问题是它不支持基于 Unicode 的文本的评估。Java 版本的 ROUGE 软件包已经经过波斯语文本测试，因此适用于原始的 Perl 软件包失效的情况。

7.1.2 中文文本摘要

首先把文章分成一个个句子，然后逐句分词。然后统计关键词，根据关键词选择出最重要的几个句子。

"王昕彤是一个多才多艺的小朋友。她会画画，会唱歌，会跳舞，弹钢琴也是她拿手的一项。"因为"多才多艺"比"画画""唱歌""跳舞""弹钢琴"更有概括能力，所以前面一句话适合作为摘要句，而后面一句话则不适合。

简单的中文自动摘要实现方法有如下 5 个步骤。

（1）通过中文分词，统计词频和词性等信息，抽取出关键词。

（2）把文章划分成一个个的句子。

（3）通过各句中关键词出现的情况定义出句子的重要度。

（4）确定前 k 个最重要的句子为文摘句。

（5）把文摘句按照在原文中出现的顺序输出成摘要。

根据分隔符把文章划分成一个个的句子，代码如下：

```
// 包括所有标点符号的集合类
HashSet<Character> punctuation=new HashSet<Character>();
punctuation.add('。');
punctuation.add(',');
punctuation.add('; ');
punctuation.add('，');
punctuation.add('。');
```

```
punctuation.add('!');
```

文本摘要的主体代码如下：

```java
ArrayList<CnToken> pItem = Tagger.getFormatSegResult(content);// 分词
// 关键词及对应的权重
HashMap<String,Integer> keyWords = new HashMap<String,Integer>(10);
WordCounter wordCounter = new WordCounter();// 词频统计
for (int i = 0; i < pItem.size(); ++i) {
    CnToken t = pItem.get(i);
    if (t.type().startsWith("n")) {
            wordCounter.addNWord(t.termText());// 增加名词词频
    } else if (t.type().startsWith("v")) {
            wordCounter.addVWord(t.termText());// 增加动词词频
    }
}
// 取得出现的频率最高的 5 个名词
WordFreq[] topNWords = wordCounter.getWords(wordCounter.wordNCount);
for (int i = 0; i < topNWords.length; i++) {
    keyWords.put(topNWords[i].word, topNWords[i].freq);
}
// 取得出现的频率最高的 5 个动词
WordFreq[] topVWords = wordCounter.getWords(wordCounter.wordVCount);
for (int i = 0; i < topVWords.length; i++) {
    keyWords.put(topVWords[i].word,topVWords[i].freq);
}
// 把内容分割成句子
ArrayList<SentenceScore> sentenceArray = getSentences(content,pItem);
// 计算每个句子的权重
for(SentenceScore sc:sentenceArray) {
    sc.score = 1;

    for (Entry<String,Integer> e:keyWords.entrySet()) {
        String word = e.getKey();
        if (sc.containWord(word)) {
            sc.score = sc.score * e.getValue();
        }
    }
}


// 取得权重最大的 3 个句子
int minSize = Math.min(sentenceArray.size(), 3);
Select.selectRandom(sentenceArray, sentenceArray.size(), minSize,0);
SentenceScore[] orderSen = new SentenceScore[minSize];
for(int i=0;i<minSize;++i){
    orderSen[i] = sentenceArray.get(i);
}
// 按照句子在原文中出现的顺序输出
Arrays.sort(orderSen, posCompare);// 句子数组按在文档中的位置排序
String summary = "";
for (int i = 0; i<minSize; i++) {
    String curSen = orderSen[i].getSentence(content);
    summary = summary.concat(curSen);
}
return summary;
```

这只是一个简单的文本摘要代码，有如下优化方法。

（1）除了通过关键词，还可以通过提取基本要素（Basic Elements）来确定句子的重要程度。基本要素通过三元组<中心词，修饰，关系>来描述，其中中心词为该三元组的主要部分。

（2）第一步在提取关键词阶段，可以去掉停用词表，再统计关键词。也可以考虑利用同义词信息更准确地统计词频。

（3）划分句子阶段中，可以记录句子在段落中出现的位置，在段落开始或结束处出现的句子更有可能是关键句。同时可以考虑句型，陈述句比疑问句或感叹句更有可能是关键句。

首先定义句子类型，示例代码如下：

```
public static enum SentenceType {
        declare, // 陈述句
        question,// 疑问句
        exclamation // 感叹句
}
```

句子权重统计阶段考虑句型来打分，示例代码如下：

```
// 判断句子类型
if(sc.type == SentenceScore.SentenceType.question)  {
    sc.score *= 0.1;
}
else if(sc.type == SentenceScore.SentenceType.exclamation)  {
    sc.score *= 0.5;
}
```

为了使输出摘要的意义连续性更好，有必要划分段落。要识别自然段和更大的意义段。自然段一般段首缩进两个或四个空格。

在对句子打分时，除了根据关键词，还可以查看事先编制好的线索词表。线索词的权值，有正面的和负面的两种。文摘正线索词就是类似"总而言之""总之""本文""综上所述"等词汇，含有这些词的句子权重有加分。文摘负线索词可以是"比如""例如"等。如果句中包括这些词，权重就会降低。

为了减少文摘句之间的冗余度，可以通过计算句子相似度减少冗余句子，具体过程如下。

（1）首先将句子按其重要度从高到底排序。

（2）抽取重要度最高的句子 S_i。

（3）选取候选句 S_i 后，调整剩下的每个待选句的重要度。待选句 S_j 的重要度按如下公式进行调整：$Score(S_j) = Score(S_j) - sim(S_i, S_j) \times Score(S_i)$，其中 $sim(S_i, S_j)$ 是句子 S_i 和 S_j 的相似度。

（4）剩下的句子按重要度从高到底排序，选取重要度高的句子。

（5）重复第（3）、（4）步，直至摘要足够长为止。

最后为了输出的摘要通顺，还需要处理句子间的关联关系，例如，"这个节目，需要的是接班人，而不是变革者。"

处理关联句子有如下三种方法。

（1）调整关联句的权重，使更重要的句子优先成为摘要句。

（2）调整关联句的权重，使关联的两个句子都成为或都不成为摘要句。

（3）输出摘要时，如果不能完整地保持相关联的句子，则删除句前的关联词。

句子间的关联通过关联性的词语来表示。处理关联句可以根据关联性词语的类型分别处理。各种关联类型的处理方法如表 7-1 所示。

表 7-1　　　　　　　　　　　　　　　　关联词表

关联类型	关联词	处理方式
转折	虽然…但是…	对于这类偏正关系,调整后面部分的关键句的权重,保证其大于前面部分的权重。当只有一句是摘要句时,删除该句前的关联词
因果	因为…所以…/因此	
递进	不但…而且… 尤其	
并列	一方面…另一方面…	对于这类并列关系,使关键句的权重都一样。找不到对应的关联句,则删除该句子前面的关联词
承接	接着 然后	
选择	或者…或者	
分述	首先…其次…	
总述	总而言之 综上所述 总之	对于这类可承前省略的,如果与前面的句子都是摘要句,则保持不变。否则,如果前面的句子不是摘要句,则删除该句子前面的关联词
等价	也就是说 即 换言之	
话题转移	另外	
对比	相对而言	
举例说明	比如 例如	对于这类可承前省略的,如果与前面的句子都是摘要句,则保持不变。否则删除后面的句子

定义句子的关系类型,代码如下:

```
public enum RelationType {
        conjunctive, // 偏正
        juxtapose,// 并列
        conlusion // 承前省略
}
```

表示句子及它们之间的关系,代码如下:

```
public class SentenceRelation {
    SentenceScore pre;// 前一个句子
    SentenceScore sub;// 下一个句子
    RelationType type;// 关系类型

    public SentenceRelation(SentenceScore preSentence,
                            SentenceScore subSentence,
                            RelationType t)  {
        pre = preSentence;
        sub = subSentence;
        type = t;
    }
}
```

进一步,可以用树来表示句子之间的依存关系。

7.1.3　基于篇章结构的自动摘要

基于篇章结构的自动摘要的方法是通过对段落之间的内容的语义关系进行分析,进而划分出文档的主题层次,得到文档的篇章结构;也可以建立句子级别的带权重的图,然后应用 PageRank 或者 HITS 算法。

7.1.4　句子压缩

句子压缩就是生产一个句子的摘要。例如:"我真的不太喜欢吃凤爪",这句话压缩后变成"我不喜欢吃凤爪"。

如果文摘句句子太长，就先得到该句子的依存文法树，然后根据依存文法树压缩句子。

7.2　指代消解

理解原文本时，需要理解代词的对应关系，需要消除代词指称的歧义。生成摘要时，为了避免名字（同一个词）的反复使用，可以用代词（或 0-形式）表示，以便符合习惯。总之，在文本的理解和摘要的形成阶段都需要指代消解的任务。

7.3　多文档摘要

多文档摘要是一种自动程序，旨在从关于同一主题的多个文本中提取信息。生成的摘要报告允许个人用户（例如专业信息消费者）快速地熟悉大量文档中包含的信息。通过这种方式，多文档摘要系统正在补充新闻聚合器，从而在应对信息过载的道路上不断进步。

multsum 是一个多文档摘要实现。它可以同时使用几种相似性度量，在同时使用多个相似性度量时，默认将它们逐元素相乘。

7.4　分布式部署

可以使用 SSHJ 把软件部署到服务器集群。如果 SSHJ 无法登录，则可以通过以下命令检查 SSH 服务器：

```
# sshd -v
unknown option -- v
OpenSSH_7.6p1 Ubuntu-4, OpenSSL 1.0.2n  7 Dec 2017
```

或者使用以下命令检查所使用的 openssl 版本：

```
#openssl version
```

如果需要可以安装合适的 SSH 服务器版本。

首先封装 SSH 服务器，代码如下：

```java
public class SSHHost {
    public String host;      // 主机名
    public int port = 22;     // 端口号
    public String user;       // 用户名
    public String passwd;  // 密码

    public SSHHost(String host, String user, String passwd) {
        this.host = host;
        this.user = user;
        this.passwd = passwd;
    }
}
```

SSHClientGroup 用来往多个服务器账号发送命令，实现代码如下：

```java
public class SSHClientGroup {
    SSHHost[] hosts;
    SSHClient[] sshClients;
```

```
    public SSHClientGroup(SSHHost... hosts) {
        this.hosts = hosts;
        init();
    }


    private void init() {
        sshClients = new SSHClient[hosts.length];
        int i = 0;
        for (SSHHost host : hosts) {
            try {
                DefaultConfig defaultConfig = new DefaultConfig();
                defaultConfig.setKeepAliveProvider(KeepAliveProvider.KEEP_ALIVE);
                SSHClient ssh = new SSHClient(defaultConfig);
                sshClients[i++] = ssh;

                ssh.addHostKeyVerifier(new PromiscuousVerifier());
                ssh.connect(host.host, host.port);
                // 保持连接的活跃性
                ssh.getConnection().getKeepAlive().setKeepAliveInterval(5);
                ssh.authPassword(host.user, host.passwd);
            } catch (Exception e) {
                e.printStackTrace();
            }
        }
    }


    public SSHClientGroup exec(String command) {
        for (SSHClient ssh : sshClients) {

            try {
                Session session = ssh.startSession();

                Command cmd = session.exec(command);
                System.out.println("host " + ssh.getRemoteHostname()
                        + ":" + ssh.getRemotePort() + " out put:\n"
                        + IOUtils.readFully(cmd.getInputStream()).toString());
                session.close();
            } catch (Exception e) {
                e.printStackTrace();
            }


        }
        return this;
    }

    public void close() throws IOException {
        for (SSHClient ssh : sshClients) {
            ssh.close();
        }
    }
}
```

例如，检查多个服务器账号的 Java 版本，实现代码如下：

```
SSHHost sshHost1 = new SSHHost("192.11.10.3", "root", "passwd");
sshHost1.port = 34431;
```

```
SSHHost sshHost2 = new SSHHost("192.11.10.5", "root", "passwd");
sshHost2.port = 34432;

new SSHClientGroup(sshHost1,sshHost2).exec("java -version").close();
```

7.5 专业术语

Automatic Text Summarization   自动文本摘要
Sentence Compression   句子压缩
Search Engine   搜索引擎

第8章 文本分类

　　文本分类就是让计算机对一定的文本集合按照一定的标准进行分类。比如，小李是个足球迷，喜欢看足球类的新闻，新闻推荐系统使用文本分类技术为小李自动推荐足球类的新闻。

　　文本分类程序把一个未见过的文档分成已知类别中的一个或多个，例如把新闻分成国内新闻和国际新闻。利用文本分类技术可以对网页分类，也可以为用户提供个性化新闻或者过滤垃圾邮件。

　　把给定的文档归到两个类别中的一个叫作两类分类，例如垃圾邮件过滤，就只需要确定"是"还是"不是"垃圾邮件。把给定的文档归到多个类别中的一个叫作多类分类，例如中国图书馆分类法把图书分成 22 个基本大类。

　　文本分类的过程主要分为训练阶段和预测阶段。训练阶段得到分类的依据，也叫作分类模型。预测阶段根据分类模型对新文本分类。训练阶段一般先分词，然后提取能够作为分类依据的特征词，最后把分类特征词和相关的分类参数写入模型文件。提取特征词这个步骤叫作特征提取。

　　例如要把新闻分为 4 类{政治,体育,商业,艺术}。首先准备好训练文本集，也就是一些已经分好类的文本。每个类别路径下包含属于该类别的一些文本文件。例如文本路径在 D:\train 目录下，类别路径如下：

```
D:\train\政治
D:\train\体育
D:\train\商业
D:\train\艺术
```

　　例如，D:\train\体育类别路径下包含属于"体育"类别的一些文本文件，每个文本文件叫作一个实例（Instance）。训练文本文件可以手工整理一些或者从网络定向抓取网站中已经按栏目分好类的信息。

　　常见的机器学习的分类方法有支持向量机（Support Vector Machine，SVM）、K 最近邻（K-Nearest Neighbor，KNN）算法和朴素贝叶斯（Naive Bayes）等。可以根据应用场景选择合适的文本分类方法。例如，支持向量机适合对长文本分类，朴素贝叶斯对短文本分类准确度较高。

　　为了加快分类的执行速度，可以在训练阶段输出分类模型文件，这样在预测新文本类别阶段就不再需要直接访问训练文本集，只需要读取已经保存在分类模型文件中的信息。可以在预测之前，把分类模型文件预加载到内存中。这里采用单件模式加载分类模型文件，示例代码如下：

```
private Classifier() { // 读取分类模型
   //...
}
private static Classifier categoryTrie = null;

public static Classifier getInstance() { // 取得唯一的实例
    if (categoryTrie == null)
        categoryTrie = new Classifier();
    return categoryTrie;
}
```

依据标题、内容和商品在原有网站的类别，把商品归类到新的分类，这些值都是字符串类型。使用参数个数不固定的方式定义分类方法，示例代码如下：

```
// 根据分类模型分类
public String getCategoryName(String... articals) {
    // 获取参数
    for (String content : articals) {
        // 根据 content 是否包含某些关键词分类
    }
    // ...返回分类结果
}
```

这样可以按标题或者标题加内容等参数分类，示例代码如下：

```
// 加载已经训练好的分类模型
Classifier theClassifier = Classifier.getInstance();
// 文本分类的内容
String content ="我要买把吉他，希望是二手的，价格 2000 元以下";
// 根据内容分类
String catName = theClassifier.getCategoryName(content);
System.out.println("类别名称:"+catName);
```

交叉验证（Cross Validation）是用来验证分类器性能的一种统计分析方法，基本思想是在某种意义下将原始数据集进行分组，一部分作为训练集，另一部分作为验证集。首先用训练集对分类器进行训练，再利用验证集测试训练得到的模型，以此作为评价分类器的性能指标。

8.1 地名分类

对地图上的兴趣点（Point Of Interest，POI）名称进行分类，例如，"医院"类的词，"学校"类的词。"医院"类的词包括"北京大学口腔医院""北京大学第三医院"等，"学校"类的词包括"吉林大学""哈尔滨工业大学"等。

可以把词根据 POI 尾词分类放到不同的文件中。例如，旅游景点.txt 如下：

```
旅游区:Tourist Area
旅游景区:Tourist Area
风景名胜区:Scenic Spot
风景区:Scenic Spot
景区:Scenic Zone
```

功能词表 function.txt 包括了所有的分类特征尾词。第一列是中文词，第二列是所属类别（用词的类别简称说明），第三列是对应的英文词，形式如下：

```
旅游区:t:Tourist Area
车站:r:Station
进站口:r:Enter
货运室:r:Cargo Center
```

可以看到，类别列中的 t 表示旅游区，r 表示车站等。根据 POI 尾词分类词典生成功能词词表 function.txt。

8.2　文本模板分类

银行内部的转账汇款错误最基本的分为两类：账号错误和户名错误。

使用模板匹配的方法可以对这样的文本分类，用来分类的模板例子如下：

```
public static BussinessTemplate getTemplate() {
    BussinessTemplate template = new BussinessTemplate();

    // 增加模板
    String tense = Bussiness.CountError;
    String pattern = "[账|帐]号<num>错";
    template.addTemplate(tense, pattern);

    // 增加模板
    tense = Bussiness.CountError;
    pattern = "[账|帐]号应为<num>";
    template.addTemplate(tense, pattern);

    // 增加模板
    tense = Bussiness.NameError;
    pattern = "收款人[名称|户名]有误";
    template.addTemplate(tense, pattern);

    return template;
}
```

调用模板进行分类的代码如下：

```
String sent = "收款人账号应为471900224310506,请予入账";
BussinessTemplate template = getTemplate();

AdjList g = template.getLattice(sent);  // 得到切分词图

String type = BussinessTemplate.findType(g);  // 找到对应的业务类型
System.out.println("业务类型 " + type);
```

可以把分类功能封装成 RESTful 接口的形式，返回 JSON 格式的分类结果。

8.3　特征提取

一般用文档中的词作为分类特征，而且分类特征往往不考虑词之间的位置关系，即出现的先后次序，这样叫作词袋（Bag of Words）模型。

分类特征并不一定就是一个词。例如，可以通过检查标题和签名把文本分类成是否是信件内容。

可以看标题是否包含"来自××"和"致××"地址，内容结束处是否包含日期和问候用语等。这样的特征集合仅适用于信件类别。

文档中可能有几万个不同的词，为了提高计算类别的效率，不是所有的词都作为分类依据。例如，"的"这样的助词往往不作为分类依据。

待分类的文本往往包括很多单词，而其中很多单词对分类没有太大的贡献，所以需要提取特征词。可以按词性过滤，只选择某些词性作为分类特征，比如说，只选择名词和动词作为分类特征词。文本分类的精度随分类特征词的个数持续提高。一般至少可以选 2000 个分类特征词。

特征选择的常用方法还有卡方检验（Chi-square Test，CHI）方法和信息增益（Information Gain）方法等。首先介绍特征选择的 CHI 方法。

利用 CHI 方法进行特征抽取是基于如下假设：在指定类别文本中出现频率高的词条与在其他类别文本中出现频率高的词条，对判定文档是否属于该类别都是很有帮助的。

CHI 方法衡量单词（term）和类别（class）之间的依赖关系。如果 term 和 class 是互相独立的，则该值接近于 0。一个单词的 CHI 统计变量定义如表 8-1 所示。

表 8-1   CHI 统计变量定义表

	属于 class 类	不属于 class 类	合计
包含单词 term	a	b	$a+b$
不含单词 term	c	d	$c+d$
合计	$a+c$	$b+d$	$a+b+c+d=n$

其中，a 表示属于类别 class 的文档集合中出现单词 term 的文档数；b 表示不属于类别 class 的文档集合中出现单词 term 的文档数；c 表示属于类别 class 的文档集合中没有出现单词 term 的文档数；d 表示不属于类别 class 的文档集合中没有出现单词 term 的文档数；n 代表文档总数。

term 的 CHI 统计公式如下：

$$\text{chi\_statistics}(\text{term, class}) = \frac{n \times (ad - bc)^2}{(a+c) \times (b+d) \times (a+b) \times (c+d)} \text{。}$$

类别 class 越依赖单词 term，则 CHI 统计值越大。

CHI 统计变量定义表也叫作相依表（Contingency Table）。开源自然语言处理项目 MinorThird 中 ContingencyTable 类的 CHI 统计实现代码如下：

```java
// 取对数避免溢出
public double getChiSquared(){
    double n = Math.log(total());
    double num = 2*Math.log(Math.abs((a*d) - (b*c)));
    double den = Math.log(a+b)+Math.log(a+c)+Math.log(c+d)+Math.log(b+d);
    double tmp = n+num-den;
    return Math.exp(tmp);
}
```

计算每个特征对应的 CHI 值的实现代码如下：

```java
for (Iterator<Feature> i=index.featureIterator(); i.hasNext(); ) {// 遍历特征集合
  Feature f = i.next();
  int a = index.size(f,ExampleSchema.POS_CLASS_NAME);// 正类中包含特征的文档数
  int b = index.size(f,ExampleSchema.NEG_CLASS_NAME);// 负类中包含特征的文档数
  int c = totalPos - a; // 正类中不包含特征的文档数
  int d = totalNeg - b; // 负类中不包含特征的文档数

  ContingencyTable ct = new ContingencyTable(a,b,c,d);
  double chiScore = ct.getChiSquared();// 计算特征的 CHI 值
```

```
filter.addFeature( chiScore,f );
}
```

如果这里的 *a+c* 或者 *b+d* 或者 *a+b* 或者 *c+d* 中的任意一个值为 0，则会导致除以零溢出的错误。数据稀疏导致了这样的问题，可以采用平滑算法来解决。

对所有的候选特征词，按上面得到的特征区分度排序，如果候选特征词的个数大于 5000，则选取前 5000，否则选取所有特征词。

使用 ChiSquareTransformLearner 测试特征提取，示例代码如下：

```
Dataset dataset = CnSampleDatasets.sampleData("toy",false);
System.out.println( "old data:\n" + dataset );
ChiSquareTransformLearner learner = new ChiSquareTransformLearner();
ChiSquareInstanceTransform filter =
              (ChiSquareInstanceTransform)learner.batchTrain( dataset );
filter.setNumberOfFeatures(10);
dataset = filter.transform( dataset );
System.out.println( "new data:\n" + dataset );
```

信息增益是广泛使用的特征选择方法。在信息论中，信息增益的概念是：某个特征的值对分类结果的确定程度增加了多少。

信息增益的计算方法是：把文档集合 *D* 看成一个符合某种概率分布的信息源，依靠文档集合的信息熵和文档中词语的条件熵之间信息量的增益关系，确定该词语在文本分类中所能提供的信息量。

词语 *w* 的信息量的计算公式为：

$$IG(w)=H(D)-H(D|w)$$

$$=-\sum_{d_i \in D} P(d_i) \times \log_2 P(d_i) + \sum_{w \in \{0,1\}} P(w) \sum_{d_i \in D} P(d_i | w) \times \log_2 P(d_i | w)$$

根据特征在每个类别的出现次数分布计算一个特征的熵，示例代码如下：

```
// 输入参数 p 是特征的出现次数分布, tot 是特征出现的总次数
public double Entropy(double[] p, double tot){
  double entropy = 0.0;
  for (int i=0; i<p.length; i++)  {
    if (p[i]>0.0) { entropy += -p[i]/tot *Math.log(p[i]/tot) /Math.log(2.0); }
  }
  return entropy;
}
```

计算所有特征的熵，示例代码如下：

```
double[] classCnt = new double[ N ];
double totalCnt = 0.0;
for (int c=0; c<N; c++){// 循环遍历所有的类别
  classCnt[c] = (double)index.size(schema.getClassName(c));// 每类的文档数
  totalCnt += classCnt[c];// 总文档数
}
double totalEntropy = Entropy(classCnt,totalCnt);// 训练文档的总熵值

for (Iterator<Feature> i=index.featureIterator(); i.hasNext(); ) {
  Feature f = i.next();
  double[] featureCntWithF = new double[ N ];// 出现特征的文档在不同类别中的分布
  double[] featureCntWithoutF = new double[ N ]; // 不出现特征的文档在不同类别的分布
  double totalCntWithF = 0.0;
  double totalCntWithoutF = 0.0;

  for (int c=0; c<N; c++)  {
    featureCntWithF[c] = (double)index.size(f,schema.getClassName(c));
```

```
    featureCntWithoutF[c] = classCnt[c] - featureCntWithF[c];
    totalCntWithF += featureCntWithF[c];
    totalCntWithoutF += featureCntWithoutF[c];
}

double entropyWithF = Entropy(featureCntWithF,totalCntWithF); // 出现特征的熵
// 不出现特征的熵
double entropyWithoutF = Entropy(featureCntWithoutF,totalCntWithoutF);

double wf = totalCntWithF /totalCnt; // 出现词的概率
// 特征的信息增益
double infoGain = totalEntropy -wf*entropyWithF -(1.0-wf)*entropyWithoutF;
igValues.add( new IGPair(infoGain,f) );
}
```

8.4 线性分类器

线性分类器通过基于特征的线性组合的值进行分类决策来判断文本所属的类别。对象的特征也称为特征值，通常在称为特征向量的向量中呈现给机器。这样的分类器适用于具有许多变量（特征）的问题，达到与非线性分类器相当的准确度水平，同时训练和使用花费的时间更少。

如果分类器的输入特征向量是实数向量 x，则输出得分为：

$$f(x \times w)$$

确定线性分类器 w 的参数有两类方法：生成式模型和判别式模型。朴素贝叶斯方法是生成式的，而支持向量机方法是判别式的。

一个简单的线性分类器例子的代码如下：

```
// 训练数据集
Dataset<String, String> data = new Dataset<>();
data.add(
        new BasicDatum<String, String>(
        Arrays.asList(new String[] { "fever", "cough", "congestion" }), "cold")); // 普通感冒
    data.add(new BasicDatum<String, String>(Arrays.asList(new String[] { "fever", "cough",
"nausea" }), "flu")); // 流感
    data.add(new  BasicDatum<String,  String>(Arrays.asList(new  String[] { "cough",
"congestion" }), "cold"));
// 创建线性分类器工厂类
LinearClassifierFactory<String, String> factory = new LinearClassifierFactory<>();
LinearClassifier<String, String> classifier = factory.trainClassifier(data);

Datum<String, String> d = new BasicDatum<>(Arrays.asList(new String[] { "cough",
"fever" }));
System.out.println(classifier.classOf(d));
Counter<String> probs = classifier.probabilityOf(d);

System.out.println(probs.getCount("cold"));
System.out.println(probs.getCount("flu"));
```

8.4.1 关键词加权法

新闻分类的任务是为任一新闻指定其类别。例如，一篇新闻标题是："股市反弹有力 基金建仓

加速"。新闻内容是："昨日，受利好消息刺激，地产板块放量领涨，大盘节节攀升，量能创出近期新高，最终沪指周线收六连阳，深成指也收复万点大关……"

新闻中包括{股市,反弹,有力,基金,建仓,加速…}这样的词，类别包括{军事,财经,科技,生活…}。

列举每个类别的常用词，例如"军事"类别包含分类特征词：导弹，军舰，军费……

"科技"类别包含分类特征词：云计算，Siri，移动互联网……

问题在于：如何保证列举全这些特征词？

如何处理一个词对不只一个类别有意义的冲突？例如，"苹果"这个词分到"科技"类还是"生活"类。

不同的词有不同的重要度，如何决定它的重要度？如果类别很多怎么办？

为了理解机器学习的算法如何对文本进行分类，看一下人是如何对事物分类的。为了判断食物是否是健康食品，可参考食品中的饱和脂肪、胆固醇、糖和钠的含量。例如把食品分类成"健康食品"和"不健康食品"。如果这些值超过一个阈值就认为该食品是"不健康的"，否则是"健康的"。首先找出一些重要的特征，然后从每个待分类的项目中寻找特征，从抽取出的特征中组合证据（Combine Evidence），最后根据组合证据，按照某种决策机制对项目进行分类。

在食品分类的例子中，特征是饱和脂肪、胆固醇、糖和钠的含量。可以通过阅读打印在食品包装上的营养成分表来取得待分类食品的特征对应的值。

为了量化食物的健康程度（记作 H），有很多方法来组合证据，最简单的方法是按权重求和。

$$H(食物)=W_{脂肪}脂肪(食物)+W_{胆固醇}胆固醇(食物)+W_{糖}糖(食物)+W_{钠}钠(食物)。$$

这里 $W_{脂肪}$、$W_{胆固醇}$ 等是和每个特征关联的重要度。在这个公式里，这些值可能是负数。

在价格搜索中，需要对抓取过来的商品分类。分类的依据是：一些关键词是否在商品标题或者内容列出现过。

在类别名称文件中存储所有的分类名称。category.txt 文件内容如下：

```
美食
酒店
```

在关键词加权规则文件中存储关键词类别贡献度。每行的格式如下：

类别名称 关键词 贡献度

例如："美食:烧烤:30"表示类别名称是美食，关键词是烧烤，关键词对类别的贡献度是 30。

classfyrule.txt 文件内容如下：

```
美食:烧烤:30
美食:韩国料理:20
美食:韩国炒饭:50
美食:黑天鹅:25
酒店:如家:60
酒店:七星:20
酒店:盘古:34
```

调用文本分类的方法，示例代码如下：

```
Classifier cf = Classifier.getInstance(); // 取得文本分类器实例
String cat=cf.getCategory("炒饭");  // 输入要分类的文本
System.out.println("炒饭的分类是"+cat); // 输出: 美食
```

分类的主体过程的代码如下：

```
public String getCategory(String sentence) {
    // 用一个数组存储一个商品属于某一个类别的隶属度
    int degrees[] = new int[categories.length];
```

```
    // 计算隶属度
    int offset = 0;
    for (offset = 0; offset < sentence.length(); offset++) {
        WordRelation wr = dic.matchLong(sentence, offset);
        if (wr == null) {
            continue;
        }
        for (int i = 0; i < wr.degree.length; i++) {
            degrees[i] += wr.degree[i]; // 加权
        }
    }

    // 商品归类到隶属度最大的类别
    int index = 0;
    int maxDegree = degrees[0];
    for (int i = 1; i < degrees.length; i++) {
        if (maxDegree < degrees[i]) {
            maxDegree = degrees[i];
            index = i;
        }
    }

    return categories[index]; // 返回最大隶属度对应的类别
}
```

写分类规则的方法有：被抓取的网站的小类映射到标准的大类。

从字符串中查找英文关键词可以采用标准 Trie 树匹配。匹配英文单词的时候考虑空格，示例代码如下：

```
// 输入内容和隶属度类别数组
public void analysisAll(String prefix,int [] degrees) throws Exception {
    if(rootNode ==null) {
        throw new Exception("rootNode is null");
    }
    int index =0;
    while(index<prefix.length()){
        getMatch(prefix,degrees,index);
        // 用 getNextPosition 方法取得下一个匹配点，也就是 index 的值
        index=getNextPosition(index,prefix);
    }
}

// 取得内容字符串从 index 位置开始的匹配
public void getMatch(String content,int [] degrees,int index) {
    TrieNode<WordRelation> node = rootNode;
    while(index<content.length()){
        char c =content.charAt(index);
        node = node.getChildren().get(c);
        if (node == null) {// 一直到匹配不下去为止
            return;
        }else if(node.isTerminal()){ // 匹配上
            WordRelation wr =node.getNodeValue();
            degrees[wr.getIndex()]+=wr.getDegree(); // 隶属度增加权重
        }
        index++; // 匹配内容字符串的下一个字符
```

```
                }
        }

        /**
         * 取得下一个匹配点
         * @param index 当前位置
         * @param prefix 字符串
         * @return 下一个匹配点
         */
        public static int getNextPosition(int index,String prefix){
                for(;index<prefix.length();index++){
                        char c =prefix.charAt(index);
                        if(c=='.'){
                                index++;
                                while((c>='a' && c<='z') || (c>='A' && c<='Z')){
                                        index++;
                                }
                                return index;
                        }else if(c==','){
                                index++;
                                while((c>='a' && c<='z') || (c>='A' && c<='Z')){
                                        index++;
                                }
                                return index;
                        }else if(c==' '){
                                index++;
                                while((c>='a' && c<='z') || (c>='A' && c<='Z')){
                                        index++;
                                }
                                return index;
                        }
                }
                return index;
        }
}
```

如果文本分类要针对中文或者日语等语种，则采用三叉 Trie 树存储分类特征词表，读入配置文件，用 UTF-8 格式的就可以通用了。

分类规则文件每行的格式是：

类别名称 关键词　贡献度

例如：[餐饮美食:火锅:97]表示类别名称是餐饮美食，关键词是火锅，贡献度是 97。

8.4.2　朴素贝叶斯

考虑文档 d 属于类别 c 的概率。一个文档 d 的概率是 $P(d)$，文档 d 正好属于类别 c 的条件概率是 $P(c|d)$。一个文档 d 属于类别 c 的联合概率 $P(c,d)$ 为：

$$P(c,d) = P(c|d) \times P(d) = P(d|c) \times P(c)。$$

根据上面的等式得到贝叶斯理论的一般形式：

$$P(C|D) = \frac{P(D|C)P(C)}{P(D)} = \frac{P(D|C)P(C)}{\sum_{c \in C} P(D|C=c)P(C=c)}$$

其中 C 和 D 是随机变量。

对文本分类就是在所有的类别中，找到最大的条件概率 $P(c|d)$对应的类别 c。形式化的写法是：

257

argmax $P(c|d)$。根据贝叶斯理论可以得到：

$$Class(d) = \underset{c \in C}{\arg\max}\, P(c|d) = \underset{c \in C}{\arg\max}\, \frac{P(d|c)P(c)}{\sum_{c \in C} P(d|c)P(c)} \text{。}$$

这就是贝叶斯分类公式。其含义是：在所有可能的类集合 C 中返回类 c，使得 $P(c|d)$ 最大。这里并不直接计算 $P(c|d)$，根据贝叶斯理论，可以通过计算 $P(d|c)$ 和 $P(c)$ 得到 $P(c|d)$。$P(c)$ 是先验概率，而 $P(d|c)$ 是类别 c 产生文档 d 的条件概率。

为了简化计算过程，朴素贝叶斯模型假定特征变量是相互独立的，也就是待分类文本中的词与词之间没有关联。假设 $d = w_1, w_2, \cdots, w_n$，则 $P(d|c) = \prod_{i=1}^{n} P(w_i|c)$。

给定一个类 c，我们为每个词定义一个布尔型的随机变量 w_i。布尔型事件的结果是 0 或 1。$P(w_i=1|c)$ 的概率可以说是项 w_i 通过类 c 产生的概率。相反地，$P(w_i=0|c)$ 的概率可以说是项 w_i 不通过类 c 产生的概率。这就是多变量伯努利（Multiple Bernoulli）事件空间。

在这个事件空间下，为每个项在某些类 c 下估计这个词是由这个类生成的可能性。例如，在垃圾邮件分类中，$P(\text{cheap}=1|\text{spam})$ 可能很大，但是 $P(\text{dinner}=1|\text{spam})$ 可能很小。怎样设置训练文档能被呈现在这个事件空间中，如表 8-2 所示。

表 8-2   在多变量伯努利事件空间中如何表示文档

文档 ID	cheap	buy	banking	dinner	the	class
1	0	0	0	0	1	not spam
2	1	0	1	0	1	spam
3	0	0	0	0	1	not spam
4	0	0	1	0	1	spam
5	1	1	0	0	1	spam
6	0	0	1	0	1	not spam
7	0	1	1	0	1	not spam
8	0	1	0	0	1	not spam
9	0	0	0	0	1	not spam
10	1	0	0	1	1	not spam

在这个例子中有 10 个文档，每个文档用唯一的 ID 标识，包含两类（spam 和 not spam），以及 "cheap" "buy" "banking" "dinner" 和 "the" 项的词汇表。在这个例子中 $P(\text{spam})=3/10$，$P(\text{not spam})=7/10$。接着，必须估计的是每个词和类搭配的 $P(w|c)$。最直接的方法是使用最大似然法估计概率，公式如下：

$$P(w|c) = \frac{df_{w,c}}{N_c} \text{。}$$

这里，$df_{w,c}$ 是在类 c 中包含词 w 的训练文档的数量，N_c 是类 c 的训练文档的总数。最大似然估计无非是计算在类别 c 中包含项 w 的文档的比例。使用最大似然估计，容易计算 $P(\text{the}|\text{spam})=1$，$P(\text{the}|\text{not spam})=1$，$P(\text{dinner}|\text{spam})=0$，$P(\text{dinner}|\text{not spam})=1/7$ 等。

使用多变量伯努利模型，文档似然值 $P(d|c)$ 可以写为：

$$P(d|c) = \prod_{w \in V} P(w|c)^{\delta(w,d)} (1 - P(w|c))^{1-\delta(w,d)} \text{。}$$

其中当且仅当在文档 d 中出现词 w 时，$\delta(w,d)$ 是 1。

实际上，由于零概率问题，所以不可能使用最大似然估计。为了解释零概率问题，让我们回到垃圾邮件分类的例子。假设我们接收一封垃圾邮件包含 "dinner" 一词。无论电子邮件包含或不包含其他的词，$P(d|c)$ 一直是 0，因为 $P(\text{dinner}|\text{spam})=0$，而这个词在文档中出现（也就是 $\delta\text{dinner}, d=1$）。因此，任何包含词 "dinner" 的文档都会自动计算成是垃圾邮件的概率是零。这个问题比较普遍，因为每当一个文档包含一个词，而那个词从来不出现在一个或多个类时，零概率问题就会产生。这里

的问题是最大似然估计是基于训练集中的出现次数。然而，这个训练集是有限的，因此不可能观察到所有可能的事件。这就是所谓的数据稀疏。数据稀疏往往是因为训练集太小，但是也会发生在比较大的数据集上。因此，我们必须改变这种方式的估计，对所有词，包括那些没有在给定类中观察到的词，给予一些概率量。我们必须为所有在词典中的项确保 $P(w|c)$ 是非零的。这样做就能避免所有的与零概率相关的问题。平滑技术可以克服零概率问题，一个流行的平滑技术是贝叶斯平滑。贝叶斯平滑假设模型上的某些先验概率并使用最大后验估计（max a posterior）。由此产生的平滑估计的多变量伯努利模型的形式为：

$$P(w\,|\,c) = \frac{df_{w,c} + \alpha_w}{N_c + \alpha_w + \beta_w}。$$

α_w 和 β_w 是依赖于 w 的参数。不同的参数设置导致不同的估计结果。一种流行的选择是对所有 w 设置 $\alpha_w = 1$ 和 $\beta_w = 0$。结果是以下的估计：

$$P(w\,|\,c) = \frac{df_{w,c} + 1}{N_c + 1}。$$

另一个选择是，对所有的 w 设置 $\alpha_w = \mu \dfrac{N_w}{N}$ 和 $\beta_w = \mu(1 - \dfrac{N_w}{N})$。其中 N_w 是包含词 w 的训练文档总数，μ 是可调参数。结果是如下估计：

$$P(w\,|\,c) = \frac{df_{w,c} + \mu \dfrac{N_w}{N}}{N_c + \mu}。$$

此事件空间只记录一个词是否出现；它没有记录这个词出现了多少次，但词频是一个重要的信息，对长文本来说尤其如此。现在看考虑到频率的多项（multinomial）事件空间后如何表达文档，如表 8-3 所示。

表 8–3　　　　　　　　　　　在多项事件空间中如何表示文档

文档 ID	cheap	buy	banking	dinner	the	class
1	0	0	0	0	2	not spam
2	3	0	1	0	1	spam
3	0	0	0	0	1	not spam
4	2	0	3	0	2	spam
5	5	2	0	0	1	spam
6	0	0	1	0	1	not spam
7	0	1	1	0	1	not spam
8	0	1	0	0	1	not spam
9	0	0	0	0	1	not spam
10	1	0	0	1	1	not spam

在表 8-3 的例子中有 10 个文档（每个文档用唯一的 ID 标识），包含两类（spam 和 not spam），以及 "cheap" "buy" "banking" "dinner" 和 "the" 这些项的词汇表。和多变量伯努利表示唯一的区别是事件不再是布尔型的。多项模型的最大似然估计和多变量伯努利模型很相似，公式是：

$$P(w\,|\,c) = \frac{tf_{w,c}}{|c|}。$$

这里 $tf_{w,c}$ 是训练集中的词 w 在类 c 中出现的次数，而 $|c|$ 是属于类 c 的词的总次数。在垃圾邮件分类例子中，$P(the|spam)=4/20$，$P(the|not\ spam)=9/15$，$P(dinner|spam)=0$，而 $P(dinner|not\ spam)=1/15$。

因为词是多项分布，所以给定类 c 的文档 d 的似然公式是：

$$P(d|c) = P(|d|)(tf_{w1,d}, tf_{w2,d}, \cdots, tf_{wv,d})! \prod_{w \in v} P(w|c)^{tf_{w,d}}。$$

这里 $tf_{w,d}$ 是词 w 在文档 d 中出现的次数，而 $|d|$ 是出现在文档 d 中的所有词总的次数。$P(|d|)$ 是长度为 $|d|$ 的文档出现的概率，而 $(tf_{w1,d}, tf_{w2,d}, \cdots, tf_{wv,d})!$ 是多项系数。注意到 $P(|d|)$ 和多项系数是依赖于文档的，为了分类的目的，可以省略掉这两项。因此实际需要计算的是 $\prod_{w \in V} P(w|c)^{tf_{w,d}}$。

词似然值的贝叶斯平滑估计根据如下公式计算：

$$P(w|c) = \frac{tf_{w,c} + \alpha_w}{|c| + \sum_{w \in V} \alpha_w}。$$

这里 α_w 是一个依赖于 w 的参数。对所有的 w，设置 $\alpha_w = 1$ 是一种可能的选择。对应如下的估计：

$$P(w|c) = \frac{tf_{w,c} + 1}{|c| + |V|}。$$

另一个流行的选择是设置 $\alpha_w = \mu \frac{cf_w}{|c|}$，这里 cf_w 是词 w 出现在训练文档中的总次数。$|c|$ 是词在所有的训练文档中出现的总次数，而 μ 则是一个可调的参数。在这个设置下，得到如下的估计：

$$P(w|c) = \frac{tf_{w,c} + \mu \frac{cf_w}{|c|}}{|c| + \mu}。$$

多变量伯努利模型又叫文档型模型，多项模型又叫词频型模型。这里实现文档型分类模型。计算先验概率的实现代码如下：

```java
private static TrainingData trainingData=TrainingData.getInstance();// 得到训练集

/**
 * 先验概率
 * @param c 给定的分类
 * @return 给定条件下的先验概率
 */
public static float calculatePc(String c){
    float Nc = trainingData.getClassDocNum(c);// 给定分类的训练文本数
    float N = trainingData.getTotalNum();// 训练集中文本总数
    return (Nc / N);
}
```

然后计算类条件概率。类条件概率的公式是：

$$P(w_i | c_j) = \frac{N(W = w_i, C = c_j) + 1}{N(C = c_j) + M + V}。$$

其中，$N(W=w_i, C=c_j)$ 表示类别 c_j 中包含词 w_i 的训练文本数量；$N(C=c_j)$ 表示类别 c_j 中的训练文本数量；M 值用于平滑，避免 $N(W=w_i, C=c_j)$ 过小所引发的问题；V 表示类别的总数，实现代码如下：

```java
/**
 * 计算类条件概率
 * @param w 给定的词
 * @param c 给定的分类
 * @return 给定条件下的类条件概率
 */
public static float calculatePwc(String w, String c) {
    // 返回给定分类中包含分类特征词的训练文本的数目
    float dfwc = tdm.getCountContainKeyOfClassification(c, x);
    // 返回训练文本集中在给定分类下的训练文本数目
    float Nc = tdm.getClassDocNum(c);
```

```
        // 类别数量
        float V = tdm.getTraningClassifications().length;
        return ( (dfwc + 1) / (Nc + M + V));
}
```

利用样本数据集计算先验概率和各个文本向量属性在分类中的条件概率,从而计算出各个概率值,最后比较各个概率值,选出最大的概率值对应的文本类别,即文本所属的分类。

为了避免结果过小,因此对乘积的结果取对数,计算整个概率为 $\log(P(d\,|\,c)) + \log(P(c))$。

计算整个概率的实现代码如下:

```
/**
 * @param d 给定文本的属性向量
 * @param Cj 给定的类别
 * @return 类别概率
 */
float calcProd(String[] d, String Cj){
    float ret = 0.0F;
    // 类条件概率连乘
    for (int i = 0; i <d.length; i++){
        String wi = d[i];
        // 因为连乘结果过小,所以把转成取对数
        // 对分类的最终结果无影响,因为只是比较概率大小而已
        ret+=Math.log(ClassConditionalProbability.calculatePwc(wi, Cj));
    }
    // 再乘以先验概率
    ret += Math.log(PriorProbability.calculatePc(Cj));
    return ret;
}
```

最后取最大概率对应的类的实现代码如下:

```
String[] classes = tdm.getTraningClassifications();// 返回所有的类名
float probility = 0.0F;
List<ClassifyResult> crs = new ArrayList<ClassifyResult>();// 分类结果
for (int i = 0; i <classes.length; i++){
    String ci = classes[i];// 第 i 个分类
    // 计算给定的文本属性向量 terms 在给定的分类 Ci 中的分类条件概率
    probility = calcProd(terms, ci);
    // 保存分类结果
    ClassifyResult cr = new ClassifyResult(ci,probility);
    crs.add(cr);
}
// 返回概率最大的分类
float maxPro = crs.get(0).probility;
String c = crs.get(0).classification;
for(ClassifyResult cr:crs){
    if(cr.probility>maxPro){
        c = cr.classification;
        maxPro = cr.probility;
    }
}
return c;
```

训练后,统计出每个词在每个类别出现的次数,还有每个类别中文档的次数等。统计信息保存到模型文件。训练的时候,先按照分类把分类里的文档都通过分词,然后统计每个词在该类所有文

档中出现的次数，下次用的时候直接读取这个条件概率，然后计算概率。

下次需要分类的文本里的关键词如果是训练集合里没有的，还需要将其添加到训练的结果中。

8.4.3 贝叶斯文本分类

统计语言模型是生成一个语言中字符串的概率建模。例如，一个一元模型。一个类别的语言模型就是多项朴素贝叶斯。

不同模型生成相同字符串的概率不一样。一般采用 N 元语言模型。每个类别的条件概率通过类别特定的一元语言模型计算。

8.4.4 支持向量机

判断一篇评论是好评还是差评，要收集褒义词和贬义词在文档中出现的次数作为判断的依据。如果一篇评论是好评，则输出 1；如果这篇评论是差评，则输出 -1。判断代码如下：

```java
public class OpinionSVM {
    public static void main(String[] args) {
        int freqGood = 100;  // 褒义词出现了100次
        int freqBad = 20;  // 贬义词出现了20次

        int y = freqGood - freqBad;  // 判断好评和差评的依据
        System.out.println(sign(y));  // 如果是好评，则输出1。差评，则输出-1
    }

    public static int sign(int y) {   // 符号函数
        if (y > 0)
            return 1;
        else
            return -1;
    }
}
```

根据褒义词维度值和贬义词维度值判断评价，把判断好评还是差评的依据抽象成判别函数。假设褒义词维度值为 x_1，贬义词维度值为 x_2。每个维度有一个重要度 w，和褒义词正相关的维度，对应的 w 就是正数，和褒义词负相关的维度，对应的 w 就是负数。判别函数（Discriminant Function）的形式如下：

$$f(x_1, x_2) = w_1 \times x_1 + w_2 \times x_2 。$$

上述代码中定义的 x_1 的值是 100，x_2 是 20。w_1 是 1，w_2 是 -1。

和贝叶斯分类器基于概率分类不同，支持向量机（Support Vector Machine，SUM）是基于几何学原理实现分类的。假设 "+" 是特征空间的一类点，而 "-" 是特征空间中的另外一类点。支持向量机通过分类面来判断特征空间中待分类点的类别。基本思想可用图 8-1 所示的两维情况说明。

假设有 N 个点在 p 维特征空间 $X=\{x_1, x_2, \cdots, x_p\}$ 中分别属于两类：C_+ 和 C_-。要解决的问题是找到一个函数 $f(x_1, x_2, \cdots, x_p)$ 判别出两类，对于 C_+ 类的点返回正值，而对于 C_- 类的点返回负值，这个函数叫作判别函数。

如果判别函数是线性的，则可以把判别函数看成如下形式：

$$f(x_1, x_2, \cdots, x_p) = w_1 \times x_1 + w_2 \times x_2 + \cdots + w_p \times x_p + b 。$$

假设向量 $w=(w_1, w_2, \cdots, w_p)$，向量 $x=(x_1, x_2, \cdots, x_p)$。

用 $<w,x>$ 表示向量 w 和 x 之间的内积（Inner Product），或称为点积。

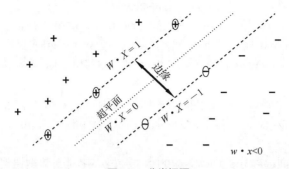

图 8-1 分类间隔

为了快速计算两个数组 *x* 和 *y* 的点积，只计算相同位置不为 0 的值即可。对于稀疏维度，为了节省空间，不采用哈希表存储<Index,Value>，而是将 index 全部按升序排列，然后通过归并两个排好序的数组来计算，类似搜索引擎中 docList 集合求 AND 的操作。计算的时间复杂度是 $O(m+n)$。计算点积的实现代码如下：

```java
public class Node{
    public int index;  // 维度编号
    public double value;  // 维度值
}

static double scalarProduct(Node[] x, Node[] y){
    double sum = 0;
    int xlen = x.length;
    int ylen = y.length;
    int i = 0;
    int j = 0;
    while(i < xlen && j < ylen){
        if(x[i].index == y[j].index)
                sum += x[i++].value * y[j++].value;
        else    {
                if(x[i].index > y[j].index)
                    ++j;
                else
                    ++i;
        }
    }
    return sum;
}
```

计算判别函数的值的代码如下：

```java
Node[] x = new Node[2];   // 稀疏形式的数组 x
x[0] = new Node(1,100);  // 设置第一个维度的值
x[1] = new Node(2,20);   // 设置第二个维度的值

Node[] w = new Node[2];  // 稀疏形式的数组 w
w[0] = new Node(1,1);  // 设置第一个维度的值
w[1] = new Node(2,-1);  // 设置第二个维度的值

double y = scalarProduct(x,w);  // 向量 x 和 w 的点积
```

判别函数的向量化表示 $g(x)$ 的形式是：

$$g(\boldsymbol{x}) = \text{sign}(<\boldsymbol{w}, \boldsymbol{x}> + b)。$$

$<\boldsymbol{w}, \boldsymbol{x}>$ 也记作 $\boldsymbol{w}^{\mathrm{T}} \cdot \boldsymbol{x}$，也就是向量 $\boldsymbol{w}$ 的转置点乘向量 $\boldsymbol{x}$。这里，sign 是符号函数，$\text{sign}(a)$ 的定义是当 $a > 0$ 时，返回 1；当 $a = 0$ 时，返回 0；当 $a < 0$ 时，返回 -1。有时候也把符号函数写作 σ。

一般把 $\boldsymbol{w}$ 称作权重向量（Weight Vector），把 b 叫作偏移量（Bias）。$<\boldsymbol{w}, \boldsymbol{x}> + b = 0$ 所定义的面叫作超平面（Hyperplane）。

每一个训练样本由一个向量（特征空间中的值组成的向量）和一个标记（标示出这个样本属于哪个类别）组成，记作：$D_i = (x_i, y_i)$。其中，y 的取值只有两种可能：1 和 -1（分别用来表示属于 C_+ 类还是属于 C_- 类）。

一般来说，如果超平面远离分类训练集中的点，会最小化对新数据错误分类的风险。点 i 到平面 $\prod_{w,b}$ 的距离 $d(\prod_{w,b}, x_i) = |\boldsymbol{w} \cdot x_i + b| / \|\boldsymbol{w}\|$。$d(\prod_{w,b}, x_i)$ 有时候也写作 δ_i。

选取 $\boldsymbol{w}$ 和 b，使超平面到最近点的距离最大。也就是求解：

$$\max_{(\boldsymbol{w}, b)} (\min_i d(\prod_{w,b}, x_i))，$$

这里的 $\|\boldsymbol{w}\|$ 叫作向量 $\boldsymbol{w}$ 的欧几里德范数（Euclidean Norm），计算公式是：

$$\|\boldsymbol{w}\| = \sqrt{w_1^2 + w_2^2 + \cdots + w_p^2}。$$

对于距离超平面最近的 C_+ 类的点 $\boldsymbol{x}_+$ 来说 $\boldsymbol{w}^{\mathrm{T}} \cdot \boldsymbol{x}_+ + b = 1$；对于距离超平面最近的 C_- 类的点 $\boldsymbol{x}_-$ 来说 $\boldsymbol{w}^{\mathrm{T}} \cdot \boldsymbol{x}_- + b = -1$。因此：

$$\max_{(\boldsymbol{w}, b)} (\min_i d(\prod_{w,b}, x_i)) = \frac{|\boldsymbol{w} \cdot \boldsymbol{x}_- + b| + |\boldsymbol{w} \cdot \boldsymbol{x}_+ + b|}{\|\boldsymbol{w}\|}。$$

也就是求解下面这个基本的问题。在 $y_i(\boldsymbol{w}^{\mathrm{T}} x_i + b) \geqslant 1$ 的条件下，求最小值：
$\min_{\boldsymbol{w}, b} \frac{1}{2} \|\boldsymbol{w}\|^2$。

满足相等约束条件的这些点叫作支持向量（Support Vector），因为这些点在支持（约束）超平面。用拉格朗日乘子（Lagrange Multiplier）来解决线性约束下的优化问题。下面是一个用拉格朗日乘子求解极值的例子。把一个拉格朗日乘子的函数整合进需要求最大或最小值的表达式。

例如：$f(x, y) = x + 2y$ 有约束条件：$g(x, y) = x^2 + y^2 - 4 = 0$。则引入一个拉格朗日乘子后，对应拉格朗日函数：$L(x, y, \lambda) = x + 2y + \lambda(x^2 + y^2 - 4)$。

求导数：

$$\frac{\partial L}{\partial x} = 1 + 2\lambda x = 0 \qquad （1）$$

$$\frac{\partial L}{\partial y} = 2 + 2\lambda y = 0 \qquad （2）$$

$$\frac{\partial L}{\partial \lambda} = x^2 + y^2 - 4 = 0 \qquad （3）$$

首先根据式（1）、式（2）、式（3）解出拉格朗日乘子 λ 的值，然后就可以计算出 $f(x, y)$ 的最小值。对于线性可分的问题，可以通过二次规划（Quadratic Programming）计算出拉格朗日乘子 λ 的值。

文本分类抽象成对空间中点的分类。下面是一个对二维空间中的样本点分类的例子，如图 8-2 所示。

假设标志成 + 的点：$\{(3,1), (3,-1), (6,1), (6,-1)\}$。

标志成 - 的点：$\{(1,0), (0,1), (0,-1), (-1,0)\}$。

因为数据是线性可分的，可以使用一个线性支持向量机，也就是说 Φ 就是原函数。有三个支持向量：$s_1 = (1,0)$，$s_2 = (3,1)$，$s_3 = (3,-1)$，增加一个偏移量输入 1，则 $\tilde{s}_1 = (1,0,1)$，$\tilde{s}_2 = (3,1,1)$，$\tilde{s}_3 = (3,-1,1)$。

计算拉格朗日乘子 α：

$$\alpha_1 \times \tilde{s}_1 \cdot \tilde{s}_1 + \alpha_2 \times \tilde{s}_2 \cdot \tilde{s}_1 + \alpha_3 \times \tilde{s}_3 \cdot \tilde{s}_1 = -1$$

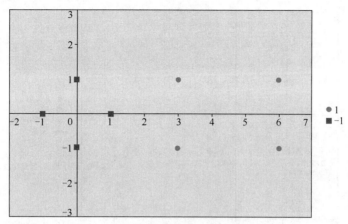

图 8-2 二维空间中的样本点

$$\alpha_1 \times \tilde{s}_1 \cdot \tilde{s}_2 + \alpha_2 \times \tilde{s}_2 \cdot \tilde{s}_2 + \alpha_3 \times \tilde{s}_3 \cdot \tilde{s}_2 = +1$$
$$\alpha_1 \times \tilde{s}_1 \cdot \tilde{s}_3 + \alpha_2 \times \tilde{s}_2 \cdot \tilde{s}_3 + \alpha_3 \times \tilde{s}_3 \cdot \tilde{s}_3 = +1$$

计算支持向量的点乘积，得到结果：

$$2\alpha_1 + 4\alpha_2 + 4\alpha_3 = -1,$$
$$4\alpha_1 + 11\alpha_2 + 9\alpha_3 = +1,$$
$$4\alpha_1 + 9\alpha_2 + 11\alpha_3 = +1。$$

求解得到：

$$\alpha_1 = -3.5, \quad \alpha_2 = 0.75, \quad \alpha_3 = 0.75。$$

w 可以表示成支持向量的线性组合：

$$\tilde{w} = \sum_i \alpha_i \tilde{s}_i = \alpha_1 \times \tilde{s}_1 + \alpha_2 \times \tilde{s}_2 + \alpha_3 \times \tilde{s}_3$$

$$= -3.5 \begin{pmatrix} 1 \\ 0 \\ 1 \end{pmatrix} + 0.75 \begin{pmatrix} 3 \\ 1 \\ 1 \end{pmatrix} + 0.75 \begin{pmatrix} 3 \\ -1 \\ 1 \end{pmatrix}$$

$$= \begin{pmatrix} 1 \\ 0 \\ -2 \end{pmatrix}。$$

求解结果是 $w = (1,0)$，$b = -2$。

设 x_+ 是任意一个属于 C_+ 的支持向量，x_- 是任意一个属于 C_- 的支持向量。而且，总是至少存在一个 x_+，也总是至少存在一个 x_-。

根据等式：$w^T x_+ + b = 1$ 和 $w^T x_- + b = -1$。

推导出 b 的另一个计算公式是：$b = -\frac{1}{2}(w^T x_+ + w^T x_-)$，

$$b = -\frac{1}{2} \ (w^T s_2 + w^T s_1) = -\frac{1}{2}\left(\begin{pmatrix} 1 \\ 0 \end{pmatrix}(3,1) + \begin{pmatrix} 1 \\ 0 \end{pmatrix}(1,0) \right) = -\frac{1}{2}(3+1) = -2。$$

$w_2 = 0$ 意味着特征空间的点的第二个维度对分类结果没有影响。判别条件是：如果 $x_1 > 2$，则该点属于+类；如果 $x_1 < 2$，则该点属于-类。分类超平面如图 8-3 所示。

另一个计算支持向量机的例子：在二维空间中有 4 个点，对应的标记值是 y。四个点描述如下：

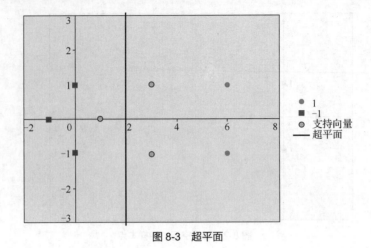

图 8-3　超平面

$$x_1=(-2,-2), \quad y_1=+1。$$
$$x_2=(-1,1), \quad y_2=+1。$$
$$x_3=(1,1), \quad y_3=-1。$$
$$x_4=(2,-2), \quad y_4=-1。$$

在 $\alpha_i \geqslant 0$ 的条件下求下面这个拉格朗日函数的最大值：

$$L(\alpha) = \sum_i \alpha_i - \frac{1}{2}\sum_{i,j} \alpha_i \alpha_j y_i y_j x_i^{\mathrm{T}} x_j$$
$$=\alpha_1+\alpha_2+\alpha_3+\alpha_4 - 4\alpha_1^2-\alpha_2^2-\alpha_3^2 - 4\alpha_4^2 - 4\alpha_1\alpha_3 - 4\alpha_2\alpha_4。$$

得到：$\alpha_1=0$，$\alpha_2=\dfrac{1}{2}$，$\alpha_3=\dfrac{1}{2}$，$\alpha_4=0$。因此支持向量是 x_2 和 x_3。

$$w = \sum_i \alpha_i y_i x_i = \frac{1}{2}(x_2 - x_3) = (-1,0)。$$

$$b=y_2 - w^{\mathrm{T}} x_2=0。$$

在一维空间中，没有任何一个线性函数能解决图 8-4 所示的划分问题（粗线和细线各代表一类数据），可见线性判别函数有一定的局限性。

图 8-4　线性函数不能分类的问题

如果建立一个图 8-5 所示的二次判别函数 $g(x)=(x-a)(x-b)$，则可以很好地解决图 8-4 所示的分类问题。这里 $g(x)=w_1x^2+w_2x+b$。

以前的特征空间只有一个维度，这个维度对应的值就是 x 的值。现在的特征空间有两个维度，第一个维度对应的值还是 x 的值，第二个维度对应的值是 x^2 的值。

举个日常生活中的例子：假设有个十字路口，南来北往的车辆连续不停会让这个十字路口拥堵。即使有红绿灯也无法完全解决问题。但是这是因为从平面交叉的二维角度来看才会无解。如果在这里建一个立交桥，车流就会变得顺畅无阻。也就是说加入"高度"这个维度，进入三维空间，问题就得到解决。

因此，可以通过核函数把特征空间映射到更高的维度，这样有可能找到更好的超平面。图 8-5 所示的例子是多项式核，此外常用的还有径向基函数（Radial Basis Funtion，RBF）核。

使用一个映射函数 Φ 把输入空间中的数据转换成特征空间中的数据，使分类问题变成线性可分的。然后求解出最优分隔超平面。当超平面通过 Φ^{-1} 映射回输入空间时，超平面变成了一个复杂的决策表面。

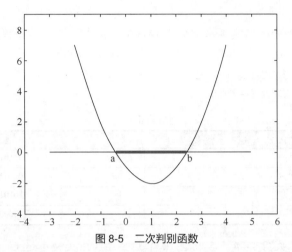

图 8-5　二次判别函数

分类问题可以转化成相似度计算的问题。如果待分类的点和正类点之间的相似性高，则可以把待分类的点分到正类；反之，如果待分类的点和负类点之间的相似性高，则可以把待分类的点分到负类。相似性可以用向量间夹角的余弦（两个向量的内积）表示。用核函数 $K(x_i,x_j) = \Phi(x_i)^T \Phi(x_j)$ 来度量两个点的相似性。

回顾前面介绍的文本分类的方法，把一个文档映射成有很高维度的向量。这种方法丢失了所有的词的顺序信息，而仅仅保留了文档中的词的频率信息。字符串核（String Kernel）通过从文档中提取 k 个前后相连的字作为特征来保留词的顺序信息。字符串核的另一种实现方法是：首先把字符串转换成后缀树（Suffix Tree），然后构造树核（Tree Kernel）。

因为训练集中有噪声的存在，而且训练集不能代表全部判决空间，所以正确处理相对模糊的间隔区域（Margin）与全集的比例是关键。最优分类超平面的定义是指：该分类面不但能正确分类，而且使各类别的分类间隔最大。最优训练的含义是：在确定的平面分类间隔条件下，不但训练序列的判决正确率高，而且推广到全集序列的判决率也尽可能高。

支持向量机最基本的方法只能实现两类分类，可以通过组合多个两类分类器来实现多类分类。

例如有 N 类，一种解决方法是学习 N 个支持向量机分类器。

SVM 1 学习　"Output==1"　vs　"Output != 1"

SVM 2 学习　"Output==2"　vs　"Output != 2"

　　　　　　　　……

SVM N 学习　"Output==N"　vs　"Output != N"

计算文档属于每个类别的隶属度，然后取最大隶属度对应的类别，这个方法叫作一类对应类。取最大隶属度对应的类别，实现代码如下：

```
// 输入每个类别的隶属度组成的数组
// 得到文档的所属类别 ID
private int singleCategory(double[] simRatio) {
    int catID = 0;
    double maxNum = simRatio[catID];
    for (int i = 1; i < m_nClassNum; i++) {
        if (simRatio[i] > maxNum) {
            maxNum = simRatio[i];
            catID = i;
```

```
        }
      }
    return catID;
  }
```

另外，介绍一种两类分类器实现多类分类的方法，称之为错误校正输出编码（Error Correcting Output Coding）。例如有 $m = 4$ 个类别，分别是政治、体育、商业、艺术。

分配唯一的 n 位向量给每个类名，这里 $n > \log_2 m$。第 i 个位向量作为类名 i 的唯一编码。m 个类名组成的位矩阵记作 C，如表 8-4 所示。

表 8-4　　　　　　　　　　　　　　　　　类名编码

类名	编码
政治	0110110001
体育	0001111100
商业	1010101101
艺术	1000011010

对每列构建独立的二元分类器，这里是 10 个分类器。正类文本是 $C_{ij} = 1$ 对应的类别，负类是 $C_{ij} = 0$ 对应的类别。例如：第三个分类器把{体育、艺术}作为负类，{政治、商业}作为正类。

下面介绍通过插件分类器判断文档类别。把预测某一位的值的分类器叫作插件分类器，一个插件分类器预测文档属于某个类别的子集，根据{$\lambda^1, \lambda^2, \cdots, \lambda^n$}来判断文档的类别。

计算文档 x 的类别时，先生成一个 n 位的向量。

$$\lambda(x) = \{\lambda^1(x), \lambda^2(x), \cdots, \lambda^n(x)\}$$

很有可能生成的位向量 $\lambda(x)$ 不是 C 中的一行，但是可能更像某些行，也就是和某些行的海明距离更近。把文档分类成这行对应的类别，也就是如下的公式：

$$\operatorname{argmin}_i \text{HamingDistance}(C_i, \lambda(x))$$

可以根据海明距离判断 $\lambda(x)$ 和哪行最相似。

假设 C_i 和 $\lambda(x)$ 最相似，则第 i 个类别作为文档 x 的类别。例如，如果生成的位向量是 $\lambda(x) = \{1010111101\}$，则把这篇文档分到商业类。

自动分类的 SVM 方法接口分为训练过程的接口和执行分类的接口。分类器训练过程的接口如下：

```
// 创建一个分类器
Classifier svmClassifier = new Classifier();
// 设置训练文本的路径
svmClassifier.setTrainSet("D:/train");
// 设置训练输出模型的路径
svmClassifier.setModel("D:/model");
// 执行训练
svmClassifier.train();
```

分类器训练好的结果写入 D:/model 目录，然后执行分类的接口如下：

```
// 加载已经训练好的分类模型
Classifier theClassifier = new Classifier("D:/model/model.prj");
// 文本分类的内容
String content ="我要买把吉他，希望是二手的，价格 2 000 元以下";
// 开始使用支持向量机方法分类
String catName = theClassifier.getCategoryName(content);
System.out.println("类别名称:"+catName);
```

8.4.5　多级分类

以二级分类为例，在路径 "D:\train\zippo 收藏乐器" 下建立子路径 "D:\train\zippo 收藏乐器\打火机 zippo 烟具" "D:\train\zippo 收藏乐器\古董收藏" "D:\train\zippo 收藏乐器\乐器乐谱" 和 "D:\train\zippo 收藏乐器\邮币卡字画"。

下面是训练二级分类的代码：

```
// 训练主分类
String strPath = "D:/lg/work/xiaoxishu/train";
String modelPath = "D:/lg/work/xiaoxishu/model";
Classifier svmClassifier = new Classifier();
svmClassifier.setTrainSet(strPath);
svmClassifier.setModel(modelPath);
svmClassifier.train();
File dir = new File(strPath);
File[] files = dir.listFiles();
for (int i = 0; i < files.length; i++){
        File f = files[i];
        if (f.isDirectory())    {
                // 训练子分类
                System.out.println(f.getAbsoluteFile().getName());
                String subTrain = strPath +"/" + f.getAbsoluteFile().getName();
                Classifier subClassifier = new Classifier();
                subClassifier.setTrainSet(subTrain);
                String subModelPath = modelPath +"/" + f.getAbsoluteFile().getName();
                subClassifier.setModel(subModelPath);
                subClassifier.train();
        }
}
```

下面是分类的执行代码：

```
String modelPath = "D:/lg/work/xiaoxishu/model";
Classifier theClassifier = new Classifier(modelPath+"/model.prj");
String content = "我要买把吉他，希望是二手的，价格 2 000 元以下"; // 分类文本内容
System.out.println("分类开始");
String catName = theClassifier.getCategoryName(content);
System.out.println("catName:"+catName);
if(catName == null){
        // 如果没有主分类则返回
        return;
}
String subModelPath = modelPath+"/"+catName+"/model.prj";
Classifier subClassifier = new Classifier(subModelPath);
String subCatName = subClassifier.getCategoryName(content);
System.out.println("subCatName:"+subCatName);
```

上面代码的执行结果将打印出：

```
分类开始
catName:zippo 收藏乐器
subCatName:乐器乐谱
```

也就是把 "我要买把吉他，希望是二手的，价格 2000 元以下" 分成大类 "zippo 收藏乐器"，子类 "乐器乐谱"。

8.4.6 使用 sklearn 实现文本分类

存在一些现成的库，例如 sklearn。可以通过 Java 语言用 sklearn-porter 调用 sklearn。

首先通过如下命令安装 sklearn 模块：

```
pip install sklearn
```

为了验证安装，可以在控制台导入 sklearn：

```
import sklearn
```

输入 Ctrl+Z 组合键，退出控制台。

然后，用 sklearn-porter 生成分类用的 Java 代码：

```
from sklearn.datasets import load_iris
from sklearn.tree import tree
from sklearn_porter import Porter
# 加载数据并训练分类器
samples = load_iris()
X, y = samples.data, samples.target
clf = tree.DecisionTreeClassifier()
clf.fit(X, y)
# 输出 Java 代码
porter = Porter(clf, language='java')
output = porter.export(embed_data=True)
print(output)
```

8.4.7 规则方法

朴素贝叶斯和 SVM 的方法都是基于文档中很多单词的组合加权来判断文档的类别，但是人工无法调整从训练集中学习出来的分类模型。文本分类也可以用人工编写的规则。人工编写的规则容易理解，而且可以达到很高的精度，但是完全由人工开发和维护的规则模型代价昂贵。

关键词识别规则不是基于单词频率，而是基于某个单词有没有出现在指定的位置。例如：如果文档中出现"NBA"这个词，就把这篇文档归到"体育"类。形式如下：

```
NBA=>体育
```

实现文本分类规则的代码如下：

```
public class Rule {
    public String[] antecedent;// 关键词
    public String consequent;// 分类结果

    public Rule (String[] antd,String classLabel){
        antecedent = antd;
        consequent = classLabel;
    }

  /**
    * 规则是否覆盖分类文档，也就是这个文档是否满足规则的条件
    *
    * @param doc 待分类实例
    * @return 如果满足分类条件，则返回 true
    */
  public boolean covers(HashSet<String> doc){
    for(int i=0;i<antecedent.length;++i)    {// 测试条件中的每个词
        if(!doc.contains(antecedent[i])) {
```

```
                    return false;
            }
        }
    return true;
    }
}
```

可能有多个规则符合同一个分类实例，这样就可能会产生歧义。为了解决歧义问题，可以给规则定义一个顺序，从上向下应用规则。这样，规则集合就变成了决策列表。决策列表就是一个有序的规则集合。给定一个分类实例 t，按照指定的顺序应用规则，直到一个规则的模式匹配上 t，然后把实例 t 归到 R 对应的分类结果。基于规则的文本分类流程如图 8-6 所示。

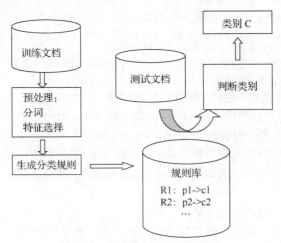

图 8-6　基于规则的文本分类流程图

根据规则对文本分类的代码如下：

```
/**
 * 对给定的文本进行分类
 * @param text 给定的文本
 * @return 分类结果
 */
public String classify(String text) {
    ArrayList<String> terms = spliter.getWords(text);// 中文分词处理
    HashSet<String> instance = new HashSet<String>();
    instance.addAll(terms);

    for (int i = 0; i < decisionList.size(); i++) {
        Rule rule = decisionList.get(i);
        if (rule.covers(instance))
            return rule.consequent;
    }
    return "";
}
```

学习出分类模型可以看成是生成规则和对规则排序两个过程。

生成规则的方法是：先用特征选择的方法，例如 CHI，生成每个类别的特征词。然后根据共同出现在一个句子中的特征词组合生成规则。最后验证规则的有效性。

可以采用搜索的方法初步检验规则的有效性。把规则的条件作为搜索词输入，如果返回的搜索结果按类别的分类统计只有一类，则说明这个规则有 100% 的精确度。例如，从京东购物网站搜索"虚拟机 多线程"，只返回"计算机与互联网"类别的商品。由此得到如下规则：

虚拟机 多线程=> 计算机与互联网

除了人工编写规则，还可以采用机器学习的方法从训练集学习出分类规则，例如 PRISM 和 RIPPER 算法。

PRISM 算法在构建每个规则后，先删除这个规则覆盖的那些文档，再找新规则。从高覆盖度的规则开始，然后通过增加更多的条件来增加它的准确度。要最大化每个规则的准确度。当准确度是 1，或者没有更多的文档时，停止增加条件。PRISM 算法的伪代码如下：

```
for each class C
    initialise E to the complete instance set
    while E contains instances with class C
        create empty rule R if X then C
        until R is perfect (or no more attributes)?
            for each attribute A not in R, and each value v,
            consider adding A=v to R
            select A and v to maximise accuracy of p/t
            add A=v to R
        remove instances covered by R from E
```

RIPPER 规则学习算法针对两类问题，选择一类作为正类，另外一类作为负类。学习正类的规则，把负类作为默认类别。对于多类分类问题，按类的流行程度（文档有多大可能性属于一个类别）增加的方式对类别排序，最小的类先学习规则集合，把其他的类别看成是负类，重复让下一个最小的类别作为正类。根据训练集对给定的规则排序，就是求解指定规则集合的最优排序，使正确标注的实例数量最大。

通过迭代发现决策列表的贪心算法如下：每次迭代过程选择一个规则，然后把这个规则加入决策列表的末尾，删除选择出的规则。继续这个过程直到输出所有的规则。每次选择规则时，会使用一个打分函数对每个规则打分，然后选择有最大分值的规则。

8.4.8　网页分类

抓取的新闻网站（比如新浪新闻网）上面有国际新闻和国内新闻的栏目。如果索引页能分成"国际新闻"或"国内新闻"的一种，详细页的类别参考索引页的分类，那么就可以形成一个"国际新闻"或"国内新闻"的分类训练样本库。再比如，凤凰网中新闻的 URL 地址中包含 reading 的就分为读书类，URL 中包含 mil 的就分为军事类，URL 中包含 culture 的就分为文化类。使用 URL 地址可以快速分类网页。

另外，通过 58 同城北京招聘网的网址就可以知道它可能是和招聘相关的网页，而且可能是北京地区的相关网页。

为了提取该网址的特征词 "bj" "58" "job"，首先按 "：" "/" "." 切分，然后通过词干化和小写化处理，去除停用词 "http" "com" "shtml"，最后剩下 "bj" "58" "job" 三个分类特征词。

根据页面的标题和正文来判断网页类别。此外，在分类文本加上链接到详细页面的描述锚点文字。

```
public class Hyperlink{
    URL url; // URL 地址本身
    String desc; // URL 地址的描述
    public Hyperlink(java.net.URL url, String desc){
        this.url = url;
        this.desc = desc;
    }
}
```

8.5　FastText 文本分类

　　FastText 是一个开源的轻量级词向量学习与文本分类工具，它适用于标准的通用硬件。FastText 可以运行于 Linux 或者 Mac OS 操作系统。

8.5.1　词向量

　　使用 FastText 学习词向量时，可以使用如下命令：

```
$ ./fasttext skipgram -input data.txt -output model
```

　　data.txt 是包含 UTF-8 编码文本的训练文件。默认情况下，单词向量将考虑 3～6 个字符的字符 n 元连接（N-gram）。在优化结束时，程序将保存两个文件：model.vec 和 model.bin。model.vec 是一个包含词向量的文本文件，每行一个词向量。model.bin 是一个二进制文件，包含模型的参数、字典和所有超参数。二进制文件可以在以后用于计算单词向量或重新启动优化。

　　先前训练的模型可用于计算未登录词的词向量。如果有一个文本文件 queries.txt 包含了要为其计算向量的单词，可以使用如下命令：

```
$ ./fasttext print-word-vectors model.bin < queries.txt
```

　　这将把词向量输出到标准输出，每行一个向量。输出词向量也可以用于管道命令，命令如下：

```
$ cat queries.txt | ./fasttext print-word-vectors model.bin
```

8.5.2　JavaCPP 包装 Java 接口

　　JavaCPP 提供了在 Java 中高效访问本地 C++的方法，这与某些 C / C++编译器与汇编语言交互的方式不同，无须使用 SWIG、SIP、C++ / CLI、Cython 或 RPython 等新语言。相反，类似于 cppyy 为 Python 所做的努力，它利用了 Java 和 C ++之间的语法和语义相似性。

　　例如，C++中的方法如下：

```
void testStringMethod(std::string s);
void testCharMethod(const char* s);
```

　　可以包装成下面的样子：

```
public native void testStringMethod(String s);
public native void testCharMethod(String s);
```

　　要使用 JavaCPP，需要下载并安装 C++编译器 llvm。

　　为了方便地开发 JavaCPP 应用，可以在 Ubuntu 下编译代码。

　　先来演示一个例子，这是一个简单的设置/读出方法，类似于 JavaBean 的工作方式。NativeLibrary.h 包含了 C++类。

```
#include <string>

namespace NativeLibrary {
    class NativeClass {
        public:
            const std::string& get_property() { return property; }
            void set_property(const std::string& property) { this->property = property; }
            std::string property;
    };
}
```

　　接下来定义一个 Java 类，驱动 JavaCPP 来调用 C++代码：

```
import org.bytedeco.javacpp.*;
import org.bytedeco.javacpp.annotation.*;
```

```
@Platform(include="NativeLibrary.h")
@Namespace("NativeLibrary")
public class NativeLibrary {
    public static class NativeClass extends Pointer {
        static { Loader.load(); }
        public NativeClass() { allocate(); }
        private native void allocate();

        // 调用 getter 和 setter 函数
        public native @StdString String get_property(); public native void
set_property(String property);

        // 直接访问成员变量
        public native @StdString String property();            public native void
property(String property);
    }

    public static void main(String[] args) {
        // 用 Java 分配的指针对象一旦无法访问就会被释放,
        // 但是仍然可以使用 Pointer.deallocate() 及时调用 C++析构函数
        NativeClass l = new NativeClass();
        l.set_property("Hello JavaCPP!");
        System.out.println(l.property());
    }
}
```

现在使用如下命令编译 NativeLibrary.java:

```
$javac  -Xdiags:verbose  -cp javacpp-1.4.3.jar NativeLibrary.java
```

生成 JNI 包装器(假设所有头和库位于当前目录中)的命令如下:

```
$ java -jar javacpp-1.4.3.jar -d . -Xcompiler -L. NativeLibrary
```

-d 选项可用于指定输出目录,使用-Xcompiler 可以将选项传递给编译器,例如-L.用于在当前路径中搜索库。

运行这个测试例子:

```
$java  -cp javacpp-1.4.3.jar NativeLibrary
```

输出结果如下:

```
Hello JavaCPP!
```

8.5.3 使用 JFastText

JFastText 是 Facebook 公司开发的 FastText 的 Java 包装器,是一个用于有效学习单词嵌入和快速句子分类的库。JNI 接口使用 JavaCPP 构建。

JFastText 提供了完整的 FastText 命令行界面,还提供了用于从文件加载训练模型以在内存中进行标签预测的 API,通过命令行界面支持模型训练和量化。

JFastText 非常适合在 Java 中构建快速文本分类器。

使用 git 命令下载 JFastText 源代码:

```
$git clone --recursive https://github.com/vinhkhuc/JFastText
```

为了防止下载失败,也可以安装重试命令行工具:

```
$sudo sh -c "curl https://raw.githubusercontent.com/kadwanev/retry/master/retry -o
/usr/local/bin/retry && chmod +x /usr/local/bin/retry"
```

下载源代码时,增加重试机制:

```
$retry git clone --recursive https://github.com/vinhkhuc/JFastText
```

使用 FastText 训练有监督的文本分类器：

```
$ ./fasttext supervised -input train.txt -output model
```

其中 train.txt 是一个文本文件，每行包含一个训练语句和标签。默认情况下，假设标签是以字符串 __label__ 为前缀的单词，这将输出两个文件：model.bin 和 model.vec。

训练模型后，可以在测试集上评估它：

```
$ ./fasttext test model.bin test.txt
```

JFastText 执行文本分类的代码如下：

```
// 训练有监督模型
jft.runCmd(new String[] {
        "supervised",
        "-input", "src/test/resources/data/labeled_data.txt",
        "-output", "src/test/resources/models/supervised.model"
});

// 从文件加载模型
jft.loadModel("src/test/resources/models/supervised.model.bin");

// 做标签预测
String text = "What is the most popular sport in the US ?";
JFastText.ProbLabel probLabel = jft.predictProba(text);
System.out.printf("\nThe label of '%s' is '%s' with probability %f\n",
        text, probLabel.label, Math.exp(probLabel.logProb));
```

8.6　最大熵分类器

GitHub 上的开源项目 Laptsg 中包含一个最大熵分类器。

使用通用迭代缩放（GIS）算法训练最大熵分类器大致可以概括为以下几个步骤。

（1）假定第 0 次迭代的初始模型为等概率的均匀分布。

（2）用第 N 次迭代的模型估算每种信息特征在训练数据中的分布，如果特征的期望值超过了实际的期望值，就把相应的模型参数变小；否则，将它们变大。

（3）重复步骤（2），直到收敛。

```
// create datums
LabeledInstance<String[], String> datum1 = new LabeledInstance<String[], String>(
        "cat", new String[] { "fuzzy", "claws", "small" });
LabeledInstance<String[], String> datum2 = new LabeledInstance<String[], String>(
        "bear", new String[] { "fuzzy", "claws", "big" });
LabeledInstance<String[], String> datum3 = new LabeledInstance<String[], String>(
        "cat", new String[] { "claws", "medium" });
LabeledInstance<String[], String> datum4 = new LabeledInstance<String[], String>(
        "cat", new String[] { "claws", "small" });

// create training set
List<LabeledInstance<String[], String>> trainingData = new ArrayList<LabeledInstance
<String[], String>>();
trainingData.add(datum1);
trainingData.add(datum2);
trainingData.add(datum3);

// create test set
List<LabeledInstance<String[], String>> testData = new ArrayList<Labeled Instance
<String[], String>>();
```

```
        testData.add(datum4);

        // build classifier
        FeatureExtractor<String[], String> featureExtractor = new FeatureExtractor<String[],
String>() {
            public Counter<String> extractFeatures(String[] featureArray) {
                return new Counter<String>(Arrays.asList(featureArray));
            }
        };
        MaximumEntropyClassifier.Factory<String[], String, String> maximumEntropyClassifier
Factory = new MaximumEntropyClassifier.Factory<String[], String, String>(
                1.0, 20, featureExtractor);
        ProbabilisticClassifier<String[], String> maximumEntropyClassifier = maximumEntropy
ClassifierFactory
                .trainClassifier(trainingData);
        System.out.println("Probabilities on test instance: "
                + maximumEntropyClassifier.getProbabilities(datum4.getInput()));
```

输出结果如下：

```
Probabilities on test instance: [cat : 0.73131, bear : 0.26869]
```

8.7 文本聚类

将一个数据对象的集合分组成为类似对象组成的多个类的过程称为聚类。每一个类称为簇，同簇中的对象彼此相似，不同簇中的对象相异。聚类不同于前面提到的分类，它不需要训练集合。

文档聚类就是对文档集合进行划分，使得同类间的文档相似度比较大，不同类的文档相似度比较小。文本聚类不需要预先对文档标记类别，具有较高的自动化能力，已经成为对文本信息进行有效组织、摘要和导航的重要手段。

8.7.1 K 均值聚类算法

目前存在着大量的聚类方法。算法的选择取决于数据的类型、聚类的目的和应用。在众多方法中，K 均值聚类算法是一种比较流行的方法，而且其聚类的效果也比较好。

K 均值聚类算法是把含有 n 个对象的集合划分成指定的 k 个簇。每一个簇中对象的平均值称为该簇的聚点（中心）。两个簇的相似度就是根据两个聚点计算出来的。假设聚点 x 和 y 都有 m 个属性，取值分别为 x_1，$x_2, \cdots, x_m$ 和 y_1，y_2，$\cdots$，y_m，则 x 和 y 的距离为 $d_{xy} = \left(\sum\limits_{k=1}^{m} |x_k - y_k|^2 \right)^{\frac{1}{2}}$。

K 均值聚类算法有如下 5 个步骤。

（1）从任意 n 个对象中选择 k 个对象作为初始簇的中心。

（2）根据簇中对象的平均值，即簇的聚点，将每个对象（重新）赋给最类似的簇。

（3）重新计算每个簇的平均值，即更改簇的聚点。

（4）若某些簇的聚点发生了变化，转步骤（2）；若所有的簇的聚点无变化，转步骤（5）。

（5）输出划分结果。

K 均值聚类算法的流程如图 8-7 所示。

K 均值聚类算法流程中的前 3 个步骤都有各种方法，通过组合可以得到不同的划分方法。下面在 K 均值聚类算法的基础上，许多改进算法在如何选择初始聚点、如何划分对象及如何修改聚点等方面提出了不同的方法。

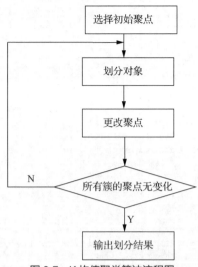

图 8-7　K 均值聚类算法流程图

　　初始聚点的选择对最终的划分有很大的影响。选择的初始聚点不同，算法得到解也不同。选择适当的初始聚点可以加快算法的收敛速度并改善解的质量。

　　选择初始聚点的方法有以下几种。

　　（1）随机选择法。随机选择 K 个对象作为初始聚点。

　　（2）最小最大法。先选择所有对象中相距最远的两个对象作为聚点，然后选择第三个聚点，使得它与已确定的聚点的最小距离比其余对象与已确定的聚点的最小距离大，然后按同样的原则选择以后的聚点。

　　（3）最小距离法。选择一个正数 r，把所有对象的中心作为第一个聚点，然后依次输入对象，如果当前输入对象与已确定的聚点的距离都大于 r，则将该对象作为一个新的聚点。

　　划分方法就是决定当前对象应该分到哪一个簇中。划分方法中最为流行的是最近归类法，即将当前对象归类于距离最近的聚点。

　　修改聚点的方法有以下几种。

　　（1）按批修改法。输入全部对象后再修改聚点和划分。步骤如下：①选择一组聚点；②根据聚点划分对象；③计算每个簇的中心，作为新的聚点，如果划分合理则停止，否则转步骤②。

　　（2）逐个修改法。每输入一个对象的同时就改变该对象所归簇的聚点。步骤如下：①选择一组聚点；②将余下的对象依次输入，每输入一个对象，按当前的聚点将其归类，并重新计算中心，代替原先的聚点；③如果划分合理则停止，否则转步骤②。

8.7.2　K 均值聚类算法的实现

　　下面的测试方法中，输入 20 个元素，聚类成 3 个集合：

```java
public class KMeans {
    // 计算欧氏距离
    private static double EuDistance(double array1[], double array2[]) {
        double Dist = 0.0;
        if (array1.length != array2.length) {
            System.out.println("the number of the arrary is ineql");
        } else {
            for (int i = 0; i < array2.length; i++) {
                Dist = Dist + (array1[i] - array2[i]) * (array1[i] - array2[i]);
            }
```

```java
        }
        return Math.sqrt(Dist);
    }
    // 打印整数数组
    private static void printArray(int array[]) {
        System.out.print('[');
        for (int i = 0; i < array.length; i++) {
            System.out.print(array[i]);
            if ((i + 1) < array.length) {
                System.out.print(", ");
            }
        }
        System.out.println(']');
    }
    // 打印浮点数距离
    private static void printMatrix(double Matrix[][], int row, int col){
        System.out.println("Matrix is:");
        System.out.println('{');
        for(int i=0; i<row; i++){
            for (int j = 0; j < col; j++) {
                //Matrix[i][j]=-1.0; for test
                System.out.print(FORMAT.format(Matrix[i][j]));
                if ((j + 1) < col) {
                System.out.print(", ");
                }
            }
            System.out.println();
        }
        System.out.println('}');
    }
    private static DecimalFormat FORMAT = new DecimalFormat("000.000");
    // 返回一个 M 个元素组成的随机整数数组，其中每个元素的取值范围是 0 到 N-1
    private static int[] Randperm(int N,int M){
        double[]  PermF=new double[N];
        int[]     PermI=new int[N];
        int[]     RetArray=new int[M];
        double tempF;
        int    tempI;
        for(int i=0; i<N; i++){
            PermF[i]=Math.random();
            PermI[i]=i;
        }
        // 排序
        for(int i=0; i<N-1; i++){
            for(int j=i+1; j<N; j++){
                if(PermF[i]<PermF[j]){
                    tempF=PermF[i];
                    tempI=PermI[i];
                    PermF[i]=PermF[j];
                    PermI[i]=PermI[j];
                    PermF[j]=tempF;
                    PermI[j]=tempI;
                }
            }
        }
        for(int i=0; i<M; i++){
```

```
                    RetArray[i]=PermI[i];
            }
        return RetArray;
    }
// 判断两个数组是否相等
private static boolean IsEqual(int Array1[],int Array2[]){
    for(int i=0; i<Array1.length; i++){
            if(Array1[i]!=Array2[i]){
                    return false;
                }
        }
        return true;
    }
// 取得数组中最小元素所在位置
private static int MinLocation(double Array[]){
    int Location;
    double Min;
    //initial
    Min=Array[0];
    Location=0;
    // 遍历
    for(int i=1; i<Array.length; i++){
            if(Array[i]<Min){
                    Location=i;
                    Min=Array[i];
                }
        }
        return Location;
    }
// 对 Matrix 中的数据聚类
private static int[] KMeansCluster(double Matrix[][], int row, int col, int ClusterNum){
int[]  CenterId=new int[ClusterNum];
int[]  Cid=new int[row];
int[]  oldCid=new int[row];
int[]  NumOfEveryCluster=new int[ClusterNum];
double[][]  ClusterCenter=new double[ClusterNum][col];
double[]  CenterDist=new double[ClusterNum];
// 初始化聚类中心
// 随机取得聚类中心点
CenterId=Randperm(row,ClusterNum);
for(int i=0; i<ClusterNum; i++){
    for(int j=0; j<col; j++){
            ClusterCenter[i][j]=Matrix[ CenterId[i] ][j];
        }
}
// 初始化 oldCide
for(int i=0; i<row; i++){
    oldCid[i]=1;
    }
int MaxIter=100;
int Iter=1;
while( !IsEqual(Cid,oldCid) && Iter<MaxIter){
        for(int i=0; i<row;i++){
        oldCid[i]=Cid[i];
    }
```

```
        // 实现 K 均值算法
        // 遍历每个点，发现它到每一个聚类中心的距离
        for(int i=0;i<row;i++){
            for(int j=0; j<ClusterNum;j++){
                CenterDist[j]=EuDistance(Matrix[i], ClusterCenter[j] );
            }
            Cid[i]=MinLocation(CenterDist);
        }
        // 得到每个簇拥有的点数
        for(int j=0; j<ClusterNum; j++){
            NumOfEveryCluster[j]=0;
            for(int i=0; i<row; i++){
                if(Cid[i]==j){
                    NumOfEveryCluster[j]=NumOfEveryCluster[j]+1;
                }
            }
        }
        // 找到新的簇中心
        // 求和
        for(int j=0; j<ClusterNum; j++){
            for(int k=0; k<col; k++){
                ClusterCenter[j][k]=0.0;
                for(int i=0; i<row; i++){
                    if(Cid[i]==j){
                        ClusterCenter[j][k]=ClusterCenter[j][k]+Matrix[i][k];
                    }
                }
            }
        }
        // 求平均值
        for(int j=0; j<ClusterNum; j++){
            for(int k=0; k<col; k++){
                ClusterCenter[j][k]=ClusterCenter[j][k]/NumOfEveryCluster[j];
            }
        }
    ++Iter;
    }
    return Cid;
}
// 测试 K 均值聚类
public static void main(String[] args) {
    int Matrix_row;
    int Matrix_col;
    int ClusterNum;
    Matrix_col=5;
    Matrix_row=20;
    ClusterNum=3;
    double[][] Matrix = new double[Matrix_row][Matrix_col];
    int[] List=new int[Matrix_row];
    for(int i=0; i<Matrix_row; i++){
        for(int j=0; j<Matrix_col; j++){
            Matrix[i][j]=10*Math.random();
        }
    }
    double[][] DistMatrix=new double[Matrix_row][Matrix_row];
```

```
                for(int i=0; i<Matrix_row; i++){
                    for(int j=0; j<Matrix_row; j++){
                        DistMatrix[i][j]=EuDistance(Matrix[i],Matrix[j]);
                    }
                }
                printMatrix(Matrix,Matrix_row,Matrix_col);
                System.out.println("The Distance Matrix is:");
                printMatrix(DistMatrix,Matrix_row,Matrix_row);
                List=KMeansCluster(Matrix, Matrix_row, Matrix_col,ClusterNum);
                System.out.println("The result of clustering, value of No.i means the ith belong
to the No.value cluster");
                printArray(List);
            }
        }
```

给每个类别自动命名可参考 6.2 节中关键词提取的代码。

8.7.3　深入理解 DBScan 算法

DBScan 是一个基于密度的数据聚类算法，它从对应点的估计密度分布发现一些簇，能够发现任意形状的簇并且有效地处理噪声。

DBScan 基于密度可达性的概念来定义簇。如果满足下面两个条件，就认为从一个点 p 直接密度可达点 q：一个是它们之间的距离在一个给定的距离 ε 内（也就是说 q 是 p 的一个 ε 邻居），另一个是 p 周围围绕了足够多的点。这样就可以认为 p 和 q 是属于同一个簇的点。

如果存在一个点的序列 $p_1,\cdots,p_n$，其中 $p_1=p$，$p_n=q$，p_i 直接密度可达 p_{i+1}，则称作从 p 密度可达 q。注意，密度可达关系不是对称的，也就是说 p 密度可达 q 并不一定保证 q 密度可达 p，因为 q 可能位于簇的边界，没有足够多的邻居点来让它真正成为簇元素。因此，引入了密度连通的概念：如果存在一个中间点 o，o 与 p 是密度可达的，同时 o 与 q 也是密度可达的，则认为 p 和 q 是密度连通的。一个簇是文档库中的点的子集，簇满足两个属性：簇中的所有点是互相密度连通的；如果某个点和簇中的任意某个点是密度连通的，则这个点也是簇的一个点。

在一个簇中有两种不同的点，ε 邻居数量多于指定阈值 MinPts 的称为核心点，否则为非核心点。核心点可以把非核心点"拉"到簇里面。

DBScan 需要两个参数 Eps 和 MinPts 来形成一个簇。从任意的未访问过的点开始，如果它包含足够多的 ε 邻居，则形成一个簇，否则把这个点标识成噪声。注意，这个点之后可能在另外某个点的 ε 环境中，因此成为一个簇中的一个点。

如果一个点是簇中的一个点，则它的 ε 邻居是簇的一部分。因此，把它的 ε 邻居中的所有点都加入簇中。重复这个扩展点的过程，直到完全发现簇。然后取一个新的没访问过的点做同样处理，发现另外一个簇或者噪声。

发现一个簇的步骤基于这样一个原理：一个簇能够由它的任一核心对象唯一地确定。伪代码如下：

```
DBSCAN(D, eps, MinPts)
    C = 0
    对数据集 D 中每个未访问过的点 P
        把 P 标志成已经访问过
        N = getNeighbors (P, eps)
        if sizeof(N) < MinPts
            把 P 标志成噪声
        else
            C = 下一个簇
            expandCluster(P, N, C, eps, MinPts)
```

```
expandCluster(P, N, C, eps, MinPts)
    把 P 加到簇 C
    对 N 中的每个点 P'
        if 没有访问过 P'
            把 P'标志成已访问
            N' = getNeighbors(P', eps)
            if sizeof(N') >= MinPts
                N = N 与 N'合并
        if P' 不是任何簇的成员
            把 P'加到簇 C
```

8.7.4 使用 DBScan 算法聚类实例

Weka 软件中有 DBScan 算法的实现，其源代码在 weka.clusterers 包中，文件名为 DBScan.java。

其中 buildClusterer 和 expandCluster 这两个方法是 DBScan 算法中最核心的方法。buildClusterer 方法是所有聚类接口实现的方法，而 expandCluster 方法用于扩展样本对象集合的高密度连接区域。另外还有一个用于查询指定点的 ε 邻居的方法，叫 epsilonRangeQuery()，这个方法在 Database 类中，调用例子如下：

```
seedList = database.epsilonRangeQuery(getEpsilon(),dataObject);
```

在 buildClusterer 方法中，通过对每个未聚类的样本点调用 expandCluster 方法进行处理，查找由这个对象开始的密度相连的最大样本对象集合。在这个方法中处理的主要代码如下：

```
while (iterator.hasNext()) {
    DataObject dataObject = (DataObject) iterator.next();
    if (dataObject.getClusterLabel() == DataObject.UNCLASSIFIED) {
        if (expandCluster(dataObject)) {// 一个簇已经形成
            clusterID++;// 取下一个聚类标号
            numberOfGeneratedClusters++;
        }
    }
}
```

下面来看 expandCluster 方法，该方法的输入参数是样本对象 dataObject。该方法首先判断这个样本对象是不是核心对象，如果是核心对象，再判断这个样本对象的 ε 邻域中的每一个对象，检查它们是不是核心对象，如果是核心对象，则将其合并到当前的聚类中。源代码分析如下：

```
// 查找输入的 dataObject 这个样本对象的 ε 邻域中的所有样本对象
List seedList = database.epsilonRangeQuery(getEpsilon(), dataObject);
// 判断 dataObject 是不是核心对象
if (seedList.size() < getMinPoints()) {
    // 如果不是核心对象则将其设置为噪声点
    dataObject.setClusterLabel(DataObject.NOISE);
    // 没有发现新的簇，所以返回 false
    return false;
}

// 如果样本对象 dataObject 是核心对象，则对其邻域中的每一个对象进行处理
for (int i = 0; i < seedList.size(); i++) {
    DataObject seedListDataObject = (DataObject) seedList.get(i);

    // 设置 dataObject 邻域中的每个样本对象的聚类标识，将其归为一个簇
    seedListDataObject.setClusterLabel(clusterID);
```

```
        // 如果邻域中的样本对象与当前这个 dataObject 是同一个对象，那么将其删除
        if (seedListDataObject.equals(dataObject)) {
            seedList.remove(i);
            i--;
        }
    }

    // 对 dataObject 的 ε 邻域中的每一个样本对象进行处理
    for (int j = 0; j < seedList.size(); j++) {
        // 从邻域中取出一个样本对象 seedListDataObject
        DataObject seedListDataObject = (DataObject) seedList.get(j);

        // 查找 seedListDataObject 的 epsilon 邻域并取得其中所有的样本对象
        List seedListDataObject_Neighbourhood = database.epsilonRangeQuery(getEpsilon(),
seedListDataObject);

        // 判断 seedListDataObject 是不是核心对象
        if (seedListDataObject_Neighbourhood.size() >= getMinPoints()) {
            for (int i = 0; i < seedListDataObject_Neighbourhood.size(); i++){
                DataObject p = (DataObject) seedListDataObject_Neighbourhood.get(i);
                // 如果 seedListDataObject 样本对象是一个核心对象
                // 则将这个样本对象邻域中的所有未被聚类的对象添加到 seedList 中
                // 并且设置其中未聚类对象或噪声对象的聚类标号为当前聚类标号
                if (p.getClusterLabel() == DataObject.UNCLASSIFIED || p.getClusterLabel()
== DataObject.NOISE) {
                    if (p.getClusterLabel() == DataObject.UNCLASSIFIED) {
                        // 在这里将样本对象 p 添加到 seedList 列表中
                        seedList.add(p);
                    }
                    p.setClusterLabel(clusterID);
                }
            }
        }
        // 去除当前处理过的样本点
        seedList.remove(j);
        j--;
    }

    // 发现新的簇，所以返回 true
    return true;
```

8.8　持续集成

　　Jenkins 开源软件项目从一开始就支持构建 Java 项目，因为这是 Jenkins 编写使用的语言，并且 Java 是很多项目所使用的语言。如果要构建 Java 项目，则有许多不同的选项。可以使用 Jenkins 实现 Apache Maven 或 Gradle 项目的自动构建。

　　Jenkins 2.54 到 2.89 版本只支持 JDK8。

　　首先使用如下命令检查 JDK 版本：

```
#java -version
```

如果还没有安装，则使用如下命令安装 JDK8：

```
#sudo apt update
```

```
#sudo apt install openjdk-8-jdk
```

使用以下 wget 命令导入 Jenkins 存储库的 GPG 密钥：

```
#wget -q -O - https://pkg.jenkins.io/debian/jenkins.io.key | sudo apt-key add -
```

使用如下命令将 Jenkins 存储库添加到系统中：

```
#sudo    sh    -c  'echo    deb    http://pkg.jenkins.io/debian-stable    binary/    >
/etc/apt/sources.list.d/jenkins.list'
```

启用 Jenkins 存储库后，通过使用如下命令更新 apt 软件包列表，并安装最新版本的 Jenkins：

```
#sudo apt update
#sudo apt install jenkins
```

安装过程完成后，Jenkins 服务将自动启动。可以通过使用如下命令打印服务状态来验证它：

```
#systemctl status jenkins
```

应该可以看到类似如下输出：

```
jenkins.service - LSB: Start Jenkins at boot time
Loaded: loaded (/etc/init.d/jenkins; generated)
Active: active (exited) since Mon 2019-01-14 08:52:49 CST; 15s ago
  Docs: man:systemd-sysv-generator(8)
 Tasks: 0 (limit: 19660)
CGroup: /system.slice/jenkins.service
```

8.9 专业术语

Hyperplane 超平面

Information Gain 信息增益

K-means K 均值

Langrange Multiplier 拉格朗日乘子

Maximum Entropy 最大熵

Naive Bayes 朴素贝叶斯

Support Vector Machine 支持向量机

09 第9章 文本倾向性分析

　　人们常常会对某个事物（如产品）发表自己的看法或评论，计算机可以判断该看法或评论是属于对该事物的积极意见还是消极意见，这就是文本倾向性分析。这里讨论的文本倾向性分析（Sentiment Analysis 或 Opinion Mining），其基本目标就是区分出正面、负面和中性 3 个级别，这叫作极性分类（Polarity Classification）。另外，可以按好恶程度分出更多的级别，例如，1～5 星级，这叫作星级评分（Multi-way Scale）。

　　还有文档级别的情感识别，例如对某个电影或酒店的评论自动分类出极性或者星级，这样区分出好评和差评。还想进一步对好在哪里、差在何处做更细致的分析，所以出现了更细粒度的基于特征的情感识别，例如区分出对手机屏幕或者照相机画质的评价。

　　为了准确地识别极性，可以考虑对文本的主客观语句分类，提取出 n 个最主观的句子来概括整个评论的褒贬倾向。从技术上来说，就是从主客观混合文本语料中抽取表示主观性的文本。

　　为了实现基于特征的情感识别，需要从上下文提取出评价的对象。需要提取描述对象的特征，然后判断倾向性描述在每个特征上的极性。"特征"一词在这里既表示描述对象的组成，也表示属性。

　　特征抽取指获得关于主题某一方面的具体描述，如汽车的油耗与操控性、数码相机的电池寿命。和信息抽取相比，情感分析中的特征抽取更加自由，因为抽取的结果不要求是结构化的。在某些应用中，特征抽取比情感取向判断更加重要，因为它需要关注用户的具体意见。例如对某款照相机的评价统计如下。

照相机：

褒义: 125 <独立的评价句子>

贬义: 7 <独立的评价句子>

特征：画质

褒义: 123 <独立的评价句子>

贬义: 6 <独立的评价句子>

特征：大小

褒义: 82 <独立的评价句子>

贬义: 10 <独立的评价句子>

对事物的观点有直接观点和对比观点两种。

- 直接观点（Direct Opinion）：例如，这款相机的画质的确有点烂。
- 对比观点（Comparative Opinion）：例如，这款相机的画质比 Camera-x 好。进行这类情感分析时，首先要确定观点的目标对象是谁。在这个例子中需要用指代消解来确定**这款相机**指的是哪款照相机。

有时候，作者把情感和事实一起表达，如"3 寸的液晶显示屏取景非常细致清晰"。情感和具体的特征是分不开的。

除了这些经典的问题外，在针对社会媒体的情感分析中，我们面临更多挑战。例如，并非所有与主题相关的用户评价内容都是重要的，只有其中少部分引起关注和讨论，甚至影响其他用户的观念和行为。因此，评估它们的影响力和预测它们是否得到关注具有重要的应用价值。不合理地利用社会媒体的影响力也值得关注。制造事端打击竞争对手，恶作剧心理造谣生事，收受商家好处为特定产品夸大宣传，都是典型的误导公众行为。

首先，从文本中抽取描述对象的特征。例如，针对汽车的用户体验信息中，关于操控性、舒适性、油耗、内饰、配置等方面的评价被分别抽取列出，因此可以收集到不同用户关于同一特征的描述，在不同品牌、不同时间段、不同用户群的范围内统计并加以比较评估，这样的数据能直接、准确地反映用户的消费情况和市场反应。另外，需要评估一个用户言论的内在价值并预测将来的关注度。从实务操作上来说，有些重要的言论和事件在几个小时内就会引起广泛的关注，厂家可以及时发现和跟进这种对其产品销售和品牌形象具有重要影响的言论。

为了获取标注好的文本倾向，可以从评论网站（比如豆瓣、亚马逊、携程等）抓取所有评论，将这些评论用星级评价来代表褒贬度。

常见的具有语义倾向词语的词性及示例如表 9-1 所示。

表 9-1 有语义倾向的词语表

词性编码	词性	示例
a	形容词	美丽、丑陋
n	名词	英雄、熊市、粉丝、流氓
v	动词	发扬、贬低
d	副词	昂然、暗地
i	成语	宾至如归、叶公好龙
p	习惯语	双喜临门、顺竿爬

事实上，对一篇文章而言，它表达的情感是通过主观语句体现出来的，比如"产品质量好！"。但是像"它的售价刚好是 50 元！"这样的客观语句中，虽然有"好"这一特征词，但并不表达任何情感。如果能区分一篇文章中的主观语句和客观语句，只对主观语句进行特征选择，会对分类的准确率有很大提高。

观点搜索系统使用户能够查找关于一个对象的评价观点。典型的观点搜索查询包括以下两种类型。

（1）搜索关于一个特定对象或对象特征的观点。用户只要简单地给出对象或对象的特征即可。

（2）搜索一个人或组织关于一个特定对象或对象特征的观点。用户需要给出观点拥有者的名字和对象的名字。

判断用户的情感取向（polarity）是喜欢、不喜欢还是中性的。通过对大量用户的情感取向进行统计，可以了解到用户对特定产品的好恶，甚至对具体的某个特征（如数码相机的镜头、电池寿命等）做出直接的判断和比较。

开源项目 LingPipe 包含了情感识别的实现。LingPipe 从主客观混合文本语料中抽取表示主观性的文本，比如可以把电影评论分成正面和负面评价。LingPipe 主要实现了如下两种分类问题。

- 主观（情感）句和客观（情感）句识别。例如，"这部影片很一般"是主观句，而"捕捉昆虫的一般方法"则是客观句。
- 正面（喜欢）或负面（不喜欢）评价。

近年，基于情感的文本分类逐渐被应用到更多的领域中。例如，微软公司开发的商业智能系统 Pulse 能够从大量的评论文本数据中，利用文本聚类技术提取出用户对产品细节的看法；产品信息反馈系统 Opinion Observer 利用网络上丰富的顾客评论资源，对评论的主观内容进行分析处理，提取产品各个特征及消费者对其的评价，并给出一个可视化结果。

9.1 确定词语的褒贬倾向

在判断词汇的褒贬时，会遇到如下问题：如何发现以及判断潜在的褒贬新词。只有不断地扩充褒贬词库，才能够使后续的判断尽可能准确。通常一个小的褒贬词库在词汇的覆盖程度上并不尽如人意，但如果要穷尽所有的褒贬词汇也非易事，如何去发掘潜在的褒贬词汇，是我们需要解决的难题；对于一些同义词，它们的褒贬性可能相反（如"宽恕"和"姑息"），我们可以根据现有的褒贬词库和同义词库，进行同义词拓展，确定这些极性相反、词义相同的词汇的褒贬性。

以下方法不仅能够分析出词的褒贬性，还能够给出该词的褒贬强度。而且，对于同义词褒贬的扩展也具有一些效果。具体步骤如下。

首先，从网络以及现有的褒贬词典中，收集出一定数量的褒贬词汇（数量≥10000）作为种子词库。然后对该词库进行词频统计，分别计算出每个单字在褒贬词库中的频率，根据公式计算出每个单字的褒贬性，最终根据公式计算出每个词汇的褒贬性。

具体公式如下：

$$P_{c_i} = \frac{fp_{c_i}}{fp_{c_i} + fn_{c_i}},$$

$$N_{c_i} = \frac{fn_{c_i}}{fp_{c_i} + fn_{c_i}}。$$

其中，fp_{c_i} 代表字 c_i 在褒义词库中的词频，fn_{c_i} 代表 c_i 在贬义词库中的词频，P_{c_i} 和 N_{c_i} 分别表示该字作为褒义词时的权重和贬义词时的权重。

由于褒贬词库在数量上并不一定一致，因此对上述公式修正如下：

$$P_{c_i} = \frac{fp_{c_i} / \sum_{j=1}^{n} fp_{c_j}}{fp_{c_i} / \sum_{j=1}^{n} fp_{c_j} + fn_{c_i} / \sum_{j=1}^{m} fn_{c_j}},$$

$$N_{c_i} = \frac{fn_{c_i} / \sum_{j=1}^{m} fn_{c_j}}{fp_{c_i} / \sum_{j=1}^{n} fp_{c_j} + fn_{c_i} / \sum_{j=1}^{m} fn_{c_j}}。$$

其中，n 和 m 分别代表褒贬词库中不同字符的个数。

$$S_{c_i} = P_{c_i} - N_{c_i}$$

上式代表字 c_i 的褒贬倾向。

对于由 p 个字符 $c_1, c_2, \cdots, c_p$ 构成的词语 w，其褒贬倾向 S_w 定义如下：

$$S_w = \frac{1}{p} \times \sum_{j=1}^{p} S_{c_j}$$

那么如何得到这个要判断的词语呢？可以从搜索引擎搜索"褒义词"，然后把所有带引号的词都找出来。例如"保守"是个褒义词，因为搜索结果中有这个带引号的褒义词；再例如搜索结果条目："雷"是时尚界褒义词，所以能自动发现"雷"这个褒义词。

9.2 实现情感识别

在通用的分词结果上实现情感识别的准确率会比较低。分词阶段产生的错误放大到情感识别的结果上，可能导致识别效果很不理想。因此，把分词和情感识别集成到一起来做。

评价单元三元组<evaluated subject, focused attribute, value>，其中"focused attribute"对应情感评价单元中的评价对象，"value"对应评价词语。将评价词语和评价对象之间的修饰关系用 8 个共现模板（如：<Attribute> of <Subject> is <Value>）来描述。

在情感句"Well, the picture taken by Cannon camera seems to be good."中，可以提取如下评价单元三元组：

```
<Subject> = Cannon camera
<attribute> = picture
<value> = good
```

识别句子的极性与星级评分的流程如下。

（1）切分。

（2）标注。

（3）通过匹配规则的方式提取情感元组。

（4）计算极性与星级评分。

将词语分为以下 5 类。

（1）直接能表达出褒贬倾向的词汇，包括一些名词、形容词、副词和动词，如：精彩，荒诞。

（2）表示程度的副词，例如：很，非常。

（3）否定词，例如：不，没有。

（4）表示转折的连词，例如：但是，却。

（5）某些合成词，即按分词的结果拆开单独看不带情感，但是整体带有情感倾向的词组。例如：创世纪，分词系统将它分成两个词，这两个词分别出现并不带有褒贬倾向，而当同时出现时，则带有一定的褒义倾向。这样的词还有"载入史册"等。

设计标注格式为：用[a,c,d,n,v,p,i]表示词性，用[1,2,3,4,5]表示类别，用[+,-,#]表示极性（褒贬性），用[1,2,3,4,5]表示程度。例如：

原始文本是：这部电影很精彩。

分词结果是：这/r 部/q 电影/n 很/d2 精彩/a1 。/w

标注结果是：这/r 部/q 电影/n 很/d2#2 精彩/a1+2 。/w

其中，很/d2#2 表示程度副词，本身不具有褒贬性，对于褒贬性的影响因子为 2。而精彩/a1+2 则表示形容词，具有褒义情感，情感程度为 2。

匹配模板，得到关键词序列：很/d2#2 精彩/a1+2。

在模板匹配成功之后，需要根据一定的规则计算出整句文本的褒贬倾向。这个规则的设定需要在一定程度上体现出语法规则，否则将很容易导致计算出的整个语句的情感倾向错误。例如，程度副词既可能出现在其中心词的左侧，也可能出现在其中心词的右侧（比如"很好""好得很"）。本系统文本褒贬倾向计算规则设定如下。

（1）根据模板从文本中取出所有模板成分对应的词，去掉不相关的词，组成一个序列。

（2）第一遍扫描序列，找到所有程度副词（类别为 2），将其程度值乘以模板中离其最近的一个 1 类词的程度值。考虑到副词可能位于其中心词的前面或者后面，所以这里的"最近"是前后双向的查找，同时由于副词在前的情况比较多，所以前向查找的优先级高。具体的处理是标注程度为 3 的因子为 1.5，程度为 2 的因子为 1，程度为 1 的因子为 0.5。

（3）第二遍扫描序列，找到所有否定词（类别为 3），将其向后碰到的第一个 1 类词的褒贬性取反。

（4）第三遍扫描序列，以转折词为单位将序列分成几个小部分，对每个小部分累加其 1 类词的褒贬倾向值，然后按转折词类型的不同，乘以转折词相应的权值。让步型如"虽然"，对应部分要减弱；转折型如"但是"，对应部分要加强，最后各部分相加得到文本的褒贬倾向值。计算"这部电影很精彩"得到的褒贬倾向值为 2，即最终判定为褒性评论。

提取出来的情感分析元组 SentimentDataObject 类所包含的方法如下。

（1）描述主体：getEntity()。

（2）情感词在语境中的极性，true 为褒义，false 为贬义：isPositive()。

（3）所在的句子：getSentence()。

例如：有情感倾向的句子"湖南电信 ADSL 不能拨号"中，描述主体是"湖南电信 ADSL"，isPositive=false。

提取情感识别过程的代码如下：

```
DocumentSentimentMiner dsm = new DocumentSentimentMiner();
String documentContent = "添加到搜藏已解决 湖南电信 ADSL 不能拨号!! ";
dsm.mineDocumentSentiment(documentContent);
// 得到情感元组集
List<SentimentDataObject> seArray = dsm.getSentimentInf();

// 输出情感分析元组
for(SentimentDataObject s:seArray){
    System.out.println(s.toString());
}
```

negseed.txt 为贬义词库，posseed.txt 为褒义词库。应用褒义和贬义词库判断情感倾向的模板树如图 9-1 所示。

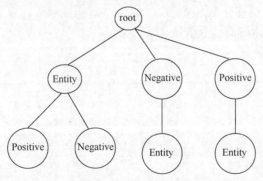

图 9-1　标准 Trie 树模板

情感分析相关的枚举类型定义如下：

```
public enum OpinionType {
    entity , // 描述主体
    positive, // 正面评价
```

```
        negative, // 负面评价
        attribute, // 特征
        tuple // 元组
}
```

以情感句"为什么办公室的信号比家里的信号好"为例, [办公室] [的] [信号]的中心语是[办公室], 并且[办公室] [比] [家里] [好]的中心语也是[办公室]。

情感句的类定义如下:

```
public class OpinionSpan {
    public int length;  // 长度
    public OpinionType type; // 类型
    public int headId=-1;  // 中心语
}
```

[办公室] [比] [家里] [好]的规则写法如下:

```
ArrayList<OpinionSpan> lhs = new ArrayList<OpinionSpan>();  // 左侧序列
ArrayList<OpinionType> rhs = new ArrayList<OpinionType>();  // 右侧序列

rhs.add(OpinionType.entity);  // 办公室
rhs.add(OpinionType.compare); // 比
rhs.add(OpinionType.entity);  // 家里
rhs.add(OpinionType.positive);  // 好
lhs.add(new OpinionSpan(4,OpinionType.tuple ));// 元组
```

[[办公室]/entity [比]/compare [家里]/entity [好]/positive]/tuple。通过中心语提取出倾向性和对应的实体。通过匹配模式标识描述对象和倾向。为了同时查找多个模式, 可以把模式组织成图 9-1 所示的 Trie 树。

褒贬强度+否定词的情感程度分值计算公式如下:

褒贬强度(<否定词><情感词>)=-0.5×褒贬强度(<情感词>)。

9.3 专业术语

Comparative Opinion   对比观点
Direct Opinion   直接观点
Polarity Classification   极性分类
Sentiment Analysis   文本倾向性分析
Multi-way Scale   星级评分

系统篇

10 第10章 语音识别

语音识别技术，也被称为自动语音识别（Automatic Speech Recognition，ASR），它是一门交叉学科，与人们的生活和学习密切相关。其目标是将说话者的词汇内容转换为计算机可读的输入，例如按键、二进制编码或者字符序列。比如，将来拨打银行的客服电话，可以直接和银行系统用语音对话，而不是比如"普通话请按1"这样把人当成机器的指令，从而实现语音交互。

初学者不会写代码，有经验的程序员可以口述代码，然后让初学者把代码敲进去。为了节约程序员的时间，此时就可以用语音识别代码。

根据语音翻译成文字，进一步地，还可以根据识别出的文字识别出语意，这样就可以实现机器和人的交流。

儿童识别图片后，可以说出这个图是老虎还是大象。系统可以使用语音识别技术判断儿童的说法是否正确。对于不正确的，系统自动给出提示。

想做好开放式语音识别并不容易，可以人工输入字幕进行辅助，类似语音输入法。

除了根据语音输出文本，语音识别相关的任务还包括说话人识别。

10.1 总体结构

语音识别可以看成是广义上的标注问题。给定声学输出 $A_{1,T}$（由一个声学事件的序列组成 $a_1, \cdots, a_T$），需要找到单词序列 $W_{1,R}$ 的最大化概率：

$$\mathop{\text{Arg max}}_{W} \ P\left(W_{1,R} \mid A_{1,T}\right) 。$$

根据贝叶斯公式重写这个公式，然后删除在通过比较大小找最大值的过程中没有意义的分母。把问题转换成计算：

$$\mathop{\text{Arg max}}_{W} \ P\left(A_{1,T} \mid W_{1,R}\right) P\left(W_{1,R}\right) 。$$

这里把 $P(W_{1,R})$ 叫作语言模型，把 $P(A_{1,T} \mid W_{1,R})$ 叫作声学模型。语音识别的具体过程如图 10-1 所示。

语音识别工具库 Kaldi 级联多个加权有限状态转换（WFST）。常见的有限状态转换如下：

H：隐马尔可夫模型

C：上下文相关模型

L：词典

G：文法

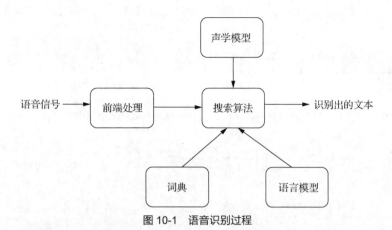

图 10-1　语音识别过程

级联 4 个加权有限状态转换形式化的写法是：

$$H \circ C \circ L \circ G_。$$

标注发音词典，首先采用机器注音，然后人工纠正机器注音的结果。

声学模型，可以做传统的隐马尔可夫模型，也可以做动态贝叶斯网络（DBN）类的模型。

技术要点包括语言模型、声学模型、抗噪特征、自适应等。

在 Kaldi 文档中，PDF 是概率分布函数（Probability Distribution Function）的缩写。针对连续型随机变量而言，PDF 叫作概率密度函数（Probability Density Function）。函数实现的代码如下：

```java
// return phi(x) = 高斯概率密度函数
public static double phi(double x) {
    return Math.exp(-x*x / 2) / Math.sqrt(2 * Math.PI);
}


// return phi(x, mu, signma) = 高斯概率密度函数, 均值是mu, 标准差是sigma
public static double phi(double x, double mu, double sigma) {
    return phi((x - mu) / sigma) / sigma;
}
```

多变量的高斯密度函数实现的代码如下：

```java
public final class GaussianDistribution{

    private double m_expCoef = -1;
    private double[] m_sigmaInverse;
    private int[] m_featColumns;
    private double[] m_means;

    public GaussianDistribution(int[] columns, double[] means, double[] sigmas) {
        assert(means.length == sigmas.length);
        assert(columns.length == means.length);

        m_featColumns = columns;
        m_sigmaInverse = new double[sigmas.length];
        double det = 1.0;
        for(int i = 0; i < columns.length; ++i) {
         det*=sigmas[i];
         m_sigmaInverse[i] = 1.0/sigmas[i];
        }
        m_expCoef = Math.pow(2.0*Math.PI,-columns.length/2.0)*Math.pow(det, -0.5);
        m_means = means;
```

```
        }

        public double getPDF(float[] data) {
            double exponent = 0;
            for(int i = 0; i < m_sigmaInverse.length; ++i) {
             double deviation = data[m_featColumns[i]]-m_means[i];
             exponent += m_sigmaInverse[i]*deviation*deviation;
            }
            exponent *=-0.5;
            return m_expCoef*Math.exp(exponent);
        }

        public int getDimensions() {
            return m_featColumns.length;
        }
    }
```

高斯混合模型（Gaussian Mixture Model，GMM）实现的代码如下：

```
public final class GaussianMixtureModel {
    private List<GaussianDistribution> m_distributions = null;
    private double[] m_mixtureProbabilities;

    public GaussianMixtureModel(List<GaussianDistribution> dists, double[] mixture
Probabilities) {
        m_distributions = dists;
        m_mixtureProbabilities = mixtureProbabilities;
    }

    public double getPDF(float[] data) {
        double prob = 0;
        for(int i = 0; i < m_distributions.size(); ++i) {
         prob += m_mixtureProbabilities[i]*m_distributions.get(i).getPDF(data);
        }
        return prob;
    }
}
```

通用背景模型（Universal Background Model，UBM）就是一个通用的 GMM，再有一个最大后验估计（Maximum A Posteriori，MAP）的算法就行了。UBM 跟 GMM 差不多，就是训练目标模型的时候要用 MAP 算法。

10.1.1　识别中文

把语音流先切分成单字，比较单字发音和每个拼音的语音文件的相似性，得到最相似的那个拼音，也就是找出这段语音流最有可能的一个或多个拼音。有可能是多个拼音，因为存在多音字的问题。把汉字看成隐状态，根据拼音串找出隐状态，也就是对应的汉字。可以采用维特比算法求解。

拼音中声调与频率的关系是第 3 声的频率低，其他声的频率都高。一个字的发音体现为重复出现的波形。可以通过比较波形来判断是哪个拼音的读音。记录波形的转折点，例如：波形从 1 到-1，然后转折到 0。

画出 1000 多个拼音对应的波浪图，用程序比对，一套拼音波浪就是知识库。频域特征的用处是：去掉没有意义的高频，通过低频提取最有代表性的重复波浪。

巴特沃斯（Butterworth）滤波器在通频带内外都有平稳的幅频特性，但有较长的过渡带，在过渡带上很容易造成失真。往往采用巴特沃斯低通滤波器。

一个很简单的低通滤波器的实现代码如下：

```
// values: 一个将被原位修改的数组
// smoothing: 平滑滤波器的强度；等于 1 表示不变，值越大越平滑
void smoothArray(int[] values, int smoothing ){
    int value = values[0]; // start with the first input
    for (int i=1, len=values.length; i<len; ++i){
                int currentValue = values[i];
                value += (currentValue - value) / smoothing;
                values[i] = value;
        }
    }
}
```

耳蜗实质上相当于一个滤波器组，耳蜗的滤波作用是在对数频率尺度上进行的，在 1000Hz 以下，人耳的感知能力与频率成线性关系；在 1000Hz 以上，人耳的感知能力与频率不构成线性关系，而更偏向于对数关系，这就使得人耳对低频信号比高频信号更敏感。Mel 频率的提出是为了方便研究人耳对不同频率语音的感知特性。

采用通用的语音模型与声学模型时，语音识别准确率很低。为了能有比较高的普通话语音识别率，建议自己生成语言模型与声学模型。后缀是 DMP 的文件是二进制格式的语言模型文件。声学模型文件则以 tar.bz2 结尾。在传统的语音识别的训练中，不能学习到可重用的知识，花一周以上时间运行服务器学习出来的模型不能够被人理解和重用。

10.1.2 自动问答

使用 JSGF 描述的语言模型来识别语音，同时使用这个语言模型来匹配标准问答集。于是，语音识别和自动问答使用的是同一个语言模型。这样做的好处是：更准确地识别能够回答的语音提问。

JSGF 每个文件只定义一个语法。每个语法包含两部分：语法头和语法体。

语法头格式如下：

```
#JSGF version char-encoding locale;
```

举例如下：

```
#JSGF V1.0 ISO8859-5 en;
```

声明语法头后，需要指定语法名称。语法名称格式如下：

```
grammar grammarName;
```

接下来定义语法体。语法体用来定义规则。规则定义格式如下：

```
public <ruleName> = ruleExpansion;
```

例如，定义一个名为 greet 的规则：

```
public <greet> = Hello;
```

一个简单的规则扩展可以引用一个或多个符号或规则，示例如下：

```
public <greet> = Hello;
public <completeGreet> = <greet> World;
```

一个简单的"Hello World"语法文件如下：

```
#JSGF V1.0;

grammar simpleExample;

public <greet> = Hello;

public <completeGreet> = <greet> World;
```

还可以在语法文件中添加注释，注释风格有如下几种：

```
// 单行注释

/*多行注释*/

/**
*文档注释
* @author luogang
*/
```

JSGFKit 是一个 JSGF 语言模型的实现。JSGFKit 使用 Grammar 类作为持有语法规则的主要容器。使用 JSGFKit 的代码如下：

```
Grammar g = new Grammar();
// 创建一个 Rule 对象
Rule greetRule = new Rule("greet",
      new RequiredGrouping(new RuleReference("greetWord")),
      new RequiredGrouping(new RuleReference("name")));
// 增加一个规则到文法库
g.addRule(greetRule);
g.addRule(new Rule("greetWord",
         new AlternativeSet(new Token("hello"), new Token("hi"))));
g.addRule(new Rule("name",
      new AlternativeSet(new Token("peter"), new Token("john"),
                     new Token("mary"), new Token("anna"))));

String text = g.compileGrammar();
System.out.println(text);
```

输出结果如下：

```
#JSGF V1.0 UTF-8 zh;
grammar default;
public <greet> = (<greetWord>) (<name>);
public <greetWord> = hello | hi;
public <name> = peter | john | mary | anna;
```

除了 JSGF 以外，类似的语言模型文法规范还有语音识别语法规范（Speech Recognition Grammar Specification，SRGS）。SRGS 的 Augmented BNF 形式表示如下：

```
#ABNF 1.0 ISO-8859-1;

// 默认的语法语言是美式英语
language en-US;

// 对 tokens 的单一语言依赖
// 注意，由于优先规则，"fr-CA"（加拿大法语）
//  只适用于单词 "oui"
$yes = yes | oui!fr-CA;

// 对于扩展的单一语言依赖
$people1 = (Michel Tremblay | André Roy)!fr-CA;

// 处理同一单词的特定语言的发音
// 一个有能力的语音识别器会侦听墨西哥、西班牙和美国英语的发音
$people2 = Jose!en-US | Jose!es-MX;
```

```
/**
 * 可能是多语言输入
 * @example may I speak to André Roy
 * @example may I speak to Jose
 */
public $request = may I speak to ($people1 | $people2);
```

如果不能识别语音，则请求用户换一个说法。

10.2 语音库

录音人脚本文件（.scp）：按句存放该录音人的录音文本，每句文本包括句子编号和文本内容。在 Mp3 文件夹下存放该录音人的各个句子的 mp3 格式的语音文件，文件以句子编号命名。在 Wav 文件夹下存放该录音人的各个句子的 wav 格式的语音文件，文件以句子编号命名。

用爬虫抓取一个在线发音网站：

```
http://cn.voicedic.com/process.php?_input_charset=utf8&language=Mandarin&chinaword=%E6%9D%A5&page=1
```

通过解析请求的文件，得到：

```
http://cn.voicedic.com/voicefile/mandarin/mandarinyi1.mp3
```

类似这样的语音文件。下载语音文件，示例代码如下：

```
String mp3URL = "http://cn.voicedic.com/voicefile/mandarin/mandarinyi1.mp3";
URLConnection conn = new URL(mp3URL).openConnection();
InputStream is = conn.getInputStream();

OutputStream outstream = new FileOutputStream(new File("d:/yi1.mp3"));
byte[] buffer = new byte[4096]; // 创建缓存
int len; // 用来存储一次读入的长度

while ((len = is.read(buffer)) > 0) { // 看读了多长
outstream.write(buffer, 0, len); // 然后写入对应的长度
}
outstream.close(); // 关闭输出流
```

循环遍历每一个汉字的发音。最后得到：每个汉字注音的 mp3 语音文件。例如：yi1.mp3 对应"一"这个字的发音。er4.mp3 对应"二"这个字的发音。用爬虫得到了 1 000 多个声音文件。

只需要把一段话注音，然后再根据每个字的注音得到语音文件对应的发音。可以把这些逐字的语音文件合成成一个大的语音文件。

一个非标准词在不同的上下文中可能对应不同的标准词（汉字词）。如"11"可以读作"十一"，在电话号码中读作"幺幺"，而在"2 米 11"中读作"一一"。把数字标注成具有相同发音的汉字并标注拼音。

例如，句子"中国/ns 共产党人/n 70 年/t 前/f 留/v 在/p 赣南/ns 红土地/n 上/f 的/u 壮举/n"，其中"70 年/t"应为"70/ m 年/ q"，归一化的结果是"七十年"，而不是"七零年"。

10.3 语音

人耳能够听见的音频频率范围是 60Hz～20kHz，其中语音分布在 300Hz～4kHz，而音乐和其他自然声响是全范围分布的。播放声音文件的软件 Audacity 可以分析语音文件的频谱图。

男人说话声音低沉，因为声带振动频率较低；女人说话声音尖细，因为声带振动频率较高。童

声高音频率范围为 260Hz～880Hz，低音频率范围为 196Hz～700Hz。女声高音频率范围为 220Hz～1.1kHz，低音频率范围为 200Hz～700Hz。男声高音频率范围为 160Hz～523Hz，低音频率范围为 80Hz～358Hz。声音的响度对应强弱，而音高对应频率。频率是声音的物理特性，而音调则是频率的主观反映。

声音经过模拟设备记录或再生，成为模拟音频，再经数字化成为数字音频。数字化时的采样率必须高于信号带宽的 2 倍，才能正确恢复信号。样本可用 8 位或 16 位比特表示，一般保存成 wav 文件格式。尽管 wav 文件可以包括压缩的声音信号，但是一般情况下是没有压缩的。

计算机处理的是语音波形上一系列的连续点。这些点的值一般是-1～1 的小数。如果一个波形文件有 8 位分辨率，则把每个采样点存储为 0～255（2^8-1）的一个无符号整数。一般的语音文件有 16 位分辨率，每个点用两个字节保存，也就是-1～1 对应-32768～32767 的整数。

PCM 文件是模拟音频信号经模数转换（A/D 变换）直接形成的二进制序列。

1Hz 代表每秒采样 1 次。声音采样频率一般是 8kHz，也就是每秒采样 8000 次。

使用 AudioSystem 类加载音频文件，示例代码如下：

```
int SAMPLE_RATE = 8000;
AudioFormat AUDIO_FORMAT = new AudioFormat(SAMPLE_RATE,
            8, 1, true, false);
AudioInputStream audioStream = AudioSystem.getAudioInputStream(AUDIO_FORMAT,
                    AudioSystem.getAudioInputStream(new File(filename)));
```

如果是我们不认识的音频文件格式，可能会报错：javax.sound.sampled.UnsupportedAudioFile Exception。采用 Java 媒体处理框架（JMF）可以解码 MP3 文件。

把模拟语音信号进行数字化，一般要通过抽样、量化和编码三个步骤。量化和编码过程可以采用 A 律编码或 U 律编码。A 律编码和 U 律编码必须转换成脉冲编码调制信号。

原始语音数据的每一帧为一个表示振幅的实数值。原始的语音数据是采样的时间点的振幅值序列。

提取频率域特征需要一个叫作帧的时间区间。对英文来说，词的发音没有明显的边界，所以每隔 10ms 取一个帧，每个帧长为 25ms。对汉语来说，可以把语音流先切分成单字，然后按字音识别。找到每个字发音的起始点和结束点。

梅尔倒频谱系数（MFCC）是语音识别中常用的一种特征。MFCC 特征向量序列中的每个向量都是 39 维，例如，{-13.6321,0.248284,2.50728,3.95617,4.88809,1.31263,-6.92642,-0.225539,2.14284,-2.54939,-7.3778,-4.43949,5.93805,-0.159162,0.0614008,-1.44054,-0.811603,-0.828927,0.568227,1.48801,-0.183186,-0.43889,1.27111,2.03989,2.38889,0.00894837,0.11463,0.0842892,0.614227,0.590698,0.216307,-0.191797,-0.207646,0.378832,0.42173,0.319842,0.339087,-0.238806,0.091751 }

经过特征提取后得到 12 维向量序列，加上 1 维能量特征，共 13 维，对这 13 维向量再取两次差分，得到一个 39 维的向量序列。

找到每个字发音的起始点和结束点，至少可以找出这段可能是某个字的发音的语音帧最有可能的一个或多个拼音。然后根据拼音串找出隐状态，也就是对应的汉字。可以采用维特比算法求解。这样就可以实现一个简单的汉语语音识别了。

因为每个单词的发音边界不容易找到，所以英文语音识别比中文难。

找出音频文件中包含语音的帧称为端点检测。实现端点检测的函数是 EndPointDetection()，它接收下面两个参数。

float[] originalSignal，原始信号的振幅数据，用浮点数组表示。

int samplingRate，原始信号的采样频率，单位是 Hz。

EndPointDetection()的代码如下：

```
public class EndPointDetection {
    private float[] originalSignal; //input
```

```
        private float[] silenceRemovedSignal;//output
        private int samplingRate;
        private int firstSamples;
        private int samplePerFrame;
        // 例如 8kHz, 则 samplingRate = 8000
        public EndPointDetection(float[] originalSignal, int samplingRate) {
            this.originalSignal = originalSignal;
            this.samplingRate = samplingRate;
            samplePerFrame = this.samplingRate / 1000;
            firstSamples = samplePerFrame * 200;// 根据公式
        }
        public float[] doEndPointDetection() {
            // 用于识别每个样本是有声音还是没声音。
            float[] voiced = new float[originalSignal.length];
            float sum = 0;
            double sd = 0.0;
            double m = 0.0;
            // 1. 计算平均值
            for (int i = 0; i < firstSamples; i++) {
                sum += originalSignal[i];
            }
            m = sum / firstSamples;// mean
            sum = 0;// 重用变量用来计算标准差

            // 2. 计算标准差
            for (int i = 0; i < firstSamples; i++) {
                sum += Math.pow((originalSignal[i] - m), 2);
            }
            sd = Math.sqrt(sum / firstSamples);
            // 3. 标识一维马氏距离函数
            // 即. |x-u|/s 是否大于 0.3
            for (int i = 0; i < originalSignal.length; i++) {
                if ((Math.abs(originalSignal[i] - m) / sd) > 0.3) { // 0.3 是阈值, 自己调

整这个值

                    voiced[i] = 1; // 有声音
                } else {
                    voiced[i] = 0; // 没声音
                }
            }
            // 4. 有声音和没声音信号的计算
            // 标记每一帧是有声音还是没声音的帧
            int frameCount = 0;
            int usefulFramesCount = 1;
            int count_voiced = 0;
            int count_unvoiced = 0;
            int voicedFrame[] = new int[originalSignal.length / samplePerFrame];
            // 接下来的计算截断余数
            int loopCount = originalSignal.length - (originalSignal.length % samplePer
Frame);
            for (int i = 0; i < loopCount; i += samplePerFrame) {
                count_voiced = 0;
                count_unvoiced = 0;
                for (int j = i; j < i + samplePerFrame; j++) {
```

```
                              if (voiced[j] == 1) {
                                  count_voiced++;
                              } else {
                                  count_unvoiced++;
                              }
                          }
                      if (count_voiced > count_unvoiced) {
                              usefulFramesCount++;
                              voicedFrame[frameCount++] = 1;
                      } else {
                              voicedFrame[frameCount++] = 0;
                      }
                  }
                  // 5. 移除无声
                  silenceRemovedSignal = new float[usefulFramesCount * samplePerFrame];
                  int k = 0;
                  for (int i = 0; i < frameCount; i++) {
                      if (voicedFrame[i] == 1) {
                              for (int j = i * samplePerFrame; j < i * samplePerFrame + samplePer
Frame; j++) {

                                  silenceRemovedSignal[k++] = originalSignal[j];
                              }
                      }
                  }
                  // 结束
                  return silenceRemovedSignal;
              }
          }
```

声音文件一般用 wav 文件格式表示。wav 文件格式是 Microsoft 的 RIFF 规范的子集。wav 文件通常只是一个 RIFF 文件,其中包含一个 "WAVE" 块,它由两个子块组成:一个指定数据格式的 "fmt" 块和一个包含实际样本数据的 "data" 块。

10.3.1　标注语音

声带振动包括在周期上的颤动(jitter)和振幅上的波动(shimmer)。PRAAT 程序可以分析语音信号,还可以根据分析的结果作图,利用这两个功能,可以做出语音分析图形。可以根据一个声音波形文件,做出它的宽带、窄带、共振峰、音高、强度、波形等图形来,还可以标注出音节边界来。

标注发音的字母表可以使用 IPA 或 SAMPA。SAMPA 是计算机可读的语音字母表,基本上包括将国际音标的符号映射到从整数值 33 到 127 范围内的 ASCII 码,即 7 位可打印的 ASCII 字符。

目前的 SAMPA 建议如下。

SAMPA	IPA	标签	例子
元音			
A	ɑ	开前不圆唇元音	英语的 start
{	æ	次开前不圆唇元音	英语的 map
6	ɐ	次开央元音	德语的 besser
Q	ɒ	开后圆唇元音	英国英语的 lot
E	ɛ	半开前不圆唇元音	英语的 met

SAMPA	IPA	标签	例子
元音			
@	ə	中央元音	英语的 banana
3	ɜ	半开央不圆唇元音	英语的 nurse
I	ɪ	次闭次前不圆唇元音	英语的 kit
O	ɔ	半开后圆唇元音	英语的 thought
2	ø	半闭前圆唇元音	法语的 deux
9	œ	半开前圆唇元音	法语的 neuf
&	ɶ	开前圆唇元音	瑞典语的 skörd
U	ʊ	次闭次后圆唇元音	英语的 foot
}	ʉ	闭央圆唇元音	瑞典语的 sju
V	ʌ	半开后不圆唇元音	英语的 strut
Y	ʏ	次闭次前圆唇元音	德语的 hübsch
辅音			
B	β	浊双唇擦音	西班牙语的 cabo
C	ç	清硬颚擦音	德语的 ich
D	ð	浊齿擦音	英语的 then
G	ɣ	浊软颚擦音	西班牙语的 fuego
L	ʎ	硬腭边近音	英语的 million
J	ɲ	硬颚鼻音	英语的 canyon
N	ŋ	软腭鼻音	英语的 thing
R	ʁ	浊小舌擦音	法语的 roi
S	ʃ	清龈后擦音	英语的 ship
T	θ	清齿擦音	英语的 thin
H	ɥ	唇硬颚近音	法语的 huit
Z	ʒ	浊后龈擦音	英语的 measure
?	ʔ	喉塞音	丹麦语的 stød

可以使用 Audacity 标注音轨。Audacity 标签轨的基本格式是：

开始时间　结束时间　文本标签

例如：

3.721 154 4.045 673 E

PRAAT 可以标注出音节边界来。

10.3.2 动态时间规整计算相似度

语音识别涉及语音的相似度计算。计算机读一个英语单词，用户也跟读一个词，两者比较，判断用户跟读的是否跟原音相符，给出一个 0 到 1 之间的分值。

语音信号可以看作一种时间序列。对于时间序列，使用最经常使用的欧氏距离来计算相似度存在着很明显的缺陷。举个比较简单的例子，序列 A：1,1,1,10,2,3，序列 B：1,1,1,2,10,3，如果使用欧氏距离，也就是 distance[i][j]=(b[j]-a[i])*(b[j]-a[i]) 来计算的话，总的距离和应该是 128，应该说这个距离是非常大的，而实际上这个序列的图像是十分相似的，这种情况下就有人开始考虑寻找新的时间序列距离的计算方法，然后提出了动态时间归整（Dynamic Time Warping，DTW）算法，这种方法在语音识别等机器学习方面有着很重要的作用。

这个算法基于动态规划的思想，解决了发音长短不一的模板匹配问题，简单来说，就是通过构建一个邻接矩阵，寻找最短路径和。

还以上面的两个序列作为例子，A 中的 10 和 B 中的 2 对应，A 中的 2 和 B 中的 10 对应，此时 distance[3] 以及 distance[4] 是非常大的，这就直接导致了最后距离和的膨胀，这种时候，需要调整时间序列，如果让 A 中的 10 和 B 中的 10 对应，A 中的 1 和 B 中的 2 对应，那么最后的距离和就将大大缩小，这种方式可以看作是一种时间扭曲，但是为什么不能使用 A 中的 2 与 B 中的 2 对应呢？那样的话距离和是 0，距离应该是最小的。事实是这种情况是不允许的，因为 A 中的 10 发生在 2 的前面，而 B 中的 2 则发生在 10 的前面，对应方式交叉会导致时间上的混乱，不符合因果关系。两个序列对齐的方式如图 10-2 所示。

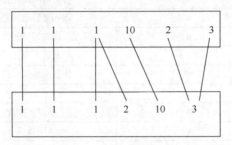

图 10-2　两个序列对齐

接下来，以 output[5][5]（所有的记录下标从 0 开始，开始的时候全部置 0）记录 A 和 B 之间的 DTW 距离，简单地介绍一下具体的算法，这个算法其实就是一个简单的动态规划，循环等式是 output[i][j]=Min(Min(output[i-1][j],output[i][j-1]),output[i-1][j-1])+distance[i][j]；最后得到的 output[5][5] 就是 DTW 距离。DTW 计算依赖关系图如图 10-3 所示。

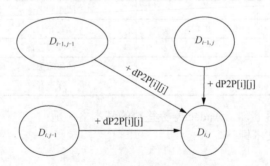

图 10-3　DTW 计算依赖关系图

DTW 距离实现代码如下：

```
// 计算两个点的相似度
private static double pointDistance(int i, int j, double[] ts1, double[] ts2) {
        double diff = ts1[i] - ts2[j];
        return (diff * diff);
}

// 计算两个序列 ts1 和 ts2 的距离
public static double DTWDistance(double[] ts1, double[] ts2) {
    int i, j;

    // 构建一个点对点距离矩阵
    double[][] dP2P = new double[ts1.length][ts2.length];
```

```
for (i = 0; i < ts1.length; i++) {
    for (j = 0; j < ts2.length; j++) {
        dP2P[i][j] = pointDistance(i, j, ts1, ts2);
    }
}

// 用动态规划算法构建最优距离矩阵
double[][] D = new double[ts1.length][ts2.length];

D[0][0] = dP2P[0][0]; // 开始点

for (i = 1; i < ts1.length; i++) { // 用最优值填充距离矩阵的第一列
    D[i][0] = dP2P[i][0] + D[i - 1][0];
}

for (j = 1; j < ts2.length; j++) { // 用最优值填充距离矩阵的第一行
    D[0][j] = dP2P[0][j] + D[0][j - 1];
}

for (i = 1; i < ts1.length; i++) { // 填充剩下的
    for (j = 1; j < ts2.length; j++) {
        double[] steps = { D[i - 1][j - 1], D[i - 1][j], D[i][j - 1] };
        double min = Math.min(steps[0], Math.min(steps[1], steps[2]));
        D[i][j] = dP2P[i][j] + min;
    }
}

i = ts1.length - 1;
j = ts2.length - 1;
return D[i][j];
}
```

测试代码如下：

```
public static void main(String[] args) {
    double[] ts1 = { 1,1,1,10,2,3}; // 第一个序列
    double[] ts2 = { 1,1,1,2,10,3}; // 第二个序列

    System.out.println(DTWDistance(ts1,ts2)); // 输出两个序列的相似度
}
```

这里输出 2。因为序列 ts1 中的 1 对应序列 ts2 中的 2，序列 ts1 中的 2 对应序列 ts2 中的 3，这两点差异加起来是 2。

10.4 Sphinx 语音识别

Sphinx-4 是采用 Java 实现的一个语音识别软件，是 CMUSphinx 工具包的一部分。CMUSphinx 工具包中的 Sphinxbase 用于实现各种格式语言模型的转换。Sphinxtrain 用于声学模型训练。

Sphinx 基于隐马尔可夫模型，首先它需要学习一套语音单元的特征，然后根据所学来推断出所需要识别的语音信号最可能的结果。学习语音单元特征的过程叫作训练。应用所学来识别语音的过程有时被称为解码。在 Sphinx 系统中，训练部分由 Sphinx Trainer 来完成，解码部分由 Sphinx Decoder 来完成。为了识别普通话，可以使用 Sphinx Trainer 由用户自己建立普通话的声学模型。训练时需要准备好语音信号（Acoustic Signals），以及与训练用语音信号对应的文本（Transcript File）。当前 Sphinx-4

303

只能使用 Sphinx-3 Trainer 生成的 Sphinx-3 声学模型。有计划创建 Sphinx-4 Trainer 用来生成 Sphinx-4 专门的声学模型，但是这个工作还没完成。

例如有 160 个 wav 文件，每个文件对应一个句子的发音。例如，播放第一个声音文件，会听到 "a player threw the ball to me"，只有这一句话。可以把这些 wav 或者 raw 格式的声音文件放到 myasm/wav 目录。

接下来，需要一个控制文件。控制文件只是一个文本文件。这里把控制文件命名为 myam_train.fileids（必须把它命名成[name]_train.fileids 的形式，这里 [name]是任务的名字，例如 myam），控制文件中有每个声音文件的名字（注意，没有文件扩展名），形式如下：

0001

0002

0003

0004

接下来，需要一个讲稿（transcript）文件，文件中的每行有一个独立文件的发声，必须和控制文件相对应。例如，如果控制文件中第一行是 0001，那么讲稿文件中第一行的讲稿就是 "A player threw the ball to me"，因为这是 0001.wav 的讲稿。讲稿文件也是一个文本文件，命名成 myam.corpus，包含的行数应该和控制文件相同。讲稿不包括标点符号，所以删除全部标题符号。例如：

```
a player threw the ball to me
does he like to swim out to sea
how many fish are in the water
you are a good kind of person
```

以这样的顺序，对应 0001、0002、0003 和 0004 文件。

现在有了一些声音文件、一个控制文件和一个讲稿文件。

Sphinx-4 由 3 个主要模块组成：前端处理器（FrontEnd）、解码器（Decoder）和语言处理器（Linguist）。前端处理器把一个或多个输入信号参数化成特征序列。语言处理器把任何类型的标准语言模型和声学模型以及词典中的发声信息转换成搜索图。这里，声学模型用来表示字符如何发音，语言模型用来评估一个句子的概率。解码器中的搜索管理器使用前端处理器生成的特征执行实际的解码，生成结果。在识别之前或识别过程中的任何时候，应用程序都可以发出对每个模块的控制，这样就可以有效地参与到识别过程中来。

语音识别的准确率受限于其识别的内容，内容越简单，识别准确率越高，所以一般根据某个应用场景来识别语音。例如电视台要给录制的新闻节目加字幕。有批处理和实时翻译两种方式，这里采用批处理的方式。以识别新闻节目为例，开发流程如下。

（1）准备新闻语料库：语料库就是一个文本文件，每行一个句子。

（2）创建语言模型：一般采用基于统计的 n 元语言模型，例如 ARPA 格式的语言模型。可以使用语言模型工具 Kylm 生成 ARPA 格式的语言模型文件。

（3）创建发声词典：对于英文可以采用 ARPABET 格式注音的发音词典。由于汉语是由音节（Syllable）组成的语言，所以可以采用音节作为汉语语音识别基元。每个音节对应一个汉字，比较容易注音。此外，每个音节由声母和韵母组成，声韵母作为识别基元也是一种选择。

（4）设置配置文件：在配置文件中设置词典文件和语言模型路径。

（5）在 Eclipse 中执行语音识别的 Java 程序。初始情况下，需要执行 jsapi.exe 或 jsapi.sh 生成 jsapi.jar 文件。

edu.cmu.sphinx.frontend.transform.DiscreteFourierTransform 使用快速傅里叶变换（Fast Fourier Transformation，FFT）计算输入序列的离散傅立叶变换。

edu.cmu.sphinx.tools.feature.FeatureFileDumper 可以从音频文件导出特征文件，例如 MFCC 特征，

一般提取语音信号的频率特征。找出语音信号中的音节叫作端点检测，也就是找出每个字的开始端点和结束端点。因为语音信号中往往存在噪声，所以不是很容易找准端点。

Transcriber.jar 可以从声音文件导出讲稿文件，示例如下：

```
D:\sphinx4-1.0beta5\bin>java -jar -mx300M Transcriber.jar
one zero zero zero one
nine oh two one oh
zero one eight zero three
```

10.4.1　中文训练集

中文的语音识别公共数据集有如下 3 个。

- gale_mandarin：中文新闻广播数据集（LDC2013S08, LDC2013S08）
- hkust：中文电话数据集（LDC2005S15, LDC2005T32）
- thchs30：清华大学 30 小时数据集。

有些数据集中包含 Linux 链接文件。

为了训练声学模型，需要一句话对应的声音文件。除了自己录制或者找专业公司购买外，mp3 歌曲文件中包括发声对应的歌词。Sourceforge 上有一个方便解析 mp3 文件的开源库-org.farng.mp3。它可以有效地读取 mp3 中的各种信息，如下所示：

```java
import java.io.IOException;
import org.farng.mp3.MP3File;
import org.farng.mp3.TagException;
import org.farng.mp3.id3.AbstractID3v2;
import org.farng.mp3.id3.ID3v1;
import org.farng.mp3.lyrics3.AbstractLyrics3;
public class TestMP3 {
    public static void main(String[] args) {
        try {
            MP3File file = new MP3File("c:\\TDDOWNLOAD\\1.mp3");//1,lyrics
            // MP3File file = new MP3File("/home/zhubin/Music/1.mp3");//1,lyrics
            AbstractID3v2 id3v2 = file.getID3v2Tag();
            ID3v1 id3v1 = file.getID3v1Tag();
            if (id3v2 != null) {
                System.out.println("id3v2");
                System.out.println(id3v2.getAlbumTitle());// 专辑名
                System.out.println(id3v2.getSongTitle());// 歌曲名
                System.out.println(id3v2.getLeadArtist());// 歌手
            } else {
                System.out.println("id3v1");
                System.out.println(id3v1.getAlbumTitle());
                System.out.println(id3v1.getSongTitle());
                System.out.println(id3v1.getLeadArtist());
            }
            AbstractLyrics3 lrc3Tag = file.getLyrics3Tag();
            if (lrc3Tag != null) {
                String lyrics = lrc3Tag.getSongLyric();
                System.out.println(lyrics);
            }
        } catch (IOException e) {
            // TODO Auto-generated catch block
            e.printStackTrace();
        } catch (TagException e) {
```

```
                   // TODO Auto-generated catch block
                   e.printStackTrace();
           }
           System.out.println("over");
       }
}
```

Dexster Audio Editor 中包括去掉噪声的功能。

视频中的字幕流和语音流不一定对应得很准，要找比较原始的视频。

内置和外置的字幕都能提取出时间戳来。

电影中的音频一般都是 44.1kHz 的，都有背景声，除非是单纯的对白，背景声就是电影里面的场景，包括走路的声音、打斗的声音、碰撞声等。因此，要专门提取出人说话的声音。

10.4.2 使用 Sphinx4

Sphinx4 除语音识别外，还有助于识别说话人、调整模型、将现有转录与音频对齐等。

Sphinx4 支持美式英语和许多其他语言。

Sphinx4 在 Sonatype OSS 存储库中作为 maven 包提供。

如果使用 gradle，需要在 build.gradle 文件中添加以下代码：

```
repositories {
    mavenLocal()
    maven { url "https://oss.sonatype.org/content/repositories/snapshots" }
}

dependencies {
    compile group: 'edu.cmu.sphinx', name: 'sphinx4-core', version:'5prealpha-SNAPSHOT'
    compile group: 'edu.cmu.sphinx', name: 'sphinx4-data', version:'5prealpha-SNAPSHOT'
}
```

如果要在 maven 项目中使用 Sphinx4，需要在 pom.xml 中指定此存储库：

```
<project>
...
    <repositories>
        <repository>
            <id>snapshots-repo</id>
            <url>https://oss.sonatype.org/content/repositories/snapshots</url>
            <releases>
                <enabled>false</enabled>
            </releases>
            <snapshots>
                <enabled>true</enabled>
            </snapshots>
        </repository>
    </repositories>
...
</project>
```

然后将 Sphinx4-core 添加到项目依赖项中：

```
<dependency>
  <groupId>edu.cmu.sphinx</groupId>
  <artifactId>sphinx4-core</artifactId>
  <version>5prealpha-SNAPSHOT</version>
</dependency>
```

如果想使用默认的美式英语声学和语言模型，也可以将 Sphinx4-data 添加到依赖项中：

```
<dependency>
```

```
      <groupId>edu.cmu.sphinx</groupId>
      <artifactId>sphinx4-data</artifactId>
      <version>5prealpha-SNAPSHOT</version>
</dependency>
```

使用 Sphinx4 的示例代码如下：

```
Configuration configuration = new Configuration();

    // 设置声学模型路径
    configuration.setAcousticModelPath("resource:/edu/cmu/sphinx/models/en-us/en-us");
    // 设置词典路径
    configuration.setDictionaryPath("resource:/edu/cmu/sphinx/models/en-us/cmudict-en-us.dict");
    // 设置语言模型路径
    configuration.setLanguageModelPath("resource:/edu/cmu/sphinx/models/en-us/en-us.lm.bin");

    // 可与音频资源配合使用的语音识别器
StreamSpeechRecognizer recognizer = new StreamSpeechRecognizer(configuration);
    // 转录文件 test.wav
InputStream stream = new FileInputStream(new File("test.wav"));

recognizer.startRecognition(stream);
SpeechResult result;
while ((result = recognizer.getResult()) != null) {
    // 输出识别结果的字符串表示
    System.out.format("Hypothesis: %s\n", result.getHypothesis());
}
recognizer.stopRecognition();
```

StreamSpeechRecognizer 使用 InputStream 作为语音源。可以从文件、网络套接字或现有字节数组传递数据，示例代码如下：

```
StreamSpeechRecognizer recognizer = new StreamSpeechRecognizer(configuration);
recognizer.startRecognition(new FileInputStream("speech.wav"));

SpeechResult result = recognizer.getResult();
recognizer.stopRecognition();
```

请注意，此解码的音频必须具有以下格式之一：

```
RIFF (little-endian) data, WAVE audio, Microsoft PCM, 16 bit, mono 16000 Hz
```

或者为：

```
RIFF (little-endian) data, WAVE audio, Microsoft PCM, 16 bit, mono 8000 Hz
```

解码器不支持其他格式。如果音频格式不匹配，语音识别可能无法获得任何结果。也就是说，需要在解码之前将音频转换为适当的格式。例如：如果想以 8000 Hz 的采样率解码音频，则需要调用：

```
configuration.setSampleRate(8000);
```

可能会得到多个结果，直到到达文件末尾：

```
while ((result = recognizer.getResult()) != null) {
    System.out.println(result.getHypothesis());
}
```

10.4.3　ARPA 文件格式

统计语言模型描述了文本的概率，它们是在大型文本数据集上训练得到的。可以以各种文本和二进制格式存储统计语言模型，但语言建模工具包支持的通用格式是称为 ARPA 格式的文本格式。

此格式非常适合包之间的互操作性，但不如二进制格式有效，因此对于生产而言，建议将 ARPA 转换为二进制格式。

用于存储 N-gram 回退语言模型的格式定义如下：

```
<LM_definition> = [ { <comment> } ]
                  \data\
                  <header>
                  <body>
                  \end\
  <comment> = { <word> }
```

ARPA 格式的语言模型文件分为两部分：头部和 N-gram 定义。

头部包含文件内容的描述，形式如下：

```
<header> = { ngram <int>=<int> }
```

第一个 <int> 给出 N-gram 阶数，第二个 <int> 给出 N-gram 条目的数量。

例如，bigram 语言模型由 unigram 和 bigram 两部分组成。头部中的相应条目表示该部分的条目数。条目数可用于辅助装入程序。正文部分包含语言模型的所有部分，定义如下：

```
<body>  = { <lmpart1> } <lmpart2>
<lmpart1> = \<int>-grams:
            { <ngramdef1> }
<lmpart2> = \<int>-grams:
            { <ngramdef2> }
<ngramdef1> = <float> { <word> } <float>
<ngramdef2> = <float> { <word> }
```

文本如下：

```
wood pittsburgh cindy jean
jean wood
```

在本文中，有 4 个单词的词汇：pittsburgh、cindy、wood、jean。词汇量大小实际上是 4 + 3 个单词，其中的另外 3 个单词是"句子开始""句子结尾"和未知单词，在 KenLM 中分别用 <s>、</s> 和 <unk> 表示。这些符号有助于更一致地处理文本。可以总是用 <s> 开始一个句子并进一步扩展它。

一个语言模型是一个可能的单词序列的列表。列表中的每个序列都有标记在它上面的统计估计语言概率。

单词序列可能有也可能没有与之相关的"回退权重"。在 N 元语言模型中，所有 $N-1$ 元单词序列通常有与它们相关的回退权重。

如果某个特定的 N-gram 未列出，则可以从语言模型计算其概率，如下所示：

P(word_N | word_{N-1}, word_{N-2}, …, word_1) =

P(word_N | word_{N-1}, word_{N-2}, …, word_2) × backoff-weight(word_{N-1} | word_{N-2}, …, word_1)。

如果序列（word_{N-1}, word_{N-2}, …, word_1）未列出，那么术语回退权重（word_{N-1} | word_{N-2}, …, word_1）用 1.0 替换，递归继续如此。

以下是用 2-gram 语言模型和玩具词汇构建的随机例子。这是标准 ARPA 格式语言模型的示例，格式如下：

```
P (N-gram 序列) 序列 BP (N-gram 序列)
```

与下面例子中的 unigrams 和 bigrams 相关的数字是实际概率。因此，如果没有看到序列"wood pittsburgh"，可以通过如下公式来获得它的概率：

$$P(pittsburgh|wood)= P(pittsburgh) \times BWt(wood)。$$

实际概率由其对数替换。通常，对数底数为 10。因此，将看到负数，而不是 0 和 1 之间的数字。

总之，语言模型如下所示：

```
\data\
ngram 1=7
ngram 2=7


\1-grams:
-1.0000 <unk>-0.2553
-98.9366 <s>   -0.3064
-1.0000 </s>  0.0000
-0.6990 wood   -0.2553
-0.6990 cindy-0.2553
-0.6990 pittsburgh          -0.2553
-0.6990 jean   -0.1973


\2-grams:
-0.2553 <unk> wood
-0.2553 <s> <unk>
-0.2553 wood pittsburgh
-0.2553 cindy jean
-0.2553 pittsburgh cindy
-0.5563 jean </s>
-0.5563 jean wood


\end\
```

ARPA 模型可以包括 3 元甚至多元，7 元和 10 元是罕见的，但仍然有使用。可以使用 gzip 压缩 ARPA 模型以节省空间。

edu.cmu.sphinx.linguist.language.ngram.SimpleNGramModel 是一个 ASCII ARPA 语言模型加载器。这个加载器不会尝试优化存储，因此它只能加载非常小的语言模型。

edu.cmu.sphinx.linguist.language.ngram.large.LargeNGramModel 使用由 SphinxBase sphinx_lm_convert 生成的二进制 Ngram 语言模型文件（"DMP 文件"）。

10.4.4　PocketSphinx 语音识别引擎

PocketSphinx 是一款轻量级语音识别引擎，专门针对手持设备和移动设备进行了调整，适用于 Android 系统，它在计算机桌面上同样运行良好。

如果没有安装 Android Studio，可以从其官网下载。

转到 PocketSphinx Android 演示 GitHub 页面，打开 "aars" 目录并下载 "pocketsphinx-android-5prealpha-release.aar"。查看目录并下载具有 aar 扩展名的文件。转到 Android Studio 页面。单击文件→新建→新模块→导入 Jar / Aar 包→完成。

在项目中打开 settings.gradle，在包含行中添加 PocketSphinx：

```
include ':app', ':pocketsphinx-android-5prealpha-release'
```

打开 app/build.gradle 并将此行添加到依赖项：

```
compile project(':pocketsphinx-android-5prealpha-release')
```

添加项目清单文件的权限。PocketSphinx 可以录制语音命令并将其保存到应用程序的文件夹中。禁用此设置的方法如下：

```
<uses-permission android:name="android.permission.WRITE_EXTERNAL_STORAGE" />
<uses-permission android:name="android.permission.RECORD_AUDIO" />
```

转到 GitHub 上的 PocketSphinx Android 演示页面，从 "models" 目录下载文件 assets.xml，并将其放在项目的 app/文件夹中。

返回项目中的 app/build.gradle 并将下面的代码添加到末尾：

```
ant.importBuild 'assets.xml'
preBuild.dependsOn(list, checksum)
clean.dependsOn(clean_assets)
```

在 PocketSphinx Android 演示页面上，导航到 models/src/main/assets，下载 "sync" 文件夹并将其复制到项目中的 "assets" 文件夹中。此文件夹包含用于语音识别的资源，并将在第一次运行应用程序时进行同步。

现在，应该已经准备好 PocketSphinx 用于项目了。GitHub 页面上的 PocketSphinxActivity.java 文件包含了所有功能，它可以在 app/src/main/java/edu/cmu/pocketsphinx/demo 文件夹中被找到。

演示项目设置为在屏幕上显示一些信息，但我们将跳过这些信息。示例代码没有做任何 UI 更改，接下来解释代码的每个部分。这里将跳过要求获得 RECORD_AUDIO 权限的权限部分。

首先初始化字段和常量：

```
private static final String KWS_SEARCH = "wakeup";
private static final String MENU_SEARCH = "menu";
/*为了激活识别所需要的关键字*/
private static final String KEYPHRASE = "oh mighty computer";


/*识别对象*/
private SpeechRecognizer recognizer;
```

启动识别器配置的代码如下：

```
@Override
public void onCreate(Bundle state) {
    super.onCreate(state);
    runRecognizerSetup();
}
```

运行识别器设置的代码如下：

```
private void runRecognizerSetup() {
    // 识别器初始化是一个耗时的工作，因为它涉及 IO，
    // 所以在异步任务中执行识别器初始化任务
    new AsyncTask<Void, Void, Exception>() {
        @Override
        protected Exception doInBackground(Void... params) {
            try {
                Assets assets = new Assets(PocketSphinxActivity.this);
                File assetDir = assets.syncAssets();
                setupRecognizer(assetDir);
            } catch (IOException e) {
                return e;
            }
            return null;
        }
        @Override
        protected void onPostExecute(Exception result) {
            if (result != null) {
                System.out.println(result.getMessage());
            } else {
                switchSearch(KWS_SEARCH);
            }
        }
    }.execute();
}
```

初始化自定义词典的代码如下：

```java
private void setupRecognizer(File assetsDir) throws IOException {
    recognizer = SpeechRecognizerSetup.defaultSetup()
            .setAcousticModel(new File(assetsDir, "en-us-ptm"))
    .setDictionary(new File(assetsDir, "cmudict-en-us.dict"))
    .getRecognizer();
    recognizer.addListener(this);
    // 创建关键字激活搜索
    recognizer.addKeyphraseSearch(KWS_SEARCH, KEYPHRASE);
    // 创建基于语法的自定义搜索
    File menuGrammar = new File(assetsDir, "mymenu.gram");
    recognizer.addGrammarSearch(MENU_SEARCH, menuGrammar);
}
```

在 App 退出时销毁识别器对象的代码如下：

```java
@Override
public void onStop() {
    super.onStop();
    if (recognizer != null) {
        recognizer.cancel();
        recognizer.shutdown();
    }
}
```

在关键短语和菜单收听之间切换的代码如下：

```java
@Override
public void onPartialResult(Hypothesis hypothesis) {
    if (hypothesis == null)
        return;
    String text = hypothesis.getHypstr();
    if (text.equals(KEYPHRASE))
        switchSearch(MENU_SEARCH);
    else {
        System.out.println(hypotesis.getHypstr());
    }
}
```

当识别为完整句子时打印语音命令的代码如下：

```java
@Override
public void onResult(Hypothesis hypothesis) {
    if (hypothesis != null) {
        System.out.println(hypothesis.getHypstr());
    }
}
```

语音开始时的自定义操作（这里我们不需要任何操作）的代码如下：

```java
@Override
public void onBeginningOfSpeech() {
}
```

将识别器重置为关键词聆听，或在讲话结束后收听菜单选项，代码如下：

```java
@Override
public void onEndOfSpeech() {
    if (!recognizer.getSearchName().equals(KWS_SEARCH))
        switchSearch(KWS_SEARCH);
}
```

此方法将在连续识别关键短语或识别超过 10 秒的菜单项之间切换，代码如下：

```java
private void switchSearch(String searchName) {
    recognizer.stop();
```

```
        if (searchName.equals(KWS_SEARCH))
            recognizer.startListening(searchName);
        else
            recognizer.startListening(searchName, 10000);
}
```

打印出任何错误，代码如下：

```
@Override
public void onError(Exception error) {
    System.out.println(error.getMessage());
}
```

如果 10 秒超时完成，则切换回关键短语识别，因为没有收到菜单命令，代码如下：

```
@Override
public void onTimeout() {
    switchSearch(KWS_SEARCH);
}
```

我们正在使用自己的 mymenu.gram 文件，该文件将包含菜单的所有选项。在 assets/sync/中创建一个名为 mymenu.gram 的新文件并将其放入如下代码：

```
#JSGF V1.0;
grammar mymenu;
public <smart> = (good morning | hello);
```

现在回到 onPartialResult 方法，然后把 if 语句写成如下形式：

```
if (text.equals(KEYPHRASE))
    switchSearch(MENU_SEARCH);
} else if (text.equals("hello")) {
    System.out.println("Hello to you too!");
} else if (text.equals("good morning")) {
    System.out.println("Good morning to you too!");
} else {
    System.out.println(hypotesis.getHypstr());
}
```

10.5 说话人识别

Recognito 是一个与文本无关的说话人识别框架。

Recognito 首先提取说话人的声纹，然后根据声纹库判断说话人。声纹提取可能无法处理来自具有巨大差异和非常不同的声音环境的多种记录系统的相同说话人的声音样本。

识别说话人的参考代码如下：

```
// 创建一个新的 Recognito 实例，在构造方法中指定要使用的音频采样率
Recognito<String> recognito = new Recognito<>(16000.0f);

// 提取说话人 Elvis 的声纹，并记入存储库
VoicePrint print = recognito.createVoicePrint("Elvis", new File("OldInterview.wav"));

// 检查语音
List<MatchResult<String>> matches = recognito.identify(new File("SomeFatGuy.wav"));
MatchResult<String> match = matches.get(0);

if(match.getKey().equals("Elvis")) {
    System.out.println("Elvis is back !!! " + match.getLikelihoodRatio() +
            "% positive about it...");
}
```

　　可用于测试说话人识别系统的语料库包括下面两个。

　　（1）TIMIT 语音库包含 630 个说话人语音，是评价说话人识别常用的权威语音库。TIMIT 包含美式英语的 8 种主要方言，其中每人阅读 10 个语音丰富的句子。TIMIT 语料库包括时间对齐的单词内容、语音和单词转录以及每个话语的 16 位 16kHz 语音波形文件。它是由麻省理工学院（MIT）、SRI 国际（SRI）和德州仪器（TI）共同设计的。

　　（2）免费的 ST 中文普通话语料库包含来自 855 个说话人的 102600 个句子。

10.6　专业术语

Automatic Speech Recognition　自动语音识别
Endpoint Detection　端点检测
Probability Density Function　概率密度函数
Gaussian Mixture Model　高斯混合模型

11 第11章 问答系统

问答系统（Question Answering System，QA）是一种高级的信息检索系统，它可以使用准确的自然语言回答用户提出的问题。问答系统的研究是人工智能和自然语言处理领域备受关注的研究方向。搜索引擎不能代替问答系统，因为使用搜索引擎时，用户在查找答案上需要花更多的时间。

Kensho 公司的沃伦软件是一个金融领域的问答系统，用户可以在简单的文本框里输入复杂的金融问题。例如：当三级飓风袭击佛罗里达州时，哪支水泥股的涨幅会最大？德州工业（Texas Industries）。当苹果公司发布新 iPad 时，哪家苹果公司的供应商股价上涨幅度会最大？为 iPad 内置摄像头生产传感器的豪威科技股份有限公司（OmniVision）。要回答此类问题，即使对冲基金的分析师能找到所有数据，他们也要花费数天时间。但沃伦软件可以通过扫描药物审批、经济报告、货币政策变更、政治事件以及这些事件对地球上几乎所有金融资产的影响等 9 万余份资料，立刻为 6500 万个问题找到答案。

问答系统中的知识库核心就是一个问答对集合，把问题作为键，答案作为值，组成键/值对。用户给定的问题作为键，然后查询这个键/值对。

问答系统有如下两种形式。

（1）问答式：简单的无语境的自动问答系统，也就是一问一答的形式。

（2）交互式：能够在前期与用户互动形成的语境的基础上提问题，而不是孤立地提问。

11.1 问答系统的结构

问答系统分为两个阶段：离线准备知识库阶段和在线用户对话阶段。在线用户对话阶段中根据对用户问题和知识库内容的理解以及对用户的理解产生答案。问答系统具体步骤如下。

（1）按照各种格式准备好知识库：普通问答对的形式、Freebase 的形式、文法（句子模板）的形式。

（2）理解用户提出的问句，查询知识库。

（3）根据聊天对象生成答案，并根据情况生成维度（地域维度、平台维度等）。

那么，答案从哪里得到呢？例如，搜搜问问开放 API，调用 WebService 返回答案，网站留言板中的问答对，直接取得数据库，爬虫抓取政府网站的咨询信箱、电话信箱、办事大厅等版块。一个问题可能有多个参考答案，系统最好能够整合出一个最完整、最准确的答案。

可以采用精准匹配的方式实现问答系统，为了提高召回率，也可以用查询的方式返回一个最有可能的答案。

精准匹配的问答系统首先分析问句，把问题转换成 SQL 语句，然后根据 SQL 语句查询数据库，最后生成答案。

从句子模板提取实体信息，然后生成 SQL 语句，查询数据库表，示例代码如下：

```
create table book(
    name String, --书名
    price decimal(2)   --价格
)
```

根据问句"《自己动手写搜索引擎》的价格是多少？"匹配模板"《书名》的价格是多少？"，得到模板对应的三元组："价格(书名,?)"，然后生成如下的 SQL 语句：

```
select price from book where name = '自己动手写搜索引擎'
```

11.1.1　提取问答对

从留言板问答中提取问答对。每个问题都有多个参考答案，每个问题的每个答案对应一个置信度值。

分析句子之间的连贯关系（Coherence Relation），从一个用户一次性提交的多个问句中找句子之间的关系，定义如下：

```
public enum SentenceRelation {
    increase,     // 递进
    supplement// 补充
}
```

补充型问句的例子：请问加拿大移民回国探亲，通过海运带回一些个人使用过的物品是否要交纳关税？对物品种类、重量、体积和价值是否有要求？请问如果是加拿大公民第一次回国工作，上述情况又如何？

递进型问句的例子：朋友想从英国寄一个三星手机过来，价值 200 多美元，通过邮政快递寄过来，请问需要付关税吗？关税多少钱？

另外一个递进型问句的例子：中国公民，在德国工作三年，搬家回国，能把自用的车（奔驰 C 级轿车）带回去吗？　如果能带，要交多少税费？

根据事实描述性句子生成用户可能提出的问题。

11.1.2　等价问题

等价问题集如下：

化妆品入境有何要求？

什么样的化妆品是不能入境的？

可以人工整理，或者采用自然语言生成技术生成等价的问句。

不能够简单地用字面替换同义词的方式得到同义的句子。例如："还"的同义词有"归还"，但是不能把"比这还要多"替换成"比这归还要多"。

分词之后，根据上下文标注出一些词的同义词，以及上位词或者下位词。根据语义标注的结果生成等价问句。

11.2　问句分析

问句包括是非问句、特指问句、选择问句、正反问句等。

可以从问句中抽取出关系元组。问句中包含一个问号，表示要找的实体。如果包含答案的文本的关系与问题中提取出的关系一致，就要提取与问号相对应的那部分内容当作问题的答案。例如，存在关系元组："发现(维拉扎诺，北美洲)"，把"谁发现了北美洲？"这个问题转化成："发现(?，北美洲)"。给出答案："维拉扎诺"。根据问句词汇化的功能解析树得到关系元组，代码定义如下：

```java
class Part{
    String function; // 功能，例如：实体或者属性
    String term; // 词
}
```

"《呐喊》的作者是谁？"根据问句模板得到关系元组："作者(呐喊,?)"。分析复杂问题："《呐喊》的作者的故乡是哪里？"。首先找到《呐喊》的作者是"鲁迅"，然后找鲁迅的故乡。"《呐喊》的作者的故乡是哪里？"得到嵌套的关系元组："故乡(作者(呐喊,?) ,?)"。

先生成问句树，然后自顶向下找答案，最后自底向上返回答案。

问句分析的过程如图 11-1 所示。

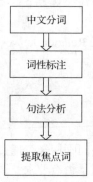

图 11-1　问句分析

11.2.1　问题类型

问题类型作为一个维度，是计算用户问题和标准问题相似度的一个参考值。

问题有如下类型，询问人的，如：谁发现了北美洲？询问时间的，如：人类哪年登陆月球？询问数量的，如：珠穆朗玛峰有多高？询问定义的，如：什么是氨基酸？询问地点和位置的，如：芙蓉江在重庆市哪个县？询问原因的，如：天为什么是蓝的？询问一个集合的，如：三星手机有哪些型号？

问题类型及相关举例如表 11-1 所示。

表 11-1　　　　　　　　　　　　　问题类型及相关举例

问题类型	对应的疑问词	例子
询问原因	为什么、为何、通用疑问词+（原因）	为什么天空总是蓝色的？ 电影《阿凡达》取得巨大成功的原因是什么？
询问时间	何时、通用疑问词+（时间/时候/年/月/日/天）	何时去黄山？ 什么时候举办上海世博会？
询问人物	谁、通用疑问词+（人/表示人职业的名词）	谁是篮球史上最伟大的球员？ 哪位科学家发现了光电效应？

续表

问题类型	对应的疑问词	例子
询问地点	哪里、哪儿、何处、何地、通用疑问词+（地方/地点/国家/省/城市/城镇/表示地点的名词）	2010 年世界杯在哪里举办？ 中国的哪个城市最适合人居？
询问实体	通用疑问词+（一般名词）	什么鸟不会飞？
询问数量	多少、多高、几、多	胡夫金字塔到底有多高？ 光在真空中的速度是多少？
询问方式	怎么/怎样/如何+（一般动词）、通用疑问词+（方式/方法）	地震发生时应该怎么做？ 什么方法能克服高山反应？
询问描述	通用疑问词+（是动词）、怎么样+（一般名词）	什么是温室效应？ 最近天气怎么样？

问题类型的确定有下面 3 种方法。

（1）根据疑问词确定

谁：PERSON

哪里：LOCATION

哪天：DATE

多少：NUMBER

（2）模板方式

有的问句单纯只靠疑问词无法判断问句的类型，例如："怎么"这个词，既可能是询问原因，也可能是询问方法。"我的包裹怎么没有放行"是询问原因；"包裹怎么无法退回啊"是询问方法。因此，"怎么"有如下两种模板：

怎么没有 + 动词　　询问原因

怎么无法 + 动词　　询问方法

使用有限状态机同时匹配这些模板，或者采用依存文法树。

在"怎么没有 + 动词"这样的环境中，"怎么"依赖"动词"的关系是"原因"。

在"怎么无法 + 动词"这样的环境中，"怎么"依赖"动词"的关系是"方法"。

人工生成"怎么无法退回"依存文法树的代码如下：

```
// 无法 -> 退回
TreeNode adv = new TreeNode(new WordToken("无法", 2, 4));
TreeNode verb = new TreeNode(new WordToken("退回", 4, 6));

adv.governor = verb;
adv.relation = DependencyRelation.AVDA;

// 怎么 -> 退回
TreeNode wh = new TreeNode(new WordToken("怎么", 0, 2));
wh.governor = verb;
wh.relation = DependencyRelation.Method;  // 依存关系是"方法"

ArrayList<TreeNode> struct = new ArrayList<TreeNode>(); // 第一层
struct.add(wh);
struct.add(adv);
struct.add(verb);
verb.order = struct;

TreeNode depTree = verb; // 依存文法树的根节点
```

```
System.out.println(depTree.toSentence()); // 根据依存文法树输出句子
depTree.getStructure(); // 输出句子的结构
```

（3）问句的句法分析

对于问句，疑问词对问题分类有很好的区分作用，例如：谁、何人等词对问题分类有重要的指示作用，通过这些疑问词，即可知道问句的询问对象是人，为后面的处理缩小了范围。有的问句单纯只靠疑问词无法判断问句的类型，例如：什么、怎等，根据疑问词无法判断出问句的类型，但是根据和疑问词有依存关系的名词可以确定问题的分类，例如"哪个国家发射人造卫星"，只是由疑问词"哪个"很难确定问题的分类，提取了与疑问词有依存关系的"国家"后，就可以清楚地知道这个问题应该分类到询问地点类型中。

当然不是所有问题都能用上面两个方法解决，例如：人造纤维是什么，根据疑问词"什么"无法确定问题类型，也没有寻找到与疑问词有附属关系的名词，无法判断出问句的类型，所以需要分析整个问句来获取问句的类型。根据依存句法分析器找出问句主干，形成问题分类特征。例如，对"人民邮电出版社的社长是谁"进行依存关系分析，提取的句子主干为："社长 是 谁"，由于疑问词"谁"同时也是句子主干的一部分，且没有与疑问词相关的名词，于是提取的最终特征为"社长 是谁"。又如，"阿尔及利亚的首都是哪个城市"，利用上面的方法提取出的问句主干是"首都 是 哪个城市"。这种提取方法可以减少修饰性词汇对问题分类的干扰，提高问题分类的准确性。

从语义的角度分析句子主干获取其上位词，使问句特征项更具一般特性，从而能更容易更准确地得到问句分类。

知网是目前国内公认比较好的一个中文知识库。知识词典是知网系统的基础文件，其中，每一个词语的概念及其描述形成一个记录。每一个记录主要由 8 项内容组成，格式说明如下：

NO=当前义项编号

W_C=汉语词语

W_E=英语词语

G_E=英语词语词性

G_C=汉语词性

E_C=汉语词语例子

E_E=英语词语例子

DEF=概念定义

根据知网中 DEF 的特性，本文利用句子主干词汇和知网的 W_C 进行匹配，提取 DEF 中第一位置标注的义原作为词语的上位词。

以"公园"字为例，它的某个义项的标注如下：

NO.=030949

W_C=公园

G_C=N

E_C=

W_E=park

G_E=N

E_E=

DEF=facilities|设施,space|空间,public|共,@WhileAway|消闲

根据前面上位词的定义，"公园"的上位词是"设施"。

可以提取问句主干的上位词作为计算问题类型的特征之一，而疑问词本身无须获取上位词。例如："人民邮电出版社的社长是谁？"的特征项为"人 是 谁"，又如"人造纤维是什么"的特征项

为"材料 是 什么"。

理解问句的模板。例如模板：<歌手>唱过哪些歌？用户提问"周杰伦唱过哪些歌？"，则把"周杰伦"这个词当成一个"歌手"。

问句"有哪些日本女歌手？"，则用规则"<国籍><性别>歌手"匹配。

11.2.2　句型

一种语言的句子是无限的，而句型是有限的。例如以下几种句型：

需要什么手续？

需要什么<n>

需要交的税是多少？

需要<v>的<n>是多少

化妆品入境有何要求？

<n><v>有何要求

11.2.3　业务类型

把标准问题做多层次的业务分类。采用伪相关性反馈技术，把搜索结果中出现最多的类别认为是用户问题应该属于的类。如果根据相关度返回的最相关的问题所属的业务类别不是该类，则降低这个问题的相关度。

11.2.4　依存文法树

问句"《贵妃醉酒》主要剧情是什么？"的依存文法树如图 11-2 所示。

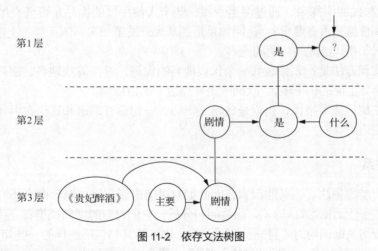

图 11-2　依存文法树图

依存文法树可以用来从问句中提取焦点词。例如，"化妆品税率是多少？"这句话得到的依存文法树如图 11-3 所示。

根据中心词和疑问词在依存文法树中的相对位置提取焦点词。

- 疑问词修饰焦点词，例如：哪几个海关可以办理机动车进口业务？
- 焦点词在前，疑问词在后，都依赖助动词，例如：火警电话号码是什么？

先找到疑问词，然后找疑问词的支配词。如果支配词 w 是左边的动词，则 w 的左依赖词就是中心词。如果支配词 w 是右边的名词，则 w 本身就是中心词。

图 11-3　依存文法树

根据词性规则生成依存文法树。例如，一个"主谓宾"形式的依存规则如下：

```
seq = new ArrayList<POSSeq>();
seq.add(new POSSeq(PartOfSpeech.n, 1, DependencyRelation.SUBJ));
seq.add(new POSSeq(PartOfSpeech.v, 0, null));
seq.add(new POSSeq(PartOfSpeech.ry, -1, DependencyRelation.OBJ));
addRule(seq); // 把规则加入规则树
```

采用多模式匹配的方法让问句同时匹配多个规则，因此规则可能存在几千个以上。

除了根据词性，也可以根据词生成依存文法树。

如果规则不够多，无法得到问句完整的依存文法树，可以先生成依存文法子树，然后根据依存文法子树得到焦点词。

11.2.5　指代消解

"打电话回去查询，欧洲那边的答复是他们的车都没有在发动机上印号码，"这里的"那边"指代"欧洲"。

"请问加拿大移民回国探亲，通过海运带回一些个人使用过的物品是否要交纳关税？对物品种类、重量、体积和价值是否有要求？ 请问如果是加拿大公民第一次回国工作，上述情况又如何？"这里的"上述情况"指代前面两句话的内容。

指代消解的实现方法是：如果碰到一个代表地名的代词，就往前找地名，用最近的地名作为这个词的指称词。例如上面的例子中，"欧洲"是"那边"的指称词。

根据依存文法树检测零指代，也就是省略。例如，一句话有谓语和宾语，但是缺少主语，则从前面的句子中找主语。

11.2.6　二元关系

表层特征没有考虑语法、语义的因素，因此很有可能出错。比如对于两个不同的问题"青蛙吃什么动物？"和"哪些动物吃青蛙？"，通过问句分析，它们对应的问句类型都是生物。通过文档和段落检索，由于查询关键词均为"青蛙""吃"，检索出来的文档包括这样的一些句子："成年的青蛙主要吃昆虫，偶尔也会吃小鱼、蚯蚓和蜘蛛""鳄鱼一般会吃水里和水边的动物，譬如鱼、蛇、青蛙、乌龟和一些哺乳动物"。因此，一个基于表层特征的系统，是无法区分这两个问题的区别的，可见这类方法具有局限性。为了克服上述缺陷，不少研究者提出了不同的改进措施。START 系统采用的办法是把问句和文本中的句子转换成三元组的形式，三元组的基本构成是〈主语，动词，宾语〉，去掉了句子中的一些修饰成分，譬如上面场景中的问句变成的三元组就是〈青蛙，吃，什么〉和〈什么，吃，青蛙〉，与第一个问句相匹配的文本三元组应该是〈青蛙，吃，昆虫〉〈青蛙，吃，小鱼〉等，与第二个问句相匹配的文本三元组应该是〈鳄鱼，吃，青蛙〉〈蝙蝠，吃，青蛙〉，这样就可以很容易从文本三元组中获得答案而不会产生混淆了。

二元关系举例如下。

事实：

无间道<E>主演<P>刘德华<V>

让子弹飞<E>主演<P>葛优<V>

问题：

（1）无间道是谁演的？刘德华

（2）谁是无间道的主演？刘德华

（3）让子弹飞是谁演的？葛优

标注问题模板：

（1）<MOVIE>谁演的?<PERSON>

（2）谁是<MOVIE>的主演?<PERSON>

（3）<MOVIE>是谁演的?<PERSON>

定义二元关系类的代码如下：

```java
public class Relation {
    private String relationName;
    private String entity1;
    private String entity2;
    private boolean negation;
}
```

提取与问号相对应的那部分内容当作问题的答案。Relation 类中的 answer 方法实现的代码如下：

```java
public String answer(Relation q) {
    if (!q.relationName.equals(relationName)) {
        return null;
    }

    if (q.entity1.equals("?") && q.entity2.equals(entity2))
        return entity1;
    else if (q.entity2.equals("?") && q.entity1.equals(entity1))
        return entity2;

    return null;
}
```

测试如下：

```java
Relation fact = new Relation("发现","维拉扎诺", "北美洲");
Relation question = new Relation("发现","?", "北美洲"); // 谁发现了北美洲？
System.out.println(fact.answer(question)); // 维拉扎诺
```

"谁发现了北美洲?"这个问题也可以转换成下面的逻辑表示：

```
person(e1) & 发现(e1, 北美洲) & answer(e1)
```

再比如，要做一个戏曲知识相关的问答系统，比如梅兰芳演过哪些戏？霸王别姬的剧情是什么？收录所有的戏曲、人物、角色等形成知识库，答案是根据知识库生成出来的。

会有很多条下面这样的记录：

剧名：X

剧情：Y

主要角色：Z。

可以通过剧名定位到这条记录后，查找这条记录的一些具体描述信息。例如有问句"《贵妃醉酒》的主要角色是谁?"，用关系元组来表述这个问题：主要角色(《贵妃醉酒》, ?)。离线准备好的关系元组：主要角色(贵妃醉酒，杨贵妃)，主要角色 (贵妃醉酒，裴力士)，主要角色(贵妃醉酒，高力士)。这样给出答案：<杨贵妃，裴力士，高力士>。

这样的关系元组是如何提取出来的呢？

例如，问句"京剧《贵妃醉酒》的主要剧情是什么？"中存在二元关系：剧情(戏曲名称，剧情内容)。把"京剧《贵妃醉酒》的主要剧情是什么？"转换成二元关系：剧情(戏曲名称，？)，这样直接从知识库中提取出剧情内容。

问题："《贵妃醉酒》讲了怎样的故事？"和"《贵妃醉酒》的主要故事情节"转换成同一个关系，"故事"转义成"剧情"。

因为用户可能用专业的术语提问也可能用通俗的方法提问，所以对于同义词，需要做语义归一化处理。同义词词典的内容是自己专门定义的，格式如下：

故事:剧情

除了处理问句，还有离线地从网页中提取答案模块。例如：《贵妃醉酒》写的是唐明皇宠妃杨玉环与明皇约在百花亭，久候明皇不至，原来他早已转驾西宫。贵妃羞怒交加，万端愁绪无以排遣，遂命高力士、裴力士添杯奉盏，饮至大醉，怅然返宫。

<剧名>-剧情-简介，<剧名>-讲述-了，<剧名>-说的-是。这些都是回答同一个问题的规则。

"比尔·盖茨在微软公司工作。"这句话提取出这样的实体-关系：人的从属关系(比尔·盖茨，微软公司)。

挖掘生物医学文献。致癌基因的检测，例如：基因 X 的突变 Y 导致恶性肿瘤 Z。

11.2.7　问句模板

句子模板的例子：[中国|中华人民共和国]成立[日期|时间]。

把倒装问句改成正常问句，然后用句子模板匹配正常问句。例如："板栗怎么剥" 改成"怎么剥板栗"，然后匹配句子模板"怎么剥[板栗|栗子]"。

两个 Trie 树，第一个 Trie 树切分问句，第二个 Trie 树根据切分结果把问句归约到某个三元组。

以模板"[包裹][没有][放行|发送][原因|为什么|怎样]"为例，词典放入基本词：{包裹, 没有, 放行, 发送, 原因, 为什么, 怎样}。[包裹]编号 1，[没有] 编号 2，[放行|发送] 编号 3，[原因|为什么|怎样] 编号 4。文法树增加规则序列{1,2,3,4}。

把解析出来的句子模板结果放到一个 Rule 类的实例中，示例代码如下：

```
public class Rule {
    public ArrayList<String> rhs = new ArrayList<String>(); // 右边的 Token 序列
    public HashMap<String, HashSet<String>> words =
            new HashMap<String, HashSet<String>>();// 基本词和对应的类型
}
```

使用 RightParser 类解析句子模板。测试"询问包裹"的句子模板如下：

```
String ruleName ="询问包裹";
String right="[包裹][没有][放行|发送][原因|为什么|怎样]";
Rule rule = RightParser.parse(right, ruleName);
System.out.println(rule);
```

输出：右边的 Token 序列：[询问包裹 p-0, 询问包裹 p-4, 询问包裹 p-8, 询问包裹 p-15]。其中的 Token 名字根据 Token 在模板中出现的位置生成。

词表内容：{原因=[询问包裹 p-15], 包裹=[询问包裹 p-0], 为什么=[询问包裹 p-15], 放行=[询问包裹 p-8], 怎样=[询问包裹 p-15], 发送=[询问包裹 p-8], 没有=[询问包裹 p-4]}]。

根据词典 Trie 树和规则 Trie 树处理问句，得到邻接链表表示的词图，也就是 AdjList 类的对象。

为了防止重复匹配某个规则，导致死循环，**AdjList.addNew(CnToken)**方法只加入新的边。根据文法增加边的代码如下：

```
boolean findNew = true;
while (findNew) {
    findNew = false;
    for (int offset = 0; offset < sentence.length(); ++offset) {
        ArrayList<GraphMatcher.MatchValue> match =
                GraphMatcher.intersect(g, offset, rule);

        for(GraphMatcher.MatchValue m:match){
            CnToken newEdge =
          new CnToken(m.start,m.end,sentence.substring(m.start,m.end),m.ruleName);
            findNew = g.addNew(newEdge);
        }
    }
}
```

开放性的词作为变量，封闭的词组成句子模板。例如："X 怎么治"，其中的 X 用糖尿病代替，就变成了：糖尿病怎么治。X 用癌症代替，就变成了：癌症怎么治。用句子模板表示的代码如下：

```
QuestionGrammar grammar = new QuestionGrammar();

Nonterminal nt = new Nonterminal("询问方法","88");
String right="[糖尿病:7|肾结石:9]怎么治疗";
grammar.add(nt, right);

String question = "糖尿病怎么治疗";
Result r = grammar.getReply(question);
System.out.println("答案:" + r);  // 返回问题编号7
```

用关系元组表示："X 怎么治" 转换成 "治疗(X, ?)"，"糖尿病怎么治" 转换成 "治疗(糖尿病, ?)"。

使用搜索引擎搜索 "孕妇能 吗"，提取问题和答案。这样能搜索出来 "孕妇能吃羊肉吗" 和 "孕妇能吃龙虾吗" 等类似问题。反过来，根据 "孕妇能吃羊肉吗" 和 "孕妇能吃龙虾吗" 等类似问题提取出句子模板：孕妇能<动词短语>吗。

"孕妇能<动词短语>吗？" 是元知识。"孕妇能吃龙虾吗？" 是知识。

爬虫抓取问句后，使用问句专用的同义词库生成句子模板。例如："怎么" 和 "如何" 算同义词。生成句子模板 "[怎么|如何]治疗癌症"。

"When does <performer> perform in <place>?" 是一个问题模板。"When does Depeche Mode perform in Globen?" 是一个问题。

使用带权重的 LCS 算法计算句子模板和问题的相似度。

以词为单位，计算问题和句子模板的编辑距离，需要考虑两个词语义是否相同，也就是说，是否是同义词。

根据问题生成编辑距离自动机，编辑距离自动机和句子模板求交集，找出编辑距离最近的句子模板。

11.2.8 结构化问句模板

二元关系：关系名(实体 1，实体 2)，从前往后收集实体和关系名。例如，根据问句 "京剧《贵妃醉酒》的主要剧情是什么？" 提取二元关系，如图 11-4 所示。

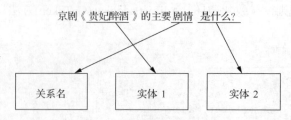

图 11-4　根据问句提取二元关系

首先提取"戏曲名称"，假设词表中存在"贵妃醉酒"这个实体词，如果不存在，可以用《剧名》这样的规则识别。

疑问词表：什么

系动词：是

关系名：剧情

首先把输入句子变成词序列，然后在词序列应用有限状态转换，变成关系元组，如图 11-5 所示。

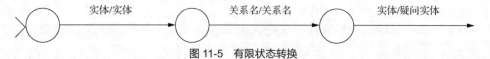

图 11-5　有限状态转换

有限状态转换的结果是一个 Relation 对象。测试从问句提取疑问关系元组的代码如下：

```
QuestionTemplate qt = new QuestionTemplate();
String question = "京剧《贵妃醉酒》的主要剧情是什么? ";
Relation r = qe.extract(question);
System.out.println(r); // 输出 relationName:剧情 e1:贵妃醉酒 e2:?
```

一边是对问题进行元组关系抽取，一边是对文本进行元组关系抽取，然后将元组关系中与"？"相对应的部分的内容返回，代码如下：

```
QuestionExtracter qe = new QuestionExtracter();
String sentence = "京剧《贵妃醉酒》的主要剧情是什么? ";
ArrayList<Token> tokens = qe.extract(sentence);
Relation question = qe.transduce(tokens);
System.out.println(question); // 输出 relationName: 剧情 e1: 贵妃醉酒 e2: ?
Relation fact = new Relation("剧情","贵妃醉酒", "唐明皇宠妃杨玉环与明皇约在百花亭, 久候明皇不至,
原来他早已转驾西宫。贵妃羞怒交加, 万端愁绪无以排遣, 遂命高力士、裴力士添杯奉盏, 饮至大醉, 怅然返宫。");
System.out.println(fact.answer(question)); // 输出: 唐明皇宠妃杨玉环与明皇约在百花亭, 久候明皇
不至, 原来他早已转驾西宫。贵妃羞怒交加, 万端愁绪无以排遣, 遂命高力士、裴力士添杯奉盏, 饮至大醉, 怅然返宫。
```

二元关系知识库可以简单地用一个数据库表来表示，代码如下：

```
create table binary_relation(relationName entity1,entity2)
```

二元关系问题：剧情(贵妃醉酒，？) 转换成为：

```
select entity2 from binary_relation where relationName="剧情" and entity1 = "贵妃醉酒"
```

可以用 Access 数据库，因为它只是一个 mdb 文件，不像 MySQL，需要安装并启动管理进程。JDBC 可以直接访问这个 mdb 文件，而不需要特别的驱动程序。根据二元关系问题查找答案的代码如下：

```
Properties p = new Properties();
p.put("charSet", "GBK"); // 指定数据库文件的字符集
Class.forName("sun.jdbc.odbc.JdbcOdbcDriver");
String dburl = "jdbc:odbc:driver={Microsoft Access Driver (*.mdb)};DBQ=Database1.mdb";
Connection conn=DriverManager.getConnection(dburl,p);
// 根据问题中提取出来的关系直接到这个二元词表里查找答案
```

```
String sql = "select Entity2 from Binary_Relation_table where RelationName=? and
Entity1=?";

PreparedStatement stmt = conn.prepareStatement(sql);
stmt.setString(1, "剧情");
stmt.setString(2, "贵妃醉酒");
ResultSet rs = stmt.executeQuery();
while(rs.next()){
    System.out.println(rs.getString("Entity2"));
}
rs.close();
stmt.close();
conn.close();
```

11.2.9　检索方式

如果关系元组的问答系统无法找到答案，可以采用检索的方式实现问答系统，其结构如图 11-6 所示。

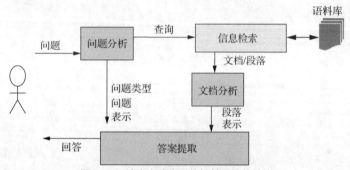

图 11-6　检索方式实现的问答系统的结构

如果存在问题答案对，则根据用户的提问搜索标准问题，例如，用户的问题是："康熙皇帝陵墓在哪?"，搜索百度知道，得到标准问题"康熙皇帝的陵墓在哪里?"，对应的答案："清东陵中的景陵，位于唐山遵化马兰峪清东陵昌瑞山脚下，清孝陵东侧 1 公里处。"；也可以根据问题给答案打标签。

直接根据用户提出的问题匹配答案，或者匹配答案库。"<地点>在哪?"转换成答案模板"<问题地点>位于<地点>"。例如，用户的问题是："秦始皇陵墓在哪?"。包含答案的文本是："秦始皇墓位于陕西临潼县东约五公里的下河村附近。"。把问题重写成"秦始皇墓位于……"。

用句子模板表示各种问句的变体，多个句子模板返回同一个答案，标准答案和句子模板是一对多的关系，计算用户输入的问句能否匹配某个句子模板。类似于按标题查找，句子模板就是标题，而内容就是答案。例如，句子模板是"<歌手>唱过哪些歌"。如果歌手是周杰伦，则返回"双节棍、菊花台等"。模糊匹配句子模板时，不能缺少句子模板中的焦点词。

可以把问题中除了疑问词以外的大部分词都作为查询词以提高检索的精度。必须包含的查询词必须出现在标准答案中。有些查询词不是必须出现在标准答案中，只是作为提高相关度的参考词。

检索方式实现的问答系统执行过程如下。

- 对问题进行分词和词性标注。
- 确定问题的类型。
- 从问题中提取出查询词。
- 对查询词进行恰当的扩展。

- 确定哪些查询词是必须出现的，哪些是可选的；
- 搜索标准问题，并返回对应的答案。

问句分词使用专门的分词器。有些疑问词的切分粒度比较大，例如"要不要"整体作为一个词。问答系统使用的词性标注集参考北大词性标注集。把代词进一步分成如下三类：

- 人称代词：你 我 他 它 你们 我们 他们
- 疑问代词：哪里　什么　怎么
- 指示代词：这里 那里　这些　那些

采用 Lucene 实现问答系统。把句子模板和对应的答案放入索引库。处理用户输入的问句时，不需要 AND 或者 OR 这样的查询语法，所以修改查询分析部分，实现自己的问题解析器 QuestionParser。直接根据用户的问题得到 Query 对象，示例代码如下：

```
Query q = parseQuestion(String question);
```

问答系统处理过程，先收集相关文档，然后遍历相关文档集合，逐个打分，示例代码如下：

```
final BitSet bits = new BitSet(reader.maxDoc()); // 把相关文档放入 BitSet
searcher.search(query, new Collector() {  // 在匿名类中设置 bits 的值
    private int docBase;

    // ignore scorer
    @Override
    public void setScorer(Scorer scorer) {
    }

    // accept docs out of order (for a BitSet it doesn't matter)
    public boolean acceptsDocsOutOfOrder() {
        return true;
    }

    public void collect(int doc) {
        bits.set(doc + docBase);
    }

    public void setNextReader(AtomicReaderContext context) {
        this.docBase = context.docBase;
    }
});

System.out.println("结果数: " + bits.cardinality());
for (int i = bits.nextSetBit(0); i >= 0; i = bits.nextSetBit(i + 1)) {
    System.out.println("文档编号: " + i);
}
```

更新索引库的代码如下：

```
public class FAQAnswer {
    public DirectoryReader reader;

    public void refresh() throws IOException{  // 刷新索引缓存
        if(!reader.isCurrent()){  // 检查索引缓存是否是最新的
            DirectoryReader newReader = DirectoryReader.openIfChanged(reader);
            if(newReader!=null){
                reader.close();
                reader = newReader;
            }
        }
```

```
        }
    }
```

把问题类型作为索引中的一列，这列匹配上的问题有更高的重要度，代码如下：

```
public enum QuestionType {
    PERSON("谁"), // 询问人
    LOCATION("地点"), // 询问地点
    SET("哪些"), // 询问集合
    MONEY("多少钱"),
    PERCENT("比例"),
    DATE("时间"),
    NUMBER("多少"),
    DURATION("时长"),  // 包裹在海关停留的时间一般是多少天
    MEASUREMENT("程度"),
    YESNO("是否"),// 包裹是否放行了
    REASON("原因"), // 询问原因
    METHOD("方法"); // 询问方法

    QuestionType(String name){
        this.name = name;
    }

    public String name;
}
```

11.2.10　问题重写

问句经常和包含答案的句子在语法上很接近。

首先对问题分类，然后应用手工写的转换规则，例如，把"在哪"改成"位于"。

发送所有重写结果给搜索引擎。检索前 N（100～200）个结果。为了快速地返回答案，只依赖搜索引擎的搜索结果片段，而不依赖实际文档的全文。

11.2.11　提取事实

如果提交给搜索引擎的查询是：甘地是什么时候出生的？期望的答案是："甘地生于 1869"。问题的模板是<人>生于<年>，它只是一个关系元组：生于(人，年)，这里人和年是实体。

为了提取关系元组，会用一个小的初始问答集查询一个大的数据库，例如用"甘地 1869"查询 Web 搜索引擎。最佳匹配模板用来提取答案模板，反过来，答案模板可以用来从数据库中提取新实体，新的实体再用来提取新的答案模板，这样进行下去，直到收敛。

根据查询结果中的："贵妃醉酒（一名：百花亭） 主要角色 杨贵妃"，提取出模板："<剧名>(一名：剧名)主要角色<人>"。这个过于理想化，最佳匹配未必能够在搜索结果中排第一，往往需要重新排序，找这几个词中在文档中出现最近的词。也可以先人工整理模板。

给定一段产品的英文描述，包含 M 个英文字母，每个英文单词以空格分隔，无其他标点符号；再给定 N 个英文单词关键字，目标是找出此产品描述中包含 N 个关键字（每个关键词至少出现一次）的长度最短的子串，作为产品简介输出。实现方法为：String extractSummary(String description,String[] keywords)。

假设有单词 A 和 B，需要找到这两个单词出现最近的位置。简单的解决方法如下。

- 遍历文档字符串，找到单词 A 的每个出现位置。存储这个出现数组的中间索引下标。

- 再次遍历文档字符串，找到单词 B 的每个出现位置，存储这个出现数组的中间索引下标。
- 比较数组的切片，找到 A 和 B 的每个中间位置的最小差别。
- 运行时间为 $O(n + ab)$，这里 a 是输入字符串 A 的出现次数，b 是输入字符串 B 的出现次数。

有 n 个关键词，要找出所有关键词都出现的最短文本摘要。使用归并排序的方法，记录数组间的最小差别，然后返回这个距离，示例代码如下：

```java
public class Span {
    public int start; // 开始位置
    public int end; // 结束位置

    public Span(int start, int end) {
        if (start > end) {
            throw new IllegalArgumentException("开始位置比结束位置大");
        }
        this.start = start;
        this.end = end;
    }
}
```

得到 n 个数的最大覆盖区间的代码如下：

```java
public static Span getSpan(int[] index) {
    // 取得 n 个数中的最小值和最大值
    int start = index[0];
    int end = index[0];

    for (int i = 1; i < index.length; ++i) {
        // 存在循环不变式：区间已经覆盖 i 之前的数
        if (index[i] < start) {
            start = index[i];
        } else if (index[i] > end) {
            end = index[i];
        }
    }
    return new Span(start,end);
}
```

测试这个方法的代码如下：

```java
int[] index = { 2, 4, 5, 2, 3, 4 };
System.out.println(Span.getSpan(index)); // 输出: {start: 2, end: 5}
```

每个关系元组对应一个可读的答案。例如，关系元组：生于(甘地, 1869)对应的答案是"甘地生于 1869"。

对于多个关系元组，可以应用规则进行推理，如图 11-7 所示。

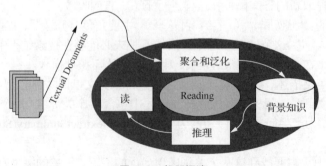

图 11-7　机器阅读

11.2.12　验证答案

如果一个问题有多个答案，需要找出一个最准确、最完整的答案。

张飞的故乡在哪？假设有两个候选答案，一个是河南，还有一个是河北。提交到百度搜索：

张飞 AND　故乡　AND　河南　返回结果数是：2330000。

张飞 AND　故乡　AND　河北　返回结果数是：136000。

有时候，两种字面上不一样的答案其实表示同一个意思。比如问：长颈鹿脖子为什么这么长？标准答案是：地球上的树越长越高，长颈鹿为了吃树上的叶子，必须伸长脖子。如果回答：为了伸长脖子吃树上的叶子，这个答案也应该是对的。

通过计算答案之间的语义相似度，比较这两种字面上不一样的答案，然后发现两者其实表示同一个意思。

11.3　知识库

自动对话系统类似黑客帝国中的母体，人工返回的答案进入知识库，帮助母体升级。人工对话作为构建知识库的一种来源。

可以将一个自然语言文本问题转变成 SPARQL 查询。

用户输入文本问题 "Name the presidents of US who died under an age of 60 ?"。基于用户输入的文本自动生成 SPARQL 查询，然后使用 DBpedia 端点执行这个 SPARQL 查询。

举一个例子，问题："Is the Amazon river longer than the Nile River?" 对应的 SPARQL 查询如下：

```
PREFIX prop: <http://dbpedia.org/property/>
ASK
{
 <http://dbpedia.org/resource/Amazon_River> prop:length ?amazon .
 <http://dbpedia.org/resource/Nile> prop:length ?nile .
 FILTER(?amazon > ?nile) .
}
```

公开的 DBpedia 网站经常会 "瘫痪"，许多重要的应用需要通过建立私有镜像来保证可以稳定地访问。

Jena 支持 SPARQL 标准。下面介绍如何使用 Apache Jena 执行基于规则的推理。首先创建一个数据集，然后写推理规则，最后用代码执行推理。

用一个叫作 dataset.n3 的例子数据集开始：

```
@prefix : <http://tutorialacademy.com/2015/jena#> .

:John :hasClass :Math .
:Bill :teaches :Math .
```

这里有两个声明：约翰有一门课是数学；比尔教数学课。因此，比尔有一个学生叫约翰。这正是想要推断出的结果。

我们创建一个名为 rules.txt 的规则文件，并添加以下规则：

```
@prefix : <http://tutorialacademy.com/2015/jena#> .
[ruleHasStudent: (?s :hasClass ?c) (?p :teaches ?c) -> (?p :hasStudent ?s)]
```

这意味着，如果找到一个三元组 ?s has a class ?c 和另外一个三元组 ?p teaches some class ?c，那么，就可以得出结论：?p has a student ?s。

使用下面的代码执行基于规则的推理：

```
import com.hp.hpl.jena.rdf.model.InfModel;
import com.hp.hpl.jena.rdf.model.Model;
```

```
import com.hp.hpl.jena.rdf.model.ModelFactory;
import com.hp.hpl.jena.rdf.model.Property;
import com.hp.hpl.jena.rdf.model.RDFNode;
import com.hp.hpl.jena.rdf.model.Resource;
import com.hp.hpl.jena.rdf.model.Statement;
import com.hp.hpl.jena.rdf.model.StmtIterator;
import com.hp.hpl.jena.reasoner.Reasoner;
import com.hp.hpl.jena.reasoner.rulesys.GenericRuleReasoner;
import com.hp.hpl.jena.reasoner.rulesys.Rule;

public class JenaReasoningWithRules
{
    public static void main(String[] args)
    {
        // 创建一个空的默认模型并加载数据集
        Model model = ModelFactory.createDefaultModel();
        model.read( "dataset.n3" );

        Reasoner reasoner = new GenericRuleReasoner( Rule.rulesFromURL( "rules.txt" ) );
        // 从我们的默认模型创建新的模型（infModel），使用推理器推断出新的关系
        InfModel infModel = ModelFactory.createInfModel( reasoner, model );
        // 从 infModel 得到所有的声明
        StmtIterator it = infModel.listStatements();

        while ( it.hasNext() )
        {
            Statement stmt = it.nextStatement();

            Resource subject = stmt.getSubject();
            Property predicate = stmt.getPredicate();
            RDFNode object = stmt.getObject();

            System.out.println( subject.toString() + " " + predicate.toString() + "
" + object.toString() );
        }
    }
}
```

执行后，应该看到如下输出：

```
http://tutorialacademy.com/2015/jena#Bill http://tutorialacademy.com/2015/jena#hasStudent
http://tutorialacademy.com/2015/jena#John
http://tutorialacademy.com/2015/jena#Bill http://tutorialacademy.com/2015/jena#teaches
http://tutorialacademy.com/2015/jena#Math
http://tutorialacademy.com/2015/jena#John http://tutorialacademy.com/2015/jena#hasClass
http://tutorialacademy.com/2015/jena#Math
```

可以看到，现在的 Jena 模型包含三个声明（而示例数据集只包含两个声明）。新声明正是观察数据集时得出的结论：比尔有一个学生叫约翰。

这是一个很小的例子，可以用更多的推理规则和更多的数据执行强大的推理。

11.4　AIML 聊天机器人

对话任务是由一系列的对话行为（Dialogue Act，DA）组成的，如提问——回答——确认。

　　对话行为是指一个语句在"行为"方面的功能，如提问、陈述、确认等。事实上，人们在对话过程中可以很清楚地区分各种不同的对话行为，这样，人与人之间才可以"交谈"，不会出现"文不对题""牛头不对马嘴"等现象。因此，人机交互中，如果系统能够知道用户语句的"对话行为"，对于理解用户语句以及保持人机交流是非常有用的。

　　航班信息系统 EasyFlight 是一个特定领域的对话应用，其中的对话行为比较简单，涉及系统用户的对话行为主要有以下几种。

- 提问（Question）：提问是用户使用最多的一种对话行为。通过提问，用户告诉系统自己需要什么样的信息。与英语不同，汉语中的问句没有严格的语序要求，疑问词的选择十分灵活，疑问词的位置几乎可以在句子的任何地方。EasyFlight 中的提问主要有两种情况：一种是有明确的疑问词，如"什么""哪些""多少""有没有"；另一种是在语句中很难找到一个真正的疑问词，但它有语气助词，如"后天有从深圳回北京的票吗？"
- 陈述（Statement）：陈述是用户回答系统提问时常用的一种对话行为，常用于给出查询信息，如"大概中午十二点左右"。
- 确认（Confirmation）：确认分肯定确认和否定确认两种，如"对，订三张票""不对"。
- 问候（Greeting）：引导对话开始的对话行为，如"您好"。
- 感谢和再见（Thank&GoodBye）：表示对话结束的对话行为，如"谢谢帮忙"。

　　对话行为分类的研究中，一般使用基于文字信息的方法，如用 N-gram 的方法；而利用韵律信息是另一种对话行为分类的方法。有些情况下，仅仅从文字上难以区分对话行为，如下面两个句子：

- 他拿了第一名。（陈述）
- 他拿了第一名？（反问）

　　这两个句子的文字完全相同，却是截然不同的两种对话行为。前一句话只是简单地陈述一个事实；而后面一句却包含了强烈的反问语气，表明说话人不太相信这个事实，希望对话的另一方给出解释或者说明，而且说话人强调的内容不同也可以反应他怀疑的内容不同，比如强调"他"表示说话人不相信第一名是他，而强调"第一名"表示不相信他会取得那么好的成绩。这时候，韵律是最好的特征，它可以反映说话人的不同语气，从而区分对话行为。

　　银行领域信用卡业务对话举例如下。

Z：您好，我这里是××，请问是××先生/女士吗

K：是/嗯/怎么了/什么事

Z：××先生/女士您名下一张××信用卡尾号××的卡片现在欠款××元，逾期××天，今天要求您 12 点处理××钱，有没有问题？

K：我知道了/好的/行

Z：那您通过什么方式还款？

K：现金、支付宝、网银

Z：这边登记上报，12 点准时核账，如果到时核实不到，您的这张卡片后期可能使用不了，信用记录可能会受到影响，您清楚吧？

K：知道了

Z：好的，12 点××钱，看您的处理结果，再见！

　　对话管理器（Dialogue Manager，DM）记录当前对话状态，根据输入对话行为更新状态并选择回应对话行为，它负责控制整个对话过程。对话管理器主要包括对话上下文（Dialog Context）、对话状态跟踪（Dialog State Tracking）和对话策略（Dialog Policy）几部分。

- 对话上下文：记录对话的领域、意图和词槽等数据，每个领域可能包含多个意图的数据，一般以队列的形式存储。

- 对话状态跟踪：每轮对话开始后，会结合本轮对话提供的语义信息和上下文数据，确定当前对话状态，同时补全或替换词槽。
- 对话策略：根据对话状态和具体任务决定要执行什么动作，比如进一步询问用户以获得更多的信息、调用内容服务等。

聊天机器人 Alice 有 40000 多个模板，采用了模式匹配的方法来检索最合适的回答，使用人工智能标记语言（Artificial Intelligence Markup Language，AIML）存储模式，也就是问答对。Alice 采用了一种很好的扩充机制，AIML 文件可以进行内联，许多包含特殊领域知识的 AIML 文件可以方便地合并成一个更大的知识库。

AIML 的例子如下：

```
<category>
  <pattern>你叫什么</pattern>
  <template>我叫小薇</template>
</category>
```

模板中可以使用变量，如下所示：

```
我叫<bot name="name"/>
```

think 是一个模板标签，表示执行指令但是不输出答案。例如，执行加法的例子如下：

```
<category> <pattern>* PLUS *</pattern> <template><think><set name="x"> <star/></set> <set
name="y"><person><star index="2"/></person></set></think> The answer is
<script language="JavaScript"> var result = <get name="x"/> + <get name="y"/>;
document.write("<br/>result = " + result, "<br/>");</script> </template> </category>
```

例如，询问天气，系统根据用户的 IP 地址或者手机所在位置得到提问者的位置，系统返回最近多少天的天气信息。用户可以进一步更改要查询的城市。

11.4.1　交互式问答

交互式自动问答系统的例子如下：

提问：你好，我叫张三，你叫什么？

回答：张三你好，我叫小薇。

另一个例子如下：

谁是<未登录名>?

不知道<未登录名>是谁。

再比如下面的例子。

语境中的提问 1：Which museum in Florence was damaged by a major bomb?

（佛罗伦萨的哪一个博物馆被炸弹破坏了？）

答：On June20, the Uffizi gallery reopened it doors after the 1993 bombing.

（1993 年爆炸之后，在 6 月 20 日，乌菲齐美术馆又重新开门了。）

语境中的提问 2：On what day did it happen?

（爆炸是在哪一天发生的？）

答：(Thursday) (May 27 1993)

（星期四）（1993 年 5 月 27 日）

语境中的提问 3：Which galleries were involved?

（包括哪一些画廊呢？）

答：One of the two main wings.

（两个主要侧面画廊当中的一个。）

语境中的提问 4：How many people were killed?

（死了多少人呢？）

答：Five people were killed in the explosion.

（在爆炸中死了 5 个人。）

问题本身不完整，问答系统需要指代消解从上文得到更多的信息，才能给出回答。使用问句模板收集问句需要的信息。针对缺少的信息，问答系统生成反问句。例如上文已经提到化妆品，如果问"进口关税税率是多少？"，则回答"化妆品进口关税税率是多少？"。规定"税率"这个词需要"物品"这类修饰词，然后填充进"化妆品"这个词。首先生成依存文法树，然后在依存文法树上增加"化妆品"这个词，如图 11-8 所示。

图 11-8　依存文法树

另外一个多句提问的例子："你好！请问加拿大移民回国探亲，通过海运带回一些个人使用过的物品是否要交纳关税？对物品种类、重量、体积和价值是否有要求？请问如果是加拿大公民第一次回国工作，上述情况又如何？谢谢！"需要把最后一个问句中的代词"上述情况"与前面两个问句对应。

或者直接从上文合并关键词，判断当前句子和上面的句子是否在同一个会话中。

问同一个问题，返回的回答不同。再次询问时，可用同义词替换不同的答案，或者返回更详细的答案。例如，记录客服人员和客户的对话日志，用信息提取和机器学习的方法实现模仿客服人员的对话系统。

11.4.2　垂直领域问答系统

垂直领域问答系统多研究购物对话和医患对话。

医患对话例如：What treatments are available for dry macular degeneration?

要注意当前患者是谁，因为讲话的人可能不是患者本人，例如帮朋友问的。

采用填表式提问的方式收集信息，填完一张表后，给出一些可选项，然后可以根据收集到的情况继续下一张表。

例如，淘宝旺旺以插件的形式，提供淘宝客服机器人。

买家：这件有哪几种颜色？

自动客服：这件衣服有浅黄和绿色两种颜色。

内部处理流程是 3 个步骤：输入理解、信息查询和自然语言生成。处理的过程是：根据用户浏览的商品的 URL 地址中的编号（例如 22795891）发现商品的型号，输入理解模块会生成完整的问题模板。具体生成的过程是：根据当前 URL，以及问句模板，比如：这件有哪几种[颜色:焦点词]。查询商品数据库：select color from goods where id = 22795891，返回结果"浅黄、绿色"。

自然语言生成模块会得到答案"这件衣服有浅黄和绿色两种颜色。"

例如，儿童玩具问答系统，用分类器区别背诗、问答、聊天、算术，再执行不同模块。

例如，政务领域的问答系统处理的问题有如下几种类型。

- 问人：复印件交给谁？
- 问地址：派出所在哪里？
- 问日期：快递什么时候能到？
- 问数量：移动硬盘最多能寄送多少个？
- 要求解释：为什么邮件被海关扣留了？
- 问方法：如何报关？

内部处理流程如图 11-9 所示。

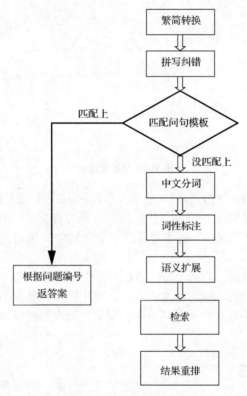

图 11-9　内部处理流程图

以戏曲行业的问答系统为例。词性标注出："梅兰芳"是一个人物，"霸王别姬"是一个剧目，还有角色等。人物、剧目、角色等都有专门的词表，词表如下：

剧名/ Unknow　霸王别姬/OperaPlay　内容简介/BJOCommonTerm　一名垓下围一名乌江自刎/ Unknow 主要角色/BJOCommonTerm　虞姬/BJOCharacter 正旦/BJOHangDang 项羽/ BJOCharacter 净/BJOHangDang　韩信/BJOCharacter　老生/BJOHangDang 虞/ Unknow 子/ BJOCommonTerm 期/ Unknow 小生/BJOHangDang

"一名垓下围一名乌江自刎 Unknow"这句，要把"乌江自刎"识别出来。"乌江自刎"算作什么？剧名。

垓下围、乌江自刎都算剧名；"一名"算上文 preContext；"主要角色"算下文 postContext。词的类型要定义得细一些，规则也可能会多一些，一般不要超过几百个。

还有"虞/Unknow　子/BJOCommonTerm　期/Unknow"这句，要把"虞子期"识别出来"虞子期"是人名。

专门的切分过程如下。

（1）载入基本词典。

（2）载入识别未知词的特征词典。

（3）切分。

（4）词性标注；如果需要的话，做语义标注。

（5）停用词过滤。

（6）未知词识别。

① 识别人名。

② 识别剧名。

③ 识别机构名。

（7）把未知词当作普通词，再次切分文本。

把传入的问题生成句法分析树，然后根据句法分析树创建的查询来匹配其知识库，并呈现合适的信息片段给用户。

11.4.3　语料库

对话系统的设置要充分利用语料库的功能，这样可以从大量语料中统计出说话人的习惯，从而提高系统的功能和效率。比如，对话系统语料库可以记录相邻语对，有的追加说明是对上一句话的修改。这样的对话语料库更能服务于对话系统。

11.4.4　客户端

手机客户端可以访问的问答系统（如微信）需要提供 URL 来开发 RESTFul 服务。

使用 Web 服务框架 Jersey 把问答系统封装成 RESTFul 服务。但是 Jersey 使用了 Java 企业版的功能，用起来比较复杂。简单的方法是使用 Simple Framework 作为 HTTP 服务的容器。

11.5　自然语言生成

根据 N 元连接，可以生成简单的文本。例如，根据"一/条/小/黄/狗"和"黄/猫"，可以生成"一/条/小/黄/猫"。

可以采用自然语言生成（Natural Language Generation，NLG）技术从数据库和数据集合生成文本化的摘要系统。例如，可以用 NGL 从气象数据中生成文本形式的天气预报，可以用 NGL 生成交通路况摘要，还可以用 NGL 总结金融和商业数据。

生成文本的过程如下。

- 内容判断：判断要选择表达什么样的内容。
- 文档结构化：整体组织要传达的信息。
- 收集：合并相似的句子。
- 选择词汇：选择用哪个词汇来描述概念。
- 实现：创建实际的文本，让文本符合语法规则。

有许多软件包可供实现。开源的 Java 项目 SimpleNLG 就是一个这样的软件包。SimpleNLG 可以通过指定句子短语和特征（如时态、询问等）来创建句子。例如，以下 Java 代码打印出文本：The women do not smoke。

```
NPPhraseSpec subject = nlgFactory.crcateNounPhrase("the", "woman"); // 主语
subject.setPlural(true);  // 复数
SPhraseSpec sentence = nlgFactory.createClause(subject, "smoke");
sentence.setFeature(Feature.NEGATED, true);  // 否定
System.out.println(realiser.realiseSentence(sentence));
```

在这个例子中，计算机程序已经指定了句子的语言成分（动词、主语），以及语言特征（复数主语、否定），并且从这些信息中，构造了实际的句子。

实现涉及以下 3 种处理。

- 句法实现：使用语法知识选择变形，添加功能词，并决定组件的顺序。例如，在英语中，主语通常在动词之前，而否定形式的吸烟是 "do not smoke"。
- 形态实现：计算变形形式，例如复数形式的女性是 women（不是 womans）。
- 正交实现：处理外壳、标点符号和格式。例如，The 大写，因为它是句子的第一个单词。

使用 SimpleNLG 创建一个适当的"两部分"句子：

"I bought **a new widget engine**, which created **product A, product B, and product C**."

粗体的第一部分是一个语法对象（名词短语），粗体的第二部分是动词 "create"（坐标子句）的对象。

创建过程的代码如下：

```
NLGFactory nlgFactory = new NLGFactory(lexicon);
Realiser realiser = new Realiser(lexicon);

SPhraseSpec s1 = nlgFactory.createClause("I",
    "bought", "a new widget engine");
s1.setFeature(Feature.TENSE, Tense.PAST);

SPhraseSpec s2 = nlgFactory.createClause("", "created");
NPPhraseSpec object1 = nlgFactory.createNounPhrase("product A");
NPPhraseSpec object2 = nlgFactory.createNounPhrase("product B");
NPPhraseSpec object3 = nlgFactory.createNounPhrase("product C");

CoordinatedPhraseElement cc = nlgFactory.createCoordinatedPhrase();
cc.addCoordinate(object1);
cc.addCoordinate(object2);
cc.addCoordinate(object3);

s2.setObject(cc);
s2.setFeature(Feature.TENSE, Tense.PAST);

s2.setFeature(Feature.COMPLEMENTISER, ", which");
s1.addComplement(s2);

String output = realiser.realiseSentence(s1);
```

可以在自然语言生成技术的帮助下生成产品描述。例如，如果指定产品（如手机）的属性（如操作系统、RAM、处理器、显示器、电池等），它应该输出一个可读的移动电话描述。有一些付费服务（如 Quill、Wordsmith 等）也能实现这样的文本生成功能。

11.6　JavaFX 开发界面

JavaFX 是一个用于 Java 的跨平台 GUI 工具包。NetBeans 8.2 开发环境自带一些 JavaFX 的例子。可以在 Eclipse 中开发 JavaFX 应用。如果 Eclipse 开发环境中出现 "Access restriction: The type

'Application' is not API"这样的错误，可以更改这个项目的访问规则：Java 转到 Java 项目的属性→Java 构建路径→"库"标签页。展开库条目，增加一个允许访问的规则："javafx/**"。

或者在项目的.classpath 文件中增加：

```
<accessrule kind="accessible" pattern="javafx/**"/>
```

创建 JavaFX 程序从 Application 类开始，所有 JavaFX 应用程序都从该类扩展。主类应该依次调用 launch 方法、init 方法和 start 方法，等待应用程序完成，然后调用 stop 方法。在这些方法中，只有 start 方法是抽象的，必须重写。

Stage 类是顶级 JavaFX 容器。启动应用程序时，将创建初始的 Stage 并将其传递给 Application 的 start 方法。Stage 控制基本窗口属性，例如标题、图标、可见性、可调整性、全屏模式和装饰，装饰属性使用 StageStyle 配置。如有必要，可以构建附加阶段。配置 Stage 并添加内容后，将调用 show 方法。

学习这些之后，可以编写一个在 JavaFX 中启动窗口的最小示例，代码如下：

```java
import javafx.application.Application;
import javafx.stage.Stage;

public class Example1 extends Application {
    public static void main(String[] args) {
        launch(args);
    }

    public void start(Stage theStage) {
        theStage.setTitle("Hello, World!");
        theStage.show();
    }
}
```

还可以使用 setStyle 方法添加内嵌样式，这些样式仅由键/值对组成，它们适用于设置它们的节点。以下是按钮设置内联样式表的示例代码：

```java
Button button1 = new Button("Submit");
// 一个背景深蓝、文字白色的按钮
button1.setStyle("-fx-background-color: darkslateblue; -fx-text-fill: white;");
```

11.7　专业术语

Natural Language Annotation　自然语言注释
Question Answering System　自动问答系统
Phone　音素
Semantic Labeling　语义标注

12 第12章 机器翻译

利用计算机及其软件把一种语言（自动）翻译成为另一种语言的技术称为机器翻译。机器翻译技术可以提供文档的参考译文。一些简单的翻译很有用，例如可以在 Eclipse 这样的集成开发环境中提供一个翻译服务，帮助开发人员给创建的类或者方法起英文名。

12.1　使用机器翻译 API

使用机器翻译 API 的例子代码如下：

```
Translate.apiKey = "xxxxxxxx";

String sourceText = "Macular Degeneration";        // 待翻译的源文本

String targetText = Translate.execute(sourceText ,
            Language.AUTO_DETECT,                  // 自动检测源文本
的语言类型

            Language.CHINESE_SIMPLIFIED);          // 目标语言
System.out.println(targetText);                    // 翻译结果
```

12.2　翻译日期

有些记录中包含日期信息。例如可以把"August 24, 2017"翻译成"2017年 8 月 24 日"。这里把"August 24, 2017"称为源句，把"2017 年 8 月 24日"称为目标句。

使用规则翻译引擎翻译日期的代码如下：

```
KnowlegeBase kb = new KBSqlite(); // 使用 Sqlite 存储知识库
GrammarTranslator translator = new GrammarTranslator(kb);

String question = "August 24, 2017";
String ans = translator.getResult(question);

System.out.println(ans);
```

输出如下：

```
2017 年 8 月 24 日
```

这里所使用的翻译规则如下:

```
TextGrammar g = new TextGrammar();
// 匹配日期的规则
String right = "<Begin><nt>{word} <num>{daynum}, <num>{yearnum}<End>";
String handlerName = "Date"; // 处理器名
g.add(handlerName, right); // 把处理器加入到翻译文法中
```

根据从英文日期文本中提取的年、月、日信息得到翻译结果的处理器的代码如下:

```
public class DateHandler implements TextHandler {

    @Override
    public String getTrans(KnowlegeBase kb,Evidence args) {
        // 得到英文月份
        String enMon = args.args.get("word");
        String ans = args.args.get("yearnum")+"年"+mon
                     +args.args.get("daynum")+"日";        // 生成中文日期
        return ans;
    }

    public static String getBySQL(String input) throws SQLException {
        Connection con = SqliteStore.getConnect();
        QueryRunner runner = new QueryRunner();
        ScalarHandler<String> h = new ScalarHandler<String>();

        String ans = runner.query(con, "select cn from words where word = ?",
                 h, input);
        return ans;
    }

}
```

提取年、月、日信息,提取出来的关键词以键/值对的形式存入 **PairListString** 对象,示例代码如下:

```
// 键可以重复
public class PairListString {
    String[] values;  // 存储所有名称和值
    int count;

    public PairListString(int initialCapacity) {
        values = new String[initialCapacity * 2];
    }

    /**
     * 增加一个名称/值对
     *
     * @param x 名称
     * @param y 名称对应的值
     */
    public void addPair(String x, String y) {
        if (count * 2 >= values.length) {
            values = Arrays.copyOf(values, values.length * 2);
        }
        values[count * 2] = x;
        values[count * 2 + 1] = y;
        count++;
```

```
    }

    public String getX(int index) {   // 根据下标得到键
        return values[index * 2];
    }

    public String getY(int index) {   // 根据下标得到值
        return values[index * 2 + 1];
    }

    public String get(String key){   // 得到键对应的值
        for (int i = 0; i < count; ++i) {
            if(values[i * 2].equals(key)){
                return values[i * 2 + 1];
            }
        }

        return null;
    }
}
```

12.3 神经机器翻译

可以把机器翻译看成是从源序列到目标序列的预测问题。序列到序列预测问题可以采用跨两个序列的单个 2D 卷积神经网络实现。

神经机器翻译（Neural Machine Translation，NMT）模型通常使用固定的词表进行操作，但翻译是一个开放式词表问题，一种方法是通过回退到字典来解决未登录词的翻译问题，另一种方法是将罕见和未知单词编码为子单元序列来进行开放式词汇翻译。

基于直觉，各种单词类可以通过比单词更小的单位进行翻译，例如名字可以通过字符复制翻译或音译；化合物可以通过成分翻译；同源词和介词可以通过语音和形态变换翻译。

在训练过程中，双字节编码（Byte Pair Encoding，BPE）算法首先将词分成一个一个字符，然后统计字符对出现的次数，每次将次数最多的字符对保存起来，直到循环次数结束。

取得词典中频率最大的键值的方法如下：

```
public static Pair<String, String> max(HashMap<Pair<String, String>, Integer> map) {
    Map.Entry<Pair<String, String>, Integer> maxEntry = null;
    for (Map.Entry<Pair<String, String>, Integer> entry : map.entrySet()) {
        if (maxEntry == null || entry.getValue() > maxEntry.getValue()) {
            maxEntry = entry;
        }
    }
    Pair<String, String> maxKey = maxEntry.getKey();
    return maxKey;
}
```

统计字符对频率的方法如下：

```
public static HashMap<Pair<String, String>, Integer>
                            getSats(Map<String, Integer> vocab) {
    HashMap<Pair<String, String>, Integer> pairs =
        new HashMap<Pair<String, String>, Integer>();
    for (Entry<String, Integer> e : vocab.entrySet()) {
        String word = e.getKey();
        Integer freq = e.getValue();
```

```
            String[] symbols = word.split(" ");

            IntStream.range(0, symbols.length - 1).forEach(i -> {
                    Pair<String, String> pair = Pair.of(symbols[i], symbols[i + 1]);
                    pairs.put(pair, pairs.getOrDefault(pair, 0) + freq);
            });
    }
    return pairs;
}
```

实现 BPE 的代码如下：

```
Map<String, Integer> vocab = ImmutableMap.of("l o w</w>", 5,
            "l o w e r</w>", 2, "n e w e s t</w>", 6,
            "w i d e s t</w>", 3);
HashMap<Pair<String, String>, Integer> ret = getStats(vocab);
int numMerges = 15;

for(int i=0;i<numMerges;++i){
    HashMap<Pair<String, String>, Integer> pairs = getStats(vocab);
    Pair<String, String> best = max(pairs);
    if( pairs.get(best) < 2){
            System.out.println("no pair has frequency > 1. Stopping\n");
            break;
    }
    vocab = mergeVocab(best, vocab);
};
```

BPE 在欧洲语系中可能表现得更有效，主要由于欧洲语系中存在词缀等概念。

Google 开源的自然语言处理工具包 SentencePiece 将输入文本视为一系列 Unicode 字符。空格也作为普通符号处理。为了明确地将空格作为基本标记处理，SentencePiece 首先将元符号"▁"（U+2581）转义为空白字符，如下所示：

Hello▁World.

然后，将此文本分段为小块，例如：

[Hello] [▁Wor] [ld] [.]

SentencePiece 指定训练的最终词汇量大小，这与使用合并操作数量的 subword-nmt 不同。

12.4　辅助机器翻译

可以把源语言和目标语言翻译句对存入翻译记忆库。以后翻译类似的源语言句子，可以直接在历史目标语言句子上修改完成。

例如，输入句子：

The second paragraph of Article 21 is deleted .
在翻译记忆库中模糊匹配上句子：

The second paragraph of Article 5 is deleted .
根据对应的译文：

删除第 5 条第 2 款。
翻译记忆系统可以生成 XML 框架：

<删除第>21<条第 2 款。>
从而推荐翻译结果：

删除第 21 条第 2 款。

翻译记忆库 tmx 文件格式样本如下：

```
<?xml version="1.0" encoding="UTF-8"?>
<tmx    version="1.4"><header  creationtool="unknown"    creationtoolversion="unknown"
segtype="paragraph" o-tmf="unknown" adminlang="en" srclang="en-us" datatype="unknown">
</header><body>
<tu>
<tuv  xml:lang="en-us"><seg>system  tests  for  high-voltage  direct  current  (HVDC)
installations</seg></tuv>
<tuv xml:lang="zh-cn"><seg>高压直流装置的系统试验</seg></tuv>
</tu>
</body>
</tmx>
```

OmegaT 是一款计算机辅助翻译（Computer aided translation，CAT）工具软件，是免费的翻译记忆库应用程序，适用于 Windows、macOS、Linux 等多种操作系统。它是专为翻译人员设计的工具，不会像机器翻译那样直接翻译。

12.5　机器翻译的评价

狭义而言，机器翻译的评价一般仅指机器译文质量的人工评价或自动评价。评价机器翻译最常用的标准是：译文的可理解性和译文的忠实度。

可以使用基于 N-gram 的 BLEU（Bilingual Evaluation Understudy）值对比机器译文和人工参考译文的重合程度，自动评价机器翻译。

BLEU 的输出始终是介于 0 和 1 之间的数字。此值表示候选文本与参考文本的相似程度，值越接近 1 表示是越相似的文本。很少有人类翻译得分为 1，因为这表明候选人的译文与其中一个参考译文相同。因此，没有必要获得 1 的分值。因为有更多的机会匹配，添加额外的参考翻译将增加 BLEU 分数。

统计机器翻译系统 Phrasal 中的 edu.stanford.nlp.mt.metrics.BLEUMetric 类包含了计算 BLEU 值的实现。

调用静态方法如下：

```
BLEUMetric.computeLocalSmoothScore(String strSeq, List<String> strRefs, int order);
```

使用两个参考句计算一个候选句的 BLEU 值的例子如下：

```
double smoothBLUESScore =
edu.stanford.nlp.mt.metrics.BLEUMetric.computeLocalSmoothScore(
    "I'm a candidate string",
    Arrays.asList("I'm a reference string",
                  "I'm a second reference string"),
    4  // 最大使用 4 元连接
    );
```

12.6　专业术语

Neural Networks　神经网络

Statistical Machine Translation　统计机器翻译

Computer-assisted Translation　辅助机器翻译

Translation Memory　翻译记忆

参考文献

[1] 冯志伟. 自然语言处理的形式模型. 合肥：中国科学技术大学出版社，2010.

[2] 冯志伟. 自然语言处理简明教程. 上海：上海外语教育出版社，2012.

[3] Daniel Jurafsky，James H. Martin. 语音与语言处理. 北京：人民邮电出版社，2010.

[4] 宗成庆. 统计自然语言处理（第2版）. 北京：清华大学出版社，2013.

[5] 尼克. 人工智能简史. 北京：人民邮电出版社，2017.

后记

　　人类使用自然语言传播知识、交流思想、表达情感。知识就是力量，希望自然语言处理技术的发展能让知识更有力量。

　　拥有自我意识是智能体的基本特征。自然语言处理技术让人工智能技术发扬人性的光辉。

　　鸟的翅膀只能用来飞行，鱼的鳍只能用来游泳，而人的手可以用来做任何事情。借助于计算机，人的手好像更有活力，它可以让计算机处理很多人类难以完成的自然语言处理任务，从而让自然语言可以更有效率地发挥作用，更有效地服务于人们的工作和生活。

　　本书的读者在学习本书的过程中可以不断提出自己的思路，从而改进本书的内容。大家可以一起进步，一起在自然语言处理领域做出自己的成绩。